普通高等教育“十二五”电气信息类规划教材

# 供配电工程

主　编　孙丽华

主　审　盛四清

机 械 工 业 出 版 社

本书以供配电系统工程设计为主线，在论述工厂供配电系统基础理论知识和基本计算方法的同时，特别注重基础理论的系统性、实用性和技术内容的先进性，不仅给出了供配电系统工程设计常用的技术数据和典型的工程设计示例，还较多地关注了供配电领域的新知识和新技术，在电能质量、微机保护及变电所综合自动化等方面均有一些新的论述。全书共分九章，主要内容包括：概论，负荷计算与无功功率补偿，供配电一次系统，短路电流及其计算，电气设备的选择与校验，供配电系统的继电保护，供配电系统的二次回路和自动装置，防雷、接地与电气安全，供配电系统电气设计。

本书可作为高等院校自动化、电气工程及其自动化等相近专业的本科生教材，还可作为高职高专和函授院校电类专业（电气工程、自动化、供用电技术、机电一体化等）"工厂供电"课程的教材，也可作为从事供配电工作的工程技术人员的参考用书或岗位培训教材。

责任编辑邮箱：jinacmp@163.com。

**图书在版编目（CIP）数据**

供配电工程/孙丽华主编．—北京：机械工业出版社，2011.1（2023.1重印）

普通高等教育"十二五"电气信息类规划教材

ISBN 978-7-111-33133-9

Ⅰ.①供…　Ⅱ.①孙…　Ⅲ.①供电－高等学校－教材②配电系统－高等学校－教材　Ⅳ.①TM72

中国版本图书馆 CIP 数据核字（2011）第 009770 号

机械工业出版社（北京市百万庄大街 22 号　邮政编码 100037）
策划编辑：闫晓宇　责任编辑：闫晓宇　吉　玲
版式设计：霍永明　责任校对：胡艳萍
封面设计：张　静　责任印制：郜　敏
中煤（北京）印务有限公司印刷
2023 年 1 月第 1 版·第 6 次印刷
184mm×260mm·15 印张·370 千字
标准书号：ISBN 978-7-111-33133-9
定价：39.80 元

| 电话服务 | 网络服务 |
| --- | --- |
| 客服电话：010-88361066 | 机　工　官　网：www.cmpbook.com |
| 010-88379833 | 机　工　官　博：weibo.com/cmp1952 |
| 010-68326294 | 金　　书　　网：www.golden-book.com |
| **封底无防伪标均为盗版** | 机工教育服务网：www.cmpedu.com |

# 前　　言

本书是为适应高校课程体系与教学内容改革的需要而组织编写的。本书以35kV及以下供配电系统的工程设计为主线，在论述工厂供配电系统基础理论知识和基本计算方法的同时，特别注重基础理论的系统性、实用性和技术内容的先进性，较多地关注了供配电领域的新知识和新技术，在电能质量、微机保护及变电所综合自动化等方面均有一些新的论述。

本书在叙述上力求做到深入浅出，结合例题进行讲解，便于学生学习和理解；在内容编排上力求做到重点突出、实践性强，除了前八章每章有小结、思考题和习题外，还在第九章详细介绍了供配电系统电气设计的主要内容及方法步骤，并给出了典型的工程设计示例。因此，学生学完本书后不仅能够建立供配电系统的知识结构平台，还可具有独立设计35kV及以下变电所的能力。

本书由孙丽华主编，负责全书的构思和统稿工作。全书共分九章，其中第一、三章由孙丽华编写，第二、四章由刘庆瑞编写，第六、九章由赵静编写，第五、七章由邓慧琼编写，第八章和附录由冉海潮编写。华北电力大学盛四清教授对全书进行了仔细的审阅，并提出了许多宝贵意见，在此深表感谢。

本书在编写过程中，参考了许多相关的教材和文献，在此向所有作者表示诚挚的谢意。同时，本书的出版得到了机械工业出版社的大力协助和许多高校及电力部门同行的热情帮助，在此一并向他们致以衷心的感谢。

为方便教师授课，本书将配有免费电子课件，欢迎选用本书作教材的老师登录出版社教材服务网站 www. cmpedu. com 注册后下载。

由于编者水平有限，书中难免存在错误和不妥之处，敬请读者批评指正。

编　者

# 目　录

# 本书常用字符表

## 一、电气设备的文字符号

| 文字符号 | 名　称 | 旧符号 | 文字符号 | 名　称 | 旧符号 |
|---|---|---|---|---|---|
| A | 放大器 | — | PV | 电压表 | V |
| APD | 备用电源自动投入装置 | BZT | Q | 电力开关 | K |
| ARD | 自动重合闸装置 | ZCH | QF | 断路器（含自动开关） | DL（ZK） |
| *C* | 电容，电容器 | *C* | QK | 刀开关 | DK |
| F | 避雷器 | BL | QL | 负荷开关 | FK |
| FD | 跌开式熔断器 | DR | QS | 隔离开关 | GK |
| FU | 熔断器 | RD | *R* | 电阻，电阻器 | *R* |
| G | 发电机，电源 | F | S | 电力系统 | XT |
| HA | 蜂鸣器，警铃，电铃等 | FM，JL | SA | 控制开关，选择开关 | KK，XK |
| HL | 指示灯，信号灯 | XD | SB | 按钮 | AN |
| HLR | 红色指示灯 | HD | T | 变压器 | B |
| HLG | 绿色指示灯 | LD | TA | 电流互感器 | CT，LH |
| HLY | 黄色指示灯 | UD | TAN | 零序电流互感器 | LLH |
| HLW | 白色指示灯 | BD | TAM | 中间变流器 | ZLH |
| K | 继电器，接触器 | J，C | TV | 电压互感器 | PT，YH |
| KA | 电流继电器 | LJ | TVM | 中间变压器 | ZYH |
| KAR | 重合闸继电器 | CHJ | U | 变流器，整流器 | BL，ZL |
| KD | 差动继电器 | CJ | V | 电子管，晶体管 | — |
| KG | 气体继电器 | WSJ | VD | 二极管 | D |
| KM | 中间继电器 | ZJ | W | 母线 | M |
| KM | 接触器 | C | WF | 闪光信号小母线 | SYM |
| KO | 合闸接触器 | HC | WAS | 事故音响信号小母线 | SM |
| KR | 干簧继电器 | GHJ | WC | 控制小母线 | KM |
| KS | 信号继电器 | XJ | WFS | 预告信号小母线 | YBM |
| KT | 时间继电器 | SJ | WL | 线路 | XL |
| KV | 电压继电器 | YJ | WO | 合闸电源小母线 | HM |
| *L* | 电感，电感线圈 | *L* | WS | 信号电源小母线 | XM |
| L | 电抗器 | DK | WV | 电压小母线 | YM |
| M | 电动机 | D | XB | 连接片，切换片 | LP，QP |
| N | 中性线 | N | XT | 端子板 | — |
| PA | 电流表 | A | YA | 电磁铁 | DC |
| PE | 保护线 | — | YO | 合闸线圈 | HQ |
| PEN | 保护中性线 | N | YR | 跳闸线圈，脱扣器 | TQ |
| PJ | 电能表 | wh，varh | | | |

## 二、物理量下角标的文字符号

| 文字符号 | 名　称 | 旧符号 | 文字符号 | 名　称 | 旧符号 |
|---|---|---|---|---|---|
| a | 年，每年 | *n* | max | 最大 | max |
| a | 有功的 | a，yg | min | 最小 | min |
| Al | 铝 | Al | N | 额定，标称 | e |
| al | 允许 | yx | *n* | 数目 | *n* |
| av | 平均 | pj | nba | 非基本 | fjb |
| ba | 基本 | jb | np | 非周期的 | f-zq |
| *C* | 电容，电容器 | *C* | oc | 断路 | dl |
| c | 计算 | js | oh | 架空线路 | — |
| cab | 电缆 | L | OL | 过负荷 | gh |
| Cu | 铜 | Cu | op | 动作 | dz |
| d | 需要 | x | OR | 过电流脱扣器 | TQ |
| d | 基准 | j | p | 周期性的 | zq |
| d | 差动 | cd | p | 有功功率 | p，yg |
| dsp | 不平衡 | bp | pk | 尖峰 | jf |
| E | 地，接地 | d，jd | q | 无功功率 | q，wg |
| e | 设备 | S，SB | qb | 速断 | sd |
| e | 有效的 | yx | r | 无功的 | r，wg |
| ec | 经济的 | j，ji | *r* | 滚球 | — |
| eq | 等效的 | dx | re | 返回，复归 | f，fh |
| es | 电动稳定 | dw | rel | 可靠性 | k |
| Fe | 铁 | Fe | rem | 残余 | cy |
| FE | 熔体 | RT | S | 系统 | XT |
| fr | 摩擦 | m | s | 短延时 | s |
| *h* | 谐波 | — | saf | 安全 | aq |
| *i* | 电流 | *i* | sam | 同型 | tx |
| *i* | 任一数目 | *i* | set | 整定 | zd |
| ima | 假想的 | jx | sh | 冲击 | cj，ch |
| k | 短路 | d | st | 起动，启动 | q，qd |
| K | 继电器 | J | step | 跨步 | kp |
| *L* | 电感 | *L* | tou | 接触 | jc |
| L | 负荷，负载 | H，fz | *u* | 电压 | *u* |
| l | 长延时 | l | $\theta$ | 温度 | $\theta$ |
| m | 最大，幅值 | M | $\Sigma$ | 总和 | $\Sigma$ |
| man | 人工的 | rg | $\varphi$ | 相 | $\varphi$ |

# 第一章　概　　论

本章首先简要介绍电力系统和供配电系统的概念，然后重点介绍电力系统的额定电压、电能质量指标、电力系统中性点的运行方式等基本知识。

## 第一节　供配电系统概述

电能是一种十分重要的二次能源，它既可以方便而经济地由其他形式的能量转换而来，又可以简便地转换成其他形式的能量供人们使用。电能的输送和分配既简单经济，又易于控制、管理和调度，易于实现生产过程自动化。因此，电能已广泛应用到社会生产的各个领域和社会生活的各个方面，已成为现代工业、农业、交通运输、国防科技及人民生活等各方面不可缺少的重要能源。

工厂供配电系统是电力系统的重要组成部分。工厂所需要的电能，绝大多数是由公共电力系统供给的。因此，在介绍供配电系统之前，有必要先介绍电力系统的基本知识。

### 一、电力系统

电能是由发电厂生产的。为了充分利用动力能源，降低发电成本，大容量发电厂多建在燃料、水力资源丰富的地方，而电力用户是分散的，往往又远离发电厂，因此需要建设较长的输电线路进行输电。为了实现电能的经济传输和满足用电设备对工作电压的要求，需要建设升压变电所和降压变电所进行变电，将电能送到城市、农村和工矿企业后，还需要经过配电线路向各类电力用户进行配电，如图 1-1 所示。

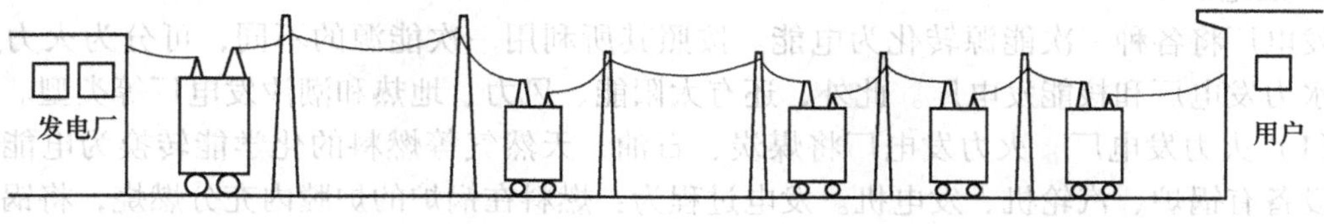


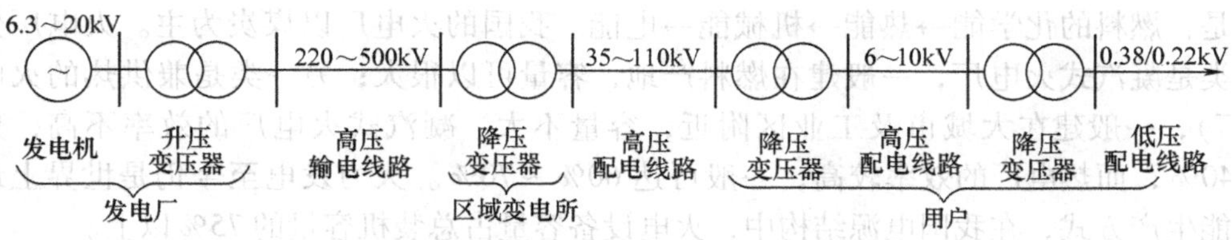


图 1-1　从发电厂到用户的送电过程

电能的生产、输送、分配和使用的全过程，几乎是同时进行的，即发电厂在任何时刻生产的电能等于该时刻用电设备消费的电能与变换、输送和分配环节中损耗的电能之和。电力系统是由发电厂、变电所、电力线路和电力用户组成的一个发电、输电、变配电和用电的整体，如图 1-2 所示。

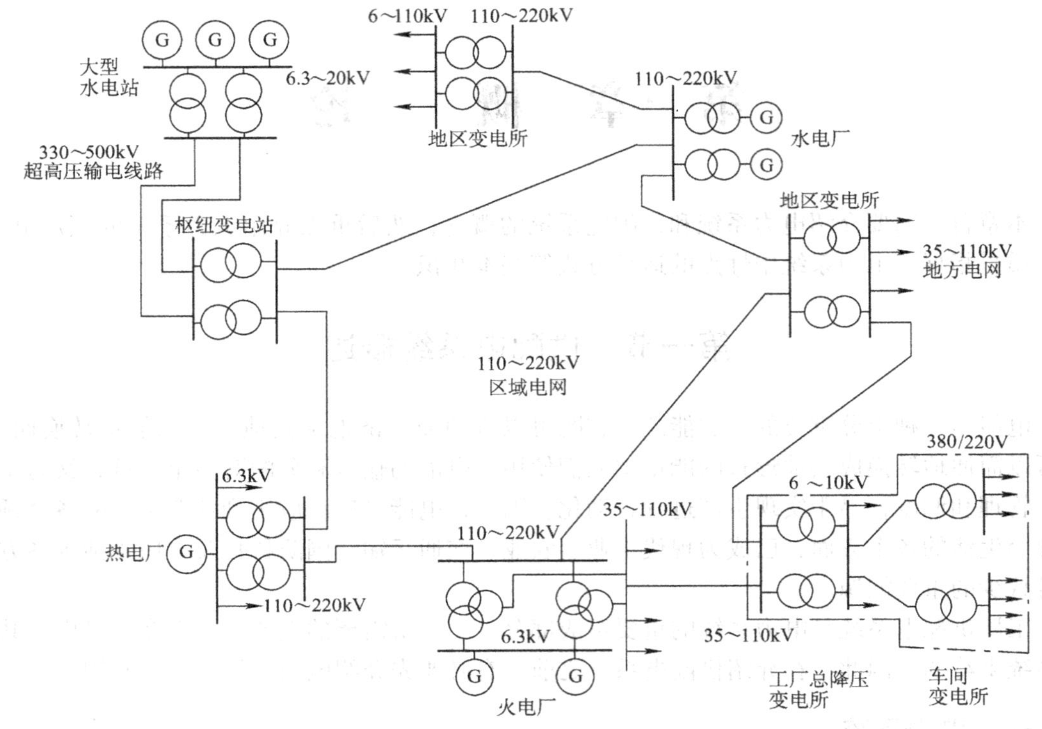


图 1-2 电力系统示意图

在电力系统中，除发电厂和电力用户之外的部分，称为电力网或电网，它由各级电压的电力线路及其联系的变配电所组成。电力网是电力系统的重要组成部分，其作用是将电能从发电厂输送并分配至电力用户，可分为地方电力网、区域电力网及超高压远距离输电网三种类型。

1. 发电厂

发电厂将各种一次能源转化为电能。按照其所利用一次能源的不同，可分为火力发电厂、水力发电厂和核能发电厂。此外，还有太阳能、风力、地热和潮汐发电厂等类型。

(1) 火力发电厂　火力发电厂将煤炭、石油、天然气等燃料的化学能转换为电能，其主要设备有锅炉、汽轮机、发电机。发电过程为：燃料在锅炉的炉膛内充分燃烧，将锅炉内的水变成高温高压的蒸汽，推动汽轮机转动，带动与之联轴的发电机旋转发电。其能量的转换过程是：燃料的化学能→热能→机械能→电能。我国的火电厂以煤炭为主。火电厂分两类：一类是凝汽式火电厂，一般建在燃料产地，容量可以很大；另一类是兼供热的火电厂（热电厂），一般建在大城市及工业区附近，容量不大。凝汽式火电厂的效率不高，只有30% ~40%，而热电厂的效率较高，一般可达60% ~70%。火力发电至今仍是世界上最主要的电能生产方式，在我国电源结构中，火电设备容量占总装机容量的75%以上。

(2) 水力发电厂　水力发电厂将水的位能转换成电能，主要由水库、水轮机和发电机组成。发电过程为：水库中的水有一定位能，通过压力水管将水引入水轮机，推动水轮机转子旋转，带动与之联轴的发电机旋转发电。其能量的转换过程是：水的位能→机械能→电能。水电厂根据水流形成的方式不同，可分为堤坝式水电厂、引水式水电厂和抽水蓄能式水电厂等。水电厂的发电效率较高，一般为85%左右。水力发电是利用廉价的、可再生的能源，故发电成本较低，一般只有火力发电的1/3～1/4，而且水力发电具有不产生污染、运行维护简单等优点，同时还兼有防洪、灌溉、航运、水产养殖等综合效益，因此具有较高的开发价值。

（3）核能发电厂　核能发电厂利用核能来生产电能，其生产过程与火电厂大体相同，只是以核反应堆（原子锅炉）代替了燃煤锅炉，以少量的核燃料代替了大量的煤炭。其能量的转换过程是：核燃料的裂变能→热能→机械能→电能。核能发电可以节省大量煤炭、石油等燃料，质量为1kg的铀全部裂变时释放的能量相当于2700t标准煤完全燃烧时所释放的能量。同时，核能发电不需空气助燃，因此可以建在地下、水下、山洞或空气稀薄的高原地区。核能发电的主要问题是放射性污染，但随着科学技术的发展，核能发电将会成为最清洁、经济、安全的发电方式。

（4）太阳能、风力、地热和潮汐发电厂　太阳能发电厂是利用太阳光能或太阳热能来生产电能的，它建造在常年日照时间长的地方。风力发电厂是利用风力的动能来生产电能的，它建造在常年有稳定风力资源的地区。地热发电厂是利用地表深处的地热能来生产电能的，它建造在有足够地热资源的地区。潮汐发电厂是利用海水涨潮、落潮中的动能、势能来生产电能的，它实质上是一种特殊类型的水电厂，通常建在海岸边或河口地区。

2. 变电所

变电所是变换电压、交换和分配电能的场所，是联系发电厂和电力用户的中间环节。如果仅用于接收和分配电能，则称为配电所或开闭所。

变电所可分为升压变电所和降压变电所，除了与发电机相连的变电所为升压变电所外，其余均为降压变电所。降压变电所按其在电力系统中的地位和作用不同，又分为区域变电所、地区变电所和工业企业变电所等。

3. 电力线路

电力线路的作用是输送电能，并把发电厂、变配电所和电力用户连接起来。通常，220kV及以上的电力线路称为输电线路，110kV及以下的电力线路称为配电线路。配电线路又分为高压配电线路（35～110kV）、中压配电线路（6～10kV）和低压配电线路（380/220V）。

4. 电力用户

电力用户又称电力负荷。在电力系统中，所有消耗电能的用电设备或用电单位均称为电力用户。电力用户按行业可分为工业用户、农业用户、市政商业用户和居民用户等。

## 二、供配电系统

供配电系统是电力系统的电力用户，也是电力系统的重要组成部分，由总降压变电所（或高压配电所）、配电线路、车间变电所和用电设备等组成。图1-2中点画线框包围部分就是一个工业企业供电系统。

总降压变电所将35～110kV的外部供电电压变成6～10kV的高压配电电压，供电给各车间变电所和高压用电设备。对负荷比较分散、厂区较大的大型企业，还需设置高压配电所，它集中接收6～10kV电压，再供电给附近各车间变电所和高压用电设备。

配电线路分为厂区高压配电线路（6～10kV）和车间低压配电线路（380/220V）。厂区高压配电线路将总降压变电所、车间变电所和高压用电设备连接起来；低压配电线路主要用以向低压用电设备供电。

车间变电所将6～10kV的电压降为380/220V，供低压用电设备使用。

应当指出，对于某个具体的供配电系统，由于电力负荷和厂区的大小不同，其构成会有较大的差异。通常，大型企业都设有总降压变电所，中小型企业仅设高压配电所或6～10kV车间变电所。

### 三、对供配电工作的基本要求

为了保证生产和生活用电的需要，供配电工作必须达到以下基本要求：

(1) 安全　在电能的供应、分配和使用中，不应发生人身事故和设备事故。

(2) 可靠　应满足电力用户对供电可靠性的要求。

(3) 优质　应满足电力用户对电压和频率等供电质量的要求。

(4) 经济　应使供配电系统的投资少、运行费用低，并尽可能地节约电能和减少有色金属消耗量。

应当指出，上述要求不但相互关联，而且往往相互制约和相互矛盾。因此，对于上述要求，必须全面考虑，统筹兼顾。

## 第二节　电力系统的额定电压与电能质量

### 一、额定电压的国家标准

电力系统中所有的电气设备都是设计在额定电压下工作的。所谓额定电压，就是保证用电设备处于最佳运行状态的工作电压。我国三相交流系统的额定电压见表1-1。

**表1-1　我国三相交流系统的额定电压**　（单位：kV）

| 分　类 | 电力网和用电设备的额定电压 | 发电机的额定电压 | 变压器的额定电压 | |
|---|---|---|---|---|
| | | | 一次绕组 | 二次绕组 |
| 1kV以下 | 0.22/0.127 | 0.23 | 0.22/0.127 | 0.23/0.133 |
| | 0.38/0.22 | 0.40 | 0.38/0.22 | 0.40/0.23 |
| | 0.66/0.38 | 0.69 | 0.66/0.38 | 0.69/0.40 |
| 1kV以上 | 3 | 3.15 | 3及3.15 | 3.15及3.3 |
| | 6 | 6.3 | 6及6.3 | 6.3及6.6 |
| | 10 | 10.5 | 10及10.5 | 10.5及11 |
| | — | 15.75 | 15.75 | — |
| | 35 | — | 35 | 38.5 |
| | 60 | — | 60 | 66 |
| | 110 | — | 110 | 121 |
| | 220 | — | 220 | 242 |
| | 330 | — | 330 | 363 |
| | 500 | — | 500 | 550 |
| | 750 | — | 750 | 825 |

注：20kV电压等级已在江苏南部电网使用。

由表 1-1 可以看出，在同一电压等级下，各种电气设备的额定电压并不完全相同。为了使各种互相连接的电气设备都能在较有利的电压水平下运行，各电气设备的额定电压之间应相互配合。

1. 电力线路的额定电压

电力线路（电网）的额定电压是根据国民经济的发展需要和电力工业的发展水平，经全面的技术经济分析后由国家制定颁布的。它是确定各类用电设备额定电压的基本依据。

2. 用电设备的额定电压

通过线路输送电能时，由于在变压器和线路等元件上将产生电压损失，使线路上的电压处处不相等，其电压分布往往是始端高于末端，但成批生产的用电设备不可能按设备使用处线路的实际电压来制造，而只能按线路始端与末端的平均电压（即电网的额定电压）来制造。因此，规定用电设备的额定电压与同级电网的额定电压相同。

3. 发电机的额定电压

由于用电设备允许的电压偏差一般为 ±5%，即线路允许的电压损失为 10%，因此，为保证用电设备在线路上各处都能正常运行，应使线路始端电压比额定电压高 5%，而末端电压比额定电压低 5%，如图 1-3 所示。由于发电机多接于线路始端，因此其额定电压应比同级电网的额定电压高 5%。

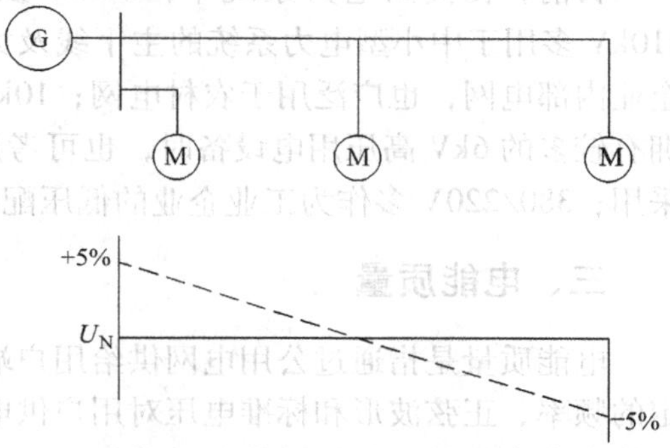

图 1-3 供电线路上的电压变化示意图

4. 变压器的额定电压

变压器的一次绕组相当于用电设备，其额定电压应等于电网的额定电压；对于直接与发电机连接的升压变压器，其额定电压应等于发电机的额定电压。

变压器二次绕组的额定电压是指在变压器一次绕组加额定电压而二次绕组开路时的电压，即空载电压。变压器在满载运行时，二次绕组内约有 5% 的阻抗压降，又因变压器的二次绕组对于用电设备而言相当于电源，因此其额定电压有以下两种情况：

1）当变压器二次侧供电线路较长时（例如为高压输配电线路），除了考虑补偿二次绕组满载时内部 5% 的阻抗压降外，还应考虑补偿线路上 5% 的电压损失，因此变压器二次绕组的额定电压应比同级电网的额定电压高 10%。

2）当变压器二次侧供电线路较短时（例如直接供电给附近的高压用电设备或为低压线路），只需考虑补偿二次绕组满载时内部 5% 的阻抗压降，因此变压器二次绕组的额定电压应比同级电网的额定电压高 5%。

## 二、各种电压等级的适用范围

在相同的输送功率和输送距离下，所选用的电压等级愈高，线路电流愈小，则导线截面面积和线路中的功率损耗、电能损耗也就愈小。但是，电压等级愈高，线路的绝缘愈要加强，杆塔的尺寸也要随导线间及导线对地距离的增加而加大，变电所的变压器和开关设备的造价也要随电压的增高而增加。因此，采用过高的电压并不一定恰当，在设计时需经过技术经济比较后才能决定所选电压的高低。一般说来，传输功率愈大、传输距离愈远时，选择较高的电压等级比较有利。根据设计和运行经验，电网的额定电压、传输功率和传输距离之间的关系见表 1-2。

**表 1-2 电网的额定电压、传输功率和传输距离之间的关系**

| 线路电压/kV | 传输功率/MW | 传输距离/km | 线路电压/kV | 传输功率/MW | 传输距离/km |
|---|---|---|---|---|---|
| 3 | 0.1~1 | 1~3 | 110 | 10~50 | 50~150 |
| 6 | 0.1~1.2 | 4~15 | 220 | 100~500 | 100~300 |
| 10 | 0.2~2 | 6~20 | 330 | 200~1000 | 200~600 |
| 35 | 2~10 | 20~50 | 500 | 1000~1500 | 250~850 |
| 60 | 3.5~30 | 30~100 | 750 | 2000~2500 | 500 以上 |

目前，在我国电力系统中，220kV 及以上电压等级多用于大型电力系统的主干线；110kV 多用于中小型电力系统的主干线及大型电力系统的二次网络；35kV 多用于大型工业企业内部电网，也广泛用于农村电网；10kV 是城乡电网最常用的高压配电电压，当负荷中拥有较多的 6kV 高压用电设备时，也可考虑采用 6kV 配电方案；3kV 仅限于工业企业内部采用；380/220V 多作为工业企业的低压配电电压。

## 三、电能质量

电能质量是指通过公用电网供给用户端的交流电能的品质。理想状态的公用电网应以恒定的频率、正弦波形和标准电压对用户供电。同时，在三相交流系统中，各相电压和电流的幅值应大小相等、相位对称且互差 120°。但由于系统中的发电机、变压器、线路和用电设备的非线性或不对称，加之控制手段不完善及运行操作、外界干扰和各种故障等原因，因此产生了电网运行、电力设备和供用电环节中的各种问题，也就产生了电能质量的概念。衡量电能质量的主要指标有频率偏差、电压偏差、电压波动与闪变、高次谐波（波形畸变率）、三相不平衡度及暂时过电压和瞬态过电压等。

1. 频率偏差

我国电力系统的额定频率（工频）为 50Hz，国家标准 GB/T 15945—1995《电能质量 电力系统频率允许偏差》中规定：正常允许偏差为 ±0.2Hz，当电网容量较小时，其可放宽到 ±0.5Hz。实际运行中，我国各跨省电力系统频率的允许偏差都保持在 ±0.1Hz 的范围内。因此，频率目前在电能质量中最有保障。

2. 电压偏差

电压偏差是指用电设备的实际电压与额定电压之差，一般用占额定电压的百分数来表示，即

$$\Delta U\% = \frac{U - U_N}{U_N} \times 100\% \tag{1-1}$$

当加于用电设备端的实际电压与额定电压有偏差时，其运行特性将恶化。例如，对白炽灯，当加于灯泡的电压低于其额定电压时，其使用寿命将延长，但发光效率降低，照度下降，照明场所内人员的视力健康将受到严重影响，也会降低工作效率；当电压高于其额定电压时，其发光效率将增加，但使用寿命将大大缩短。对感应电动机，其转矩与电压二次方成正比，当电压降低时，转矩将急剧减小，在负载转矩不变的情况下，电动机电流必然增大，

从而使电动机绕组绝缘过热受损，缩短使用寿命。

因此，在运行中，必须按规定的电压质量标准，将电压偏差限制在允许的范围内。国家标准 GB/T 12325—2003《电能质量　供电电压允许偏差》中规定：35kV 及以上供电电压的正、负偏差的绝对值之和为额定电压的 10%；10kV 及以下三相供电电压允许偏差为额定电压的 ±7%；220V 单相供电电压允许偏差为额定电压的 7%、-10%。

为了减小电压偏差，必须采用相应的措施进行电压调整，主要措施有：正确选择变压器的电压分接头或采用有载调压变压器，合理减少系统的阻抗，尽量保持系统三相负荷平衡，改变系统的运行方式，采用无功功率补偿设备等。

3. 电压波动与闪变

电压波动是指电网电压幅值在一定范围内有规则地变动时，电压最大值与最小值之差对电网额定电压的百分比，即

$$\delta U\% = \frac{U_{\max} - U_{\min}}{U_{\mathrm{N}}} \times 100\% \tag{1-2}$$

电压波动是由负荷急剧变动引起的。例如，电焊机、电弧炉、轧钢机等冲击性负荷的工作，都会引起电网电压波动。急剧的电压波动可使电动机无法正常起动，引起同步电动机转子振动，使某些电子设备无法正常工作，使照明灯发生明显的闪烁现象等。闪变就是人眼对因电压波动引起灯闪的一种主观感觉，引起灯闪的电压称为闪变电压。电压闪变对人眼有刺激作用，甚至使人无法正常工作和学习。

因此，国家标准 GB/T 12326—2000《电能质量　电压允许波动和闪变》中规定了系统中由冲击性负荷产生的电压波动的允许值和闪变电压的允许值。

为了抑制或减少电压波动，可采取以下措施：对负荷变动剧烈的大型电气设备，采用专线或专用变压器供电；增大供电容量，减小系统阻抗；增加系统的短路容量或提高供电电压等。在系统运行时，也可以在电压波动严重时减少或切除引起电压波动的负荷。此外，对大型冲击性负荷，可装设能吸收冲击无功功率的静止型无功补偿装置（SVC）。

4. 谐波

谐波，是指对周期性非正弦电量进行傅里叶级数分解，除了得到与电网基波频率相同的分量，还得到一系列为电网基波频率整数倍的各次分量，这部分电量称为谐波。

谐波产生的主要原因是由于电力系统中存在各种非线性元件，例如气体放电灯、变压器、感应电动机、电焊机等，这些设备工作时都要产生谐波电流和谐波电压。特别是大型晶闸管整流设备和大型电弧炉，是电力系统中产生谐波干扰的主要谐波源。

波形畸变程度可以用下面几个特征量来描述。

1）第 $h$ 次谐波电压含有率（$HRU_h$）：

$$HRU_h = \frac{U_h}{U_1} \times 100\% \tag{1-3}$$

2）第 $h$ 次谐波电流含有率（$HRI_h$）：

$$HRI_h = \frac{I_h}{I_1} \times 100\% \tag{1-4}$$

3）谐波电压总含量（$U_{\mathrm{H}}$）：

$$U_{\mathrm{H}} = \sqrt{\sum_{h=2}^{\infty} (U_h)^2} \tag{1-5}$$

4）谐波电流总含量（$I_H$）：

$$I_H = \sqrt{\sum_{h=2}^{\infty}(I_h)^2} \tag{1-6}$$

5）电压总谐波畸变率（$THD_U$）：

$$THD_U = \frac{U_H}{U_1} \times 100\% \tag{1-7}$$

6）电流总谐波畸变率（$THD_I$）：

$$THD_I = \frac{I_H}{I_1} \times 100\% \tag{1-8}$$

目前，谐波已成为电力系统中影响电能质量的一大“公害”。谐波的危害主要表现在：使变压器和电动机的铁心损耗增加，引起局部过热，同时使其振动和噪声增大，缩短使用寿命；使线路的功率损耗和电能损耗增加，并有可能使电力线路出现电压谐振，从而在线路上产生过电压，击穿电气设备的绝缘；使电容产生过负荷而影响其使用寿命；使继电保护及自动装置产生误动作；使计算电费用的感应式电能表的计量不准；对附近的通信线路产生信号干扰，从而使数据传输失真等。

因此，国家标准 GB/T 14549—1993《电能质量　公用电网谐波》中规定了公用电网谐波电压限值和谐波电流允许值。

目前，对谐波的抑制措施主要有：三相整流变压器采用 Yd 或 Dy 接线，增加整流器的相数，在谐波源处装设专用滤波器，限制晶闸管整流设备投入电网的容量，在大型整流设备附近装设静止型无功补偿装置等。

5. 三相不平衡度

在三相供电系统中，当电压或电流的三相量幅值不等或相位差不为 120°时，则三相电压或电流不平衡。供电系统的三相不平衡主要是由三相负荷不对称引起的。

对三相不平衡电压或电流，可按对称分量法将其分解为正序分量、负序分量和零序分量。由于负序分量的存在，对系统中电气设备的运行产生不良影响，例如使电动机产生一个反向转矩，从而降低了电动机的输出转矩，使电动机效率降低；同时，使电动机的总电流增大，使绕组温升增高，加速绝缘老化，缩短使用寿命。对变压器，由于三相电流不平衡，当最大相电流达到变压器额定电流时，其他两相电流均低于额定值，从而使其容量得不到充分利用。对多相整流装置，三相电压不对称将严重影响多相触发脉冲的对称性，使整流设备产生更多的谐波，进一步影响电能质量。此外，负序电流分量偏大还有可能导致一些作用于负序电流的继电保护和自动装置误动，威胁电力系统的安全运行。

三相电压（或电流）不平衡度用电压（或电流）负序分量有效值与正序分量有效值的百分比来表示，即

$$\varepsilon U\% = \frac{U_2}{U_1} \times 100\% \tag{1-9}$$

因此，GB/T 15543—1995《电能质量　三相电压允许不平衡度》中规定：电力系统公共连接点的正常电压不平衡度允许值为 2%，短时不得超过 4%；接于公共连接点的每个用户，电压不平衡度一般不得超过 1.3%。

为了改善三相不平衡，可采取以下措施：在三相系统中合理分配不对称负荷，将不对称

负荷分散接于不同的供电点，采用高一级电压供电，采用特殊接线的平衡变压器供电及加装三相平衡装置等。

6. 暂时过电压和瞬态过电压

电力系统中因运行操作、雷击和故障等原因，经常会出现过电压，这是供电特性之一。过电压是指峰值电压超过系统正常运行的最高峰值电压时的工况。减少或杜绝过电压引发的事故是电力工作者长期面临的任务。围绕过电压问题，已有不少国家标准或行业标准就有关设备绝缘、试验和过电压保护等方面进行了规定，但将过电压作为电能质量指标之一并予以标准化，是近年来随着电力工业的发展和电力工作者对电能问题的逐步深入认识而出现的。

国家标准 GB/T 18481—2001《电能质量　暂时过电压和瞬态过电压》按照作用于设备和线路上的过电压幅值、波形和持续时间，将电力系统过电压分为暂时过电压和瞬态过电压。暂时过电压包括工频过电压和谐振过电压，特征为其在持续时间范围内无衰减或弱衰减；瞬态过电压包括操作过电压和雷击过电压，特征为振荡或非振荡衰减，且衰减很快，持续时间只有几毫秒或几十微秒。

总之，电能质量是一个既和电力系统安全稳定运行、电磁兼容紧密相关又有自己独特性质的领域，我国自1990年以来已相继颁布了六项电能质量的国家标准，提高电能质量和加强电能质量的治理已成为全社会普遍关注的热点，并已取得了一定的成效。随着电力科技的进步和电力工作者对电能质量问题的深入研究和认识，电能质量的相关概念、术语、标准、控制技术还将会得到进一步的发展。

## 第三节　电力系统中性点的运行方式

### 一、概述

电力系统的中性点是指星形联结的变压器或发电机的中性点。这些中性点的运行方式涉及系统的电压等级、绝缘水平、通信干扰、接地保护方式及保护整定等许多方面，是一个综合性的复杂问题。我国电力系统的中性点运行方式主要有三种：中性点不接地、中性点经消弧线圈接地和中性点直接接地（或经低电阻接地）。前两种系统称为小电流接地系统，亦称电源中性点非有效接地系统；后一种系统称为大电流接地系统，亦称电源中性点有效接地系统。

### 二、中性点不接地的电力系统

我国3～60kV的电力系统通常采用中性点不接地运行方式。中性点不接地的电力系统正常运行时的电路和相量图如图1-4所示。各相导线之间、导线与大地之间都有分布电容，为了便于分析，假设三相电力系统的电压和线路参数都是对称的，把每相导线的对地电容用集中电容 $C$ 表示，并忽略导线间的分布电容。

电力系统正常运行时，由于三相电压 $\dot{U}_A$、$\dot{U}_B$、$\dot{U}_C$ 是对称的，三相导线对地电容电流 $\dot{I}_{CA}$、$\dot{I}_{CB}$、$\dot{I}_{CC}$ 也是对称的，其有效值为 $I_{C0}=\omega CU_\varphi$（$U_\varphi$ 为各相相电压有效值），所以三相电容电流相量之和等于零，地中没有电容电流。此时，各相对地电压等于各相的相电压，电源中性点对地电压 $\dot{U}_N$ 等于零。

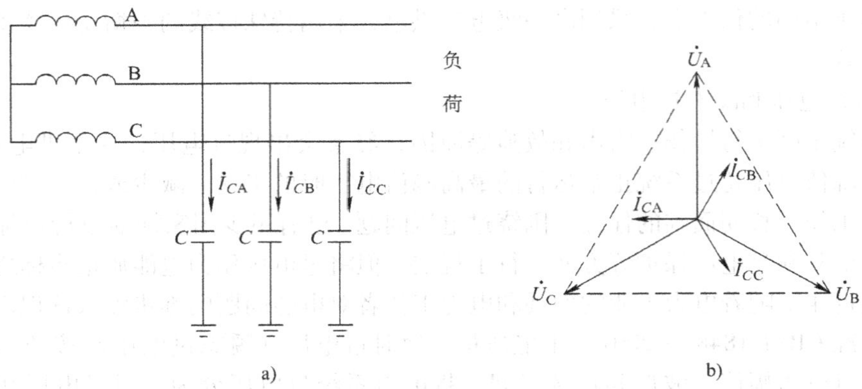


图 1-4 中性点不接地的电力系统正常运行时的电路和相量图

a) 电路 b) 向量图

当电力系统如果发生单相（如 A 相）接地故障时，如图 1-5a 所示，则故障相（A 相）对地电压降为零，中性点对地电压 $\dot{U}_N = -\dot{U}_A$，即中性点对地电压由原来的零升高为相电压，此时非故障相（B、C 两相）对地电压分别为

$$\left.\begin{aligned}\dot{U}'_B = \dot{U}_B + \dot{U}_N = \dot{U}_B - \dot{U}_A = \dot{U}_{BA}\\ \dot{U}'_C = \dot{U}_C + \dot{U}_N = \dot{U}_C - \dot{U}_A = \dot{U}_{CA}\end{aligned}\right\} \tag{1-10}$$

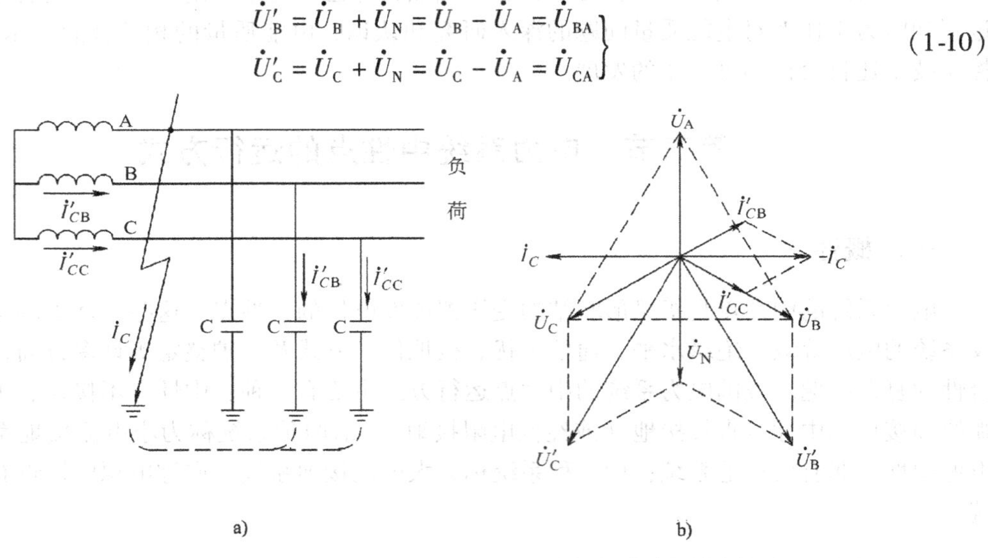


图 1-5 中性点不接地的电力系统发生 A 相接地故障时的电路和相量图

a) 电路 b) 相量图

式（1-10）说明，此时 B 相和 C 相对地电压升高为原来的$\sqrt{3}$倍，即变为线电压，如图 1-5b 所示。但此时三相之间的线电压仍然对称，因此用户的三相用电设备仍能照常运行，这是中性点不接地电力系统的最大优点。但是，发生单相接地故障后，其运行时间不能太长，以免在另一相又发生接地故障时形成两相接地短路。因此，我国有关规程规定，中性点不接地的电力系统发生单相接地故障后，允许继续运行的时间不能超过 2h，在此时间内应设法尽快查出故障，予以排除；否则，就应将故障线路停电检修。

当 A 相接地时，流过接地点的故障电流（电容电流）为 B、C 两相的对地电容电流 $\dot{I}'_{CB}$、$\dot{I}'_{CC}$之和，但方向相反，即

$$\dot{I}_C = -(\dot{I}'_{CB} + \dot{I}'_{CC}) \tag{1-11}$$

从图 1-5b 所示相量图可知，由 $\dot{U}'_B$ 和 $\dot{U}'_C$ 产生的 $\dot{I}'_{CB}$和 $\dot{I}_{CC}$分别超前它们 90°，大小为正常运行时各相对地电容电流的$\sqrt{3}$倍，而 $I_C = \sqrt{3}I'_{CB}$，因此短路点的接地电流有效值为

$$I_C = \sqrt{3}I'_{CB} = \sqrt{3}\frac{U'_B}{X_C} = \sqrt{3}\frac{\sqrt{3}U_B}{X_C} = 3I_{C0} \tag{1-12}$$

即单相接地的电容电流为正常情况下每相对地电容电流的 3 倍，且超前于故障相电压 $\dot{U}_A$90°。

由于线路对地电容 $C$ 很难准确确定，因此单相接地电容电流通常按下列经验公式计算：

$$I_C = \frac{(l_{oh} + 35l_{cab})U_N}{350} \tag{1-13}$$

式中，$U_N$ 为电网的额定线电压（kV）；$l_{oh}$为同级电网中具有电气联系的架空线路总长度（km）；$l_{cab}$为同级电网中具有电气联系的电缆线路总长度（km）。

必须指出，中性点不接地系统发生单相接地故障时，接地电流将在接地点产生稳定的或间歇性的电弧。若接地点的电流不大，在电流过零值时电弧将自行熄灭；当接地电流大于 30A 时，将形成稳定电弧，成为持续性电弧接地，这将烧毁电气设备并可引起多相短路；当接地电流大于 5～10A 而小于 30A 时，则有可能形成间歇性电弧，这是由于电网中电感和电容形成了谐振回路所致。间歇性电弧容易引起弧光接地过电压，其幅值可达（2.5～3）$U_\varphi$，将危及整个电网的绝缘安全。

因此，中性点不接地系统仅适用于单相接地电容电流不大的小电网。目前，我国规定中性点不接地系统的适用范围为单相接地电流不大于 30A 的 3～10kV 电网和单相接地电流不大于 10A 的 35～60kV 电网。

## 三、中性点经消弧线圈接地的电力系统

中性点不接地系统具有发生单相接地故障时仍可在短时间内继续供电的优点，但当接地电流较大时，将产生间歇性电弧而引起弧光接地过电压，甚至发展成多相短路，造成严重事故。为了克服这一缺点，可采用中性点经消弧线圈接地的方式。

消弧线圈实际上是一个铁心可调的电感线圈，安装在变压器或发电机中性点与大地之间，如图 1-6 所示。

正常运行时，由于三相对称，中性点对地电压 $\dot{U}_N = 0$，消弧线圈中没有电流流过。当发生 A 相接地故障时，如图 1-6a 所示，中性点对地电压 $\dot{U}_N = -\dot{U}_A$，即升高为电源相电压，消弧线圈中将有电感电流 $\dot{I}_L$（滞后于 $\dot{U}_A$90°）流过，其值为

$$\dot{I}_L = \frac{\dot{U}_A}{j\omega L_{ar}} \tag{1-14}$$

式中，$L_{ar}$为消弧线圈的电感。

由图 1-6b 所示相量图可知，该电流与电容电流 $\dot{I}_C$（超前于 $\dot{U}_A$90°）方向相反，所以 $\dot{I}_L$ 和 $\dot{I}_C$ 在接地点互相补偿，使接地点的总电流减小，易于熄弧。

电力系统经消弧线圈接地时，有三种补偿方式，即全补偿、欠补偿和过补偿。

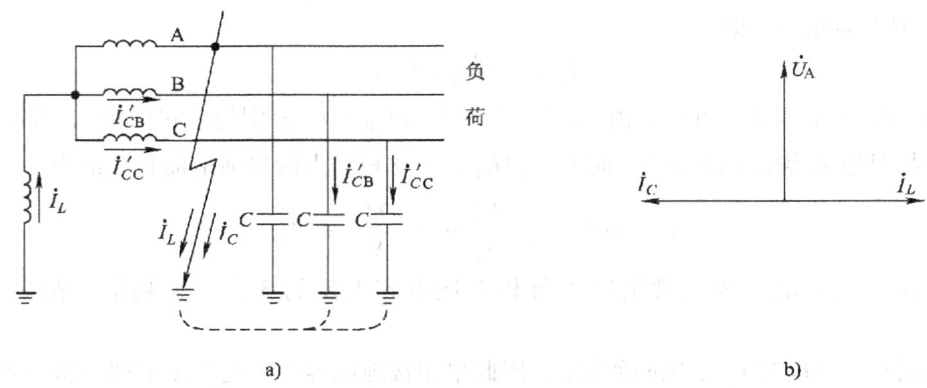


图 1-6 中性点经消弧线圈接地系统发生单相接地故障时的电路和相量图
a）电路 b）相量图

当 $I_L = I_C$ 时，接地故障点的电流为零，称为全补偿方式。此时，由于感抗等于容抗，电网将发生串联谐振，产生危险的高电压和过电流，可能造成设备的绝缘损坏，影响系统的安全运行。因此，一般电网都不采用全补偿方式。

当 $I_L < I_C$ 时，接地点有未被补偿的电容电流流过，称为欠补偿方式。采用欠补偿方式时，当电网运行方式改变而切除部分线路时，整个电网的对地电容电流将减少，有可能发展成为全补偿方式，从而出现上述严重后果，所以也很少被采用。

当 $I_L > I_C$ 时，接地点有剩余的电感电流流过，称为过补偿方式。在过补偿方式下，即使电网运行方式改变而切除部分线路时，也不会发展成为全补偿方式，致使电网发生谐振。同时，由于消弧线圈有一定的裕度，即使今后电网发展，线路增多、对地电容增加后，原有消弧线圈仍可继续使用。因此，实际上大都采用过补偿方式。

消弧线圈的补偿程度可用补偿度（亦称调谐度）$k = I_L/I_C$ 或脱谐度 $v = 1 - k$ 来表示。脱谐度一般不宜超过 10%。

选择消弧线圈时，应当考虑电网的发展规划，通常按下式进行估算：

$$S_{ar} = 1.35 I_C \frac{U_N}{\sqrt{3}} \tag{1-15}$$

式中，$S_{ar}$ 为消弧线圈的容量（kV·A）；$I_C$ 为电网的接地电容电流（A）；$U_N$ 为电网的额定电压（kV）。

需要指出，与中性点不接地的电力系统类似，中性点经消弧线圈接地的电力系统发生单相接地故障时，非故障相的对地电压也升高了$\sqrt{3}$倍，三相导线之间的线电压也仍然平衡，电力用户也可以继续运行 2h。

按我国有关规程规定，当 3～10kV 系统单相接地时的电容电流超过 30A 或 35～60kV 系统单相接地时的电容电流超过 10A 时，其系统的中性点应装设消弧线圈。

## 四、中性点直接接地（或经低电阻接地）的电力系统

中性点直接接地的电力系统如图 1-7 所示。在该系统中发生单相接地故障时，将形成单

相短路，用 $k^{(1)}$ 表示。此时，线路上将流过很大的单相短路电流 $I_k^{(1)}$，从而烧坏电气设备，甚至影响电力系统运行的稳定性。为此，通常还需要配置继电保护装置，以便与断路器共同作用，迅速地将故障部分切除。显然，中性点直接接地的电力系统发生单相接地故障时，是不能继续运行的，所以其供电可靠性不如小电流接地系统高。

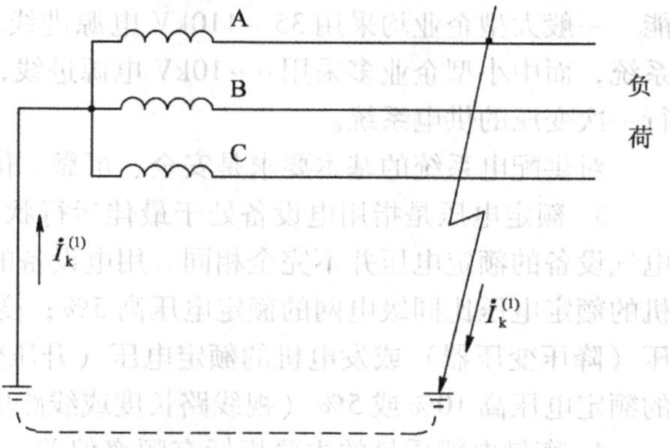


图 1-7 中性点直接接地的电力系统示意图

中性点直接接地的电力系统发生单相接地故障时，中性点电位仍为零，非故障相对地电压不会升高，仍为相电压，因此电气设备的绝缘水平只需按电网的相电压考虑，故可以降低工程造价。由于这一优点，我国110kV及以上的电力系统基本上都采用中性点直接接地的方式。

这种接地方式在发生单相接地故障时，接地相短路电流很大，会造成设备损坏，严重时会破坏系统的稳性。为保证设备安全和系统的稳定运行，必须迅速切除故障线路，这将中断向用户供电，使供电可靠性降低。为了弥补这一缺点，可在线路上装设三相或单相自动重合闸装置，靠它来尽快恢复供电，可使供电可靠性大大提高。

我国的380/220V低压配电系统也广泛采用中性点直接接地方式，而且引出有中性线（N线）、保护线（PE线）或保护中性线（PEN线）。中性线的作用：一是用来接额定电压为相电压的单相设备，二是用来传输三相系统中的不平衡电流和单相电流，三是减少负荷中性点的电位偏移。保护线的作用是保障人身安全，防止触电事故发生。通过公共PE线，将设备的外露可导电部分（指正常不带电而在故障时可带电且易被触及的部分，如金属外壳和构架等）连接到电源的接地点上，当系统中设备发生单相接地故障时，就形成单相短路，使线路上的过电流保护装置动作，迅速切除故障部分，从而防止人身触电。

在现代化城市的配网改造工程中，广泛用电缆线路代替架空线路，从而使单相接地电容电流增大，因此采取经消弧线圈接地的方式往往仍不能完全消除接地故障点的间歇性电弧，也无法抑制由此引起的弧光接地过电压。这时，可采用中性点经低电阻接地的运行方式。在这种接地方式中，装有零序电流互感器和零序电流保护，一旦发生单相接地故障，保护动作于跳闸，将故障线路切除。然后，可凭借安装三相或单相自动重合闸装置，来提高供电可靠性。现在，城市配网系统已逐步形成“手拉手”、环网供电网络，一些重要用户由两路或多路电源供电，对供电的可靠性不再是依靠允许带着单相接地故障坚持运行2h来保证，而是靠加强电网结构、调度控制和配网自动化来保证。

## 本 章 小 结

1. 电力系统是由发电厂、变电所、电力线路和电力用户组成的整体。电力网由各级电压的电力线路及其联系的变配电所组成，它是电力系统中连接发电厂和电力用户的中间环节。

2. 供配电系统由总降压变电所（或高压配电所）、配电线路、车间变电所和用电设备等组成。变电所的任务是接收电能、变换电压和分配电能；配电所的任务是接收电能和分配电能。一般大型企业均采用35～110kV 电源进线，并拥有总降压变电所进行二次变压的供电系统，而中小型企业多采用6～10kV 电源进线，仅有高压配电所或6～10 kV 车间变电所进行一次变压的供电系统。

对供配电系统的基本要求是安全、可靠、优质、经济。

3. 额定电压是指用电设备处于最佳运行状态时的工作电压。在同一电压等级下，各种电气设备的额定电压并不完全相同。用电设备的额定电压与同级电网的额定电压相同；发电机的额定电压比同级电网的额定电压高5%；变压器一次绕组的额定电压等于电网的额定电压（降压变压器）或发电机的额定电压（升压变压器）；变压器二次绕组的额定电压比电网的额定电压高10%或5%（视线路长度或线路电压而定）。

4. 衡量电能质量的主要指标有频率偏差、电压偏差、电压波动与闪变、高次谐波、三相不平衡度及暂时过电压和瞬态过电压等。

5. 电力系统中性点的运行方式主要有三种：中性点不接地、中性点经消弧线圈接地和中性点直接接地（或经低电阻接地）。前两种称为小电流接地系统，后一种称为大电流接地系统。在小电流接地系统中发生单相接地时，故障相对地电压为零，非故障相对地电压升高$\sqrt{3}$倍，此时三相之间的线电压仍然对称，允许继续运行不得超过2h；大电流接地系统发生单相接地时形成单相短路，引起保护装置动作跳闸，切除接地故障。

6. 消弧线圈的补偿方式有全补偿、欠补偿和过补偿，一般都采用过补偿方式。

## 思考题与习题

1-1 什么叫电力系统和电力网？

1-2 供配电系统由哪几部分组成？对供配电工作的基本要求是什么？

1-3 我国规定的三相交流系统的额定电压有哪些？用电设备、发电机、变压器的额定电压与同级电网的额定电压之间有什么关系？为什么？

1-4 衡量电能质量的主要指标有哪些？

1-5 什么叫小电流接地系统？什么叫大电流接地系统？小电流接地系统发生单相接地故障时，各相对地电压如何变化？这时为何可以暂时继续运行，但又不允许长期运行？

1-6 消弧线圈的补偿方式有几种？一般采用哪种补偿方式？为什么？

1-7 为什么我国规定110kV以上的高压电网和380/220V的低压电网要采用大电流接地系统？各有什么优点？

1-8 试确定图1-8所示供电系统中发电机和所有变压器的额定电压。

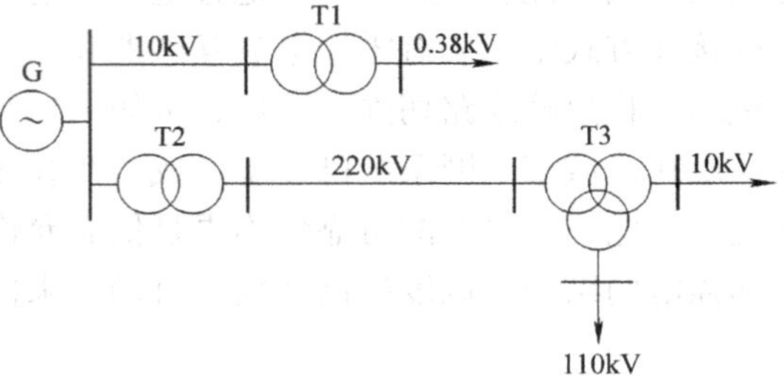


图1-8 习题1-8图

1-9 某10kV电网，架空线路总长度为70km，电缆线路总长度为16km。试求此中性点不接地的电力系统发生单相接地故障时的接地电容电流，并判断此系统的中性点运行方式需不需要改为经消弧线圈接地。

# 第二章　负荷计算与无功功率补偿

在工厂供配电设计中，首先遇到的是全厂要用多少度电，或选用多大变压器容量等问题，这就需要进行负荷的统计和计算，以便正确选择供配电系统中导线、电缆、开关电器、变压器等的技术参数。本章首先介绍电力负荷及其相关概念，然后重点介绍用电设备组和工厂计算负荷的确定方法，最后介绍功率因数的确定及补偿。本章内容是供配电系统运行分析和设计计算的基础。

## 第一节　电力负荷与负荷曲线

### 一、电力负荷的分级

电力负荷按其对供电可靠性的要求可分为以下三级：

1. 一级负荷

中断供电将造成人身伤亡，或重大设备损坏且难以复修，或在政治、经济上造成重大损失者，均属于一级负荷。

一级负荷应由两个独立电源供电。对特别重要的一级负荷，两个独立电源应来自不同的地点。

独立电源是指若干电源中任一电源发生故障或停止供电时，不影响其他电源继续供电。同时具备下列两个条件的发电厂或变电所的不同母线段，均属独立电源：

1）每段母线的电源来自不同发电机。

2）母线段之间无联系，或虽有联系但在其中一段发生故障时，能自动将其联系断开，不影响另一段母线继续供电。

2. 二级负荷

中断供电将造成设备局部破坏或生产流程紊乱且较长时间才能恢复，或大量产品报废、重点企业大量减产，或在政治、经济上造成较大损失者，均属于二级负荷。

二级负荷应由两回线路供电。但在负荷较小或取得两回线路有困难时，允许由一回专用架空线路供电。

3. 三级负荷

所有不属于一级和二级的一般电力负荷，均属于三级负荷。

三级负荷对供电电源无特殊要求，允许较长时间停电，可用单回线路供电。

### 二、负荷曲线

负荷曲线是表征电力负荷随时间变动情况的一种图形，一般绘制在直角坐标上，横坐标表示时间，纵坐标表示电力负荷。负荷曲线按负荷性质不同，可分为有功负荷曲线和无功负荷曲线；按负荷持续时间不同，可分为日负荷曲线和年负荷曲线。

相对来说，无功负荷曲线的用途较小，电力系统的运行或设计部门，一般都不编制无功负荷曲线，只是隔一段时间编制一次无功功率平衡表或各枢纽点电压曲线。而有功负荷曲线对电力系统的运行十分有用，电力系统的计划生产主要是建立在预测的有功负荷曲线的基础之上。下面介绍几种典型的负荷曲线。

1. 日负荷曲线

日负荷曲线表示一天（24h）内负荷变动的情况，可根据变电所的有功功率表，用测量的方法绘制。在一定的时间间隔内（如半小时）将仪表数据的平均值逐一记录下来，然后在直角坐标中逐点描绘而成，如图 2-1a 所示。日负荷曲线下所包围的面积表示一天（24h）内所消耗的电能。时间间隔愈短，描绘的日负荷曲线愈能反映实际负荷的变动情况。

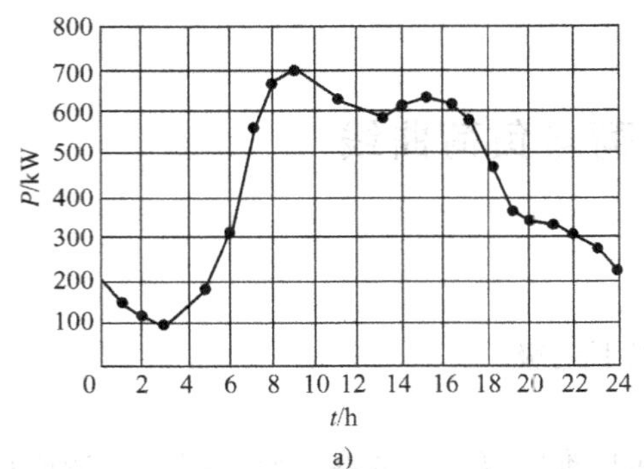


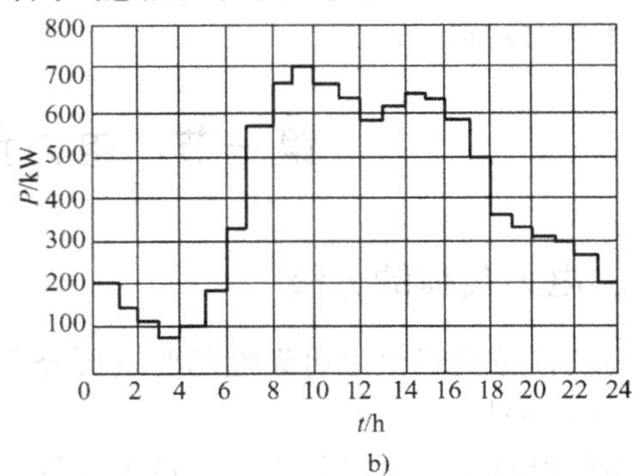


图 2-1 日负荷曲线

a）折线图 b）梯形图

但是，逐点描绘的日负荷曲线为依次连续的折线，不适用于实际应用。为了计算方便，往往将逐点描绘的日负荷曲线用等效的梯形曲线来代替，如图 2-1b 所示。梯形曲线所包围的面积应和折线连成的曲线所包围的面积相等。

2. 年负荷曲线

年负荷曲线表示全年（8760h）内负荷变动的情况，可用两种方法来表示。一种称为年最大负荷曲线，或称运行年负荷曲线，表示一年中每日（或每月）最大有功负荷的变动情况，可根据全年日负荷曲线间接制成，如图 2-2 所示。这种负荷曲线主要用来安排发电机组的检修计划，确定发电厂运行机组的容量，也为有计划地扩建发电机组或新建发电厂提供依据。

另一种称为全年时间负荷曲线，或称年负荷持续曲线，它不分日月的界限，而是以实际使用的时间为横坐标，以有功负荷的大小为纵坐标来依次排列所制成的。这种年负荷曲线的绘制需借助一年中具有代表性的夏季和冬季的日负荷曲线，若取冬季为 213 天，夏季为 152 天，从两条典型日负荷曲线的最大值开始，依功率递减的次序依次绘制。如功率 $P_1$ 所占全年时间为 $T_1=(t_1+t'_1)\times 213$，而功率 $P_2$ 所占全年时间为 $T_2=t_2\times 213+t'_2\times 152$，其余类推，如图 2-3 所示。

图 2-2 年最大负荷曲线

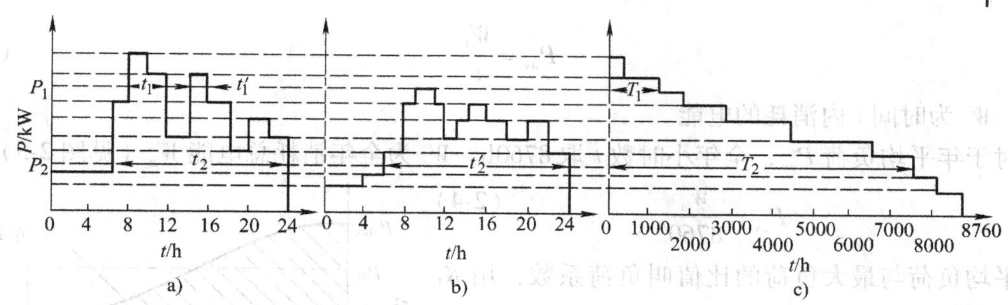


图 2-3 全年时间负荷曲线的绘制

a）冬季典型日负荷曲线 b）夏季典型日负荷曲线 c）全年时间负荷曲线

由此可见，某变电所的全年时间负荷曲线表示该变电所一年内各种不同大小负荷所持续的时间，全年时间负荷曲线所包围的面积等于变电所在一年时间内消耗的有功电能，即

$$W_a = \int_0^{8760} p\mathrm{d}t \tag{2-1}$$

## 三、与负荷计算有关的物理量

1. 年最大负荷和年最大负荷利用小时数

年最大负荷 $P_{max}$ 是指全年中消耗电能最多的半小时的平均功率（即年负荷曲线上的最高点），因此也称为半小时最大负荷 $P_{30}$。

年最大负荷利用小时数 $T_{max}$ 是一个假想时间，在此时间内，用户以年最大负荷 $P_{max}$ 持续运行所消耗的电能恰好等于全年实际消耗的电能，如图 2-4 所示。因此，$T_{max}$ 可表示为

$$T_{max} = \frac{W_a}{P_{max}} = \frac{\int_0^{8760} p\mathrm{d}t}{P_{max}} \tag{2-2}$$

式中，$W_a$ 为全年消耗的电能。

显然，年负荷曲线越平坦，$T_{max}$ 值越大；反之，年负荷曲线越陡，$T_{max}$ 值越小。因此，$T_{max}$ 的大小说明了用户用电的性质，也说明了用户负荷曲线的大致趋势。对于相同类型的用户，尽管 $P_{max}$ 值有所不同，但 $T_{max}$ 值却是基本接近的，这是生产流程大致相同的缘故。所以，$T_{max}$ 亦是反映用电规律性的参数。各类电力用户的 $T_{max}$ 值见表 2-1。

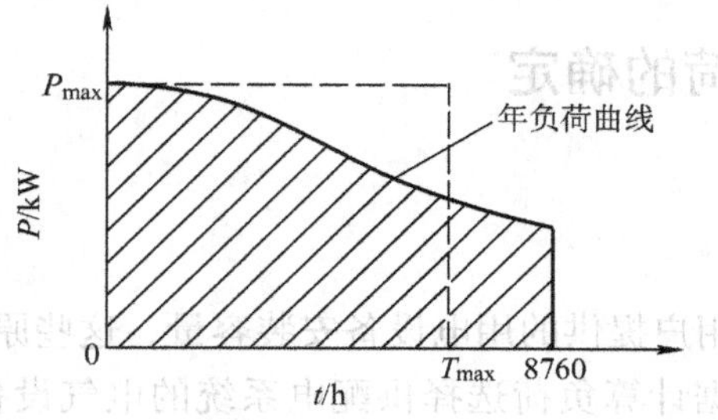


图 2-4 年最大负荷与年最大负荷利用小时数

表 2-1 各类电力用户的 $T_{max}$ 值

| 用户类型 | $T_{max}$/h |
|---|---|
| 照明及生活用电 | 2000～3000 |
| 一班制工厂 | 1500～2200 |
| 二班制工厂 | 3000～4500 |
| 三班制工厂 | 6000～7000 |
| 农业用电 | 1000～1500 |

2. 平均负荷与负荷系数

平均负荷 $P_{av}$ 是指电力负荷在一定时间 $t$ 内平均消耗的功率，即

$$P_{av} = \frac{W_t}{t} \tag{2-3}$$

式中，$W_t$ 为时间 $t$ 内消耗的电能。

对于年平均负荷 $P_{av}$，全年小时数 $t$ 取 8760h，$W_t$ 为全年消耗总电能 $W_a$（见图 2-5），则

$$P_{av} = \frac{W_a}{8760} \tag{2-4}$$

平均负荷与最大负荷的比值叫负荷系数，用 $K_L$ 表示，即

$$K_L = \frac{P_{av}}{P_{max}} \tag{2-5}$$

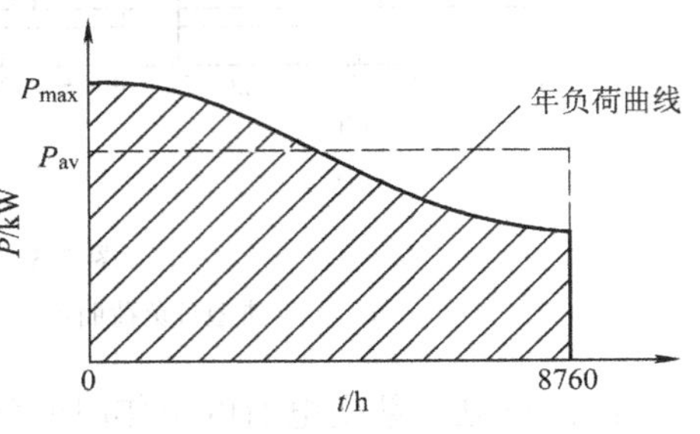

图 2-5 年平均负荷

负荷系数也称负荷率，又叫负荷曲线填充系数，它是表征负荷变化规律的一个参数。其值愈大，说明负荷曲线愈平坦，负荷波动愈小。从发挥整个电力系统的效能来说，应尽量使用户不平坦的负荷曲线“削峰填谷”，提高负荷系数，因此用户供配电系统在运行中必须实行负荷调整。

3. 需要系数和利用系数

负荷曲线中的最大有功计算负荷 $P_{max}$ 与全部用电设备额定功率 $\Sigma P_N$ 之比，称为需要系数，用 $K_d$ 表示，即

$$K_d = \frac{P_{max}}{\Sigma P_N} \tag{2-6}$$

负荷曲线中的平均负荷 $P_{av}$ 与全部用电设备额定功率 $\Sigma P_N$ 之比，称为利用系数，用 $K_u$ 表示，即

$$K_u = \frac{P_{av}}{\Sigma P_N} \tag{2-7}$$

对各类工厂的负荷曲线进行观察发现，同一类型的用电设备组、车间或工厂，其负荷曲线是大致相同的。这表明，对于同一类型的工业企业，其需要系数和利用系数十分相近，可以分别用典型数值表示它们。需要系数的物理意义及各类用电设备的典型数据在本章第二节中详细介绍。

## 第二节 计算负荷的确定

### 一、概述

对供配电系统进行电力设计的基本原始资料是用户提供的用电设备安装容量，这些原始资料首先要变成设计所需要的计算负荷，然后再根据计算负荷选择供配电系统的电气设备、导线、电缆及电力变压器容量等。

计算负荷是根据已知的用电设备安装容量确定的、用以按发热条件选择导体和电气设备时所使用的一个假想负荷，用 $P_c$、$Q_c$ 和 $S_c$ 表示。计算负荷产生的热效应与实际变动负荷产生的热效应相等。按计算负荷选择的电气设备和导线、电缆，如以最大负荷持续运行，其发

热温度温升不会超过允许值，因而也不会影响其使用寿命。

由于导体通过电流达到稳定温升的时间大约为 $3\tau \sim 4\tau$（$\tau$为发热时间常数），而一般截面面积在 $16\text{mm}^2$ 及以上的导体，其$\tau$都在 10min 以上，也就是说载流导体大约经半小时后可达到稳定温升值。可见，计算负荷实际上与从负荷曲线上查到的半小时最大负荷 $P_{30}$（亦即年最大负荷 $P_{\max}$）基本是相当的。所以，计算负荷也可以认为就是半小时最大负荷，即

$$P_c = P_{30} = P_{\max} \tag{2-8}$$

计算负荷是供配电系统设计计算的基本依据。计算负荷估算的是否合理，将直接影响到电力设计的质量。若估算过高，将使设备和导线选择偏大，造成投资和有色金属的浪费；而估算过低，又将使设备和导线选择偏小，造成运行时过热，加快绝缘老化，降低使用寿命，增大电能损耗，影响供配电系统的正常运行。可见，正确计算电力负荷具有重要意义。

常用的确定计算负荷的方法有需要系数法、二项式系数法、利用系数法和单位产品耗电量法等。需要系数法的特点是计算简单方便，对于任何性质的企业负荷均适用，且计算结果基本上符合实际，尤其对各用电设备容量相差较小且用电设备数量较多的用电设备组，因此这种方法是世界各国普遍采用的确定计算负荷的基本方法。二项式系数法的应用局限性较大，主要适用于设备台数较少而容量相差较大的场合。利用系数法以平均负荷作为计算的依据，其理论基础是概率论和数理统计，因而计算结果更接近实际情况，但因这种方法目前积累的实用数据不多，且其计算比较繁琐，因此在工程设计中未得到普遍应用。单位产品耗电量法常用于方案估算。本节主要介绍在我国应用比较广泛的需要系数法和二项式系数法。

## 二、用电设备的工作制及设备容量的计算

1. 用电设备的工作制

（1）长期工作制　长期工作制（连续运行工作制）指用电设备工作时间较长、连续运行。绝大多数用电设备都属于此类工作制，如通风机、压缩机、各种泵类、各种电炉、机床、电解电镀设备、照明灯等。这类设备的温升趋近于稳定温升。

（2）短时工作制　短时工作制（短时运行工作制）指用电设备工作时间很短而停歇时间很长，如金属切削机床用的辅助机械（横梁升降、刀架快速移动装置等）就属于此类工作制。在工作时间内，用电设备来不及发热到稳定温升就开始冷却，而其发热足以在停歇时间内冷却到周围介质的温度。这类设备的数量很少，求计算负荷时一般不考虑短时工作制的用电设备。

（3）反复短时工作制　反复短时工作制（断续周期工作制）指用电设备周期性地时而工作、时而停歇，如此反复运行，如起重设备、起重机用电动机、电焊用变压器等就属于此类工作制。这类设备在工作时间内达不到稳定温升，而且在停歇时间内设备温度也恢复不到周围介质的温度。

通常用暂载率（负荷持续率）$\varepsilon$ 来表示反复短时工作制用电设备的工作繁重程度。暂载率是指设备工作时间与工作周期的百分比值，即

$$\varepsilon = \frac{t}{T} \times 100\% = \frac{t}{t + t_0} \times 100\% \tag{2-9}$$

式中，$T$ 为工作周期；$t$ 为一个周期内的工作时间；$t_0$ 为一个周期内的停歇时间。

根据我国国家技术标准规定，反复短时工作制用电设备的额定工作周期为 10min，起重

机用电动机的标准暂载率有15%、25%、40%和60%四种，电焊设备的标准暂载率有50%、65%、75%和100%四种。

2. 设备容量的计算

确定计算负荷的第一步是求用电设备的设备容量（或称设备功率）。每台用电设备的铭牌上都标有一个额定功率$P_N$，由于各用电设备的额定工作条件不同，例如有的是长期工作制，有的是反复短时工作制，因此就不能简单地将这些铭牌上的额定功率直接相加，而必须先将其换算成同一工作制下的额定功率，然后才能相加。经过换算至统一规定的工作制下的额定功率，称为用电设备的设备容量，用$P_e$表示。

1）对长期工作制用电设备，其设备容量就是铭牌上的额定功率，即$P_e=P_N$。

2）对反复短时工作制用电设备，其设备容量是指换算到统一暂载率下的额定功率。

①起重机电动机组的设备容量是指统一换算到$\varepsilon=25\%$时的额定功率，因此其设备容量为

$$P_e=P_N\sqrt{\frac{\varepsilon_N}{\varepsilon_{25}}}=2P_N\sqrt{\varepsilon_N} \tag{2-10}$$

式中，$P_N$为起重机电动机的铭牌额定功率（kW）；$\varepsilon_N$为与$P_N$相对应的额定暂载率（计算中用小数）；$\varepsilon_{25}$为其值等于25%的暂载率（计算中用0.25）。

②电焊机组的设备容量是指统一换算到$\varepsilon=100\%$时的额定功率，因此其设备容量为

$$P_e=P_N\sqrt{\frac{\varepsilon_N}{\varepsilon_{100}}}=P_N\sqrt{\varepsilon_N}=S_N\cos\varphi_N\sqrt{\varepsilon_N} \tag{2-11}$$

式中，$S_N$为电焊机的铭牌额定容量（kV·A）；$\varepsilon_N$为与$S_N$相对应的额定暂载率（计算中用小数）；$\varepsilon_{100}$为其值等于100%的暂载率（计算中用1）；$\cos\varphi_N$为铭牌标称满载时的功率因数。

3）照明设备的设备容量：

①白炽灯、碘钨灯的设备容量等于灯泡上标称的额定功率。

②荧光灯应考虑镇流器中的功率损失（约为灯泡功率的20%），因此其设备容量可取灯管额定功率的1.2倍。

③高压水银荧光灯和金属卤化物灯也应考虑镇流器中的功率损失（约为灯泡功率的10%），因此其设备容量可取灯管额定功率的1.1倍。

4）单相负荷设备容量的计算。单相用电设备应尽可能均衡地分配在三相线路上，使三相负荷比较平衡。在计算过程中，当单相用电设备的总容量不超过三相用电设备总容量的15%时，其设备容量可直接按三相平衡负荷考虑；当超过15%，且三相具有明显不对称时，则应将其换算为等效的三相设备容量，再同三相用电设备一起进行三相负荷计算。换算方法如下：

①单相设备接于相电压时

$$P_e=3P_{e.m\varphi} \tag{2-12}$$

式中，$P_e$为等效的三相设备容量（kW）；$P_{e.m\varphi}$为最大负荷相所接的单相设备容量（kW）。

②单相设备接于同一线电压时

$$P_e=\sqrt{3}P_{e.\varphi} \tag{2-13}$$

式中，$P_{e.\varphi}$为接于同一线电压的单相设备容量（kW）。

③通常，单相设备既有接于相电压的又有接于线电压的，此时应首先将接于线电压的单相设备容量换算为接于相电压的设备容量，换算公式如下。

A 相
$$P_A = p_{AB-A}P_{AB} + p_{CA-A}P_{CA} \tag{2-14}$$
$$Q_A = q_{AB-A}P_{AB} + q_{CA-A}P_{CA} \tag{2-15}$$

B 相
$$P_B = p_{BC-B}P_{BC} + p_{AB-B}P_{AB} \tag{2-16}$$
$$Q_B = q_{BC-B}P_{BC} + q_{AB-B}P_{AB} \tag{2-17}$$

C 相
$$P_C = p_{CA-C}P_{CA} + p_{BC-C}P_{BC} \tag{2-18}$$
$$Q_C = q_{CA-C}P_{CA} + q_{BC-C}P_{BC} \tag{2-19}$$

式中，$P_{AB}$、$P_{BC}$、$P_{CA}$分别为接于 AB、BC、CA 相间的单相用电设备容量（kW）；$P_A$、$P_B$、$P_C$ 为换算为 A、B、C 相上的有功设备容量（kW）；$Q_A$、$Q_B$、$Q_C$ 为换算为 A、B、C 相上的无功设备容量（kvar）；$p_{AB-A}$、…及 $q_{AB-A}$、…分别为有功功率及无功功率换算系数（见表 2-2）。

**表 2-2　相间负荷换算为相负荷的功率换算系数**

| 功率换算系数 | 负荷功率因数 | | | | | | | | |
|---|---|---|---|---|---|---|---|---|---|
| | 0.35 | 0.4 | 0.5 | 0.6 | 0.65 | 0.7 | 0.8 | 0.9 | 1.0 |
| $p_{AB-A}$、$p_{BC-B}$、$p_{CA-C}$ | 1.27 | 1.17 | 1.0 | 0.89 | 0.84 | 0.8 | 0.72 | 0.64 | 0.5 |
| $p_{AB-B}$、$p_{BC-C}$、$p_{CA-A}$ | −0.27 | −0.17 | 0 | 0.11 | 0.16 | 0.2 | 0.28 | 0.36 | 0.5 |
| $q_{AB-A}$、$q_{BC-B}$、$q_{CA-C}$ | 1.05 | 0.86 | 0.58 | 0.38 | 0.3 | 0.22 | 0.09 | −0.05 | −0.29 |
| $q_{AB-B}$、$q_{BC-C}$、$q_{CA-A}$ | 1.63 | 1.44 | 1.16 | 0.96 | 0.88 | 0.8 | 0.67 | 0.53 | 0.29 |

然后，分相计算各相的设备容量，找出最大负荷相的单相设备容量，取其 3 倍即为总的等效三相设备容量。

## 三、单台用电设备的负荷计算

对一般可长期连续工作的单台用电设备，额定容量即是其计算负荷，即 $P_{30} = P_N$；对单台电动机及其他需要计及效率的单台用电设备，其计算负荷为 $P_{30} = P_N/\eta$；对单台反复短时工作制用电设备，其设备容量直接作为计算负荷，即 $P_{30} = P_e$。

## 四、用电设备组的负荷计算

1. 需要系数法

凡工艺性质相同、需要系数相近的用电设备即可归类于同一设备组。在一个车间中，可根据具体情况将用电设备分为若干组，对每一组选用合适的需要系数，算出每组用电设备的计算负荷，然后由各组计算负荷求总的计算负荷，这种方法称为需要系数法。

对于一组用电设备，当在最大负荷运行时，所安装的所有用电设备不可能全部同时运行，也不可能全部在满负荷下运行，再加之线路在输送功率时要产生损耗，同时用电设备本身也有损耗，故不能将所有设备的额定容量简单相加来作为用电设备组的计算负荷，必须考虑在运行时可能出现的上述各种情况。因此，一个用电设备组的需要系数可表示为

$$K_d = \frac{K_\Sigma K_L}{\eta_e \eta_{WL}} \tag{2-20}$$

式中，$K_\Sigma$ 为用电设备的同时系数；$K_L$ 为用电设备的负荷系数；$\eta_e$ 为用电设备组的平均效率；$\eta_{WL}$为供电线路的平均效率。

需要系数 $K_d$ 小于 1。工厂各用电设备组和各种工厂的的需要系数及功率因数见表 2-3 和表 2-4。

**表 2-3　工厂各用电设备组的需要系数及功率因数**

| 用电设备名称 | $K_d$ | cosφ | tanφ |
|---|---|---|---|
| 单独传动的金属加工机床： | | | |
| 1. 冷加工车间 | 0.14～0.16 | 0.5 | 1.73 |
| 2. 热加工车间 | 0.2～0.25 | 0.55～0.6 | 1.52～1.33 |
| 压床、锻锤、剪床及其他锻工机械 | 0.25 | 0.6 | 1.33 |
| 连续运输机械： | | | |
| 1. 联锁的 | 0.65 | 0.75 | 0.88 |
| 2. 非联锁的 | 0.6 | 0.75 | 0.88 |
| 轧钢车间的反复短时工作制机械 | 0.3～0.4 | 0.5～0.6 | 1.73～1.33 |
| 通风机： | | | |
| 1. 生产用 | 0.75～0.85 | 0.8～0.85 | 0.75～0.62 |
| 2. 卫生用 | 0.65～0.7 | 0.8 | 0.75 |
| 泵、活塞式压缩机、鼓风机、电动发电机组、排风机等 | 0.75～0.85 | 0.8 | 0.75 |
| 透平压缩机和透平鼓风机 | 0.85 | 0.85 | 0.62 |
| 破碎机、筛选机、碾砂机等 | 0.75～0.85 | 0.8 | 0.75 |
| 磨碎机 | 0.8～0.85 | 0.8～0.85 | 0.75～0.62 |
| 铸铁车间造型机 | 0.7 | 0.75 | 0.88 |
| 搅拌器、凝结器、分级器等 | 0.75 | 0.75 | 0.88 |
| 水银整流机组（在变压器一次侧）： | | | |
| 1. 电解车间用 | 0.9～0.95 | 0.82～0.9 | 0.7～0.48 |
| 2. 起重机负荷 | 0.3～0.5 | 0.87～0.9 | 0.57～0.48 |
| 3. 电气牵引用 | 0.4～0.5 | 0.92～0.94 | 0.43～0.36 |
| 感应电炉（不带功率因数补偿装置）： | | | |
| 1. 高频 | 0.8 | 0.1 | 10.05 |
| 2. 低频 | 0.8 | 0.35 | 2.67 |
| 电阻炉： | | | |
| 1. 自动装料 | 0.7～0.8 | 0.98 | 0.2 |
| 2. 非自动装料 | 0.6～0.7 | 0.98 | 0.2 |
| 小容量试验设备和实验台： | | | |
| 1. 带电动发电机组 | 0.15～0.4 | 0.7 | 1.02 |
| 2. 带试验变压器 | 0.1～0.25 | 0.2 | 4.91 |

（续）

| 用电设备名称 | $K_d$ | $\cos\varphi$ | $\tan\varphi$ |
|---|---|---|---|
| 起重机： | | | |
| 1. 锅炉房，修理、金工、装配车间 | 0.05～0.15 | 0.5 | 1.73 |
| 2. 铸铁车间、平炉车间 | 0.15～0.3 | 0.5 | 1.73 |
| 3. 轧钢车间、脱锭工部等 | 0.25～0.35 | 0.5 | 1.73 |
| 电焊机： | | | |
| 1. 点焊与缝焊用 | 0.35 | 0.6 | 1.33 |
| 2. 对焊用 | 0.35 | 0.7 | 1.02 |
| 电焊变压器： | | | |
| 1. 自动焊接用 | 0.5 | 0.4 | 2.29 |
| 2. 单头手动焊接用 | 0.35 | 0.35 | 2.68 |
| 3. 多头手动焊接用 | 0.4 | 0.35 | 2.68 |
| 焊接用电焊变压器组： | | | |
| 1. 单头焊接用 | 0.35 | 0.6 | 1.33 |
| 2. 多头焊接用 | 0.7 | 0.75 | 0.8 |
| 电弧炼钢炉变压器 | 0.9 | 0.87 | 0.57 |
| 煤气电气滤清机组 | 0.8 | 0.78 | 0.8 |

**表 2-4 各种工厂的全厂需要系数及功率因数**

| 工厂类别 | 需要系数 $K_d$ | | 最大负荷时的功率因数 | |
|---|---|---|---|---|
| | 变动范围 | 建议采用 | 变动范围 | 建议采用 |
| 汽轮机制造厂 | 0.38～0.49 | 0.38 | — | 0.88 |
| 锅炉制造厂 | 0.26～0.33 | 0.27 | 0.73～0.75 | 0.73 |
| 柴油机制造厂 | 0.32～0.34 | 0.32 | 0.74～0.84 | 0.74 |
| 重型机械制造厂 | 0.25～0.47 | 0.35 | — | 0.79 |
| 机床制造厂 | 0.13～0.3 | 0.2 | — | — |
| 重型机床制造厂 | 0.32 | 0.32 | — | 0.71 |
| 工具制造厂 | 0.34～0.35 | 0.34 | — | — |
| 仪器仪表制造厂 | 0.31～0.42 | 0.37 | 0.8～0.82 | 0.81 |
| 滚珠轴承制造厂 | 0.24～0.34 | 0.28 | — | — |
| 量具刀具制造厂 | 0.26～0.35 | 0.26 | — | — |
| 电机制造厂 | 0.25～0.38 | 0.33 | — | — |
| 石油机械制造厂 | 0.45～0.5 | 0.45 | — | 0.78 |
| 电线电缆制造厂 | 0.35～0.36 | 0.35 | 0.65～0.8 | 0.73 |
| 电气开关制造厂 | 0.3～0.6 | 0.35 | — | 0.75 |
| 阀门制造厂 | 0.38 | 0.38 | — | — |
| 铸管厂 | — | 0.5 | — | 0.78 |
| 橡胶厂 | 0.5 | 0.5 | 0.72 | 0.72 |
| 通用机械厂 | 0.34～0.43 | 0.4 | — | — |
| 小型造船厂 | 0.32～0.5 | 0.33 | 0.6～0.8 | 0.7 |

（续）

| 工厂类别 | 需要系数 $K_d$ | | 最大负荷时的功率因数 | |
|---|---|---|---|---|
| | 变动范围 | 建议采用 | 变动范围 | 建议采用 |
| 中型造船厂 | 0.35～0.45 | 有电炉时取高值 | 0.7～0.8 | 有电炉时取高值 |
| 大型造船厂 | 0.35～0.4 | 有电炉时取高值 | 0.7～0.8 | 有电炉时取高值 |
| 有色冶金工厂 | 0.6～0.7 | 0.65 | — | — |
| 化学工厂 | 0.17～0.38 | 0.28 | — | — |
| 纺织工厂 | 0.32～0.6 | 0.5 | — | — |
| 水泥工厂 | 0.5～0.84 | 0.71 | — | — |
| 锯木工厂 | 0.14～0.3 | 0.19 | — | — |
| 各种金属加工厂 | 0.19～0.27 | 0.21 | — | — |
| 钢结构桥梁厂 | 0.35～0.4 | — | — | 0.6 |
| 混凝土桥梁厂 | 0.3～0.45 | — | — | 0.55 |
| 混凝土轨枕厂 | 0.35～0.45 | — | — | — |

（1）单组用电设备计算负荷的确定　单组用电设备的计算负荷可按下式计算：

$$\left.\begin{aligned} P_{30} &= K_d P_e \\ Q_{30} &= P_{30}\tan\varphi \\ S_{30} &= P_{30}/\cos\varphi \\ I_{30} &= S_{30}/\sqrt{3}U_N \end{aligned}\right\} \tag{2-21}$$

式中，$P_{30}$、$Q_{30}$、$S_{30}$分别为该用电设备组的有功计算负荷（kW）、无功计算负荷（kvar）和视在计算负荷（kV·A）；$P_e$为该用电设备组的设备容量，是指用电设备组所有设备（不包括备用设备）的额定容量之和（kW），即$P_e=\sum P_N$；$\tan\varphi$为该用电设备组平均功率因数角的正切值；$U_N$为该用电设备组的额定电压（kV）；$I_{30}$为该用电设备组的计算电流（A）。

（2）多组用电设备计算负荷的确定　在配电干线或车间变电所低压母线上，常有多个用电设备组同时工作，由于各个用电设备组的最大负荷不一定会同时出现，因此在求配电干线或车间变电所低压母线上的计算负荷时，应对其有功负荷和无功负荷再计入一个同时系数$K_\Sigma$，即

$$\left.\begin{aligned} P_{30} &= K_\Sigma \sum P_{30.i} \\ Q_{30} &= K_\Sigma \sum Q_{30.i} \\ S_{30} &= \sqrt{P_{30}^2+Q_{30}^2} \\ I_{30} &= S_{30}/\sqrt{3}U_N \end{aligned}\right\} \tag{2-22}$$

式中，$K_\Sigma$为同时系数，一般取0.85～0.95。

必须注意：由于各组设备的功率因数不一定相同，因此总的视在计算负荷和计算电流不能用各组的视在计算负荷或计算电流之和来计算。此外，在计算多组用电设备总的计算负荷时，为了简化和统一，各组设备的台数不论多少，各组的计算负荷均按表2-3所列的$K_d$和$\cos\varphi$值来计算。

**例2-1**　某机械加工车间380V线路上，接有流水作业的金属切削机床电动机30台共85kW（其中，较大容量电动机有11kW 1台，7.5kW 3台，4kW 6台），通风机3台共5kW，

起重机 1 台 3kW（$\varepsilon=40\%$）。试用需要系数法确定此线路上的计算负荷。

**解**：先求各组的计算负荷。

（1）金属切削机床组　查表 2-3，取 $K_d=0.16$，$\cos\varphi=0.5$，$\tan\varphi=1.73$，因此

$$P_{30(1)}=0.16\times85\text{kW}=13.6\text{kW}$$

$$Q_{30(1)}=13.6\times1.73\text{kvar}=23.53\text{kvar}$$

（2）通风机组　查表 2-3，取 $K_d=0.85$，$\cos\varphi=0.85$，$\tan\varphi=0.62$，因此

$$P_{30(2)}=0.85\times5\text{kW}=4.25\text{kW}$$

$$Q_{30(2)}=4.25\times0.62\text{kvar}=2.635\text{kvar}$$

（3）起重机组　查表 2-3，取 $K_d=0.15$，$\cos\varphi=0.5$，$\tan\varphi=1.73$，而 $\varepsilon=40\%$，故

$$P_e=2\times3\sqrt{0.4}\text{kW}=3.795\text{kW}$$

因此

$$P_{30(3)}=0.15\times3.795\text{kW}=0.569\text{kW}$$

$$Q_{30(3)}=0.569\times1.73\text{kvar}=0.984\text{kvar}$$

取 $K_\Sigma=0.9$，可求得总的计算负荷为

$$P_{30}=0.9\times(13.6+4.25+0.569)\text{kW}=16.58\text{kW}$$

$$Q_{30}=0.9\times(23.53+2.635+0.984)\text{kvar}=24.43\text{kvar}$$

$$S_{30}=\sqrt{16.58^2+24.43^2}\text{kV}\cdot\text{A}=29.52\text{kV}\cdot\text{A}$$

$$I_{30}=\frac{29.52}{\sqrt{3}\times0.38}\text{A}=44.85\text{A}$$

需要指出：表 2-3 所列需要系数值是按车间范围内设备台数较多、总容量较大的情况来确定的，因此需要系数法普遍应用于求全厂和大型车间变电所的计算负荷。但是，由于需要系数法没有考虑大容量用电设备对计算负荷的特殊影响，特别是在确定设备台数较少而容量相差较大的分支干线的计算负荷时，其计算结果往往比实际负荷偏小。在这种情况下，可采用二项式系数法进行负荷计算。

2. 二项式系数法

（1）单组用电设备计算负荷的确定　单组用电设备的计算负荷可按下式计算：

$$\left.\begin{aligned}P_{30}&=bP_e+cP_x\\Q_{30}&=P_{30}\tan\varphi\\S_{30}&=\sqrt{P_{30}^2+Q_{30}^2}\\I_{30}&=S_{30}/\sqrt{3}U_N\end{aligned}\right\}\tag{2-23}$$

式中，$bP_e$ 为用电设备组的平均负荷（kW），其中 $P_e$ 为用电设备组的设备容量之和；$cP_x$ 为用电设备组中 $x$ 台容量最大的设备投入运行时增加的附加负荷（kW），其中 $P_x$ 为 $x$ 台容量最大设备的设备容量之和；$b$、$c$ 为二项式系数，查表 2-5 可得。

**表 2-5　用电设备组的二项式系数**

| 用电设备组名称 | $cP_x+bP_e$ | $\cos\varphi$ | $\tan\varphi$ |
|---|---|---|---|
| 小批生产金属冷加工机床 | $0.4P_5+0.14P_e$ | 0.5 | 1.73 |
| 大批生产金属冷加工机床 | $0.5P_5+0.14P_e$ | 0.5 | 1.73 |
| 大批生产金属热加工机床 | $0.5P_5+0.26P_e$ | 0.65 | 1.17 |
| 通风机、泵、压缩机及电动发电机组 | $0.25P_5+0.65P_e$ | 0.8 | 0.75 |

（续）

| 用电设备组名称 | $cP_x+bP_e$ | $\cos\varphi$ | $\tan\varphi$ |
|---|---|---|---|
| 连续运载机械（联锁） | $0.2P_5+0.6P_e$ | 0.75 | 0.88 |
| 连续运载机械（不联锁） | $0.4P_5+0.4P_e$ | 0.75 | 0.88 |
| 锅炉房和机修、装配、机械车间的起重机（$\varepsilon=25\%$） | $0.2P_3+0.06P_e$ | 0.5 | 1.73 |
| 铸工车间的起重机（$\varepsilon=25\%$） | $0.3P_3+0.09P_e$ | 0.5 | 1.73 |
| 平炉车间的起重机（$\varepsilon=25\%$） | $0.3P_5+0.11P_e$ | 0.5 | 1.73 |
| 轧钢车间及脱锭脱模的起重机（$\varepsilon=25\%$） | $0.3P_3+0.18P_e$ | 0.5 | 1.73 |
| 自动装料的电阻炉（连续） | $0.3P_2+0.7P_e$ | 0.95 | 0.33 |
| 非自动装料的电阻炉（不连续） | $0.5P_1+0.5P_e$ | 0.95 | 0.33 |

（2）多组用电设备计算负荷的确定　采用二项式系数法确定多组用电设备的计算负荷时，也应考虑各组用电设备的最大负荷不同时出现的因素，但不是计入一个同时系数 $K_\Sigma$，而是在各组用电设备中取其中一组最大的附加负荷 $(cP_x)_{max}$，再加上各组的平均负荷 $bP_e$。其计算方法为

$$\left.\begin{aligned}P_{30}&=\sum(bP_e)_i+(cP_x)_{max}\\Q_{30}&=\sum(bP_e\tan\varphi)_i+(cP_x)_{max}\tan\varphi_{max}\\S_{30}&=\sqrt{P_{30}^2+Q_{30}^2}\\I_{30}&=S_{30}/\sqrt{3}U_N\end{aligned}\right\}\tag{2-24}$$

式中，$\tan\varphi_{max}$为与最大附加负荷 $(cP_x)_{max}$相对应的功率因数角的正切值。

**例 2-2**　试用二项式系数法确定例 2-1 所述机械加工车间 380V 线路上的计算负荷。

**解：**先求各用电设备组的计算负荷。

（1）金属切削机床组　查表 2-5 得 $b=0.14$，$c=0.4$，$x=5$，$\cos\varphi=0.5$，$\tan\varphi=1.73$，因此

$$bP_{e(1)}=0.14\times85\text{kW}=11.9\text{kW}$$
$$cP_{x(1)}=0.4\times(11\times1+7.5\times3+4\times1)\text{kW}=15\text{kW}$$
$$P_{30(1)}=11.9\text{kW}+15\text{kW}=26.9\text{kW}$$
$$Q_{30(1)}=26.9\times1.73\text{kvar}=46.54\text{kvar}$$

（2）通风机组　查表 2-5 得 $b=0.65$，$c=0.25$，$x=5$，$\cos\varphi=0.8$，$\tan\varphi=0.75$，因此

$$bP_{e(2)}=0.65\times5\text{kW}=3.25\text{kW}$$
$$cP_{x(2)}=0.25\times5\text{kW}=1.25\text{kW}$$
$$P_{30(2)}=3.25\text{kW}+1.25\text{kW}=4.5\text{kW}$$
$$Q_{30(2)}=4.5\times0.75\text{kvar}=3.375\text{kvar}$$

（3）起重机组　查表 2-5 得 $b=0.06$，$c=0.2$，$x=3$，$\cos\varphi=0.5$，$\tan\varphi=1.73$，起重机在 $\varepsilon=40\%$ 时 $P_N=3\text{kW}$，由例 2-1 知，换算到 $\varepsilon=25\%$ 时的 $P_e=3.795\text{kW}$。因此

$$bP_{e(3)}=0.06\times3.795\text{kW}=0.228\text{kW}$$
$$cP_{x(3)}=0.2\times3.795\text{kW}=0.759\text{kW}$$
$$P_{30(3)}=0.228\text{kW}+0.759\text{kW}=0.987\text{kW}$$
$$Q_{30(3)}=0.987\times1.73\text{kvar}=1.71\text{kvar}$$

比较以上各组的附加负荷 $cP_x$ 可知，金属切削机床组的 $cP_{x(1)}=15\mathrm{kW}$ 为最大，因此总的计算负荷为

$$P_{30}=(11.9+3.25+0.228)\mathrm{kW}+15\mathrm{kW}=30.38\mathrm{kW}$$

$$Q_{30}=(11.9\times1.73+3.25\times0.75+0.228\times1.73)\mathrm{kvar}+15\times1.73\mathrm{kvar}=49.37\mathrm{kvar}$$

$$S_{30}=\sqrt{30.38^2+49.37^2}\mathrm{kV\cdot A}=57.97\mathrm{kV\cdot A}$$

$$I_{30}=\frac{57.97}{\sqrt{3}\times0.38}\mathrm{A}=88.1\mathrm{A}$$

比较例2-1和例2-2的计算结果可以看出，按二项式系数法计算的结果比按需要系数法计算的结果大得多。可见，二项式系数法更适用于确定设备台数较少而容量相差较大的低压配电干线或配电箱的计算负荷。但是，二项式系数只有机械加工工业用电设备的数据，其他行业这方面的数据尚缺，从而使其应用受到一定的局限性。

## 第三节　供配电系统的功率损耗和电能损耗

### 一、供配电系统的功率损耗

当电流流过供配电线路和变压器时，势必要引起功率损耗，因此在确定总的计算负荷时，应将这部分功率损耗计入。

1. 线路的功率损耗

三相线路中的有功功率损耗 $\Delta P_{\mathrm{WL}}$ 和无功功率损耗 $\Delta Q_{\mathrm{WL}}$ 按下式计算：

$$\left.\begin{aligned}\Delta P_{\mathrm{WL}}&=3I_{30}^2R\times10^{-3}\\\Delta Q_{\mathrm{WL}}&=3I_{30}^2X\times10^{-3}\end{aligned}\right\}\tag{2-25}$$

式中，$I_{30}$ 为线路的计算电流（A）；$R$ 为线路每相的电阻（Ω），$R=r_1l$；$X$ 为线路每相的电抗（Ω），$X=x_1l$。其中，$l$ 为线路长度（km）；$r_1$、$x_1$ 为线路单位长度的电阻和电抗（Ω/km），可查相关手册或产品样本。

但是，查 $x_1$ 不仅要根据导线的截面面积，而且要根据导线之间的几何均距。所谓几何均距，是指三相线路各相导线之间距离的几何平均值。当三相导线之间的距离分别为 $s_{\mathrm{ab}}$、$s_{\mathrm{bc}}$、$s_{\mathrm{ca}}$ 时，其几何均距 $s_{\mathrm{av}}$ 为

$$s_{\mathrm{av}}=\sqrt[3]{s_{\mathrm{ab}}s_{\mathrm{bc}}s_{\mathrm{ca}}}\tag{2-26}$$

若三相导线按图2-6a所示的等边三角形排列，则 $s_{\mathrm{av}}=s$；若三相导线按图2-6b所示的水平等距排列，则 $s_{\mathrm{av}}=\sqrt[3]{2s^3}=1.26s$。

2. 变压器的功率损耗

（1）有功功率损耗　变压器的有功功率损耗由两部分组成：

1）铁心中的有功功率损耗，即铁损 $\Delta P_{\mathrm{Fe}}$。当变压器一次绕组的外施电压和频率不变时，铁损是固定不变的，与负荷大小无关。铁损可由变压器空载实验测

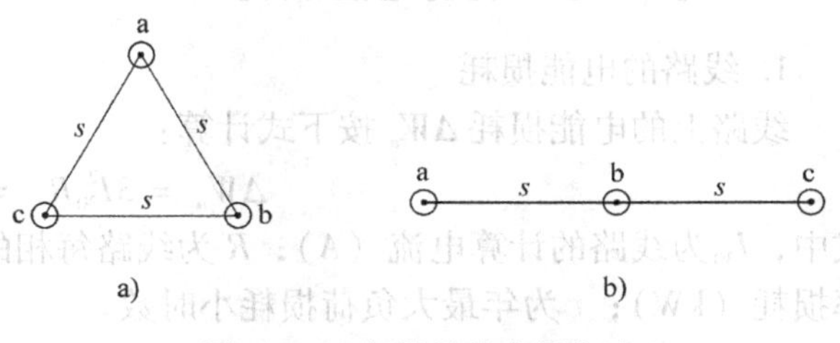


图2-6　三相导线的布置方式
a）等边三角形布置　b）水平等距布置

定。变压器的空载损耗 $\Delta P_0$ 可认为就是铁损，因为变压器的空载电流 $I_0$ 很小，其在一次绕组中产生的有功功率损耗可略去不计。

2）消耗在变压器一、二次绕组电阻上的有功功率损耗，即铜损 $\Delta P_{Cu}$。铜损与负荷电流（或功率）的二次方成正比。铜损可由变压器短路实验测定。变压器的短路损耗 $\Delta P_k$ 可认为就是额定电流下的铜损，因为变压器短路实验时一次侧施加的短路电压 $U_k$ 很小，在铁心中产生的有功功率损耗可略去不计。

因此，变压器的有功功率损耗为

$$\Delta P_T = \Delta P_{Fe} + \Delta P_{Cu} \approx \Delta P_0 + \beta^2 \Delta P_k \tag{2-27}$$

式中，$\beta$ 为变压器的负荷率，$\beta = S_{30}/S_N$；$S_{30}$ 为变压器的计算负荷（kV·A）；$S_N$ 为变压器的额定容量（kV·A）。

（2）变压器的无功功率损耗　变压器的无功功率损耗也由两部分组成：

1）用来产生主磁通（即产生励磁电流）的无功功率损耗，用 $\Delta Q_0$ 表示。它只与一次绕组电压有关，与负荷大小无关。其值与励磁电流（或近似地与空载电流）成正比，即

$$\Delta Q_0 \approx \frac{I_0\%}{100} S_N \tag{2-28}$$

式中，$I_0\%$ 为变压器空载电流占额定电流的百分比值。

2）消耗在变压器一、二次绕组电抗上的无功功率损耗，其值与负荷电流（或功率）的二次方成正比。额定负荷下这部分无功功率损耗用 $\Delta Q_N$ 表示，因变压器绕组的电抗远大于电阻，因此 $\Delta Q_N$ 可认为近似地与短路电压（即阻抗电压）成正比，即

$$\Delta Q_N \approx \frac{U_k\%}{100} S_N \tag{2-29}$$

式中，$U_k\%$ 为变压器短路电压占额定电压的百分比值。

因此，变压器的无功功率损耗为

$$\Delta Q_T = \Delta Q_0 + \beta^2 \Delta Q_N \approx \frac{I_0\%}{100} S_N + \frac{U_k\%}{100} \beta^2 S_N = \frac{S_N}{100}(I_0\% + \beta^2 U_k\%) \tag{2-30}$$

式（2-27）~式（2-30）中的 $\Delta P_0$、$\Delta P_k$、$I_0\%$ 和 $U_k\%$ 可从变压器的产品样本中查出。

在负荷计算中，SL7、S9、SC9 等低损耗变压器的功率损耗可按下列简化公式近似计算：

$$\left.\begin{aligned} \Delta P_T &\approx 0.015 S_{30} \\ \Delta Q_T &\approx 0.06 S_{30} \end{aligned}\right\} \tag{2-31}$$

## 二、供配电系统的电能损耗

1. 线路的电能损耗

线路上的电能损耗 $\Delta W_a$ 按下式计算：

$$\Delta W_a = 3 I_{30}^2 R \tau = \Delta P_{WL} \tau \tag{2-32}$$

式中，$I_{30}$ 为线路的计算电流（A）；$R$ 为线路每相的电阻（Ω）；$\Delta P_{WL}$ 为三相线路中的有功功率损耗（kW）；$\tau$ 为年最大负荷损耗小时数。

年最大负荷损耗小时数 $\tau$ 实际上也是一个假想时间，在此时间内，线路（或变压器）持续通过计算电流（即最大负荷电流）$I_{30}$ 所产生的电能损耗，恰好与实际负荷电流全年在

线路（或变压器）上产生的电能损耗相等。$\tau$与年最大负荷利用小时数$T_{max}$和负荷的功率因数有关，如图2-7所示。

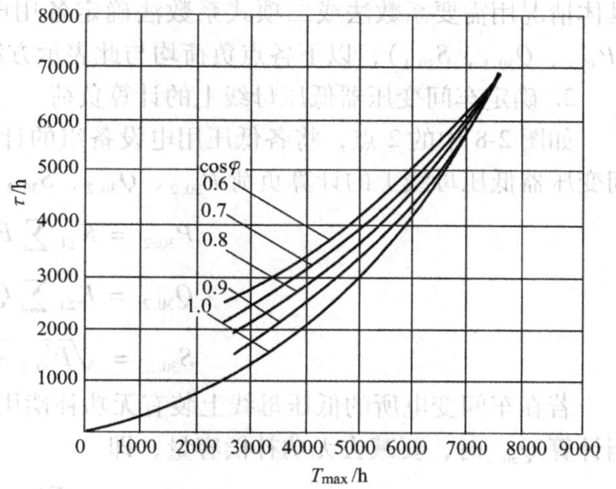


图2-7　$\tau$与$T_{max}$的关系曲线

2. 变压器的电能损耗

变压器的电能损耗包括两部分：一部分是由铁损$\Delta P_{Fe}$引起的电能损耗，可近似地按其空载损耗$\Delta P_0$计算；另一部分是由铜损$\Delta P_{Cu}$引起的电能损耗，与负荷电流的二次方成正比，可近似地按其短路损耗$\Delta P_k$计算。因此，变压器全年的电能损耗为

$$\begin{aligned}\Delta W_a &= \Delta P_{Fe} \times 8760 + \Delta P_{Cu}\tau \\ &\approx \Delta P_0 \times 8760 + \Delta P_k\beta^2\tau\end{aligned} \tag{2-33}$$

式中，$\tau$为变压器的年最大负荷损耗小时数，可查图2-7得到。

## 第四节　全厂计算负荷的确定

为了合理选择工厂变电所中各种电气设备的规格型号，以及向供电部门提出用电容量申请，必须确定工厂总的计算负荷。确定工厂计算负荷的方法很多，可根据不同的情况和要求采用不同的方法。

### 一、按逐级计算法确定工厂的计算负荷

逐级计算法是指从工厂的用电端开始，逐级上推，直至求出电源进线端的计算负荷为止。一般工业企业的供电系统如图2-8所示（仅供说明负荷计算用），下面以该图为例说明采用逐级计算法确定工厂的计算负荷的步骤。

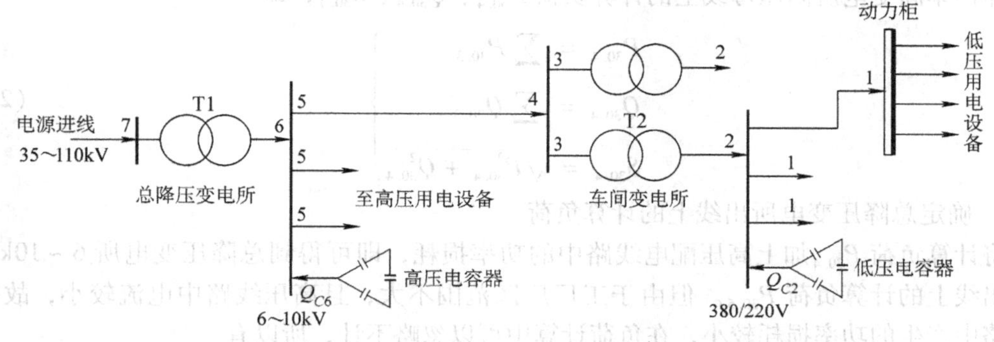


图2-8　负荷计算用供电系统

1. 确定用电设备组的计算负荷

先将车间用电设备按工作制不同分为若干组，求出各用电设备组的设备容量$P_e$，再视

具体情况用需要系数法或二项式系数法确定各用电设备组的计算负荷，如图 2-8 中的 1 点（$P_{30.1}$、$Q_{30.1}$、$S_{30.1}$），以下各点负荷均与此表示方法类同。

2. 确定车间变压器低压母线上的计算负荷

如图 2-8 中的 2 点，将各低压用电设备组的计算负荷总和乘以同时系数 $K_{\Sigma 1}$，即为各车间变压器低压母线上的计算负荷 $P_{30.2}$、$Q_{30.2}$、$S_{30.2}$，即

$$\left.\begin{aligned}P_{30.2} &= K_{\Sigma 1}\sum P_{30.1}\\Q_{30.2} &= K_{\Sigma 1}\sum Q_{30.1}\\S_{30.2} &= \sqrt{P_{30.2}^2 + Q_{30.2}^2}\end{aligned}\right\} \tag{2-34}$$

若在车间变电所的低压母线上装有无功补偿用的静电电容器，其容量为 $Q_{C2}$（kvar），则当计算 $Q_{30.2}$时，要减去无功补偿容量，即

$$Q_{30.2} = K_{\Sigma 1}\sum Q_{30.1} - Q_{C2} \tag{2-35}$$

计算负荷 $S_{30.2}$用于选择车间变压器的容量和低压导体截面。

3. 确定车间变压器高压侧的计算负荷

如图 2-8 中的 3 点，将变压器低压侧的计算负荷加上该变压器的功率损耗（$\Delta P_{T2}$、$\Delta Q_{T2}$），即得变压器高压侧的计算负荷，即

$$\left.\begin{aligned}P_{30.3} &= P_{30.2} + \Delta P_{T2}\\Q_{30.3} &= Q_{30.2} + \Delta Q_{T2}\\S_{30.3} &= \sqrt{P_{30.3}^2 + Q_{30.3}^2}\end{aligned}\right\} \tag{2-36}$$

该负荷值用于选择车间变电所高压侧进线导线截面。

若求计算负荷时车间变压器的容量和型号尚未确定，$\Delta P_T$、$\Delta Q_T$ 可按式（2-31）的近似公式进行估算。

4. 确定车间变电所高压母线上的计算负荷

当车间变电所的高压母线上接有多台电力变压器时，将车间变压器高压侧计算负荷相加，即得车间变电所高压母线上的计算负荷 $P_{30.4}$、$Q_{30.4}$、$S_{30.4}$，即

$$\left.\begin{aligned}P_{30.4} &= \sum P_{30.3}\\Q_{30.4} &= \sum Q_{30.3}\\S_{30.4} &= \sqrt{P_{30.4}^2 + Q_{30.4}^2}\end{aligned}\right\} \tag{2-37}$$

5. 确定总降压变电所出线上的计算负荷

将计算负荷 $P_{30.4}$加上高压配电线路中的功率损耗，即可得到总降压变电所 6 ~ 10kV 母线引出线上的计算负荷 $P_{30.5}$。但由于工厂厂区范围不大，且高压线路中电流较小，故在高压线路中产生的功率损耗较小，在负荷计算中可以忽略不计，所以有

$$\left.\begin{aligned}P_{30.5} &\approx P_{30.4}\\Q_{30.5} &\approx Q_{30.4}\\S_{30.5} &\approx S_{30.4}\end{aligned}\right\} \tag{2-38}$$

6. 确定总降压变电所低压母线上的计算负荷

将总降压变电所各 6～10kV 出线上的计算负荷（$P_{30.5}$、$Q_{30.5}$）相加后乘以同时系数 $K_{\Sigma 2}$，就可求得总降压变压器低压母线上的计算负荷 $P_{30.6}$、$Q_{30.6}$、$S_{30.6}$，即

$$\left.\begin{aligned} P_{30.6} &= K_{\Sigma 2}\sum P_{30.5} \\ Q_{30.6} &= K_{\Sigma 2}\sum Q_{30.5} \\ S_{30.6} &= \sqrt{P_{30.6}^2 + Q_{30.6}^2} \end{aligned}\right\} \tag{2-39}$$

如果根据技术经济比较结果，决定在总降压变电所 6～10kV 二次母线侧采用高压电容器进行无功功率补偿，则在计算 $Q_{30.6}$时，应减去无功补偿容量 $Q_{C6}$，即

$$Q_{30.6} = K_{\Sigma 2}\sum Q_{30.5} - Q_{C6} \tag{2-40}$$

计算负荷 $S_{30.6}$是选择总降压变电所主变压器容量的依据。

7. 确定全厂总计算负荷

将总降压变电所低压母线上的计算负荷（$P_{30.6}$、$Q_{30.6}$）加上主变压器的功率损耗（$\Delta P_{T1}$、$\Delta Q_{T1}$），即可求得工厂总的计算负荷 $P_{30.7}$、$Q_{30.7}$、$S_{30.7}$，即

$$\left.\begin{aligned} P_{30.7} &= P_{30.6} + \Delta P_{T1} \\ Q_{30.7} &= Q_{30.6} + \Delta Q_{T1} \\ S_{30.7} &= \sqrt{P_{30.7}^2 + Q_{30.7}^2} \end{aligned}\right\} \tag{2-41}$$

计算负荷 $P_{30.7}$是用户向供电部门提供的全厂最大有功计算负荷，作为申请用电之用。

注意：以上 $K_{\Sigma i}$的取值一般为 0.85～0.95，由于越趋近电源端负荷越平稳，所以对应的 $K_{\Sigma i}$也越大。

## 二、按需要系数法确定全厂的计算负荷

将全厂用电设备的总容量$\sum P_e$（不包括备用设备容量）乘以工厂的需要系数 $K_d$，就可得到全厂的有功计算负荷 $P_{30}$，即

$$P_{30} = K_d \sum P_e \tag{2-42}$$

式中，$K_d$ 为工厂的需要系数，查表 2-4 可得。

然后，再根据工厂的功率因数，求出全厂的无功计算负荷 $Q_{30}$和视在计算负荷 $S_{30}$。

## 三、按年产量估算企业的计算负荷

将工厂年产量 $A$ 乘以单位产品耗电量 $a$，即可得到工厂的年耗电量，即

$$W_a = Aa \tag{2-43}$$

求出年耗电量后，除以工厂的年最大负荷利用小时数，就可求得工厂的有功计算负荷，即

$$P_{30} = \frac{W_a}{T_{max}} \tag{2-44}$$

各类工厂的单位产品耗电量和年最大负荷利用小时数可查有关设计手册。

其他 $Q_{30}$、$S_{30}$和 $I_{30}$的计算，与上述需要系数法相同。

# 第五节　工厂的功率因数与无功功率补偿

## 一、工厂的功率因数

1. 瞬时功率因数

瞬时功率因数是指某一瞬间的功率因数，可由功率因数表（相位表）直接读出，或由电压表、电流表和功率表在同一时刻的读数按下式求出：

$$\cos\varphi = \frac{P}{\sqrt{3}UI} \tag{2-45}$$

式中，$P$ 为功率表读数（kW）；$U$ 为电压表读数（kV）；$I$ 为电流表读数（A）。

瞬时功率因数用来了解和分析工厂或车间无功功率的变化情况，以便采取相应的补偿措施，并为今后进行同类设计提供参考资料。

2. 均权功率因数

均权功率因数是指在某一规定时间内功率因数的平均值，可根据有功电能表和无功电能表的读数按下式进行计算：

$$\cos\varphi_{av} = \frac{W_p}{\sqrt{W_p^2 + W_q^2}} \tag{2-46}$$

式中，$W_p$ 为某一时间内消耗的有功电能（kW·h）；$W_q$ 为同一时间内消耗的无功电能（kvar·h）。

我国供电部门每月向工业用户收取电费，就是按月均权功率因数的高低来调整的。

3. 最大负荷时的功率因数

最大负荷时的功率因数是指在负荷计算中按有功计算负荷 $P_{30}$ 和视在计算负荷 $S_{30}$ 计算而得的功率因数，即

$$\cos\varphi = \frac{P_{30}}{S_{30}} \tag{2-47}$$

我国《供电营业规则》规定：100kV·A 及以上高压供电的用户，其功率因数不应低于 0.9，其他电力用户的功率因数不应低于 0.85。若达不到以上要求，应装设必要的无功补偿设备，否则要加收电费。这里所指的功率因数，即为最大负荷时的功率因数。

## 二、无功功率补偿

由于一般的企业都存在着大量的感性负荷，如感应电动机、变压器、电抗器、电焊机等，因此工厂供电系统除要供给有功功率外，还需要供给大量的无功功率。然而，在供电系统输送的有功功率一定的情况下，无功功率增大，将使负载的功率因数降低，从而使电力系统内电气设备的容量不能得到充分利用，并增加输电线路的功率损耗、电能损耗及电压损耗，严重影响用户的电压质量。为此，必须设法提高用户的功率因数。

（一）提高功率因数的方法

提高功率因数的途径主要在于如何减少电力系统中各个部分所需的无功功率，使电力系统在输送一定的有功功率时可降低其中通过的无功电流。

提高功率因数的方法很多，可分为两大类，即提高自然功率因数的方法和功率因数的人工补偿法。

1. 提高自然功率因数的方法

不加任何补偿设备，采取措施减少供电系统中无功功率的需要量，称为提高自然功率因数。

据统计，工业企业中消耗的无功功率，感应电动机约占70%，各种变压器约占20%，供电线路和其他用电设备约占10%。可见，工业企业的无功功率主要消耗在感应电动机和变压器中。因此，要提高自然功率因数，通常可采取以下措施：

（1）正确选用感应电动机的型号和容量　感应电动机的功率因数和效率在70%至满载运行时较高，在额定负荷时的功率因数约为0.85～0.9，而在空载时功率因数只有0.2～0.3。因此，正确选用感应电动机，使其额定容量与它所拖动的负荷相匹配，避免不合理的运行方式，对于改善功率因数是十分重要的。

为了避免“大马拉小车”的不合理运行方式，用小容量的电动机代替负荷不足的大容量电动机一般可使功率因数提高20%～25%。由于大容量电动机的效率比小容量电动机高，所以更换后合理与否应根据总的有功功率损耗减少为准。一般而言，当电动机的负荷系数$K_L>70\%$时，可以不换；当电动机的负荷系数$K_L<40\%$时，必须换小电机；当电动机的负荷系数$40\%<K_L<70\%$时，则需经过技术经济比较后再进行更换。

如果一时无适当的小容量电动机可供更换，可采用降低外加电压的办法来提高功率因数。因为降低电压就降低了感应电动机的无功功率需要量，从而可提高系统的功率因数。最简单的降低电压的办法是采用“Δ－Y”换接法，即将正常运行时定子绕组为三角形联结的电动机，在负荷较低时改接为星形。但是，降低外加电压后，电动机的输出转矩也随之减小，所以只适用于轻载起动和轻载运行的感应电动机。

（2）限制感应电动机的空载运行　合理安排和调整生产工艺流程，改善电动机的运行状况，限制电焊机和机床电动机的空载运转（可采用空载自动延时断电装置），对减少无功功率消耗、提高功率因数有很大意义。

（3）提高感应电动机的检修质量　检修感应电动机时，应严格按照电动机的各项额定数据进行，否则，电动机可能因为检修质量不高，增加无功功率的需要量，使功率因数降低。如减少定子绕组的匝数、增大定子与转子之间的气隙等，都会引起电动机的励磁电流增加，导致工厂的自然功率因数降低。

（4）合理使用变压器　变压器一次侧的功率因数不仅与负荷的功率因数有关，而且与负荷率有关。若变压器满载运行，一次侧的功率因数仅比二次侧降低3%～5%；若变压器轻载运行，当负荷率小于0.6时，一次侧的功率因数就显著下降，可降11%～18%。所以，变压器的负荷率在0.6以上运行时才较经济，一般应在75%～80%比较合适。因此，为了充分利用设备和提高功率因数，变压器不宜作轻载运行。但由于工厂中变压器数量较少，品种不多，不像感应电动机那样容易得到更换，而新购买一台又需增加较多投资，所以一般当变压器的负荷系数$K_L<30\%$时，才考虑更换小容量的变压器。

（5）感应电动机同步化运行　对不要求调速的生产工艺过程，可用同步电动机代替感应电动机，采用晶闸管整流电源励磁，根据电网功率因数的高低自动调节同步电动机的励磁电流。当电网功率因数较低时，使同步电动机运行在过励磁状态，同步电动机向电网输送无功功率，从而达到提高工厂功率因数的目的。

2. 提高功率因数的补偿法

用户在充分发挥设备潜力、改善设备运行性能、采用提高自然功率因数的措施后仍不能达到规定的功率因数要求时，必须考虑装设无功功率补偿（简称无功补偿）设备对功率因数进行人工补偿。根据补偿的无功功率性质，可分为稳态无功补偿设备和动态无功补偿设备两大类。

（1）稳态无功补偿设备　稳态无功补偿设备主要有同步补偿机和并联电容器。

同步补偿机是一种专用来进行无功补偿的空载运行的同步电动机，通过调节其励磁电流可以起到补偿系统无功功率的作用。由于它为旋转机械，安装和运行维修都相当复杂，所以在工厂供配电系统中很少应用。

并联电容器是一种专用来进行无功补偿的电力电容器。它与同步补偿机相比，因无旋转部分，具有安装简单、运行维护方便、有功功率损耗小及组装灵活、扩充方便等优点，因此是目前工业企业中应用最广泛的无功补偿设备。电容器补偿的缺点是只能有级调节，不能随负荷的变化进行连续平滑的自动调节。

并联电容器一般都采用自动调节控制方式，通常称为无功自动补偿装置，它能按系统无功功率的变动随时自动补偿。高压电容器由于采用自动补偿时，对电容器组回路切换元件的要求较高，价格较贵，而且维护检修比较困难，因此当补偿效果相同时，宜优先选用低压无功自动补偿装置。

（2）动态无功补偿设备　动态无功补偿设备用于急剧变动的冲击负荷，如炼钢电弧炉、轧钢机等的无功补偿。

动态无功补偿设备又称为静止型无功自动补偿装置，简称静补装置（SVC），具有响应速度快、平滑调节性能好、补偿效率高、维修方便及谐波、噪声、损耗均小等优点，因此应用越来越广泛。所谓“静止”，就是它不同于同步调相机，其主要元件是不旋转的。它具有电力电容器的结构特点，又具有同步调相机良好的调节特性。

静止型无功自动补偿装置由可控的可调电抗器与电容器并联组成，电容器可发出无功功率，可控电抗器可吸收无功功率。它可以迅速地按照负荷的变动情况改变无功功率的大小和方向，调节或稳定系统的运行电压，尤其适用于冲击性负荷的无功补偿。

（二）电容器并联补偿的工作原理

在工业企业中，绝大部分是电感性和电阻性的负载，因此总的电流 $\dot{I}_{RL}$ 将滞后电压一个角度 $\varphi$。当在 $RL$ 电路中并联接入电容器 $C$ 后，如图 2-9a 所示，其总电流为 $\dot{I}=\dot{I}_C+\dot{I}_{RL}$，由图 2-9b 或图 2-9c 的相量图可知，并联电容器后 $\dot{U}$ 与 $\dot{I}$ 之间的夹角变小了，因此供电回路的功率因数提高了。

若补偿后电流 $\dot{I}$ 滞后于电压 $\dot{U}$，称为欠补偿，如图 2-9b 所示；若电流 $\dot{I}$ 超前于电压 $\dot{U}$，称为过补偿，如图 2-9c 所示。通常都不采用过补偿方式，因为这将引起变压器二次电压的升高，还会增大电容器本身的损耗，使温升增大，电容器寿命降低，同时还会使线路上的电能损耗增加。

（三）电容器的接线方式与装设位置

1. 电容器的接线方式

并联补偿的电力电容器有三角形和星形两种接线方式。

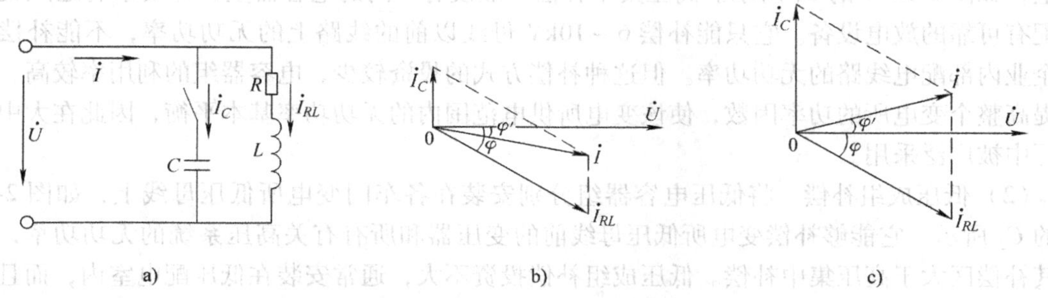


图 2-9 电容器无功补偿原理及相量图

低压并联电容器多数做成三相的，内部已采用三角形联结。高压并联电容器均做成单相的，一般采用三角形联结。这是因为电容器输出的无功容量为 $Q_C = \omega CU^2$（$U$ 为电容器的端电压），即 $Q_C \propto U^2$，而采用三角形联结时加在电容 $C$ 上的电压为采用星形联结时加在电容 $C$ 上电压的$\sqrt{3}$倍，即 $U_\Delta = \sqrt{3}U_Y$，因此电容器采用三角形联结时的容量 $Q_C$ 为采用星形联结时容量的 3 倍，这是并联电容器采用三角形联结的一个优点。此外，电容器采用三角形联结时，其中任一电容器断线时，三相线路仍能得到无功补偿；而采用星形联结时，如一相电容器断线，该相将失去无功补偿，造成三相负荷不平衡。

电容器采用三角形联结时，任一电容器击穿将造成两相短路，从而有可能发生电容器爆炸等事故，因此高压电容器组的每台电容器间必须装设高压熔断器进行短路保护。但是，如果电容器采用星形联结，当其中一相电容器击穿时，其短路电流数值相对较小（分析从略），因此星形联结较三角形联结安全得多。按国家标准规定：低压电容器组应采用三角形联结；高压电容器组宜采用星形联结，但容量较小（450kvar 及以下）时可采用三角形联结。

2. 电容器的装设位置

根据并联电容器在工厂供配电系统中的装设位置（补偿方式）不同，通常有高压集中补偿、低压成组补偿和分散就地补偿（个别补偿）三种补偿方式，它们的装设位置与补偿区的分布如图 2-10 所示。

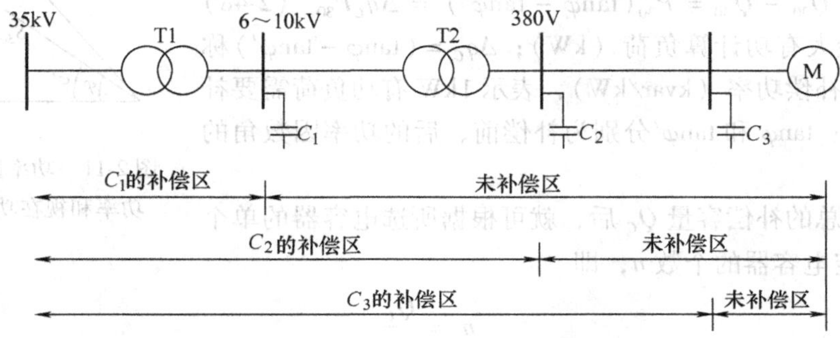


图 2-10 并联电容器的装设位置与补偿区的分布

（1）高压集中补偿 将高压电容器组集中安装在工厂或地方总降压变电所 6 ~ 10kV 母

线上，如图 2-10 中的 $C_1$ 所示。高压集中补偿一般设有专门的电容器室，并要求有通风良好且配有可靠的放电设备。它只能补偿 6～10kV 母线以前的线路上的无功功率，不能补偿工业企业内部配电线路的无功功率。但这种补偿方式的投资较少，电容器组的利用率较高，能够提高整个变电所的功率因数，使该变电所供电范围内的无功功率基本平衡，因此在大中型工厂中被广泛采用。

（2）低压成组补偿　将低压电容器组分别安装在各车间变电所低压母线上，如图 2-10 中的 $C_2$ 所示。它能够补偿变电所低压母线前的变压器和所有有关高压系统的无功功率，因此其补偿区大于高压集中补偿。低压成组补偿投资不大，通常安装在低压配电室内，而且运行维护方便，能够减小车间变压器的容量，降低电能损耗，所以在中小型工厂中应用比较普遍。

（3）分散就地补偿　将电容器组直接安装在需要进行无功补偿的各个用电设备附近，如图 2-10 中的 $C_3$ 所示。它能够补偿安装地点以前的变压器和所有高低压线路的无功功率，因此其补偿范围最大，补偿效果最好。但这种补偿方式的投资较大，且电容器组在被补偿的设备停止工作时也一并被切除，因此其利用率较低，所以只适用于负荷平稳、运行时间长的大容量用电设备。

在工厂供配电设计中，通常采用综合补偿方式，即将这三种补偿方式通盘考虑，合理布局，以取得较佳的技术经济效益。

必须指出：电容器从电网上切除后有残余电压，其最高可达电网电压的峰值，这对人身是很危险的。所以，电容器组应装设放电装置，且其放电回路中不得装设熔断器或开关设备，以免放电回路断开，危及人身安全。

为了使电容器尽快放电，必须装设放电电阻。对高压电容器，通常利用母线上电压互感器的一次绕组来放电；对分散补偿的低压电容器组，通常采用白炽灯的灯丝电阻来放电；对就地补偿的低压电容器组，通常利用用电设备本身的绕组来放电。

（四）补偿容量的计算

图 2-11 表示功率因数的提高与无功功率和视在功率变化之间的关系。从图 2-11 可以看出，当有功负荷 $P_{30}$ 不变时，要使功率因数从 $\cos\varphi$ 提高到 $\cos\varphi'$，必须装设的无功补偿容量为

$$Q_C = Q_{30} - Q'_{30} = P_{30}(\tan\varphi - \tan\varphi') = \Delta q_C P_{30} \quad (2\text{-}48)$$

式中，$P_{30}$ 为最大有功计算负荷（kW）；$\Delta q_C = (\tan\varphi - \tan\varphi')$ 称为补偿率或比补偿功率（kvar/kW），表示 1kW 有功负荷需要补偿的无功功率；$\tan\varphi$ 和 $\tan\varphi'$ 分别为补偿前、后的功率因数角的正切值。

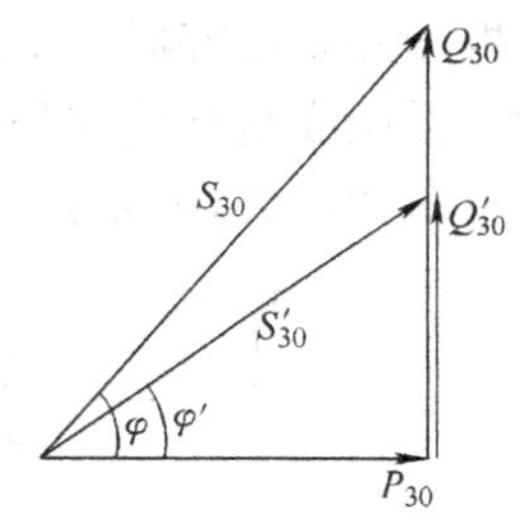

图 2-11　功率因数与无功功率和视在功率的关系

在确定了总的补偿容量 $Q_C$ 后，就可根据所选电容器的单个容量 $q_C$ 来确定电容器的个数 $n$，即

$$n = \frac{Q_C}{q_C} \quad (2\text{-}49)$$

由式（2-49）计算所得的电容器个数 $n$，对单相电容器来说，应取 3 的倍数，以便三相均衡分配。

**例 2-3**　某工厂拟建一座 10/0.4kV 的降压变电所，装有一台变压器。已知变电所低压

侧的有功计算负荷为650kW，无功计算负荷为800kvar，现要求变电所高压侧功率因数不低于0.9，如果在低压侧装设并联电容器进行补偿，补偿容量需装设多少？补偿前后工厂变电所所选变压器的容量有何变化？

**解：**（1）补偿前的变压器容量和功率因数　变电所低压侧的视在计算负荷为

$$S_{30(2)} = \sqrt{650^2 + 800^2}\text{kV}\cdot\text{A} = 1031\text{kV}\cdot\text{A}$$

根据变压器容量的选择原则（见第三章第一节），应选一台容量为1250kV·A的变压器。

变电所低压侧的功率因数为

$$\cos\varphi_{(2)} = \frac{P_{30(2)}}{S_{30(2)}} = \frac{650}{1031} = 0.63$$

（2）确定无功补偿容量　现要求变电所高压侧的功率因数不低于0.9，而在变压器低压侧进行补偿时，考虑到变压器的无功功率损耗远大于其有功功率损耗，可按低压侧补偿后的功率因数为0.92来计算补偿容量。因此，需装设的电容器容量为

$$Q_C = 650[\tan(\arccos 0.63) - \tan(\arccos 0.92)]\text{kvar} = 524.55\text{kvar}$$

查附录表3，选BW0.4—12—1型电容器，则所需电容器个数为$n = Q_C/q_C = 524.55/12 = 43.7$。取$n = 45$，则实际补偿容量为$Q_C = 12\times 45\text{kvar} = 540\text{kvar}$。

（3）补偿后的变压器容量和功率因数　无功补偿后变电所低压侧的视在计算负荷为

$$S'_{30(2)} = \sqrt{650^2 + (800-540)^2}\text{kV}\cdot\text{A} = 700\text{kV}\cdot\text{A}$$

因此，无功补偿后变压器的容量改选为800kV·A。查附录表1知，S9—800/10型（Yyn0）电力变压器的技术数据为：$\Delta P_0 = 1.4\text{kW}$，$\Delta P_k = 7.5\text{kW}$，$I_0\% = 0.8$，$U_k\% = 4.5$。变压器负荷率为$\beta = S'_{30(2)}/S_N = 700/800 = 0.875$，则变压器的功率损耗为

$$\Delta P_T = \Delta P_0 + \beta^2\Delta P_k = 1.4\text{kW} + 0.875^2\times 7.5\text{kW} = 7.14\text{kW}$$

$$\Delta Q_T = \frac{S_N}{100}(I_0\% + \beta^2 U_k\%) = \frac{800}{100}(0.8 + 0.875^2\times 4.5)\text{kvar} = 34\text{kvar}$$

变压器高压侧的计算负荷为

$$P'_{30(1)} = 650\text{kW} + 7.14\text{kW} = 657.14\text{kW}$$

$$Q'_{30(1)} = (800-540)\text{kvar} + 34\text{kvar} = 294\text{kvar}$$

$$S'_{30(1)} = \sqrt{657.14^2 + 294^2}\text{kV}\cdot\text{A} = 720\text{kV}\cdot\text{A}$$

变电所高压侧的功率因数为

$$\cos\varphi' = \frac{P'_{30(1)}}{S'_{30(1)}} = \frac{657.14}{720} = 0.913 > 0.9$$

（4）无功补偿前后变压器容量的变化

$$S_N - S'_N = 1250\text{kV}\cdot\text{A} - 800\text{kV}\cdot\text{A} = 450\text{kV}\cdot\text{A}$$

由此可见，无功补偿后变压器容量减少了450kV·A，不仅减少了投资，而且减少了电费支出，提高了功率因数。

## 第六节　尖峰电流的计算

尖峰电流是指持续1～2s的短时最大负荷电流，主要用来计算电压波动、选择熔断器和

自动开关等电气设备，也用来整定继电保护装置和校验电动机的自起动条件等。

## 一、单台用电设备的尖峰电流

单台用电设备的尖峰电流就是其起动电流，即

$$I_{pk} = I_{st} = K_{st} I_N \tag{2-50}$$

式中，$I_N$ 为用电设备的额定电流；$I_{st}$ 为用电设备的起动电流；$K_{st}$ 为用电设备的起动电流倍数，对笼型电动机取 5 ~ 7，绕线转子电动机取 2 ~ 3，直流电动机取 1.5 ~ 2，电焊变压器取 3 或稍大。

## 二、多台用电设备的尖峰电流

引至多台用电设备的线路上的尖峰电流按下式计算：

$$I_{pk} = K_{\Sigma} \sum_{i=1}^{n-1} I_{N.i} + I_{st.max} \tag{2-51}$$

或

$$I_{pk} = I_{30} + (I_{st} - I_N)_{max} \tag{2-52}$$

式中，$I_{st.max}$ 和 $(I_{st} - I_N)_{max}$ 分别为用电设备中起动电流与额定电流之差最大的那台设备的起动电流及其起动电流与额定电流之差；$\sum_{i=1}^{n-1} I_{N.i}$ 为将起动电流与额定电流之差最大的那台设备除外的其他 $n-1$ 台设备的额定电流之和；$K_{\Sigma}$ 为 $n-1$ 台设备的同时系数，按台数多少选取，一般为 0.7 ~ 1，台数少取较大值，反之取较小值；$I_{30}$ 为全部设备投入运行时线路的计算电流。

**例 2-4** 有一 380V 三相线路，供电给表 2-6 所示 4 台电动机，试计算该线路的尖峰电流。

**表 2-6 例 2-4 的负荷资料**

| 参数 | 电动机 | | | |
|---|---|---|---|---|
| | M1 | M2 | M3 | M4 |
| 额定电流 $I_N$/A | 5.8 | 5 | 35.8 | 27.6 |
| 起动电流 $I_{st}$/A | 40.6 | 35 | 197 | 193.2 |

**解**：由表 2-6 可知，电动机 M4 的 $I_{st} - I_N = 193.2\text{A} - 27.6\text{A} = 165.6\text{A}$ 为最大，取 $K_{\Sigma} = 0.9$，则该线路的尖峰电流为

$$I_{pk} = 0.9 \times (5.8 + 5 + 35.8)\text{A} + 193.2\text{A} = 235\text{A}$$

# 本章小结

1. 电力负荷按对供电可靠性的要求可分为一级负荷、二级负荷和三级负荷三类，它们对供电的可靠性和电能质量的要求也各不相同。

2. 负荷曲线是表征电力负荷随时间变动情况的一种图形。按负荷持续时间不同，可分为日负荷曲线和年负荷曲线。与负荷计算有关的物理量有年最大负荷、年最大负荷利用小时

数、平均负荷和负荷系数等。

3. 计算负荷是按发热条件选择导体和电气设备的一个假想负荷。确定计算负荷的方法有很多种，本章重点介绍了需要系数法和二项式系数法。需要系数法计算较简单，应用较广泛，但计算结果往往比实际负荷偏小，适用于容量差别不大、设备台量较多的场合；二项式系数法对容量差别较大、设备台数较少的用电设备组计算更准确些。

4. 当电流流过供配电线路和变压器时，势必要引起功率损耗和电能损耗，在确定工厂总的计算负荷时，应计入这部分损耗。要求掌握线路及变压器的功率损耗和电能损耗的计算方法。

5. 功率因数太低，对电力系统有不良影响，所以要提高功率因数。工厂的自然功率因数一般达不到规定的数值，通常需要装设无功补偿装置进行人工补偿。其中，人工补偿最常用的是并联电容器补偿，补偿方式有高压集中补偿、低压成组补偿和分散就地补偿（个别补偿）三种。要求能熟练计算补偿容量。

6. 尖峰电流是指持续1～2s的短时最大负荷电流，它是选择、校验电气设备以及整定继电保护的主要依据。

## 思考题与习题

2-1　电力负荷按重要程度分为哪几级？各级负荷对供电电源有什么要求？

2-2　何谓负荷曲线？试述年最大负荷利用小时数和负荷系数的物理意义。

2-3　什么叫计算负荷？确定计算负荷的意义是什么？

2-4　什么叫暂载率？反复短时工作制用电设备的设备容量如何确定？

2-5　需要系数法和二项式系数法各有什么计算特点？各适用于哪些场合？

2-6　什么叫年最大负荷损耗小时数？它与哪些因素有关？

2-7　功率因数低的不良影响有哪些？如何提高工厂的自然功率因数？

2-8　并联电容器的补偿方式有哪几种？各有什么优缺点？

2-9　某工厂车间380V线路上接有冷加工机床50台，共200kW；起重机3台，共4.5kW（$\varepsilon=15\%$）；通风机8台，每台3kW；电焊变压器4台，每台22kV·A（$\varepsilon=65\%$，$\cos\varphi_N=0.5$）；空压机1台，55kW。试确定该车间的计算负荷。

2-10　有一条380V低压干线，供电给30台小批量生产的冷加工机床电动机，总容量为200kW，其中较大容量的电动机有10kW的1台，7kW的3台，4.5kW的8台。试分别用需要系数法和二项式系数法计算该干线的计算负荷。

2-11　有一条10kV高压线路供电给两台并列运行的S9—800/10型（Dyn11联结）电力变压器，高压线路采用LJ—70型铝绞线，水平等距离架设，线距为1m，线路长为6km。变压器低压侧的计算负荷为900kW，$\cos\varphi=0.8$，$T_{max}=5000h$。试分别计算此高压线路和电力变压器的功率损耗和年电能损耗。

2-12　某电力用户10kV母线的有功计算负荷为1200kW，自然功率因数为0.65，现要求提高到0.90，需装设多少无功补偿容量？如果用BWF10.5—40—1W型电容器，需装设多少个？装设以后该厂的视在计算负荷为多少？比未装设时的视在计算负荷减少了多少？

2-13　某降压变电所装有一台Yyn0联结的S9—800/10型电力变压器，其二次侧（380V）的有功计算负荷为520kW，无功计算负荷为430kvar，试求此变电所一次侧的计算负荷和功率因数。如果功率因数未达到0.9，应在此变电所低压母线上装多大并联电容才能达到要求？

# 第三章　供配电一次系统

本章重点讲述供配电系统的一次设备和主接线图，对一次设备着重介绍其功能、结构特点及其基本原理，对主接线图着重阐述其基本要求、典型接线及其设计原则。本章是本课程的重点之一，也是从事供配电系统设计与运行必备的基础知识。

## 第一节　供配电系统常用电气设备

### 一、概述

在供配电系统中，担负电能输送和分配任务的电路，称为一次系统或一次回路，亦称主电路，一次系统中的所有电气设备，称为一次设备。对一次系统进行监视、控制、测量和保护作用的电路，称为二次系统或二次回路，亦称副电路，二次系统中的所有电气设备，称为二次设备。

一次设备按其功能可分为以下几类：

（1）变换设备　变换设备是指按系统工作要求来改变电压或电流的设备，如电力变压器、电流互感器、电压互感器等。

（2）开关设备　开关设备是指按系统工作要求来接通或断开一次电路的设备，如断路器、隔离开关、负荷开关等。

（3）保护设备　保护设备是指用来对系统进行过电流和过电压保护的设备，如高低压熔断器、避雷器等。

（4）无功补偿设备　无功补偿设备是指用来补偿系统中的无功功率、提高功率因数的设备，如电力电容器、静止补偿器等。

（5）成套配电装置　成套配电装置是指按照一定的线路方案将有关一、二次设备组合为一体的电气装置，如高压开关柜、低压配电屏等。

### 二、高低压开关设备

（一）开关触头间电弧的产生和熄灭问题

开关电器是电力系统中的重要设备之一。在运行中，任一电路的投入和切除都要使用开关电器。而在开关电器切断电路时，当动、静触头间的电压高于10～20V、电流大于80～100mA时，就会在触头间产生电弧。尽管此时电路连接已被开断，但电流可继续通过电弧流动，这在短路时就使短路电流危害的时间延长，会对电力系统中的设备造成更大的损坏。同时，电弧的高温可能会烧坏开关触头，烧坏电气设备和导线电缆，还可能引起弧光短路，甚至引起火灾和爆炸事故。因此，研究电弧的产生和熄灭过程，对电气设备的设计制造和运行维护部门都有非常重要的意义。

1. 电弧的产生

电弧的产生和维持是触头间中性质点（分子和原子）被游离的结果。游离就是中性质点转化为带电质点。产生电弧的游离方式主要有以下四种：

（1）强电场发射　在开关触头分开的最初瞬间，由于触头间距离很小，电场强度很大。在强电场的作用下，阴极表面的电子就会被强拉出去，进入触头间隙成为自由电子。这是在弧隙间最初产生电子的原因。

（2）热电发射　触头是由金属材料做成的，在常温下，金属内部就存在有大量运动着的自由电子。当开关触头分断电流时，弧隙间的高温使触头阴极表面受热出现强烈的炽热点，不断地向外发射自由电子，在电场力的作用下，向阳极作加速运动。

（3）碰撞游离　当触头间隙存在足够大的电场强度时，其中的自由电子以相当大的动能向阳极运动，途中与中性质点碰撞，当电子的动能大于中性质点的游离能时，便产生碰撞游离，原中性质点被游离成正离子和自由电子。新产生的自由电子和原来的自由电子一起向阳极作加速运动，继续产生碰撞游离，结果使触头间介质中的离子数越来越多，形成“雪崩”现象。当离子浓度足够大时，介质击穿而形成电弧。

（4）热游离　由于电弧的温度很高，在高温下电弧中的中性质点会产生剧烈运动，它们之间相互碰撞，又会游离出正离子和自由电子，从而进一步加强了电弧中的游离。触头越分开，电弧越大，热游离越显著。

综上所述，开关电器触头间的电弧是由于阴极在强电场作用下发射自由电子，而该电子在触头外加电压作用下发生碰撞游离所形成的。在电弧高温的作用下，阴极表面产生热发射，并在介质中发生热游离，使电弧得以维持和发展。这就是电弧产生的主要过程。

2. 电弧的熄灭

在电弧中发生游离过程的同时，同时还存在着相反的过程，这就是使带电质点减少的去游离过程。去游离主要有复合和扩散两种形式。

（1）复合　复合是指正、负带电质点重新结合为中性质点。实际上，由于电子的质量小，运动速度快，因此正离子与电子直接复合的概率很小。通常是在碰撞的适当条件下，自由电子先附着在中性质点上形成负离子，则运动速度大大减慢，然后再与正离子相复合。复合与电弧中的电场强度、温度及电弧截面等因素有关。电弧中的电场强度越弱，电弧温度越低，电弧截面面积越小，带电质点的复合越强。

（2）扩散　扩散是指电弧中的带电质点向周围介质扩散开去。扩散主要是由电弧与周围介质带电质点的温度不同及离子浓度不同而引起的。由于弧柱中是一个离子高度密集的空间，同时温度很高，因此弧柱中的带电质点不断扩散到密度小、温度低的周围介质中，并在介质中发生再结合，因而减少了弧柱中带电质点的数目。扩散也与电弧截面面积有关，电弧截面面积越小，离子扩散就越强。

如果游离过程与去游离过程处于动态平衡状态，电弧将稳定燃烧。如果去游离过程大于游离过程，电弧将越来越小，直至最后熄灭。因此，要想熄灭电弧，必须使触头间电弧中的去游离率大于游离率，即使离子消失的速度大于离子产生的速度。

3. 开关电器中常用的灭弧方法

（1）速拉灭弧法　迅速拉长电弧，可使弧隙的电场强度骤降，离子的复合迅速增强，从而加速电弧的熄灭。因此，在高压开关中需装设强有力的断路弹簧，以便提高开关电器的分闸速度。这是开关电器中普遍采用的最基本的灭弧方法。

（2）冷却灭弧法　降低电弧的温度，可使电弧中的热游离减弱，正负离子的复合增强，从而有助于电弧的熄灭。

（3）吹弧灭弧法　利用气体（空气、$SF_6$ 或在高温下固体材料分解出的气体等）或绝缘油吹动电弧，使电弧拉长、冷却，加强弧隙内的去游离作用，从而加速电弧的熄灭。按吹动气流的方向分，有横吹和纵吹两种方式，如图 3-1 所示。横吹主要是把电弧拉长，使电弧表面积增大并加强冷却；纵吹主要是使电弧冷却变细，最后熄灭。按外力的性质分，有气吹、油吹、电动力吹和磁吹等方式。

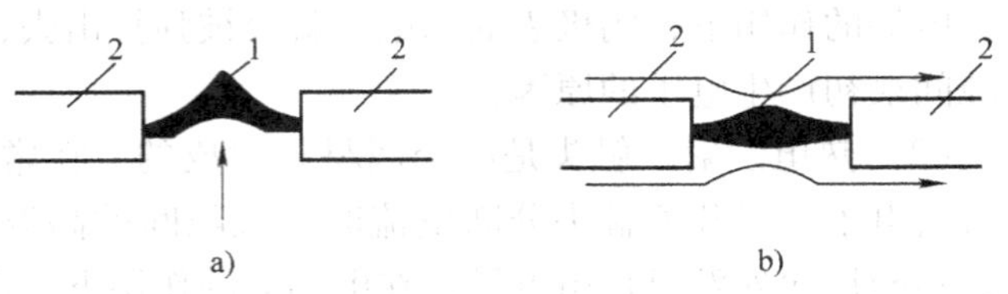

图 3-1　吹弧方式
a）横吹　b）纵吹
1—电弧　2—触头

（4）长弧切短灭弧法　图 3-2 为低压开关电器中广泛采用的金属灭弧栅装置。栅片由铁磁材料制成（一般是一个有缺口的钢片），利用电弧电流产生的磁场与铁磁材料间产生的相互作用力，使触头间的电弧被快速吸引到栅片内，将长弧分割成许多串联短弧。在电弧电流过零、电弧熄灭时，由于近阴极效应，在每个短弧的阴极附近均立刻出现 150～250V 的介质强度，则整个电弧上的压降将近似地增加了若干倍。若作用于触头间的电压小于电弧上总的压降，则电弧不能维持燃烧而迅速熄灭。

（5）粗弧分细灭弧法　将粗大的电弧分成若干并行的细小电弧，使电弧与周围介质的接触面积增大，改善电弧的散热条件，降低电弧的温度，从而使电弧中离子的复合和扩散都得到增强，加速电弧熄灭。

（6）狭缝灭弧法　在低压开关电器中，也广泛采用狭缝灭弧装置，如图 3-3 所示。灭弧栅片由陶土或有机固体材料等制成。当触头间产生电弧时，在磁吹线圈产生的磁场作用下，对电弧产生电动力，将电弧拉长进入灭弧栅片的狭缝中，电弧与栅片紧密接触，有机固体介质在高温作用下分解而产生气体，使电弧强烈冷却，从而使电弧中的去游离加强，最终使电弧熄灭。

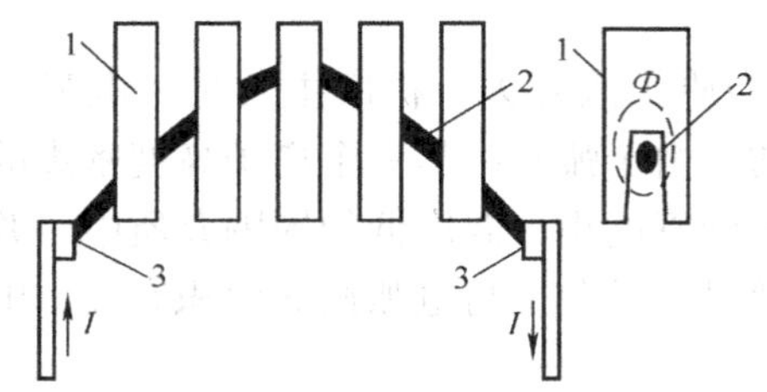

图 3-2　钢灭弧栅对电弧的作用
1—金属栅片　2—电弧　3—触头

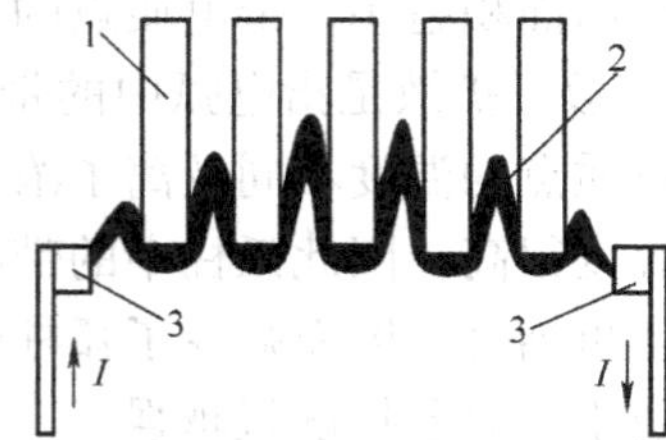

图 3-3　狭缝灭弧原理
1—灭弧栅片　2—电弧　3—触头

（7）采用多断口灭弧　在高压断路器中，为加速电弧的熄灭，常制成每相有两个或多个断口串联，这可使每一断口上的电压降低，并能加快电弧拉长的速度，使弧隙电阻迅速增加，从而增大介质强度的恢复速度，使电弧易于熄灭。

（8）采用新型介质灭弧　电弧中的去游离强度，在很大程度上取决于电弧周围介质的特性。利用灭弧性能强的新型介质（如 $SF_6$、真空等）可有效加强去游离作用，促进电弧的熄灭。$SF_6$ 气体具有良好的绝缘性能和灭弧性能，它的绝缘强度约为空气的 3 倍，灭弧能力比空气强 100 倍，用 $SF_6$ 气体来灭弧可提高开关的断流容量，缩短灭弧时间。真空具有较高的绝缘强度，由于真空间隙内的气体稀薄，分子的自由行程大，发生碰撞的概率很小，使电弧难以产生和维持。

在现代的开关电器中，常常是根据具体情况，综合利用以上几种灭弧方法来达到迅速熄灭电弧的目的。

（二）高压断路器

高压断路器是电力系统中最重要的开关设备，它具有完善的灭弧装置，因此不仅能通断正常负荷电流，而且能切断一定的短路电流，并能在保护装置作用下自动跳闸，切除短路故障。

高压断路器按其采用灭弧介质的不同，可分为油断路器、$SF_6$ 断路器、真空断路器等。

1. 油断路器

油断路器是利用油作为灭弧介质的。按其油量的多少和油的作用，油断路器可分为多油断路器和少油断路器两大类。多油断路器中的油既作为灭弧介质，又作为相与相之间、相对地（外壳）之间的绝缘介质，少油断路器中的油只作为灭弧介质。断路器分闸时，产生电弧，在油流的横吹、纵吹和机械运动引起油吹的联合作用下，使电弧迅速熄灭。

由于少油断路器具有用油量少、体积小、重量轻、节约油和钢材、占地面积小等优点，因此在 6～35kV 配电装置中被广泛使用。图 3-4 是目前 10kV 系统中应用最广泛的 SN10—10 型高压少油断路器的外形结构。

图 3-4　SN10—10 型高压少油断路器

SN10—10 型高压少油断路器可配用电磁式（CD 型）或弹簧储能式（CT 型）操动机构。这些操动机构内部有跳闸和合闸线圈，通过断路器的传动机构使断路器动作。电磁操动机构需用直流操作电源，能实现手动和远距离跳、合闸；弹簧储能式操动机构有交、直流两种操作电源，也能实现手动和远距离跳、合闸。

少油断路器由于开断性能差和油的易燃易爆性而正在逐渐被淘汰。新建变电所一般选用真空断路器或 $SF_6$ 断路器。

2. $SF_6$ 断路器

$SF_6$ 断路器是利用 $SF_6$ 气体作为灭弧介质和绝缘介质的。$SF_6$ 气体是一种无色、无味、无毒、不燃烧的惰性气体，具有良好的绝缘性能和灭弧性能。

$SF_6$ 断路器的灭弧原理大致可分为三种类型：压气式、自能灭弧式（旋弧式、热膨胀式）和混合式。压气式开断电流大，但操作功率大；自能灭弧式开断电流较小，操作功率也小；混合式是两种或三种原理的组合，主要是为了增强灭弧性能，增大开断电流，同时又能减小操作功率。我国生产的 LN1、LN2 型 $SF_6$ 断路器为压气式灭弧结构，LW3 型 $SF_6$ 断路器采用旋弧式灭弧结构。

$SF_6$ 断路器与油断路器比较，具有断流能力强、灭弧速度快、电绝缘性能好、检修周期长、没有燃烧爆炸危险等优点，但要求加工精度高，密封性能好，因此价格较昂贵。在电力系统中，$SF_6$ 断路器已得到愈来愈广泛的应用，尤其在全封闭组合电器中，多采用该型断路器。

$SF_6$ 断路器主要采用弹簧、液压操动机构。

3. 真空断路器

真空断路器是利用真空作为灭弧介质和绝缘介质的，其触头装在真空灭弧室内。这里所谓的真空，是指真空密度在 0.13Pa 以下的空间。在这种气体稀薄空间，其绝缘强度很高，因此电弧很容易熄灭。真空间隙击穿产生的电弧，是在触头电极蒸发出来的金属蒸气中形成的。

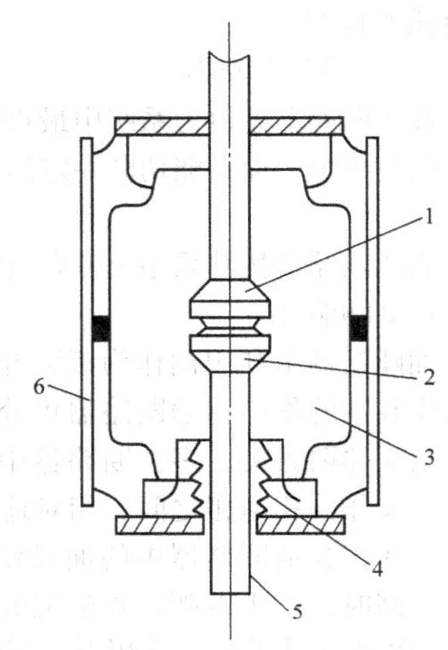

图 3-5 真空断路器的灭弧室结构
1—静触头 2—动触头 3—屏蔽罩
4—波纹管 5—导电杆 6—外壳

真空断路器的触头为圆盘状，被放置在真空灭弧室内，如图 3-5 所示。断路器分闸时，最初在动、静触头间可产生电弧，使触头表面产生金属蒸气。随着触头的分开和电弧电流的减小，触头间金属蒸气的密度也逐渐减小。当电弧电流过零时，电弧暂时熄灭，触头周围的金属离子迅速扩散，凝聚在四周的屏蔽罩上，使触头间隙的绝缘强度迅速恢复。因此，当电流过零后，外加电压虽然恢复，但触头间隙不会再被击穿，真空电弧在电流第一次过零时就能完全熄灭。真空灭弧室为不可拆卸的整体，不能更换其上的任何零件，当真空度降低或不能使用时，只能更换真空灭弧室。

真空断路器按安装地点分为户内式和户外式。图 3-6 和图 3-7 分别为 ZN28A—12 型户内式和 ZW32—12 型户外式真空断路器的外形结构。

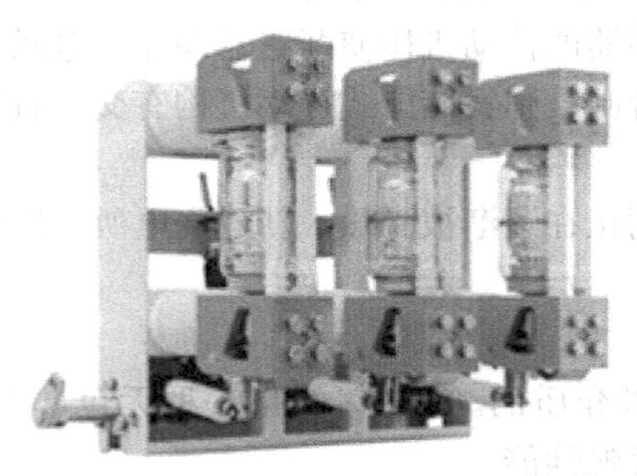
图 3-6 ZN28A—12 型户内式真空断路器

图 3-7 ZW32—12 型户外式真空断路器

真空断路器具有体积小、重量轻、动作快、寿命长、操作噪声小、安全可靠和便于维护等优点，但价格较贵。真空断路器是变电站实现无油化改造的理想设备，目前主要用在 35kV 及以下的现代化配电网中。

（三）高压隔离开关

高压隔离开关俗称刀闸，其主要功能是隔离高压电源，以保证检修人员及设备的安全。隔离开关断开后，具有明显可见的断开间隙，绝缘可靠。隔离开关没有专门的灭弧装置，因此不能带负荷操作。隔离开关与断路器配合使用时，必须保证隔离开关的“先通后断”，即送电时应先合隔离开关，后合断路器；断电时，应先断开断路器，后断开隔离开关。通常应在隔离开关和断路器之间设置闭锁机构，以防止误动作。

隔离开关可以用来通断一定的小电流，如电压互感器、避雷器、空载母线、励磁电流不超过2A的空载变压器、电容电流不超过5A的空载线路等。

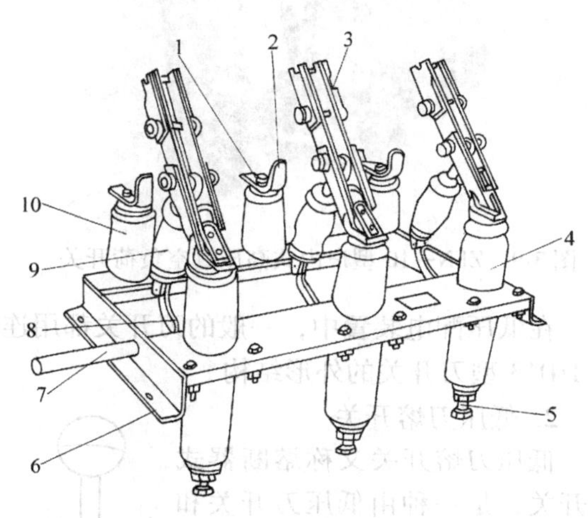

图 3-8　GN8—10 型户内式隔离开关

1—上接线端子　2—静触头　3—刀闸　4—套管绝缘子　5—下接线端子　6—框架　7—转轴　8—拐臂　9—升降绝缘子　10—支持绝缘子

隔离开关的种类很多，按安装地点的不同可分为户内式和户外式两种；按结构形式的不同可分为水平旋转式、垂直旋转式、摆动式和插入式四种；按有无接地刀开关可分为单接地、双接地和不接地三种。

图 3-8 为 GN8—10 型户内式隔离开关的外形结构，它的三相共装在同一底座上，分合闸操作由操动机构通过连杆操动转轴完成。户内式隔离开关一般都采用手动式操动机构。

（四）高压负荷开关

高压负荷开关有简单的灭弧装置和明显的断开点，可以通断一定的负荷电流和过负荷电流，有隔离开关的作用，但不能断开短路电流。高压负荷开关常与高压熔断器配合使用，借助熔断器来切除故障电流。

高压负荷开关按灭弧介质的不同可分为压气式、产气式、真空式和 $SF_6$ 负荷开关等；按安装地点的不同可分为户内式和户外式两大类。目前较为流行的是真空负荷开关，主要使用于配电网中的环网开关柜中。

图 3-9 和图 3-10 分别为 ZFN—10 型户内式高压真空负荷开关和 ZFN—10R 型户内式高压真空负荷开关-熔断器组合电器的外形结构。该系列负荷开关具有安全可靠、开断能力大、电寿命长、可频繁操作和维护工作量少等优点，特别适用于在无油化、不检修及频繁操作的场所使用。

（五）低压开关

1. 低压刀开关

低压刀开关是一种最简单的低压开关电器，只能手动操作，常用于不经常操作的电路中，用于接通或断开低压电路较小的正常工作电流。

低压刀开关的种类很多，按极数分，有单极、双极和三极三种；按操作方式分，有单投和双投两种；按灭弧结构分，有不带灭弧罩和带灭弧罩两种。

不带灭弧罩的刀开关只能在无负荷下操作，可作低压隔离开关使用。带灭弧罩的刀开关能通断一定的负荷电流。

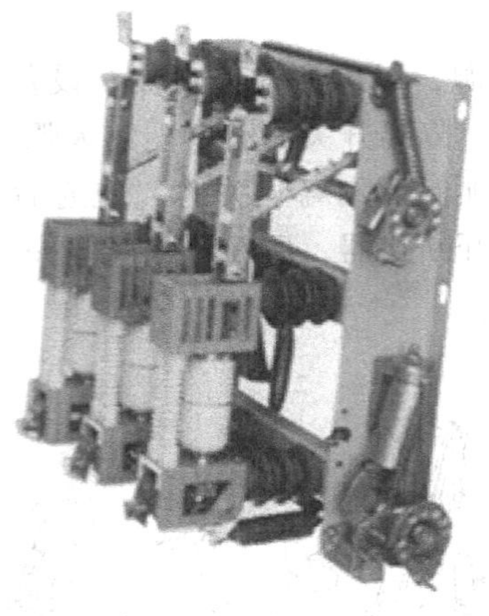

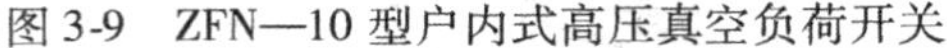

图 3-9 ZFN—10 型户内式高压真空负荷开关

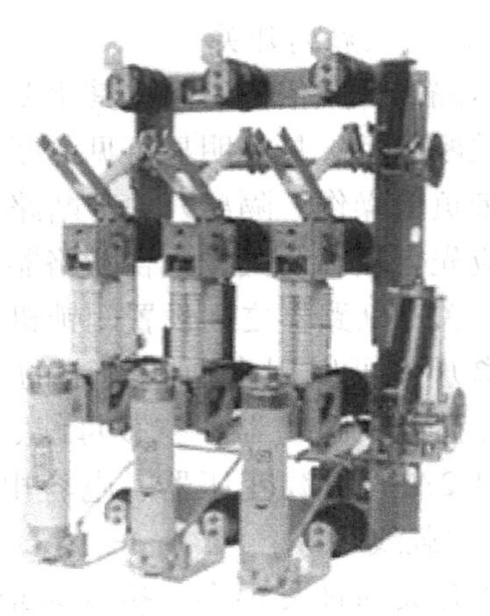

图 3-10 ZFN—10R 型户内式高压真空负荷开关

在低压配电装置中，一般的刀开关都用连杆进行操作，因为这样既安全又省力。图 3-11 为 HD13 型刀开关的外形结构。

2. 低压刀熔开关

低压刀熔开关又称熔断器式刀开关，是一种由低压刀开关和低压熔断器组合而成的低压电器。通常是把刀开关的闸刀换成具有刀形触头的熔断器的熔管。

刀熔开关具有刀开关和熔断器双重功能。采用这种组合型开关电器，可以简化低压配电装置的结构，经济实用，因此在低压配电装置中被广泛采用。

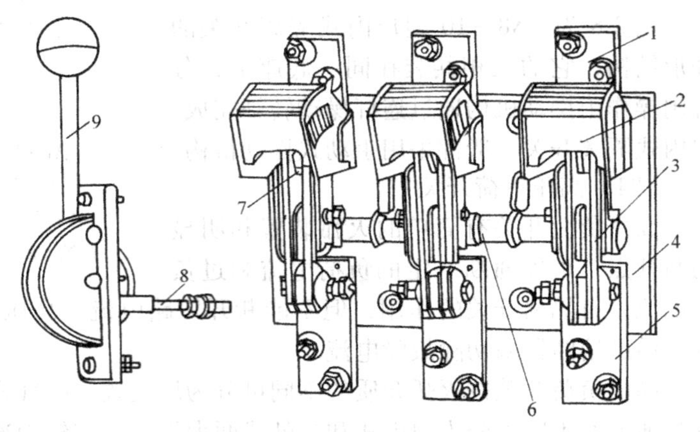


图 3-11 HD13 型刀开关

1—上接线端子 2—钢栅片灭弧罩 3—刀闸 4—底座 5—下接线端子 6—主轴 7—静触头 8—连杆 9—操作手柄

3. 低压负荷开关

低压负荷开关由带灭弧罩的低压刀开关与低压熔断器串联组合而成，外装封闭式铁壳或开启式胶盖。装铁壳的俗称“铁壳开关”，装胶盖的俗称“胶壳开关”。低压负荷开关具有带灭弧罩的刀开关和熔断器双重功能，既可以带负荷操作，又能进行短路保护。常用的低压负荷开关有 HH 和 HK 两种系列。其中，HH 系列为封闭式负荷开关；HK 系列为开启式负荷开关。

（六）低压断路器

低压断路器又称低压自动开关或空气开关，是一种性能最完善的低压开关电器，它既能带负荷通断电路，又能在线路发生短路、过负荷、欠电压（或失电压）等故障时自动跳闸。其功能类似于高压断路器。

1. 低压断路器的工作原理

低压断路器的原理示意图如图 3-12 所示。图中所示为合闸状态，此时主触头 1 通过跳钩 2 保持在合闸位置。锁扣 3 可以绕转轴转动，如果锁扣 3 被向上顶开，即跳钩与锁扣脱扣，则主触头 1 在断路器弹簧的作用下迅速跳闸。脱扣动作通过各种脱扣器来完成，这些脱扣器有：

（1）过电流脱扣器　过电流脱扣器用于短路或过负荷保护。当电流超过某一规定值时，过电流脱扣器 6 的电磁吸力大于右端弹簧的拉力，衔铁转动，使锁扣 3 顶开，断路器跳闸。

（2）失电压（欠电压）脱扣器　失电压脱扣器用于失电压或欠电压保护。当电源电压低于某一规定值时，失电压脱扣器 5 的电磁吸力减小，释放衔铁，顶开锁扣 3，使断路器跳闸。

（3）热脱扣器　热脱扣器用于线路或设备长时间过负荷保护。当线路出现过负荷时，加热电阻 8 使由双金属片组成的热脱扣器 7 发热弯曲，同样将锁扣 3 顶开，使断路器跳闸。

（4）分励脱扣器　分励脱扣器用于远距离跳闸。按下脱扣按钮 10，分励脱扣器 4 的线圈通电，可实现远距离跳闸。

图 3-12　低压断路器的动作原理图
1—主触头　2—跳钩　3—锁扣　4—分励脱扣器
5—失电压脱扣器　6—过电流脱扣器　7—热脱扣器
8—加热电阻　9、10—脱扣按钮

2. 低压断路器的类型

低压断路器按其灭弧介质分，有空气断路器和真空断路器等；按操作方式分，有手动操作、电磁铁操作和电动机储能操作；按用途分，有配电用、电动机保护用、照明用和漏电保护用等。

配电用低压断路器按保护性能分，有非选择型、选择型和智能型。非选择型断路器一般为瞬时动作，只作短路保护用；也有的为长延时动作，只作过负荷保护用。选择型断路器有两段式和三段式两种保护特性，如图 3-13 所示。两段式保护特性分为瞬时和长延时两段，

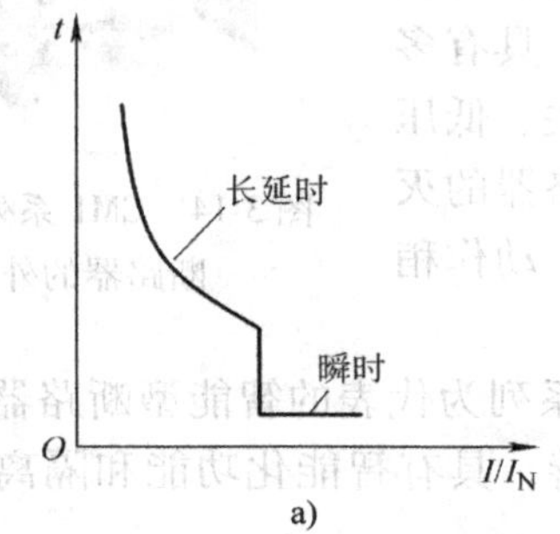


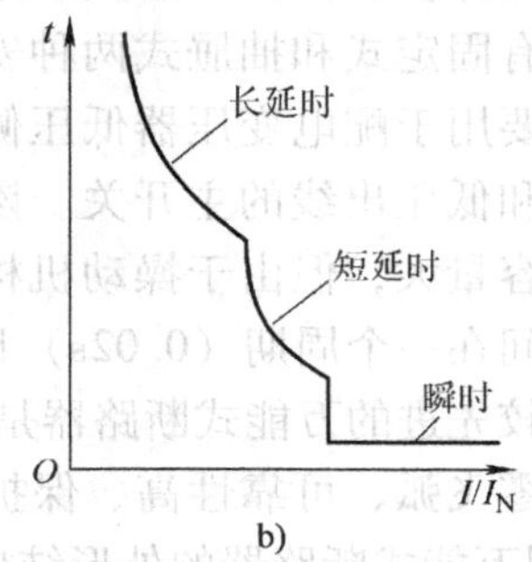


图 3-13　低压断路器的选择性保护特性
a）两段式保护特性　b）三段式保护特性

三段式保护特性分为瞬时、短延时和长延时三段。瞬时和短延时特性适用于短路保护，长延时特性适用于过负荷保护。智能型断路器的脱扣器为微处理器或单片机控制，其保护功能更多，选择性更好。

配电用低压断路器按结构型式分为：有塑料外壳式和万能式两大类。

(1) 塑料外壳式断路器　塑料外壳式断路器（DZ 系列），又称装置式自动开关，其全部机构和导电部分均装设在一个塑料外壳内，仅在壳盖中央露出操作手柄，供手动操作之用。

塑料外壳式断路器的操动机构为四连杆机构，可自由脱扣。操作方式有手动操作和电动操作两种，但一般采用手动操作。该系列断路器的操作手柄有三个位置：

1）合闸位置：手柄扳向上方，跳钩被锁扣扣住，断路器处于合闸状态。

2）自由脱扣位置：手柄位于中间位置，当断路器因故障跳闸，跳钩被释放（脱扣），使主触头断开时，手柄才位于此位置。

3）分闸和再扣位置：手柄扳向下方，这时，主触头依然断开，但跳钩又被锁扣扣住，从而完成“再扣”操作，为下次合闸作好准备。断路器自动跳闸后，必须将手柄扳向分闸位置（这时叫再扣位置），才能将断路器重新进行合闸，否则是合不上的。

塑料外壳式断路器多为非选择型，具有体积小、重量轻、价格低、操作简便、使用安全等特点，但其通断能力较低，保护方案和操作方式较少，被广泛应用在低压配电装置中，作为配电线路或电动机回路的控制与保护开关。该系列断路器采用钢灭弧栅，其脱扣器的脱扣速度快，整个断路时间不超过一个周期（0.02s）。

塑料外壳式断路器的形式很多，目前国产比较先进的是以 CM1 系列为代表的塑料外壳式断路器，其主要特点是分断能力高、飞弧距离短、体积小并具有隔离功能。图 3-14 所示为 CM1 系列塑料外壳式断路器的外形结构。

图 3-14　CM1 系列塑料外壳式断路器的外形结构

(2) 万能式低压断路器　万能式断路器（DW 系列），又称框架式自动开关，它无外壳，一般有一个带绝缘衬垫的钢质框架，其全部机构和导电部分均安装在这个框架底座内。

万能式断路器可装设多种脱扣器，不同的脱扣器组合可产生多种不同的保护特性。万能式断路器有手动和电动两种操作方式，有固定式和抽屉式两种安装方式，具有多段保护特性，主要用于配电变压器低压侧的总开关、低压母线的分段开关和低压出线的主开关。该系列断路器的灭弧能力强，断流容量大，但由于操动机构的影响，动作稍慢，一般断路时间在一个周期（0.02s）以上。

目前国产比较先进的万能式断路器是以 CW1 系列为代表的智能型断路器，其主要特点是分断能力高、零飞弧、可靠性高、保护性能完善，具有智能化功能和隔离功能。图 3-15 所示为 CW1 系列万能式断路器的外形结构。

CW1 系列断路器是采用以微处理器为核心的电子脱扣器，其基本功能有：过载长延时反时限保护、短路短延时反时限保护、短路短延时定时限保护、短路瞬时保护、接地故障保护功能、整定功能、过载报警功能、试验功能、电流显示功能、自诊断功能、热模拟功能、故障记忆功能、触头损耗指示等，另外还有电压显示、负载监控、通讯等功能共选用。

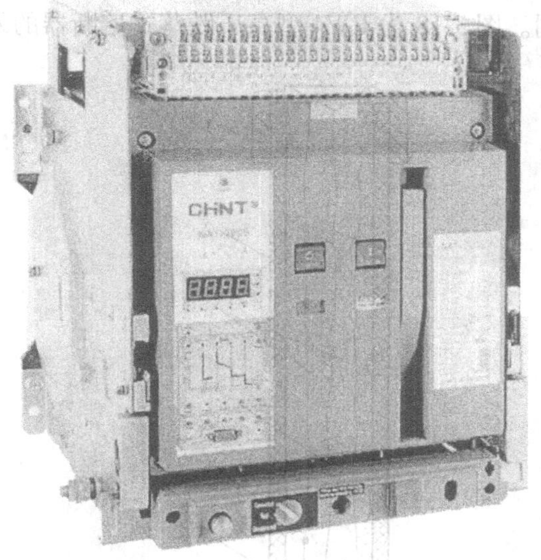

图 3-15 CW1 系列万能式断路器的外形结构

## 三、高低压保护设备

（一）熔断器

熔断器是最简单和最早使用的一种过电流保护设备，当通过的电流超过某一规定值时，熔断器的熔体会因自身产生的热量自行熔断而断开电路。其主要功能是对电路及其设备进行短路或过负荷保护。

1. 高压熔断器

根据安装地点的不同，高压熔断器分为户内式和户外式两大类。户内广泛采用 RN 系列的高压管式限流熔断器，户外则广泛使用 RW 系列的高压跌落式熔断器。

（1）户内式熔断器 户内式熔断器的常用型号有 RN1 和 RN2 两种，两者结构基本相同，都是充有石英砂填料的密闭管式熔断器。RN1 型用来保护电力线路和电力变压器，其熔体的额定电流较大，因此结构尺寸也较大，且它的熔体为一根或几根并联；RN2 型用来保护电压互感器，其熔体的额定电流较小（一般为 0.5A），因此结构尺寸也较小，且它的熔体均为单根。RN1、RN2 型高压熔断器的外形结构如图 3-16 所示，其熔管的内部结构如图 3-17 所示。

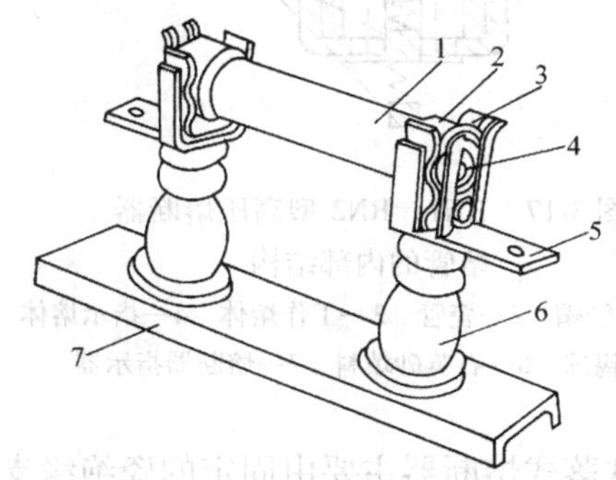


图 3-16 RN1、RN2 型高压熔断器

1—瓷熔管 2—金属管帽 3—弹性触座 4—熔断器指示 5—接线端子 6—瓷绝缘子 7—底座

户内式熔断器的熔体由镀银的细铜丝制成，铜丝上焊有锡球以降低铜熔丝的熔点，从而使熔断器能在较小的故障电流或过负荷电流下动作。由图 3-17 可知，这种熔断器采用几根熔丝并联，当电路长期过负荷或短路时，熔丝发热而熔断，产生几根并行的电弧，利用粗弧分细弧灭弧法来加速电弧的熄灭。此外，这种熔断器的熔管内充有石英砂填料，熔丝熔断时产生的电弧完全在石英砂里燃烧，由于石英砂对电弧有强烈的去游离作用，因此其灭弧能力很强，灭弧速度很快，能在短路电流未达到冲击值以前完全熄灭电弧。因此，这种熔断器属于“限流”式熔断器。

当短路电流或过负荷电流通过熔体时，熔断器的工作熔体先熔断，而后指示熔体熔断，指示器被弹簧推出（如图 3-17 中虚线所示），给出熔断器的指示信号。

（2）户外式熔断器 户外跌落式熔断器的常用型号有 RW4 和 RW10 两种。其中，RW4 型为一般跌落式熔断器，它只能在无负荷下操作，或通断小容量的空载变压器和空载线路等，其操作要求与高压隔离开关相同；RW10 型为负荷型跌落式熔断器，它是在一般跌落式熔断器的基础上加装了简单的灭弧室，因此可以带负荷操作，其操作要求与高压负荷开关相同。图 3-18 为 RW4 型高压跌落式熔断器的外形结构。

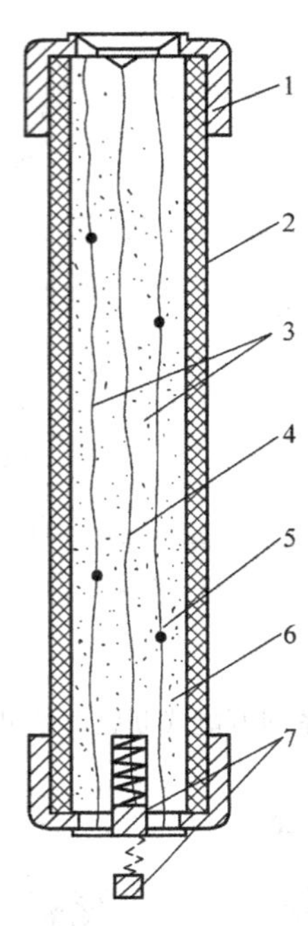


图 3-17 RN1、RN2 型高压熔断器熔管的内部结构

1—金属管帽 2—瓷管 3—工作熔体 4—指示熔体 5—锡球 6—石英砂填料 7—熔断器指示器

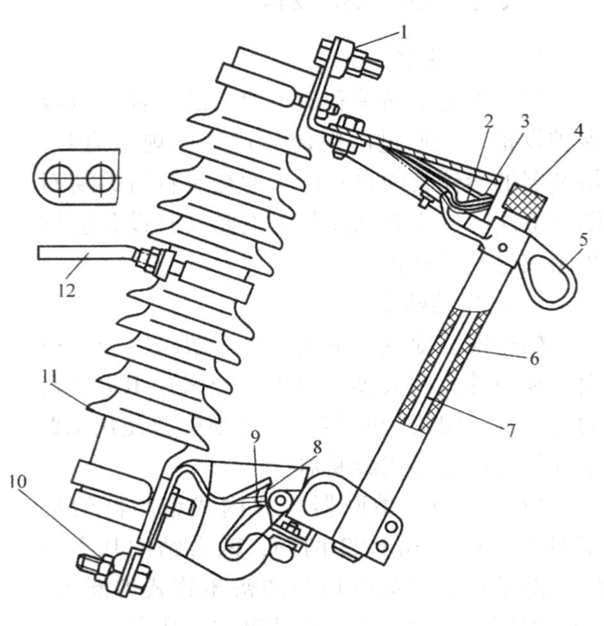


图 3-18 RW4 型高压跌落式熔断器

1—上接线端子 2—上静触头 3—上动触头 4—管帽 5—操作环 6—熔管 7—铜熔体 8—下动触头 9—下静触头 10—下接线端子 11—绝缘瓷瓶 12—固定安装板

跌落式熔断器主要由固定的瓷绝缘支座和活动的熔管两大部分组成。熔断器的熔管由钢纸管、虫胶桑皮纸等固体产气材料制成。正常运行时，熔管上部的动触头借熔体拉力拉紧后，推到上静触头内锁紧，同时下动触头与下静触头也相互压紧，从而使电路接通。当电路长期过负荷或发生短路时，熔体因过热而熔断，熔管的上动触头因失去熔体的张力拉紧而下翻，使锁紧机构释放熔管，在动触头上翻的弹力和熔管自身重力作用下，熔管回转跌落，一方面作熔断指示，另一方面造成明显可见的断开间隙，起到了隔离开关的作用。同时，熔体刚熔断时，熔管内产生电弧，熔管内壁在电弧作用下产生大量气体，由于管内压力很高，使气体高速向外喷出，形成强烈的气流纵向吹弧，使电弧迅速拉长而熄灭。

跌落式熔断器不仅可作为 35kV 以下电力线路和电力变压器的短路保护，还可用高压绝缘钩棒拉合熔管，以接通或开断小容量的空载变压器、空载线路和小负荷电流。它的灭弧能力不强，灭弧速度不高，不能在短路电流达到冲击值以前熄灭电弧，属于“非限流”式熔断器。

2. 低压熔断器

低压熔断器是串接在低压线路中的保护电器，主要用作低压配电系统的短路保护或过负荷保护。低压熔断器的种类很多，有瓷插式（RC 型）、螺旋式（RL 型）、无填料密闭管式（RM 型）、有填料密闭管式（RT 型）等。下面介绍低压供配电系统中应用较多的几种熔断器。

（1）RM10 型密闭管式熔断器　RM10 型熔断器由纤维熔管、变截面锌熔片和触头底座等组成，如图 3-19 所示。

锌熔片制成宽窄不一的变截面可以改善熔断器的保护性能。当线路发生短路故障时，由于熔片窄部的阻值较大，短路电流首先使熔片的窄部加热熔化，使熔管内形成几段串联短弧，加之中间各段熔片跌落，迅速拉长电弧，因此可加速电弧熄灭。当过负荷电流通过时，由于过负荷电流较小，加热时间较长，而熔片窄部的散热较好，因此往往不在熔片的窄部熔断，而是在熔片宽窄之间的斜部熔断。因此，由熔片熔断的部位，可以大致判断出使熔断器熔断的故障电流性质。

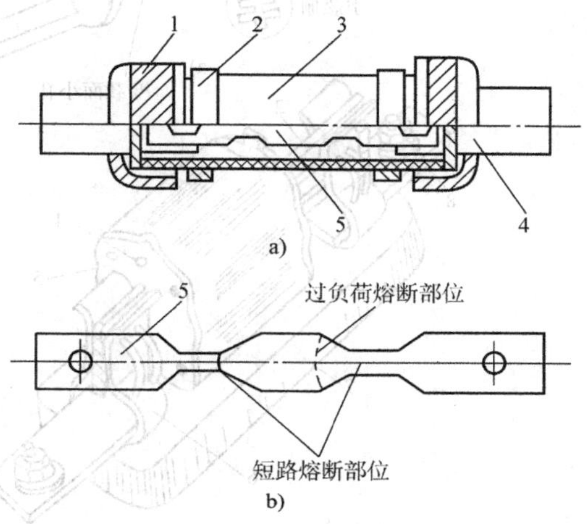


图 3-19　RM10 型低压熔断器
1—铜帽　2—管夹　3—纤维熔管
4—触刀　5—变截面锌熔片

当其熔片熔断时，纤维管的内壁将有极少部分纤维物质因电弧烧灼而分解，产生高压气体压迫电弧，使电弧中离子的复合加强，灭弧性能有所改善。但是其灭弧能力仍较差，不能在短路电流达到冲击值以前使电弧完全熄灭，所以这类熔断器属于“非限流”式熔断器。

这类熔断器具有结构简单、更换熔体方便、运行安全可靠等优点，因此被广泛应用于发电厂和变电所中的低压配电装置中。

（2）RT0 型有填料管式熔断器　RT0 型熔断器为不可拆卸的有填料密闭管式结构，主要由瓷熔管、栅状铜熔体和触头底座等组成，如图 3-20 所示。

RT0 型熔断器的熔体是用薄纯铜片冲制成的变截面栅状铜熔体，装配时将熔体卷成笼状放入瓷管中，管内充有石英砂填料。其栅状铜熔体具有引燃栅，利用引燃栅的等电位作用可使熔体在短路电流通过时形成多根并联电弧。同时，利用熔体具有的变截面小孔可将长电弧切割为多段短电弧。加之所有电弧都在石英砂中燃烧，可使电弧中离子的复合加强。此外，其熔体中部焊有“锡桥”，利用其“冶金效应”可使熔断器在较小的短路电流和过负荷电流时动作。因此，这类熔断器的灭弧能力很强，具有“限流”作用。

该熔断器的指示熔体为康铜丝，与工作熔体并联，当工作熔体熔断后，紧接着指示熔体熔断，红色的熔断指示器被弹出，表明已经断路。

这类熔断器的保护性能好，断流能力大，在低压配电装置中被广泛采用。但它的熔体为不可拆式，因此在熔体熔断后整个熔断器报废，不够经济。

（3）RZ1 型自复式熔断器　以上熔断器的共同缺点是熔体熔断后必须更换熔体才能恢复供电，因此停电时间较长，对电力系统和用电负荷造成的损失较大。为了克服这一缺点，我国自行研制生产了 RZ1 型自复式熔断器，它既能切断短路电流，又能在短路故障消除后自动恢复供电，不需要更换熔体。

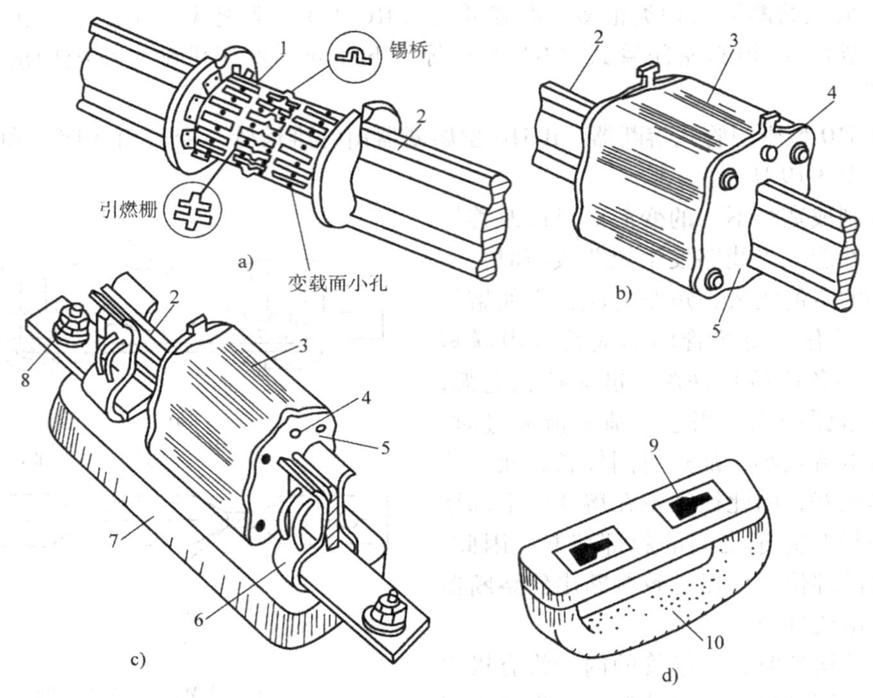


图 3-20 RT0 型低压熔断器

a）熔体 b）熔管 c）熔断器 d）操作手柄

1—栅状铜熔体 2—触刀 3—瓷熔管 4—熔断器指示 5—端面盖板

6—弹性触座 7—瓷底座 8—接线端子 9—扣眼 10—绝缘拉手手柄

RZ1 型自复式熔断器的结构如图 3-21 所示。它采用金属钠作熔体。在常温下，钠的电阻率很小，可使负荷电流顺畅通过；发生短路时，钠迅速气化，电阻率变得很大，从而可限制短路电流。在金属钠气化限流的过程中，装在熔断器一端的活塞将压缩氩气而迅速后退，降低了由于钠气化产生的压力，因此不会出现熔管因承受过大气压而爆破的现象。限流动作结束后，钠蒸气冷却，又恢复为固态钠。此时，活塞在被压缩的氩气作用下，将金属钠推回原位，系统又恢复了正常工作状态。这就是自复式熔断器既能自动限流又能自动复原的基本原理。

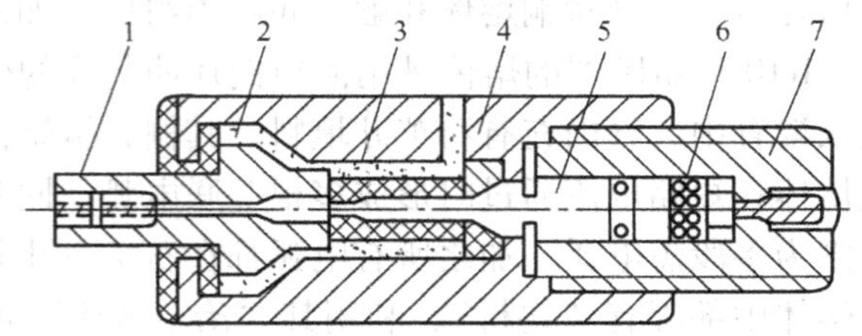


图 3-21 RZ1 型自复式熔断器

1—接线端子 2—云母玻璃 3—氧化瓷管

4—不锈钢外壳 5—钠熔体 6—氩气 7—接线端

因此，这种熔断器既能切断短路电流，又能自动恢复供电，缩短了停电时间。我国生产的 DZ10—100R 型低压断路器，实际上是由 RZ1—100 型自复式熔断器和 DZ10—100 型低压断路器配合使用的组合电器，利用自复式熔断器来切断短路电流，利用低压断路器来通断电路和实现过负荷保护。由此可见，这类电器兼有开关电器和保护电器的双重功能，在低压配电系统中会得到推广和应用。

## （二）避雷器

避雷器是用来防止雷电产生的过电压沿线路侵入变配电所或其他建筑物内，以免危及被保护设备的绝缘。避雷器应与被保护物并联，装在被保护物的电源侧，如图3-22所示。避雷器的放电电压低于被保护设备绝缘的耐压值。当线路上出现危及设备绝缘的雷电过电压时，避雷器的火花间隙先于被保护物被击穿，避雷器立即对地放电，将大部分雷电流泄入大地，从而使被保护设备的绝缘免遭损坏。

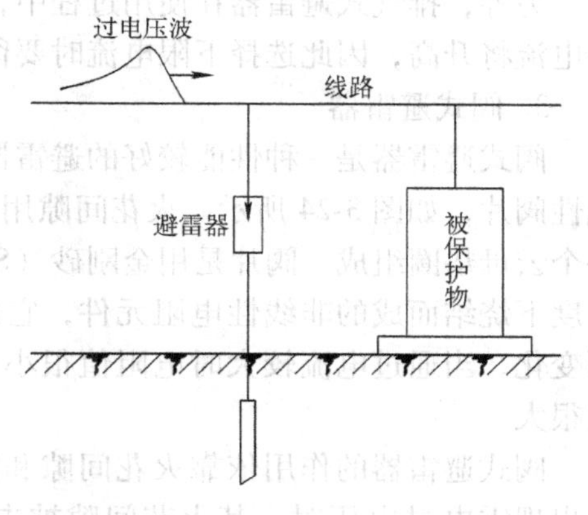


图3-22　避雷器保护原理图

避雷器按结构型式分，有保护间隙、排气式避雷器、阀式避雷器和金属氧化物避雷器等。其中，保护间隙和排气式避雷器一般用于户外输电线路的防雷保护，阀式避雷器和金属氧化物避雷器主要用于变配电所的进线防雷电波侵入保护。

### 1. 保护间隙

保护间隙又称角型避雷器，它由两个圆钢电极组成，其中一个电极接线路，另一个电极接地。当雷电波入侵时，间隙先击穿，从而使被保护设备的绝缘免遭过电压的损害。当过电压消失后，间隙中有工频续流流过，由于间隙的熄弧能力差，工频电弧不能自行熄灭，续流必须依靠断路器切断才能断开。可见，保护间隙虽然简单经济，维修方便，但它的保护性能差，容易造成开关跳闸，线路停电。因此，为了提高供电的可靠性，一般应将其与自动重合闸配合使用。

保护间隙主要用于室外且负荷不重要的架空线路上。

### 2. 排气式避雷器

排气式避雷器又称管型避雷器，它实质上是一种具有较高熄弧能力的保护间隙，由内部间隙、外部间隙和产气管组成，其结构原理如图3-23所示。产气管由纤维、有机玻璃或塑料制成。内部间隙装在产气管内，管内棒形电极通过接地支座与接地体相连接；环形电极经过外部间隙与线路相连。

当雷电波沿线路袭来时，内、外间隙被击穿，雷电流通过接地装置泄入大地。雷电过电压消失后，随之而来的工频续流产生强烈的电弧，使产气管内的产气材料分解出大量高压气体，从环形电极的开口喷出，形成强烈的纵吹作用，使工频电弧第一次过零时熄灭，灭弧时间不超过0.01s。

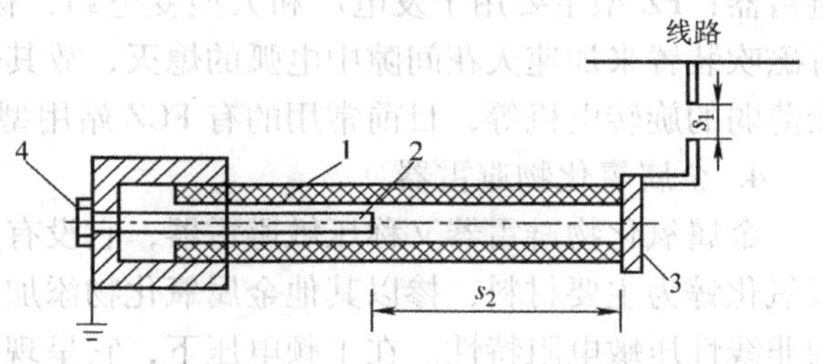


图3-23　排气式避雷器的结构原理图

1—产气管　2—棒形电极　3—环形电极　4—螺母

$s_1$—外部间隙　$s_2$—内部间隙

排气式避雷器的熄弧能力由开断电流的大小决定。续流太小时产气太少，避雷器将不能灭弧；续流太大时产气过多，又会使管子爆炸或破裂。因此，排气式避雷器熄灭电弧续流的能力具有一定的范围。选择排气式避雷器时，应使其安装处的短路电流最大有效值（考虑非周期分量）小于开断续流的上限，短路电流的最小有效值（不考虑非周期分量）大于开断续流的下限。

另外，排气式避雷器在使用过程中，随着动作次数增加，管径逐渐增大，管壁变薄，下限电流将升高，因此选择下限电流时要留有裕度。

3. 阀式避雷器

阀式避雷器是一种性能较好的避雷器，它的基本元件是装在密封瓷套中的火花间隙和非线性阀片，如图3-24所示。火花间隙用铜片冲制而成，每个火花间隙均由两个黄铜电极和一个云母垫圈组成。阀片是用金刚砂（SiC）颗粒和结合剂在一定温度下烧结而成的非线性电阻元件，它的阻值随通过电流的大小而变化，当通过电流较大时电阻值很小，当通过电流较小时电阻值很大。

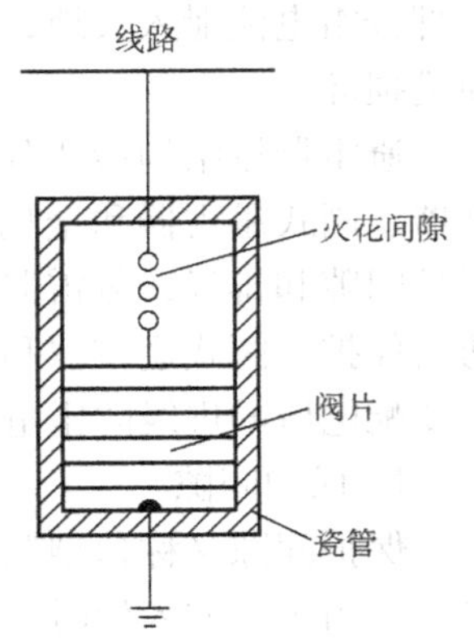

图3-24 阀式避雷器的结构原理图

阀式避雷器的作用依靠火花间隙和阀片配合来完成。当线路上出现雷电过电压时，其火花间隙被击穿，此时阀片电阻很小，雷电流顺畅地泄入大地，在阀片上产生的残压不高，低于被保护设备的冲击耐压。当雷电过电压消失、线路上恢复工频电压时，间隙中将流过工频续流，此时阀片电阻变得很大，将工频续流限制到很小，从而使其很快被火花间隙切断，使线路恢复正常运行。由此可见，这里的非线性电阻很像一个阀门：对雷电流，阀门打开，使其泄入大地；对工频续流，阀门关闭，迅速切断，故称为阀式避雷器。

阀式避雷器中串联的火花间隙和阀片的多少取决于线路电压等级的高低。根据电网额定电压的不同，火花间隙可由数个或数十个统一规格的单个间隙串联而成，这样可以将长电弧切成短电弧，有利于电弧的熄灭。

我国生产的阀式避雷器按灭弧形式分为普通型和磁吹型两类。普通型完全依靠间隙的自然熄弧能力熄弧，有FS型和FZ型两种系列。FS型主要用于中小型变电所，称为所用阀式避雷器；FZ型主要用于发电厂和大型变电站，称为站用阀式避雷器。磁吹避雷器的内部附有磁吹装置来加速火花间隙中电弧的熄灭，故其熄弧能力大，主要用于保护重要的而绝缘又较薄弱的旋转电机等，目前常用的有FCZ站用型和FCD旋转电机型。

4. 金属氧化物避雷器

金属氧化物避雷器又称压敏避雷器，它没有火花间隙，只有压敏电阻片。压敏电阻片是以氧化锌为主要材料，掺以其他金属氧化物添加剂在高温下烧结而成的陶瓷元件，具有良好的非线性压敏电阻特性。在工频电压下，它呈现很大的电阻，能迅速有效地抑制工频续流；在雷电过电压下，其电阻值很小，能很好地泄放雷电流。同时，压敏电阻的通断能力很强，阀片面积较小，避雷器的体积也较小，工作寿命较长，特别适合$SF_6$全封闭组合电器应用。目前，金属氧化物避雷器已广泛应用于高低压电气设备的防雷保护中，而且它的发展潜力很大，是目前世界各国避雷器发展的主要方向，也是未来特高压系统过电压保护的关键设备之一。

氧化锌避雷器与阀式避雷器相比，具有通断容量大、残压低、动作迅速、可靠性高、维护简单等优点，对大气过电压和雷电过电压都能起到很好的保护作用。

## 四、电力变压器

### （一）电力变压器的常用类型及联结组别

#### 1. 电力变压器的常用类型

电力变压器是变电所中最重要的一次设备，其功能是将电力系统中的电压升高或降低，以利于电能的合理输送、分配和使用。

电力变压器的种类很多。按用途分，有升压变压器和降压变压器；按相数分，有单相变压器和三相变压器；按绕组材料分，有铜绕组变压器和铝绕组变压器；按绕组型式分，有双绕组变压器、三绕组变压器和自耦变压器；按调压方式分，有无载调压变压器和有载调压变压器；按绕组绝缘和冷却方式分，有油浸式、干式（环氧树脂浇注绝缘）和充气式（$SF_6$ 气体）变压器。

电力变压器的额定容量规范有两个系列，即 R8 系列和 R10 系列。R8 系列是指变压器容量等级按 $\sqrt[8]{10}\approx1.33$ 倍数递增的老系列，现在已废止不用了；R10 系列是指变压器容量等级按 $\sqrt[10]{10}\approx1.26$ 倍数递增的新系列，它是国际电工委员会确定的国际通用的标准容量系列，其特点是容量等级较密，选用方便，故为我国新的国家标准所认定，现已广泛采用。

在我国供配电系统中，用户变电所过去大多采用的是 SL7 系列油浸式三相双绕组降压变压器，现在则趋向于采用更节能的 S9 系列变压器或干式变压器。

图 3-25 和图 3-26 分别是三相油浸式电力变压器和环氧树脂浇注绝缘的三相干式变压器。

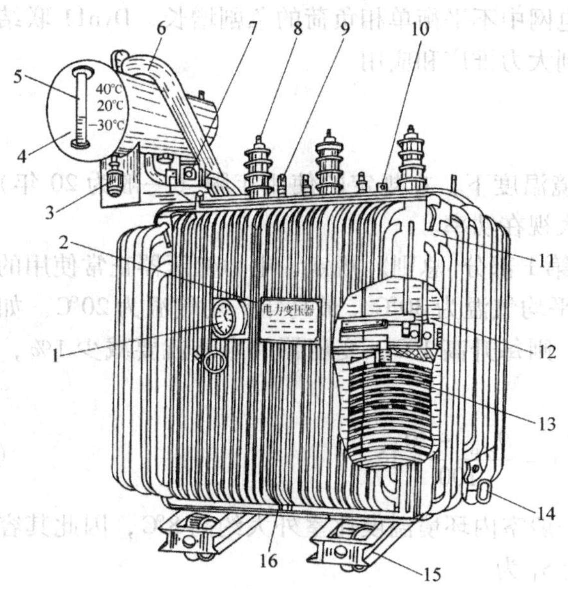


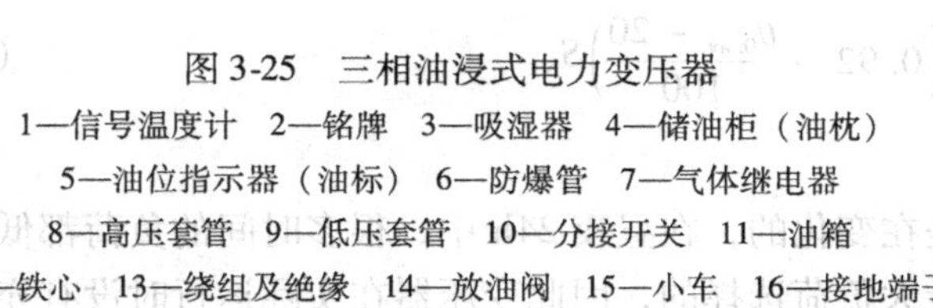
图 3-25　三相油浸式电力变压器

1—信号温度计　2—铭牌　3—吸湿器　4—储油柜（油枕）
5—油位指示器（油标）　6—防爆管　7—气体继电器
8—高压套管　9—低压套管　10—分接开关　11—油箱
12—铁心　13—绕组及绝缘　14—放油阀　15—小车　16—接地端子

图 3-26　环氧树脂浇注绝缘的三相干式变压器

2. 电力变压器的联结组别

按照国家标准，双绕组电力变压器采用以下三种联结组别：

1）YNd11 联结：用于高压侧为 110kV 及以上的大电流接地系统中的变压器。

2）Yd11 联结：用于高压侧为 35～60kV、低压侧为 6～10kV 的输配电系统。

3）Yyn0 联结：用于高压侧为 6～10kV、低压侧为 380/220V 的配电变压器，其低压侧引出中性线，构成三相四线制供电。

我国过去 6～10kV 配电变压器均采用 Yyn0 联结，但近年来 Dyn11 联结的配电变压器已在被逐步推广和应用。经分析比较可知，变压器采用 Dyn11 联结有以下优点：

1）Dyn11 联结的变压器能有效地抑制 3 的整数倍谐波电流的影响。其 3n 次谐波电流只能在一次绕组内形成环流，不致于流入公共的高压电网中去。

2）Dyn11 联结变压器的零序电抗比 Yyn0 联结的变压器小得多，因此 Dyn11 联结变压器二次侧的单相接地短路电流比 Yyn0 联结变压器二次侧的单相接地短路电流大得多，从而更有利于低压侧单相接地短路故障的切除。

3）Dyn11 联结的变压器承受单相不平衡负荷的能力远比 Yyn0 联结的变压器大。当变压器低压侧接有单相不平衡负荷时，规程规定：Yyn0 联结变压器的中性线电流不得超过二次绕组额定电流的 25%，而 Dyn11 联结变压器的中性线电流不得超过二次绕组额定电流的 75%，因此其承受单相不平衡负荷的能力远比 Yyn0 联结的变压器大。

但是，Dyn11 联结变压器一次绕组的绝缘强度要求较高，制造成本略高于 Yyn0 联结的变压器，且目前我国生产 Dyn11 联结变压器的厂家相对较少，因此 Yyn0 联结的变压器在低压配电系统中仍被广泛采用。随着低压电网中不平衡单相负荷的急剧增长，Dyn11 联结的变压器将会在城乡电网的建设与改造中得到大力推广和应用。

（二）电力变压器的过负荷能力

1. 变压器的额定容量和实际容量

变压器的额定容量是指在规定的环境温度下，在规定的使用年限（一般为 20 年）内，室外安装时，变压器所能连续输出的最大视在功率。

按 GB 1094.1—1996《电力变压器 第 1 部分 总则》规定，电力变压器正常使用的环境温度条件为：最高气温为 40℃，最高日平均气温为 30℃，最高年平均气温为 20℃。如果变压器安装地点的年平均气温 $\theta_{0.av} \neq 20$℃，则每升高 1℃，变压器的容量就要减少 1%，因此室外变压器的实际容量为

$$S_T = \left(1 - \frac{\theta_{0.av} - 20}{100}\right) S_{NT} \tag{3-1}$$

对室内变压器，由于散热条件差，一般室内环境温度比室外大约高 8℃，因此其容量还要减少 8%，所以室内变压器的实际容量 $S_T$ 为

$$S_T = \left(0.92 - \frac{\theta_{0.av} - 20}{100}\right) S_{NT} \tag{3-2}$$

2. 变压器的正常过负荷

变压器在正常运行时，其负荷总是在变化的，在昼夜 24h 中，很多时间的负荷都低于最大负荷，而变压器的额定容量又是按最大负荷选择的，因此变压器在实际运行时没有充分发

挥其负荷能力。此外，变压器是按环境温度40℃、最高日平均气温30℃设计的，实际上，即使我国最热的地区也不可能全年维持在这个温度上，所以变压器在必要时可以过负荷运行而不致影响其使用寿命。对于油浸式变压器，其允许过负荷包括以下两部分：

（1）由于昼夜负荷不均匀而考虑的变压器过负荷　可根据变压器的日负荷系数 $\beta = I_{av}/I_N$ 和最大负荷持续时间 $t$，在图3-27所示曲线上确定允许过负荷倍数 $K_{OL(1)}$。

（2）由于夏季欠负荷而在冬季考虑的变压器过负荷

如果在夏季（6、7、8三个月）的平均日负荷曲线中的最大负荷 $S_m$ 低于变压器的实际容量 $S_T$ 时，则每低1%，可在冬季（12、1、2三个月）过负荷1%，但最高不得超过15%，即其允许过负荷倍数为

$$K_{OL(2)} = 1 + \frac{S_T - S_m}{S_T} \leqslant 1.15 \tag{3-3}$$

以上两部分过负荷可同时考虑，则变压器总的过负荷倍数为

$$K_{OL} = K_{OL(1)} + K_{OL(2)} - 1 \tag{3-4}$$

但是，室内变压器的正常过负荷不得超过20%，室外变压器的正常过负荷不得超过30%，因此变压器在冬季的正常过负荷能力为

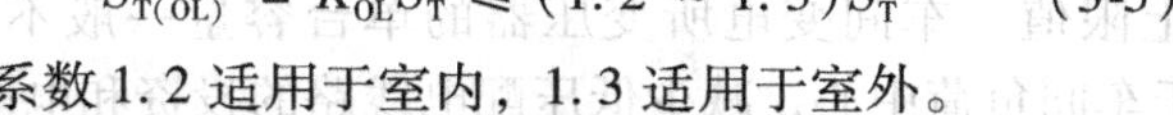

$$S_{T(OL)} = K_{OL}S_T \leqslant (1.2 \sim 1.3)S_T \tag{3-5}$$

式中，系数1.2适用于室内，1.3适用于室外。

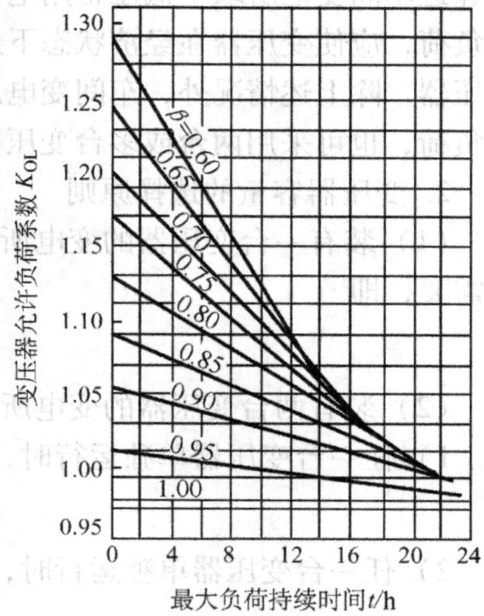

图3-27　油浸式变压器的允许过负荷曲线

干式电力变压器一般不考虑正常过负荷。

3. 电力变压器的事故过负荷

电力变压器的事故过负荷是指并联运行的变压器组中一台变压器退出运行，另一台变压器所承受的过负荷。它将使变压器的正常使用寿命减少。变压器事故过负荷的运行时间不得超过表3-1所规定的时间。

**表3-1　电力变压器事故过负荷运行的允许时间**

| | | | | | | | |
|---|---|---|---|---|---|---|---|
| 油浸自冷式变压器 | 过负荷值(%) | 30 | 45 | 60 | 75 | 100 | 200 |
| | 允许时间 / min | 120 | 80 | 45 | 20 | 10 | 1.5 |
| 干式变压器 | 过负荷值(%) | 10 | 20 | 30 | 40 | 50 | 60 |
| | 允许时间 / min | 75 | 60 | 45 | 32 | 16 | 5 |

运行规程规定：变压器在事故下一台运行时，如果油浸式变压器的日负荷率 $\beta \leqslant 0.75$，变压器可以连续6h过负荷40%，但过负荷的天数不能超过5天。

（三）变电所主变压器台数和容量的选择

1. 变压器台数的选择原则

（1）总降压变电所主变压器台数的选择　为保证供电可靠性，一般应装两台主变压器。

若只有一条电源进线，或变电所可由低压侧电网取得备用电源时，可装一台主变压器。若绝大部分负荷为三级负荷，其少量的二级负荷可由邻近低压电网取得备用电源时，可装一台主变压器。

（2）车间变电所变压器台数的选择　对有大量一、二级负荷的变电所，应满足电力负荷对供电可靠性的要求，宜采用两台变压器。对只有二级负荷而无一级负荷的变电所，且能从邻近车间变电所取得低压备用电源时，可采用一台变压器。对季节性负荷或昼夜变化较大的负荷，应使变压器在经济状态下运行，可用两台变压器供电，以便在低谷负荷时切除一台变压器。除上述情况外，车间变电所可采用一台变压器。但是，当集中负荷较大时，虽为三级负荷，也可采用两台或多台变压器。

2. 变压器容量的选择原则

（1）装有一台变压器的变电所　主变压器的容量 $S_T$ 应满足全部用电设备总计算负荷 $S_{30}$ 的需要，即

$$S_T \geqslant S_{30} \tag{3-6}$$

（2）装有两台变压器的变电所　每台变压器的容量 $S_T$ 应同时满足以下两个条件：

1）任一台变压器单独运行时，应满足总计算负荷 $S_{30}$ 大约 70% 的需要，即

$$S_T \approx 0.7S_{30} \tag{3-7}$$

2）任一台变压器单独运行时，应满足全部一、二级负荷 $S_{30(\mathrm{I}+\mathrm{II})}$ 的需要，即

$$S_T \geqslant S_{30(\mathrm{I}+\mathrm{II})} \tag{3-8}$$

（3）车间变电所变压器容量的上限值　车间变电所变压器的单台容量一般不宜大于1250kV·A，这样可使变压器更接近于车间负荷中心，减少低压配电线路的投资和电能损耗，并且变压器低压侧短路电流不致太大，开关电器的断流容量和短路动稳定易满足要求。但是，当负荷较大而集中，低压电器条件允许且运行也较合理时，也可采用1600～2000 kV·A的配电变压器。另外，选择变压器容量时，还应适当考虑今后5～10年电力负荷的发展，留有一定的余地，同时还可考虑变压器有一定的正常过负荷。

## 五、互感器

互感器是一次回路与二次回路的联络元件，在电力系统中专为测量和保护服务。它是一种特种变压器，可分为电流互感器和电压互感器两大类。互感器在供配电系统中的作用是：

1）使测量仪表、继电器等二次设备与主电路隔离。这样既可防止主电路的高电压、大电流直接引入仪表、继电器等二次设备，又可防止仪表、继电器等二次设备的故障影响主电路，从而提高一、二次电路运行的安全性和可靠性，并有利于保障人身安全。

2）使测量仪表、继电器等标准化，有利于大批量生产。电压互感器的二次电压为100V，电流互感器的二次电流为5A或1A，这样可使测量仪表、继电器等标准化，规格单一，有利于大批量生产，从而降低成本。

3）使测量仪表、继电器等二次设备的使用范围扩大。例如用一只5A的电流表，通过不同电流比的电流互感器就可以测量任意大的电流；用一只100V的电压表，通过不同电压比的电压互感器就可以测量任意高的电压。

（一）电流互感器

1. 电流互感器的工作原理

电流互感器是用来把大电流变为小电流的变流器，其一次绕组串联在供电回路的一次电路中，匝数很少（有的直接穿过铁心，只有 1 匝），导线很粗；二次绕组匝数很多，导线较细，与测量仪表、继电器等的电流线圈串联成闭合回路。由于二次回路串入的这些电流线圈的阻抗很小，所以电流互感器工作时二次回路接近于短路状态。图 3-28 为电流互感器的原理接线图。

电流互感器的一次电流 $I_1$ 与二次电流 $I_2$ 之间的关系为

$$I_1 \approx \frac{N_2}{N_1} I_2 \approx K_i I_2 \tag{3-9}$$

式中，$N_1$、$N_2$ 分别为电流互感器一、二次绕组的匝数；$K_i$ 为电流互感器的变比，一般表示为一、二次绕组的额定电流之比，即 $K_i = I_{N1}/I_{N2}$。

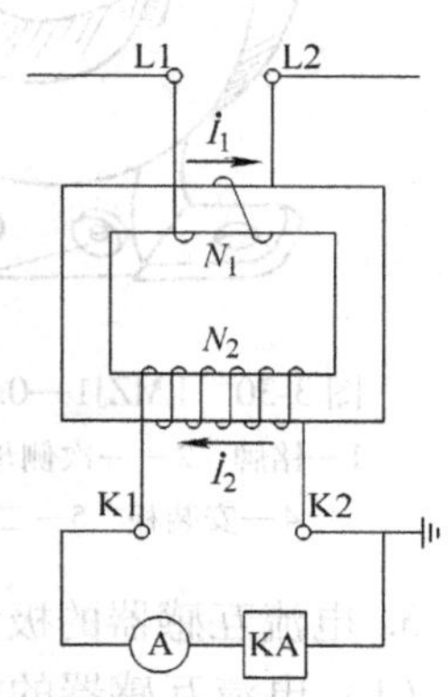


图 3-28　电流互感器的原理接线图

由于电流互感器二次绕组的额定电流规定为 5A，所以电流比的大小取决于一次侧额定电流的大小。电流互感器的一次侧额定电流等级有 5A、10A、15A、20A、30A、40A、50A、75A、100A、150A、200A、300A、400A、500A、600A、800A、1000A、1200A、1500A、2000A、3000A、4000A、5000A、6000A、8000A、10000A 等。

2. 电流互感器的类型

电流互感器的类型很多。按一次电压分，有高压和低压两大类；按一次绕组匝数分，有单匝式和多匝式；按安装地点分，有户内式和户外式；按用途分，有测量用和保护用两大类；按准确度等级分，有 0.2、0.5、1、3、5P、10P 等级；按绝缘介质分，有油浸式、干式、环氧树脂浇注式、瓷绝缘、$SF_6$ 气体绝缘等；按安装形式分，有穿墙式、母线式、套管式、支持式等。下面介绍在中小型企业变电所中常用的几种电流互感器。

图 3-29 为 LQJ—10 型环氧树脂浇注绝缘户内线圈式电流互感器的外形结构。该电流互感器主要用于 10kV 配电系统中，供电流、电能和功率测量以及继电保护之用。它有两个铁心和两个二次绕组，分别为 0.5 级和 3 级，0.5 级用于测量，3 级用于继电保护。

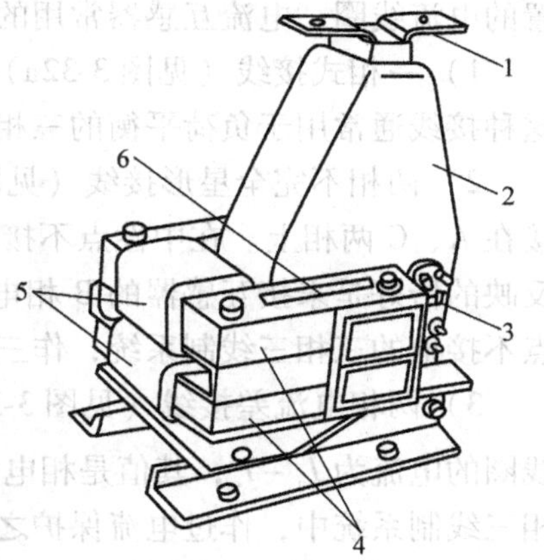


图 3-29　LQJ—10 型电流互感器

1—一次侧接线端子　2—一次绕组　3—二次侧接线端子　4—铁心　5—二次绕组　6—警告牌

图 3-30 为 LMZJ1—0.5 型环氧树脂浇注绝缘户内母线式电流互感器的外形结构。该电流互感器主要用于 500V 及以下的低压配电装置中，供电流、电能测量或继电保护之用。它属于单匝式电流互感器（利用穿过其铁心的母线作为一次绕组），互感器的铁心为环形铁心（5 ~800A）或矩形卷铁心（1000 ~3000A），二次绕组沿铁心周围均匀分布，下部有安装板供固定安装之用，中间窗孔供一次侧铝母线通过之用。

图 3-31 为 LCWD1—35 型电流互感器的外形结构。该产品为链式、瓷绝缘、户外用电流互感器，主要用于 35kV 的电力系统中，供电流、电能测量和继电保护用。

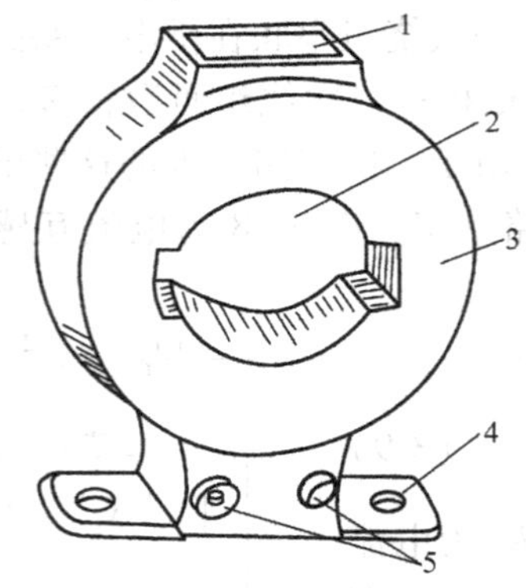


图 3-30 LMZJ1—0.5 型电流互感器

1—铭牌 2—一次侧母线穿孔 3—铁心 4—安装板 5—二次侧接线端子

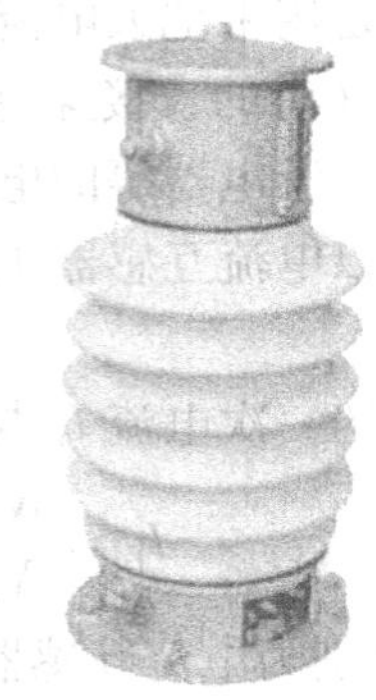

图 3-31 LCWD1—35 型电流互感器

3. 电流互感器的极性与接线方式

（1）电流互感器的极性 为了能正确接线和分析问题，电流互感器一次绕组和二次绕组的出线端子要标示极性。我国均采用减极性原则确定电流互感器的极性端，即在一次绕组和二次绕组的同极性端（同名端）同时加入某一同相位电流时，两个绕组产生的磁通在铁心中同方向。通常，一次绕组的出线端子标为 L1 和 L2，二次绕组的出线端子标为 K1 和 K2，其中 L1 和 K1 为同名端，L2 和 K2 为同名端。如果一次电流从极性端流入时，则二次电流应从同极性端流出。如果极性接反，其二次侧的测量仪表、继电器中获得的电流就不是预想值，甚至可能烧坏电流表。

（2）电流互感器的接线方式 电流互感器的二次侧接测量仪表、继电器及各种自动装置的电流线圈。电流互感器常用的几种接线方式如图 3-32 所示。

1）一相式接线（见图 3-32a）。电流线圈中流过的电流，反映一次电路相应相的电流。这种接线通常用于负荷平衡的三相电路中，作电流测量和过负荷保护之用。

2）两相不完全星形接线（见图 3-32b）。这种接线也叫两相 V 形接线，电流互感器通常接在 A、C 两相上。在中性点不接地系统中，互感器二次侧公共线上的电流为 $\dot{I}_a+\dot{I}_c=-\dot{I}_b$，反映的恰好是未接互感器的 B 相电流，所以可测量 3 个相电流。这种方式被广泛用于中性点不接地的三相三线制系统，作三相电流、电能测量及过电流保护之用。

3）两相电流差接线（见图 3-32c）。这种接线也叫两相一继电器接线，流过电流继电器线圈的电流为 $\dot{I}_a-\dot{I}_c$，其值是相电流的$\sqrt{3}$倍。这种接线比较经济，常用于中性点不接地的三相三线制系统中，作过电流保护之用。

4）三相完全星形接线（见图 3-32d）。这种接线中的三个电流线圈正好反映各相电流，广泛用于负荷不平衡的高压或低压系统中，作三相电流、电能测量及过电流保护之用。

4. 电流互感器的使用注意事项

（1）电流互感器在工作时二次侧绝对不允许开路 由于正常工作时电流互感器的二次侧接近于短路状态，如果二次侧开路，互感器成为空载运行，此时一次侧被测电流成了励磁电流，使铁心中的磁通急剧增加。这一方面会使二次侧感应出很高的电压，危及人身和设备的安全；另一方面会使铁损大大增加，使铁心过热，影响电流互感器的性能，甚至烧坏互感器。因此，电流互感器在安装时，二次侧接线要牢靠，接触要良好，且不允许串接开关和熔断器。

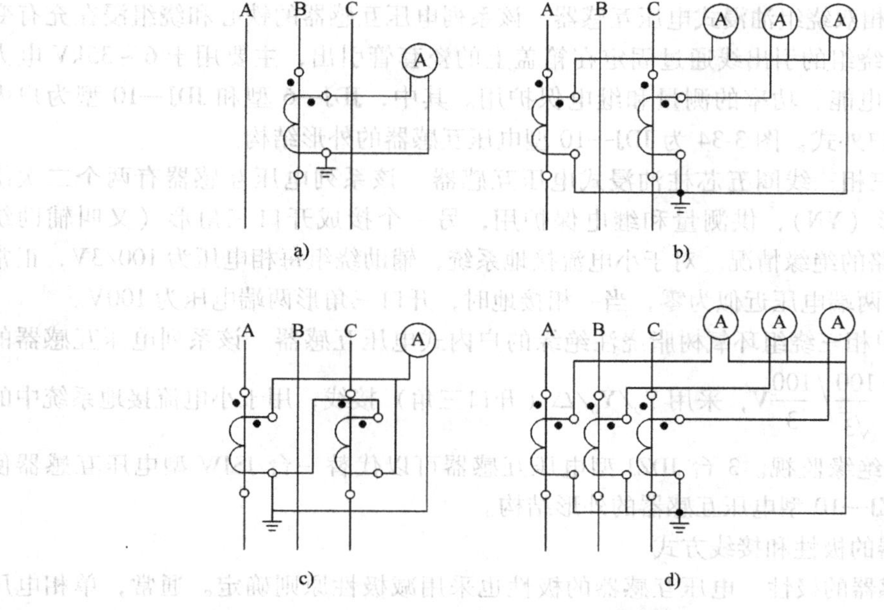


图 3-32　电流互感器的接线方式

a）一相式接线　b）两相不完全星形接线　c）两相电流差接线　d）三相完全星形接线

（2）电流互感器的二次侧必须有一端接地　这主要是为了防止一、二次绕组间绝缘损坏后，一次侧的高压窜入二次侧，危及人身和设备的安全。

（二）电压互感器

1. 电压互感器的工作原理

电压互感器是用来把大电压变为小电压的变压器，其一次绕组匝数很多，并联在供电系统的一次电路中，而二次绕组匝数很少，与电压表、继电器的电压线圈等并联。由于这些电压线圈的阻抗较大，所以电压互感器工作时二次绕组接近于空载状态。图 3-33 为电压互感器的原理接线图。

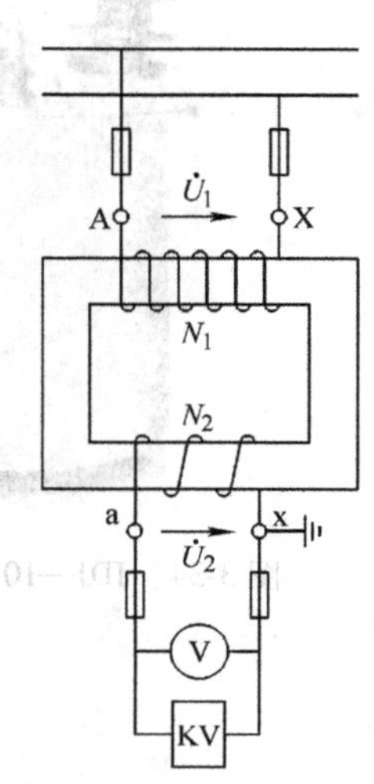


图 3-33　电压互感器的原理接线图

电压互感器的一次电压 $U_1$ 与二次电压 $U_2$ 之间的关系为

$$U_1 \approx \frac{N_1}{N_2}U_2 \approx K_u U_2 \tag{3-10}$$

式中，$N_1$、$N_2$ 分别为电压互感器一、二次绕组的匝数；$K_u$ 为电压互感器的变比，一般表示为一、二次侧额定电压之比，即 $K_u = U_{N1}/U_{N2}$。

2. 电压互感器的类型

电压互感器按相数分，有单相和三相两大类；按用途分，有测量用和保护用两大类；按准确度等级分，有0.2、0.5、1、3、3P、6P等级；按安装地点分，有户内式和户外式；按绕组数分，有双绕组和三绕组；按绝缘介质分，有油浸式、干式和浇注式。

下面介绍在中小型企业变电所中常用的几种电压互感器。

（1）JDJ型单相双绕组油浸式电压互感器　该系列电压互感器的铁心和绕组浸在充有变压器油的油箱内，绕组的引出线通过固定在箱盖上的瓷套管引出，主要用于6～35kV电力系统中，供电压、电能、功率的测量和继电保护用。其中，JDJ—6型和JDJ—10型为户内式，JDJ—35型为户外式。图3-34为JDJ—10型电压互感器的外形结构。

（2）JSJW型三相三线圈五芯柱油浸式电压互感器　该系列电压互感器有两个二次绕组，一个接成星形（YN），供测量和继电保护用，另一个接成开口三角形（又叫辅助绕组），用来监视线路的绝缘情况。对于小电流接地系统，辅助绕组每相电压为100/3V，正常运行时开口三角形两端电压近似为零，当一相接地时，开口三角形两端电压为100V。

（3）JDZJ型单相三绕组环氧树脂浇注绝缘的户内式电压互感器　该系列电压互感器的额定电压为$\frac{10000}{\sqrt{3}}\Big/\frac{100}{\sqrt{3}}\Big/\frac{100}{3}$V，采用$Y_0/Y_0/\triangle$（开口三角）接线，用于小电流接地系统中的电压、电能测量和绝缘监视。3台JDZJ型电压互感器可以代替一台JSJW型电压互感器使用。图3-35为JDZJ—10型电压互感器的外形结构。

3. 电压互感器的极性和接线方式

（1）电压互感器的极性　电压互感器的极性也采用减极性原则确定。通常，单相电压互感器一次绕组的出线端子标为A和X，二次绕组的出线端子标为a和x，其中A和a为同名端，X和x为同名端。如果一次电压的方向由A指向X，则二次电压的方向由a指向x。

图3-34　JDJ—10型电压互感器

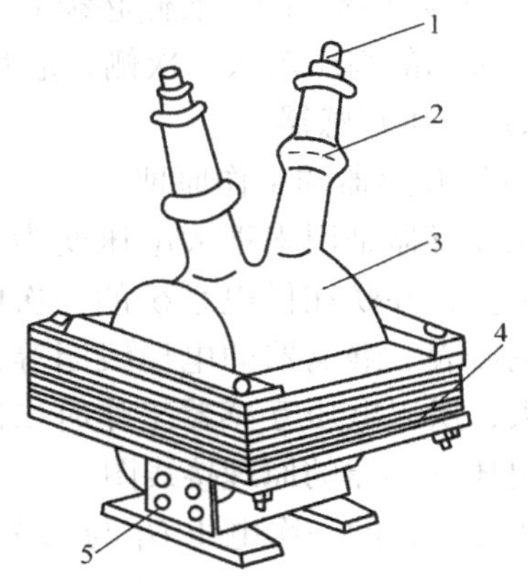


图3-35　JDZJ—10型电压互感器

1—一次侧接线端子　2—高压绝缘套管　3—一、二次绕组　4—铁心　5—二次侧接线端子

（2）电压互感器的接线方式　电压互感器的接线方式是指电压互感器与测量仪表或电压继电器之间的接线方式。常见的几种接线方式如图3-36所示。

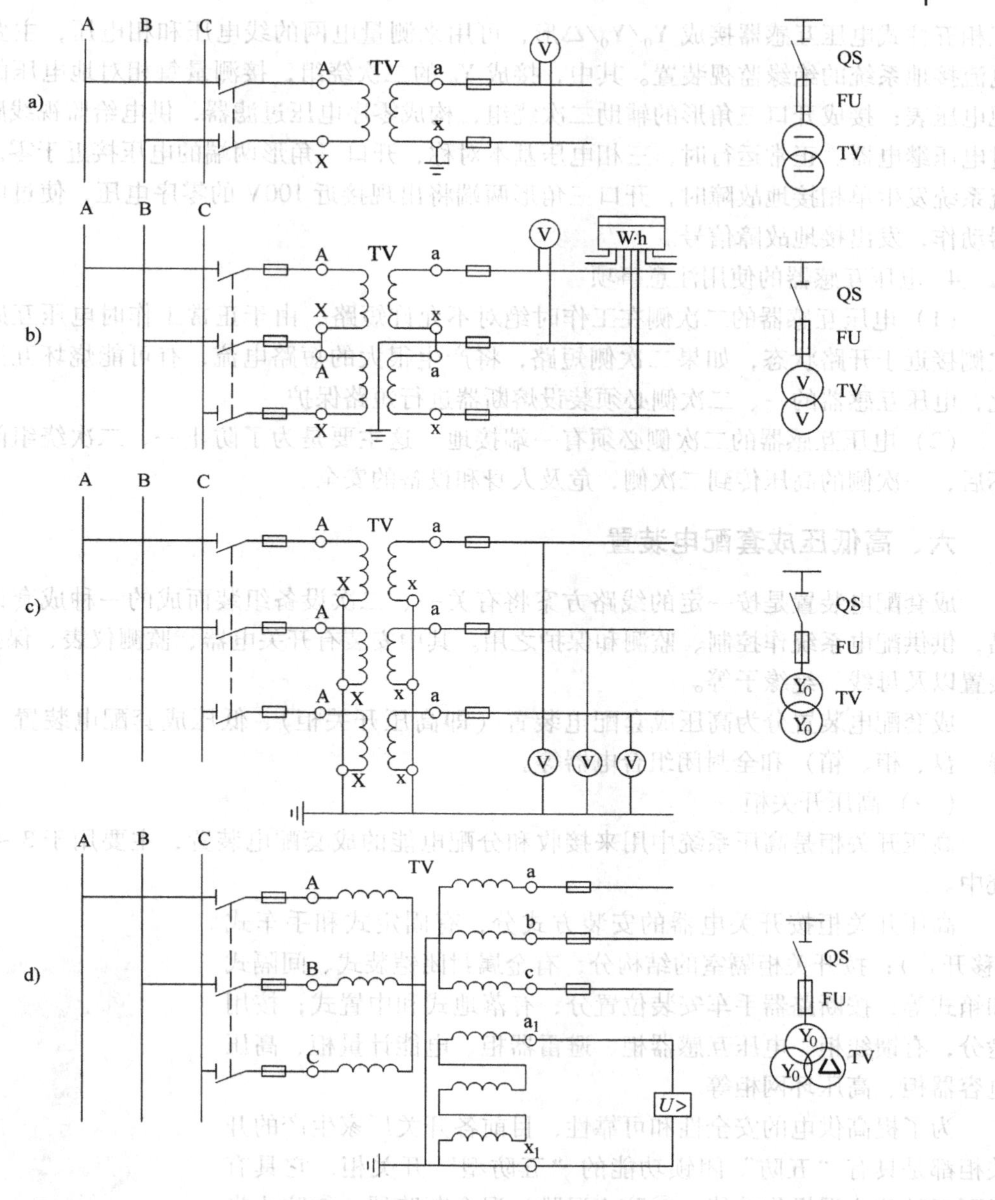


图 3-36　电压互感器的接线方式

a）单相式接线　b）V/V 形接线　c）$Y_0/Y_0$ 形接线　d）$Y_0/Y_0/\Delta$（开口三角）形接线

1）单相式接线（见图 3-36a）。用一个单相电压互感器接于电路中，可用来测量电网的线电压（小电流接地系统）或相对地电压（大电流接地系统）。

2）V/V 形接线（见图 3-36b）。用两个单相电压互感器接成 V/V 形，可用来测量三相三线制电路的各个线电压，但不能测量相电压，主要用于中性点不接地的小电流接地系统中。

3）$Y_0/Y_0$ 形接线（见图 3-36c）。用三个单相电压互感器接成 $Y_0/Y_0$ 形，可用来测量电网的线电压，并可供电给接相电压的绝缘监视电压表。

4）$Y_0/Y_0/\Delta$（开口三角）形接线（见图 3-36d）。用三个单相三绕组电压互感器或一个三相五柱式电压互感器接成 $Y_0/Y_0/\Delta$形，可用来测量电网的线电压和相电压，主要用于小电流接地系统的绝缘监视装置。其中，接成 $Y_0$ 的二次绕组，接测量每相对地电压的绝缘监视电压表；接成开口三角形的辅助二次绕组，构成零序电压过滤器，供电给监视线路绝缘的过电压继电器。正常运行时，三相电压基本对称，开口三角形两端的电压接近于零。当小电流系统发生单相接地故障时，开口三角形两端将出现接近 100V 的零序电压，使过电压继电器动作，发出接地故障信号。

4. 电压互感器的使用注意事项

(1) 电压互感器的二次侧在工作时绝对不允许短路　由于正常工作时电压互感器的二次侧接近于开路状态，如果二次侧短路，将产生很大的短路电流，有可能烧坏互感器。因此，电压互感器的一、二次侧必须装设熔断器进行短路保护。

(2) 电压互感器的二次侧必须有一端接地　这主要是为了防止一、二次绕组间绝缘损坏后，一次侧的高压传到二次侧，危及人身和设备的安全。

## 六、高低压成套配电装置

成套配电装置是按一定的线路方案将有关一、二次设备组装而成的一种成套设备的产品，供供配电系统作控制、监测和保护之用。其中安装有开关电器、监测仪表、保护和自动装置以及母线、绝缘子等。

成套配电装置分为高压成套配电装置（即高压开关柜)、低压成套配电装置（含配电屏、盘、柜、箱）和全封闭组合电器等。

(一) 高压开关柜

高压开关柜是高压系统中用来接收和分配电能的成套配电装置，主要用于 3～35kV 系统中。

高压开关柜按开关电器的安装方式分，有固定式和手车式(移开式)；按开关柜隔室的结构分，有金属封闭铠装式、间隔式和箱式等；按断路器手车安装位置分，有落地式和中置式；按用途分，有馈线柜、电压互感器柜、避雷器柜、电能计量柜、高压电容器柜、高压环网柜等。

为了提高供电的安全性和可靠性，目前各开关厂家生产的开关柜都是具有“五防”闭锁功能的“五防型”开关柜，它具有以下五种防止误操作功能：①防止误跳、误合断路器；②防止带负荷分、合隔离开关；③防止带电挂接地线；④防止带地线合闸；⑤防止误入带电间隔。

(1) 固定式开关柜　固定式开关柜是指柜体内高压断路器等主要电气设备的安装位置固定，其特点是价格低，内部空间大，运行维护方便。固定式开关柜一般用于企业的中小型变配电所和负荷不太重要的场所。

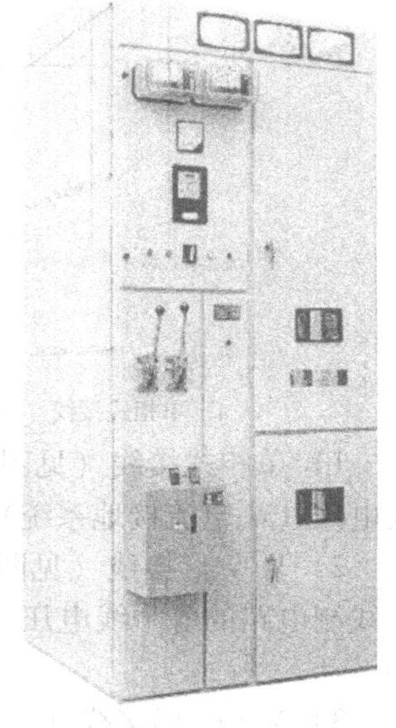

图 3-37　GG—1A(F)—07 型固定式高压开关柜

目前，我国大量生产和广泛使用的固定式开关柜产品有 GG—1A(F)型、KGN 型铠装式、XGN 型箱式、HXGN 型环网柜等。图 3-37 为 GG—1A(F)—07 型固定式高压开关柜的外形结构。该开关柜由断路器室、母线室、电缆室和仪表室等组成。一般地，断路器室在柜体下部，断路器的操动机构在面板左侧，其上方为隔离开关的操动机构及联锁机构；母线室在柜体后上部；电缆室在柜体下部的后方，电缆固定在支架上；仪表室在柜体前上部，便于运行人员观察。

（2）手车式开关柜 手车式开关柜是指柜体内高压断路器等主要电气设备安装在可移动的手车上，断路器等设备需要检修时，可随时将其手车拉出，然后推入同类备用手车，即可恢复供电。手车式开关柜具有灵活性好、检修安全、供电可靠性高、安装紧凑和占地面积小等优点，但价格较贵，主要用于大中型变配电所和负荷比较重要的场所。

目前，我国大量生产和广泛使用的手车式开关柜产品有 JYN 型间隔式和 KYN 型铠装式。图 3-38 为 KYN28—12 型金属铠装移开式开关柜的外形结构。该开关柜是在广泛吸收国内外同类产品优点的基础上研制开发的新一代开关柜，可取代 KYN1—10 型、JYN2—10 型等各种老系列产品。该开关柜完全金属铠装，由金属板分割成手车室、母线室、电缆室和仪表室，每一单元的金属外壳均独立接地。该开关柜具有完善的“五防”闭锁功能，适用于 3～12kV 户内单母线或单母线分段系统中，作为接受和分配电能之用，并对电路实行控制、保护和监测。

图 3-38 KYN28—12 型金属铠装移开式开关柜

因为有“五防”闭锁功能，故只有当断路器处于分闸位置时，手车才能拉出或推入。手车在工作位置时，一次、二次回路都接通；手车在试验位置时，一次回路断开，二次回路仍接通；手车在断开位置时，一次、二次回路都断开。断路器与接地开关有机械联锁，只有断路器处于跳闸位置时，手车拉出，接地开关才能合闸。当接地开关在合闸位置时，手车只能推到试验位置，有效防止带接地线合闸。

（二）低压成套配电装置

低压成套配电装置是低压系统中用来接收和分配电能的成套设备，用于 500V 以下的供配电系统中，作动力和照明配电之用。低压成套配电装置包括配电屏（盘、柜）和配电箱两类，按其控制层次可分为配电总盘、分盘和动力、照明配电箱。

1. 低压配电屏

低压配电屏按其结构型式分，有固定式和抽屉式两种类型。

固定式低压配电屏的所有电器元件都固定安装、固定接线，适用于发电厂、变电所和厂矿企业的低压供配电系统中，供动力、配电和照明之用。固定式低压配电屏结构简单，价格低廉，故应用广泛。目前使用较广的固定式低压配电屏有 PGL 型和 GGD 型。

抽屉式低压配电屏的主要电器元件均装在抽屉内或手车上，再按一、二次线路方案将有关功能单元的抽屉装在封闭的金属柜体内，可按需要抽出或推入。抽屉式低压配电屏具有结构紧凑、通用性好、安装维护方便、安全可靠等优点，但价格较贵，广泛应用于工矿企业和高层建筑的低压配电系统中。目前使用较广的抽屉式低压配电屏有 GCS 型和 GCK 型。

此外，目前还有一种引进国外先进技术生产的多米诺（DOMINO）组合式低压开关柜，它采用组合式框架结构，只用很少的框架组件就可以按需要组装成多种尺寸、多种类型的低压开关柜。与传统的低压配电屏相比，它的主要特点是：柜内设有电缆通道，柜顶及柜底设有电缆进口，进出电缆安装方便；各回路采用间隔式布置，有故障时可互不影响；门上设有机械联锁或电气联锁，以保证安全；抽屉具有工作、试验、分离和抽出四个位置，且相同规格的抽屉具有互换性；具有自动排气的防爆功能；断流能力大等。多米诺组合式低压开关柜适用于发电厂、工厂企业及宾馆的低压供配电系统中，作为动力供配电、电动机控制及照明配电之用。同时，多米诺组合式低压开关柜除一般固定场所使用外，还可在舰船、移动车辆、海上石油钻采平台和核电站使用。

2. 低压配电箱

从低压配电屏引出的低压配电线路一般需经动力配电箱或照明配电箱接至各用电设备。动力配电箱通常具有配电和控制两种功能，主要用于动力配电和控制，但也可用于照明的配电和控制。照明配电箱主要用于照明配电，但也可配电给一些小容量的动力设备和家用电器。

低压配电箱的安装方式有靠墙式、悬挂式和嵌入式。靠墙式是靠墙落地安装，悬挂式是挂在墙壁上明装，嵌入式是嵌在墙体内暗装。

配电箱的安装应尽量接近所供电的设备或处于负荷中心，以缩短配电线路和减少电压损失。此外，配电箱的安装位置应方便维修、采光良好、干燥通风、美观安全等。

（三）全封闭组合电器

全封闭组合电器（GIS）是由于 $SF_6$ 气体的出现而发展而来的一种新型高压成套设备。将一座变电站中除变压器以外的一次设备，包括断路器、隔离开关、接地开关、电流互感器、电压互感器、避雷器、母线、出线套管和电缆终端等元件，按变电所主接线的要求，经优化设计有机地组合成一个整体，各元件的高压带电部位均封闭于接地的金属壳内，并充以 $SF_6$ 气体作为绝缘和灭弧介质，称为 $SF_6$ 气体绝缘变电站，简称 GIS。

全封闭组合电器具有结构紧凑、不受外界环境的影响、运行可靠性高、检修周期长等优点，特别适用于城市供电、发电厂、大型工矿企业、石油化工和铁路运输等部门的高压变电所。目前，全封闭组合电器的发展方向是将变压器及一、二次开关全部合为一体，成为气体绝缘组合的供电系统，今后将向小型化、智能化、免维护、易施工的方向发展。

## 第二节　变配电所的电气主接线

### 一、概述

电气主接线又称为一次接线，是由各种开关电器、变压器、互感器、线路、电抗器、母线等按一定顺序连接而成的接收和分配电能的总电路。电气主接线代表了发电厂和变电所电气部分的主体结构，直接影响着电气设备选择、配电装置布置、继电保护配置、自动装置和控制方式的选择，对运行的可靠性、灵活性和经济性起决定性的作用。

用行业标准规定的设备图形符号和文字符号，按电气设备的实际连接顺序绘制而成的接线图，称为电气主接线图。电气主接线图通常画成单线图的形式。

电气主接线常用的电气设备名称、文字与图形符号见表 3-2。

表 3-2　电气主接线常用的电气设备名称、文字与图形符号

| 电气设备名称 | 文字符号 | 图形符号 | 电气设备名称 | 文字符号 | 图形符号 |
|---|---|---|---|---|---|
| 断路器 | QF | | 电力变压器 | T | |
| 隔离开关 | QS | | 电流互感器（单二次侧） | TA | |
| 负荷开关 | QL | | 电流互感器（双二次侧） | TA | |
| 熔断器 | FU | | 电压互感器（单相式） | TV | |
| 跌落式熔断器 | FD | | 电压互感器（三绕组） | TV | |
| 低压断路器 | QF | | 母线及引出线 | WB | |
| 刀开关 | QK | | 电抗器 | L | |
| 刀熔开关 | FU-QK | | 移相电容器 | C | |
| 阀形避雷器 | FV | | 电缆及其终端头 | WL | |

电气主接线的设计应满足以下基本要求：

（1）安全　保证在进行任何切换操作时人身和设备的安全。

（2）可靠　应满足各级电力负荷对供电可靠性的要求。

（3）灵活　应能适应各种运行方式的操作和检修、维护需要。

（4）经济　在满足以上要求的前提下，电气主接线应力求简单，尽可能减少一次性投资和年运行费用。

## 二、电气主接线的基本形式

供配电系统变电所常用的电气主接线基本形式有线路—变压器单元接线、单母线接线和桥式接线。

1. 线路—变压器单元接线

当只有一回供电电源线路和一台变压器时，宜采用线路—变压器单元接线。图 3-39 为线路—变压器单元接线的几种典型形式。

图 3-39a 中变压器的高压侧仅设置负荷开关，而未设保护装置。这种接线仅适用于距上级变电所较近的车间变电所采用，此时变压器的保护必须依靠安装在线路首端的保护装置来完成。当变压器容量较小时，负荷开关也可以用隔离开关来代替，但需注意的是，隔离开关只能用来切除空载运行的变压器。

图 3-39b 是户外杆上变电所的典型接线形式，电源线路架空敷设，小容量变压器安装在电杆上，户外跌落式熔断器作为变压器的短路保护，也可用来切除空载运行的变压器。这种接线简单经济，但可靠性差。随着城市电网改造和城市美化的需要，架空线改为电缆线，户外杆上变电所逐步被箱式变电所所替代，因此这种接线形式正在逐步被淘汰。

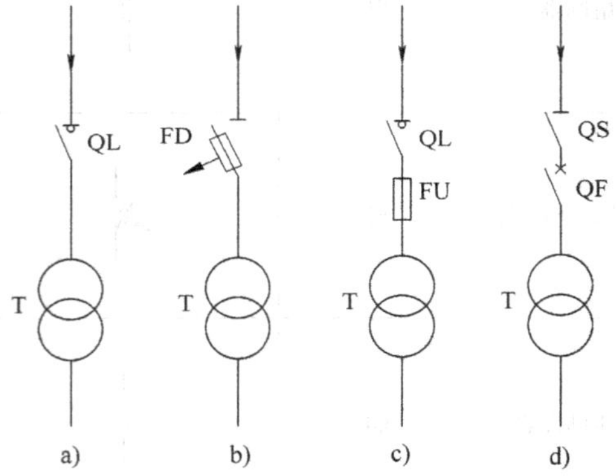

图 3-39　线路—变压器单元接线

图 3-39c 中变压器的高压侧采用负荷开关与熔断器组合电器，熔断器作为变压器的短路保护，负荷开关除用于变压器的投入与切除外，还可用来隔离电压以便变压器的安全检修。这种接线形式在 10kV 及以下变电所中应用得越来越多。

图 3-39d 中变压器的高压侧采用隔离开关和断路器，当变压器故障时，继电保护装置动作于断路器跳闸。采用断路器操作方便，故障后恢复供电快，易于上级保护配合，易于实现自动化，因此这种接线形式应用得最为普遍。

线路—变压器单元接线的优点是接线简单，所用电气设备少，配电装置简单，节约投资。其缺点是该单元中任一设备发生故障或检修时，变电所要全部停电，供电可靠性都不高，只可供电三级负荷。

2. 单母线接线

母线又称汇流排，用于汇集和分配电能。单母线接线又可分为单母线不分段和单母线分段两种。

（1）单母线不分段接线 图3-40所示为单母线不分段接线，它的主要特点是电源和引出线都接在同一组母线上，为便于每回路的投入和切除，在每条引线上均装有断路器和隔离开关。断路器作为切断负荷电流或短路电流之用。隔离开关有两种：靠近母线侧的称为母线隔离开关，作为隔离母线电压、检修断路器之用；靠近线路侧的称为线路隔离开关，是防止在检修断路器时从用户侧反向送电，或防止雷电过电压沿线路侵入，保证维修人员安全之用。

单母线不分段接线的优点是接线简单、使用设备少、操作方便、投资少、便于扩建。其缺点是当母线及母线隔离开关故障或检修时，必须断开全部电源，造成整个配电装置停电；当检修一回路的断路器时，该回路要停电。因此，单母线不分段接线供电的可靠性和灵活性均较差，一般只适用于三级负荷或有备用电源的二级负荷。

（2）单母线分段接线 为了提高单母线接线的供电可靠性和灵活性，可采用断路器将母线分段，成为单母线分段接线，如图3-41所示。图中的QF3称为分段断路器。母线分段后，对重要用户可以从不同段引出两回馈电线路，由两个电源供电。在可靠性要求不高时，亦可用隔离开关分段，但因倒闸操作步骤繁琐，目前已很少采用。

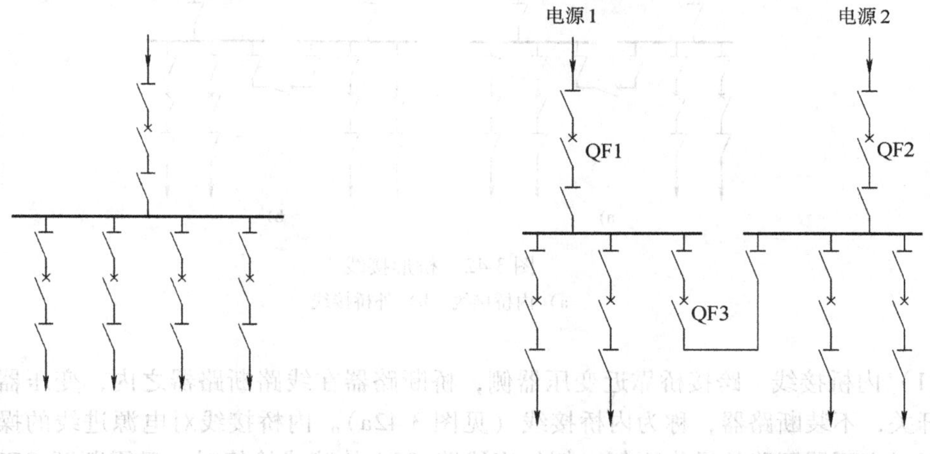


图3-40 单母线不分段接线　　图3-41 单母线分段接线

在正常工作时，单母线分段接线可以分段单独运行，也可以并列同时运行。

分段运行时，分段断路器QF3断开，各段母线互不影响，相当于单母线不分段状态，当任一电源发生故障时，电源进线断路器自动跳开后，分段断路器自动合闸，保证全部出线或重要负荷继续供电。

并列运行时，分段断路器QF3及其两侧的隔离开关均处于合闸状态，当任一段母线发生故障，分段断路器与故障段进线断路器都会在继电保护装置作用下自动断开，将故障段母线切除，重要用户仍可通过正常段母线继续供电。

单母线分段接线既保留了单母线接线简单、经济、方便等优点，又在一定程度上提高了供电的可靠性，因此这种接线得到广泛应用。

分段的数目取决于电源数量和容量。段数分得越多，故障时停电范围越小，但使用的分段断路器越多，配电装置也越复杂，通常以2～3段为宜。

但单母线分段接线仍不能克服某一回路断路器检修时，该回路要长时间停电的显著缺点，同时这种接线在一段母线或母线隔离开关故障或检修时，该段母线上的所有回路都要长时间停电。

3. 桥形接线

当变电所具有两台变压器和两条线路时，在线路—变压器单元接线的基础上，在其中间跨接一连接“桥”，便构成桥形接线，如图3-42所示。按照跨接桥断路器的位置，可分为内桥和外桥两种接线。

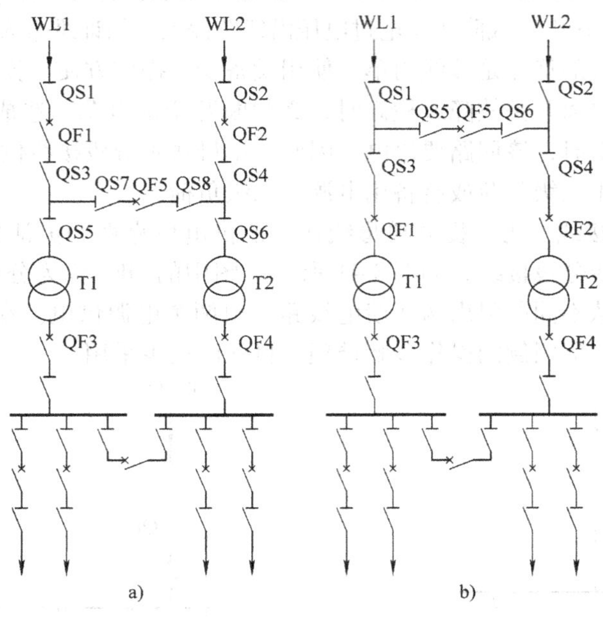


图3-42 桥形接线

a）内桥接线 b）外桥接线

（1）内桥接线 跨接桥靠近变压器侧，桥断路器在线路断路器之内，变压器回路仅装隔离开关，不装断路器，称为内桥接线（见图3-42a）。内桥接线对电源进线的操作非常方便，但对变压器回路的操作不便。例如当线路WL1故障或检修时，只需断开QF1，变压器T1可由线路WL2通过横连桥继续受电；但当变压器T1故障或检修时，需断开QF1、QF3和QF5，经过倒闸操作拉开QS5，再闭合QF1和QF5，才能恢复正常供电。因此，内桥接线适用于电源进线线路较长而变压器又不需要经常切换的场所。

（2）外桥接线 跨接桥靠近线路侧，桥断路器在线路断路器之外，线路回路仅装隔离开关，不装断路器，称为外桥接线（见图3-42b）。外桥接线对变压器回路的操作非常方便，但对电源进线回路的操作不便。例如当线路WL1故障或检修时，需断开QF1和QF5，经过倒闸操作拉开QS1，再闭合QF1和QF5，才能恢复正常供电；但当变压器T1故障或检修时，只需将QF1、QF3断开即可。因此，外桥接线适用于电源进线线路较短而变压器需要经常切换的场所。

桥形接线中四个回路只有三个断路器，投资小，接线简单，供电的可靠性和灵活性较高，适用于向一、二类负荷供电。

## 三、变配电所主接线的设计原则

### （一）总降压变电所主接线的设计原则

对于进线电压为35kV及以上的大中型企业，通常是先经总降压变电所将电源电压降为6～10kV的高压配电电压，然后再经车间变电所的配电变压器降为380/220V的使用电压。总降压变电所主接线的设计原则如下：

1. 装有一台主变压器的总降压变电所

总降压变电所为单电源进线和一台变压器时，通常采用一次侧无母线、二次侧单母线的主接线，如图3-43所示。这种接线简单经济、使用设备少、基建快、投资费用低。但当线路或变压器发生故障或检修时，需全部停电，故供电可靠性不高，只能用于三类负荷的企业。

2. 装有两台主变压器的总降压变电所

1）一次侧采用内桥或外桥接线，二次侧采用单母线分段接线（见图3-42）。这种主接线所用设备少，结构简单，占地面积小，供电可靠性高，可供电一、二类负荷，适用于具有两回电源进线和两台变压器的总降压变电所。

2）一、二次侧均采用单母线分段接线。该主接线如图3-44所示。这种接线的供电可靠性高，运行灵活，但所用高压开关设备较多，投资较大，可供电一、二类负荷，适用于一、二次侧进出线较多的总降压变电所。

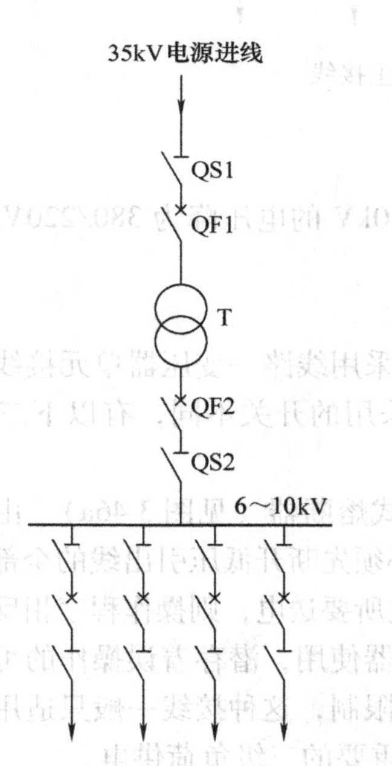


图3-43　装有一台主变压器的总降压变电所主接线

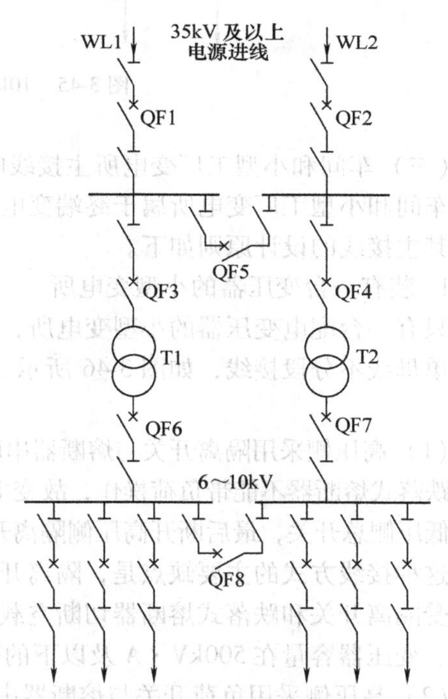


图3-44　一、二次侧均采用单母线分段的总降压变电所主接线

（二）高压配电所主接线的设计原则

在大中型企业中通常设置高压配电所，其任务是从电力系统接收电能并向各车间变电所及高压用电设备进行配电。高压配电所的位置应尽量靠近负荷中心，经常和车间变电所设在一起。每个配电所的馈电线路一般不少于4～5回，配电所一般为单母线制，根据负荷类型

及进出线数目可考虑将母线分段。图3-45所示为一个典型的10kV高压配电所的主接线，该配电所有两路电源进线，采用单母线分段接线。

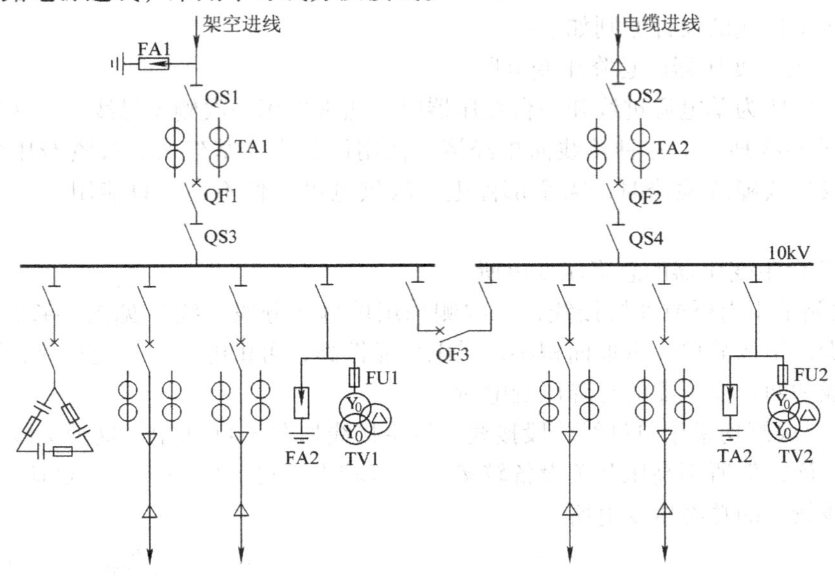


图3-45 10kV高压配电所的主接线

（三）车间和小型工厂变电所主接线的设计原则

车间和小型工厂变电所属于终端变电所，是将6～10kV的电压降为380/220V的使用电压，其主接线的设计原则如下。

1. 装有一台变压器的小型变电所

只有一台配电变压器的小型变电所，其高压侧一般采用线路—变压器单元接线，低压侧采用单母线不分段接线，如图3-46所示。根据高压侧采用的开关不同，有以下三种典型方案：

（1）高压侧采用隔离开关与熔断器串联或户外跌落式熔断器（见图3-46a） 由于隔离开关和跌落式熔断器不能带负荷操作，故变电所停电时，必须先断开低压引出线的全部开关，再断开低压侧总开关，最后断开高压侧隔离开关。如果变电所要送电，则操作程序相反。

这种接线方式的主要缺点是，隔离开关作为操作电器使用，潜存着误操作的可能性。同时，受隔离开关和跌落式熔断器切断空载变压器容量的限制，这种接线一般只适用于不经常操作、变压器容量在500kV·A及以下的变电所，对不重要的三级负荷供电。

（2）高压侧采用负荷开关与熔断器串联（见图3-46b） 由于负荷开关既可以带负荷操作，又可起到隔离开关的作用，从而使变电所的停电和送电操作比上述主接线（见图3-46a）要简便灵活得多，但仍用熔断器进行短路保护，其供电可靠性仍然不高，一般也用于三级负荷的小型变电所。

（3）高压侧采用隔离开关与断路器串联（见图3-46c） 由于采用了断流能力较大的高压断路器，使变电所的停电和送电操作十分灵活方便，同时高压断路器都配有继电保护装置，当变电所发生短路故障时，继电保护装置动作，自动断开断路器，将故障切除。但由于只有一回电源进线，供电可靠性仍然不高，一般也只能用于三级负荷，但供电容量较大。

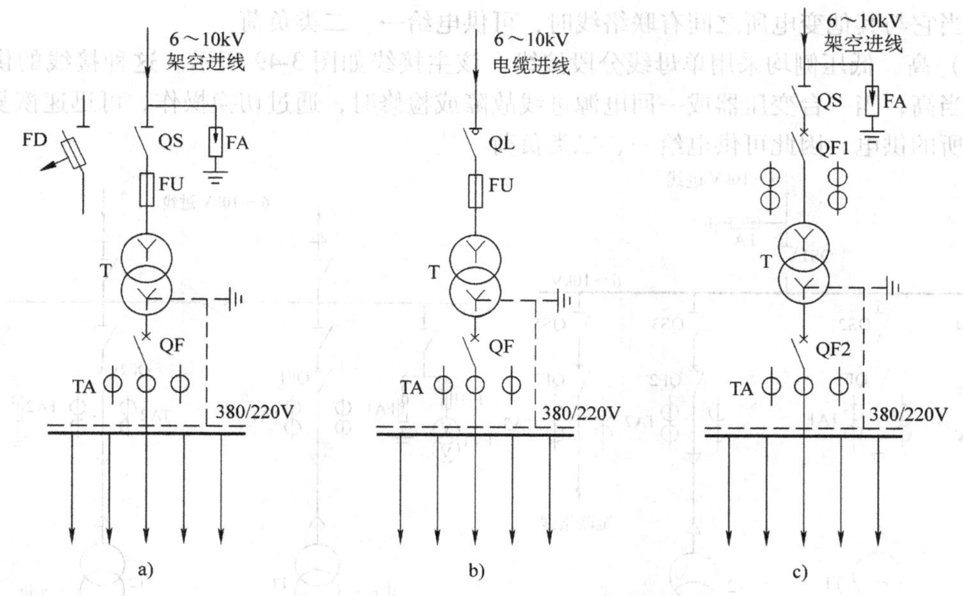


图 3-46 装有一台变压器的小型变电所主接线
a）高压侧采用隔离开关与熔断器或户外跌落式熔断器
b）高压侧采用负荷开关与熔断器 c）高压侧采用隔离开关与断路器

以上三种主接线的共同点是：接线简单经济、使用设备少、投资费用低，但供电可靠性不高，只适用于供电给三类负荷的车间变电所和小型工厂配电所。如果低压母线上有来自其他变电所的低压联络线，或变电所有两路电源进线，则供电可靠性相应提高，可供电给二类负荷的车间变电所。

2. 装有两台变压器的小型变电所

（1）高压侧无母线、低压侧采用单母线分段接线 该主接线如图 3-47 所示。这种接线的供电可靠性较高，当任一台变压器或任一电源进线故障或检修时，通过闭合低压母线分段开关，可迅速恢复对整个变电所的供电，因此可供电给一、二类负荷或用电量较大的车间变电所。

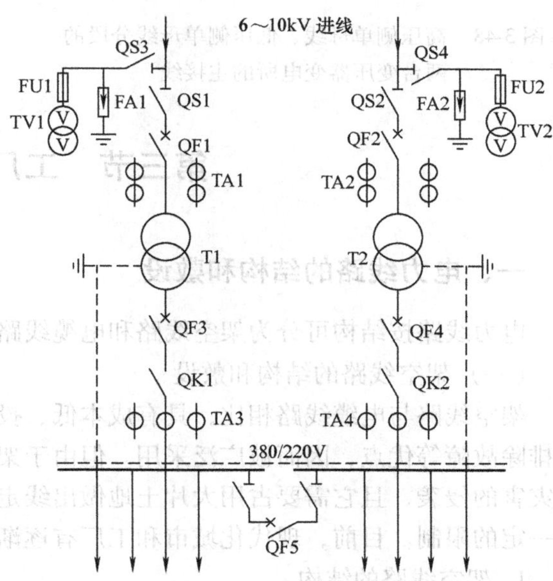


图 3-47 高压侧无母线、低压侧单母线分段的两台变压器变电所的主接线

（2）高压侧单母线、低压侧采用单母线分段接线 该主接线如图 3-48 所示。这种接线适用于装有两台及以上配电变压器或具有多回高压出线的变电所。其供电可靠性也较高，任一台变压器故障或检修时，通过切换操作能恢复整个变电所的供电，但当高压母线或电源进线故障或检修时，整个变电所要停电，故可供电给二、三类

负荷。当它与其他变电所之间有联络线时，可供电给一、二类负荷。

（3）高、低压侧均采用单母线分段接线　该主接线如图 3-49 所示。这种接线的供电可靠性相当高，当一台变压器或一回电源进线故障或检修时，通过切换操作，可迅速恢复对整个变电所的供电，因此可供电给一、二类负荷。

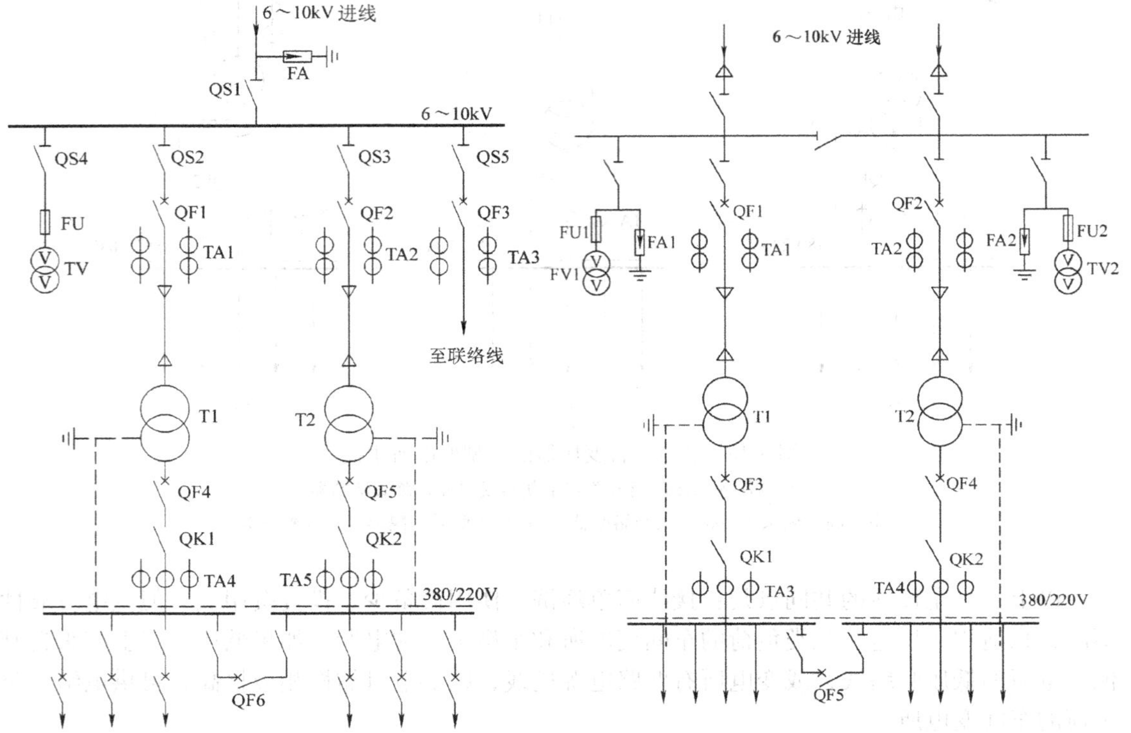


图 3-48　高压侧单母线、低压侧单母线分段的两台变压器变电所的主接线

图 3-49　高、低压侧均采用单母线分段的两台变压器变电所的主接线

## 第三节　工厂电力线路

### 一、电力线路的结构和敷设

电力线路按结构可分为架空线路和电缆线路两大类。

（一）架空线路的结构和敷设

架空线路与电缆线路相比，具有成本低、投资少、安装容易、维护检修方便、易于发现和排除故障等优点，因而被广泛采用。但由于架空线路露天架设，容易遭受雷击和风雨等自然灾害的侵袭，且它需要占用大片土地做出线走廊，有时会影响交通和市容，因此其使用受到一定的限制。目前，现代化城市和工厂有逐渐减少架空线路、采用电缆线路的趋势。

1. 架空线路的结构

架空线路主要由导线、杆塔、横担、绝缘子和金具等部件组成，如图 3-50 所示。为了防雷，有的架空线路上还装设有避雷线（架空地线）。为了加强杆塔的稳固性，有的杆塔还安装有拉线或板桩。

(1) 导线 架空线路的导线是在露天条件下运行的，它不仅要承受导线自重、风压、冰霜及温度变化的影响，还要承受空气中各种有害气体的化学侵蚀，其工作条件相当恶劣。因此，导线必须有较高的机械强度和耐化学腐蚀能力，而且还应有良好的导电性能。

导线常用的材料有铜、铝和钢等。铜具有良好的导电性能和抗拉强度，且具有较强的抗化学腐蚀能力，是理想的导线材料，但是铜属于贵重金属，其用途广、成本高，应尽量节约。铝的导电性能比较好（仅次于铜），且具有质轻价廉的优点，所以在档距较小的10kV及以下线路上被广泛采用。钢的机械强度很高，而且价廉，但其导电性能差，且为磁性材料，感抗大，集肤效应显著，故一般不宜单独做导线材料，而用做铝导线的钢芯或避雷线。

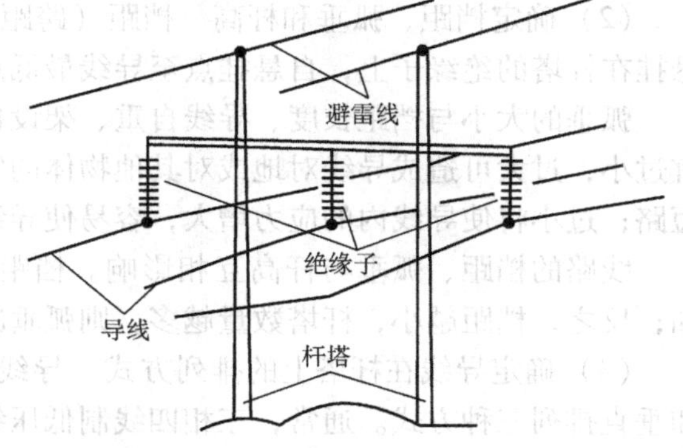

图3-50 架空线路的结构

导线可分为裸导线和绝缘导线两大类，架空线路一般采用裸导线。裸导线按结构分，有单股线和多股绞线两种，绞线又分为铜绞线（TJ）、铝绞线（LJ）和钢芯铝绞线（LGJ）。在企业中常用的是铝绞线，但对机械强度要求较高和35kV及以上的架空线路上，则多采用钢芯铝绞线，其截面示意图如图3-51所示。

(2) 杆塔 杆塔是用来支撑绝缘子和导线的，俗称电杆。杆塔应有足够的机械强度，经久耐用，便于搬运和安装。

杆塔按材料分，有木杆、钢筋混凝土杆（水泥杆）和铁塔三种类型。35kV及以下线路一般采用水泥杆；110kV及以上线路以及大跨越线路常采用铁塔。

杆塔按用途分，有直线杆塔（中间杆塔）、转角杆塔、耐张杆塔（承力杆塔）、终端杆塔、换位杆塔和跨越杆塔等。

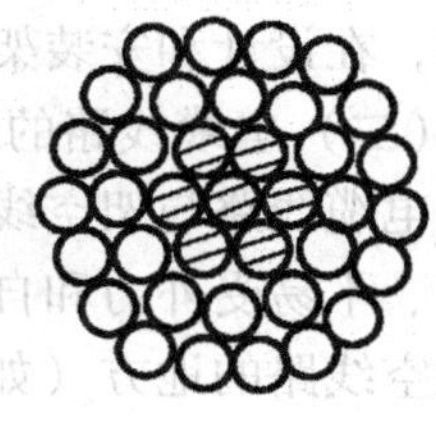
图3-51 钢芯铝绞线的截面示意图

(3) 横担 横担的主要作用是用来固定绝缘子，并使各相导线之间保持一定的距离，防止风吹摆动而造成相间短路。常用的有木横担、铁横担和瓷横担。从保护环境和经久耐用看，现在架空线路上普遍采用的是铁横担和瓷横担。瓷横担是我国独创的产品，具有良好的电气绝缘性能，兼有绝缘子和横担的双重功能，能节约大量的木材和钢材，有效降低杆塔的高度，一般可节省线路投资30%～40%。同时，其表面便于雨水冲洗，可减少维护工作量。但瓷横担比较脆，在安装和使用中应引起注意。

横担的长度取决于电路电压的高低、档距的大小、安装方式和使用地点等，主要是保证在最困难条件下（如最大弧垂时受风吹动）导线之间的绝缘要求。

(4) 绝缘子 绝缘子用来将导线固定在杆塔上，并使带电导线之间、导线与横担之间、导线与杆塔之间保持绝缘，故绝缘子应有良好的绝缘性能和机械强度，并能承受各种气象条件的变化而不破裂。架空线路用的绝缘子主要有针式、悬式和棒式三种。

(5) 金具 金具是用来连接导线和绝缘子的金属部件的总称。架空线路上使用的金具种类很多，如连接悬式绝缘子使用的挂环和挂板；把导线固定在悬式绝缘子上用的各种线夹；连接导线用的接线管以及防止导线震动用的护线条、防震锤等。

2. 架空线路的敷设

（1）正确选择线路路径　选择线路路径的主要要求是：路径要短，转角要少，地质条件要好，施工维护方便，尽量减少与其他设施交叉或跨越建筑物，并与建筑物保持一定的安全距离，同时还应考虑线路经过地段经济发展的统一规划等因素。

（2）确定档距、弧垂和杆高　档距（跨距）是指相邻两根电杆之间的水平距离。导线悬挂在杆塔的绝缘子上，自悬挂点至导线最低点的垂直距离称为弧垂。

弧垂的大小与档距长度、导线自重、架设松紧和气候条件等有关。弧垂不宜过大，也不宜过小，过大可造成导线对地或对其他物体的安全距离不够，而且导线摆动时容易引起相间短路；过小将使导线内的应力增大，容易使导线断线。

线路的档距、弧垂与杆高互相影响。档距越大，杆塔数量越少，则弧垂增大，杆高增加；反之，档距越小，杆塔数量越多，则弧垂减小，杆高降低。

（3）确定导线在杆塔上的排列方式　导线在杆塔上的排列方式有水平排列、三角排列和垂直排列三种方式。通常，三相四线制低压线路的导线，一般都采用水平排列；三相三线制的导线，可三角排列，也可水平排列；多回路导线同杆架设时，可三角、水平混合排列，也可垂直排列；电压不同的线路同杆架设时，电压较高的线路应架设在上面，电压较低的线路应架设在下面；动力线与照明线同杆架设时，动力线在上面，照明线在下面。

为了保证架空导线有足够的机械强度，有关规程中规定了导线允许的最小截面面积，同时在 GB 50061—1997 中规定了导线的档距、线间距离、导线距地面和建筑物的最小允许距离等，在设计和安装架空线路时必须严格遵守。

（二）电缆线路的结构和敷设

电缆线路与架空线路相比，具有成本高、投资大、查找故障困难等缺点，但它具有运行可靠、不易受外力和自然环境的影响、不占地面空间和不影响市容等优点，因此在不适宜采用架空线路的地方（如人口稠密区、重要的公共场所、过江、跨海、严重污秽区以及某些工矿企业厂区等），宜采用电缆线路。在现代化城市和工厂中，电缆线路得到了越来越广泛的应用。

1. 电缆线路的结构

电缆的结构一般包括导体、绝缘层和保护包皮三部分。

电缆的导体通常采用多股铜绞线或铝绞线制成。根据电缆中导体的数目不同，电缆可分为单芯、三芯和四芯等种类。单芯电缆的导体截面是圆形的；三芯或四芯电缆的导体截面除圆形外，更多的是采用扇形，以便充分利用电缆的截面面积，如图 3-52 所示。

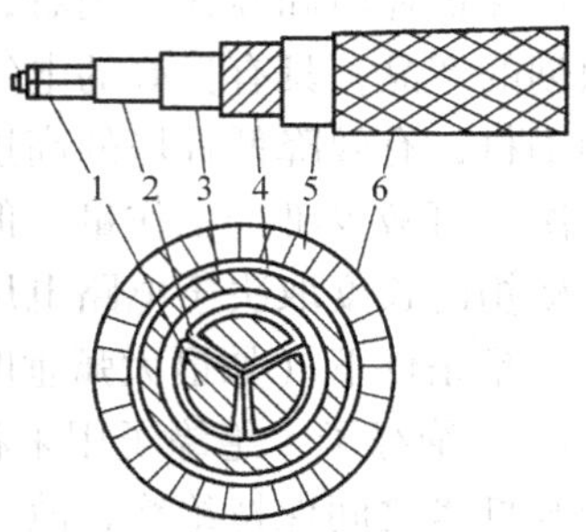


图 3-52　扇形三芯电缆

1—导体　2—纸绝缘　3—铅包皮　4—麻衬　5—钢带铠甲　6—麻被

电缆的绝缘层用来使导体与导体之间、导体与保护包皮之间保持绝缘。电缆使用的绝缘材料一般有油浸纸、橡胶、聚乙烯、交联聚氯乙烯等。

电缆的保护包皮用来保护绝缘层，使其在运输、敷设及运行过程中免受机械损伤，并防止水分浸入和绝缘油外渗。所以，要求它有一定的机械强度和密封性。常用的保护包皮有铝包皮和铅包皮。此外，在电缆的最外层还包有钢带铠甲，以防止电缆受外界的机械损伤和化学腐蚀。

2. 电缆头

电缆头包括电缆中间接头和终端头。电缆头是电缆线路的薄弱环节，大部分电缆线路的故障都发生在电缆头处。因此，电缆头的安装质量至关重要，要求密封性好，有足够的机械强度，其绝缘耐压强度不低于电缆本身的耐压强度。

3. 电缆的敷设

电缆的敷设路径要尽可能短，转弯最少，尽量避免与各种地下管道交叉，散热要好。工厂中电缆常用的敷设方式有直接埋地敷设、电缆沟敷设和电缆桥架敷设三种方式，而电缆隧道、电缆排管等敷设方式较少采用。

（1）直接埋地敷设　首先挖一深 0.7～1m 的壕沟，在沟底填上细沙或软土，再铺设电缆，然后在周围填以沙土，加上保护板，最后回填土。这种敷设方式具有施工简单、投资少等优点，但易受机械损伤和土壤中酸性物质的腐蚀，可靠性差，检修不便，多用于电缆根数不多的场合。

（2）电缆沟敷设　当同一路径敷设的电缆根数较多时，宜采用电缆沟敷设。电缆沟由砖砌成或混凝土浇筑而成，电缆置于电缆沟的电缆支架上，沟面用水泥板覆盖。这种敷设方式投资稍高，但检修方便、占地面积少，所以在工厂配电系统中应用较广泛，但在容易积水的场所不宜使用。

（3）电缆桥架敷设　对于工厂配电所、车间、大型商厦和科研单位等场所，因其电缆数量较多或较集中，通常采用电缆桥架敷设电缆。电缆桥架装置由支架、盖板、支臂和线槽等组成，电缆敷设在电缆桥架内。这种敷设方式结构简单、安装灵活、可取任意走向，并具有绝缘和防腐蚀功能，适用于各种类型的工作环境，使配电线路的敷设成本大大降低。

## 二、电力线路的接线方式

接线方式是指由电源端（变、配电站）向负荷端（电力用户或用电设备）输送电能时采用的网络形式。电力线路按电压高低分，有高压线路和低压线路。下面主要介绍高压电力线路常用的基本接线方式。

1. 放射式接线

放射式接线是指由地区变电所或企业总降压变电所 6～10kV 母线直接向用户变电所供电，中间不接任何其他的负荷，各用户变电所之间也没有任何电气联系，如图 3-53 所示。

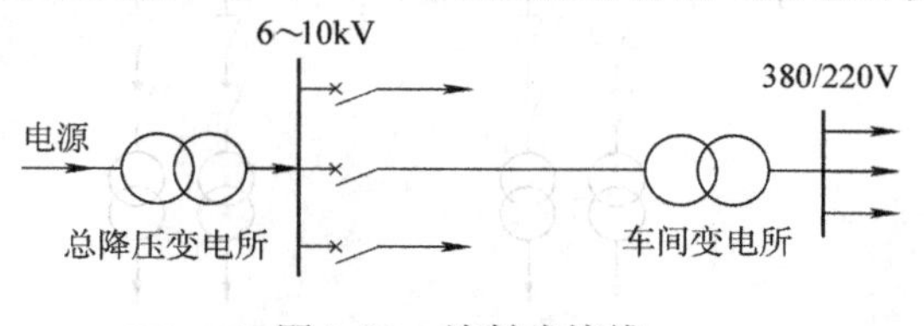

图 3-53　放射式接线

这种接线方式的优点是接线清晰、操作维护方便、保护简单、便于实现自动化，但所用的开关设备较多，投资较大，而且当这种放射式线路发生故障时，该线路所供的负荷都要停电。单回路放射式接线主要用于三级负荷和部分次要的二级负荷。

为提高其供电可靠性，可根据具体情况增加备用线路，或在用户变电所低压侧之间敷设联络线。如果采用来自两个电源的双回路放射式接线，可进一步提高供电的可靠性，如图3-54所示，当任一线路或任一电源发生故障时，均能保证不间断供电，可用于一级负荷。

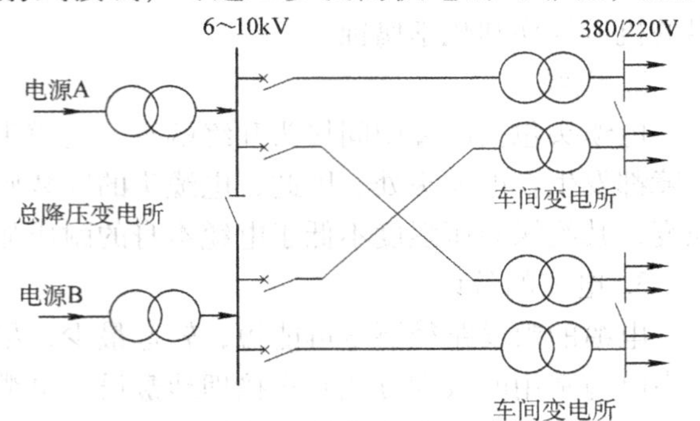


图3-54 双回路放射式接线

2. 树干式接线

树干式接线是指由电源端向负荷配出干线，在干线的沿线引出数条分支线向用户供电，如图3-55所示。

这种接线方式的优点是，线路敷设比较简单，电源出线回路数少，高压配电装置和线路投资较小，有色金属消耗量低，比较经济。它的缺点是供电可靠性差，当高压配电干线上任一段线路发生故障时，会使所有用户停电，因只能用于三级负荷，且分支数目不宜过多，总容量也不宜过大。

为了充分发挥树干式接线的优点，尽可能地减轻其缺点所造成的影响，可采用串联型树干式接线，如图3-56所示。这种改进后的树干式接线的特点是：干线的进出侧均安装了隔离开关，当发生故障时，可在找到故障点后，拉开相应的隔离开关继续供电，从而缩小停电范围，使供电可靠性有所提高。

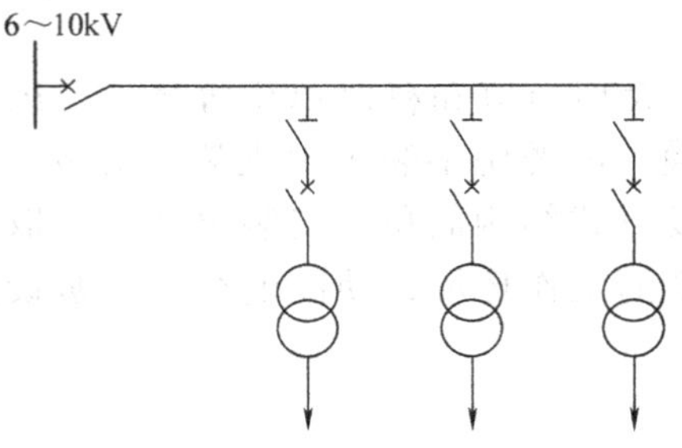


图3-55 树干式接线

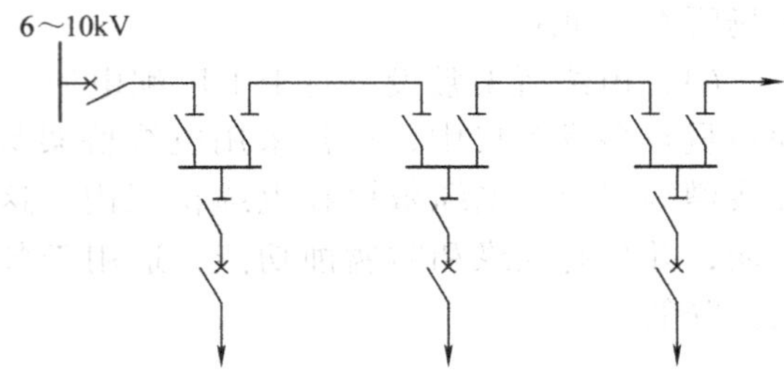


图3-56 串联型树干式接线

对于供电可靠性要求较高的一、二级负荷用户，可采用双回路树干式（图3-57）或两端供电树干式（图3-58）接线。

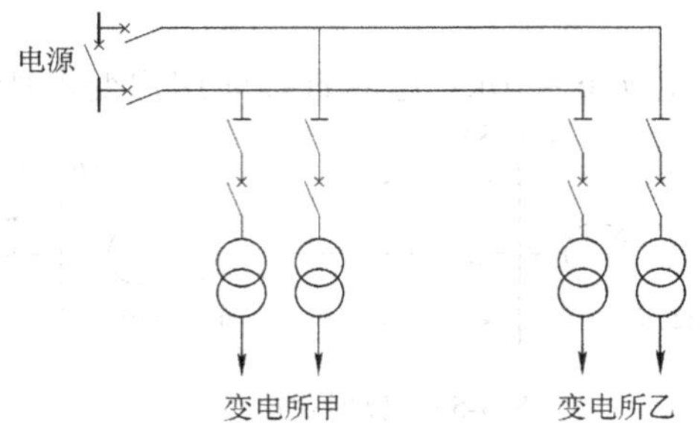


图3-57 双回路树干式接线

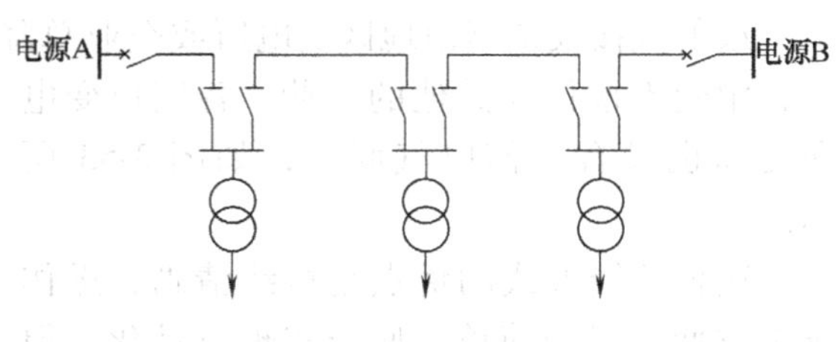


图3-58 两端供电树干式接线

3. 环式接线

在配电网中应用的普通环式接线可以认为是串联型树干式接线的改进，只要把两路串联型树干式线路联络起来就构成了环式接线，如图 3-59 所示。环式接线的优点是运行灵活，供电可靠性高，当线路的任何线段发生故障时，在短时停电后经过“倒闸操作”，拉开故障线路两侧的隔离开关，将故障线段切除后，全部用户变电所均可恢复供电。

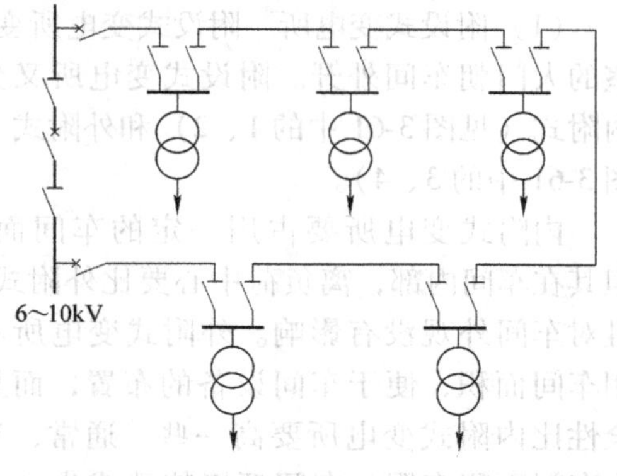


图 3-59　普通环式接线

环式接线有开环和闭环两种运行方式。闭环运行时形成两端供电，当任一线段故障时，将使两路进线端的断路器均跳闸，造成全部停电。因此，一般在供配电系统中多采用开环运行方式，即正常运行时环形线路在某点是断开的。普通环式接线一般适用于允许停电 30 ~ 40min 的二、三级负荷。

环式供电系统的导线截面面积应按有可能通过的全部负荷来考虑，因此截面面积较大，投资较高，而且切换操作比较频繁，对继电保护和自动装置要求也较高，技术上比较复杂。

近几年，我国供电网广泛采用拉手环式（亦称“手拉手”接线）供电方式，它实质上是放射式接线改造成的双电源供电，中间以联络开关将两段线路连接起来，形成一个两端都有电源、环式设计、开环运行的主干线，任何一端都可以供电给全线负荷，如图 3-60 所示。在正常运行时，联络开关打开，以减少短路电流和可能出现的环流等，当线路失去一端电源时，将联络开关合上，从另一端电源对失去电源线路上的用户供电。这种接线方式的供电可靠性较高，易于实现配电网自动化，因此在配电网建设与改造中被广泛采用。

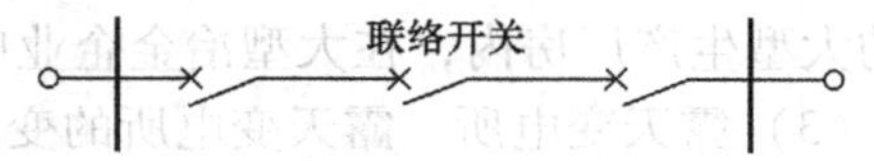


图 3-60　拉手环式接线

低压电力线路也有放射式、树干式、环式等接线方式，而实际上多采用几种接线方式的组合，依具体情况而定。

在实际供配电系统中，往往是由各种不同接线方式的网络所组成。在选择接线方式时，首先考虑的因素是满足用户对供电可靠性和电能质量的要求，同时还应考虑运行灵活性、操作安全、有利于自动化、投资费用少、运行费用低和留有发展余地等基本要求。一般要对多种可能的接线方案进行技术经济比较后才能确定。

## 第四节　变配电所的类型与布置

### 一、变配电所的类型

变电所担负着从电力系统接收电能，经过变压，然后分配电能的任务，而配电所担负着从电力系统接收电能，然后直接分配电能的任务。可见，变配电所是工厂供配电系统的枢纽，在工厂里占有非常重要的位置。

工厂变电所又分为总降压变电所和车间变电所。通常，大型工厂都设有总降压变电所，而中小型工厂一般不设总降压变电所。车间变电所根据变压器安装位置的不同，可分为以下几种类型：

（1）附设式变电所　附设式变电所变压器室的一面或几面墙与车间的墙共用，变压器室的大门朝车间外开。附设式变电所又分为内附式（见图3-61中的1、2）和外附式（见图3-61中的3、4）。

内附式变电所要占用一定的车间面积，但其在车间内部，离负荷中心要比外附式近，且对车间外观没有影响。外附式变电所不占用车间面积，便于车间设备的布置，而且安全性比内附式变电所要高一些。通常，当生产车间面积有限、车间环境特殊或生产工艺要求设备经常变动时，宜采用外附式，否则宜采用内附式。

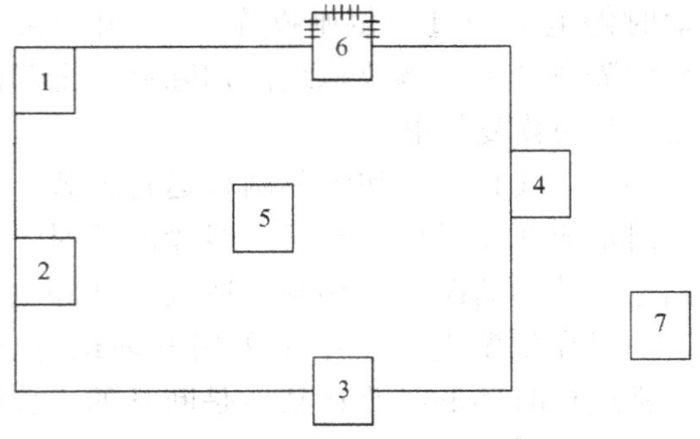

图3-61　车间变电所的类型

1、2—内附式变电所　3、4—外附式变电所　5—车间内变电所　6—露天变电所　7—独立变电所

（2）车间内变电所　车间内变电所的变压器室位于车间内的单独房间内，变压器室的大门朝车间内开（见图3-61中的5）。虽然这种车间内变电所占用了车间内的面积，但它处于负荷的中心，可以减少线路上的电能损耗和有色金属消耗量。此外，由于这种变电所设在车间内，其安全性要差一些，故多用于负荷较大的大型生产厂房内，在大型冶金企业中比较常见。

（3）露天变电所　露天变电所的变压器安装在室外抬高的地面上（见图3-61中的6）。露天变电所简单经济，通风散热好，只要周围环境无腐蚀性、爆炸性气体和粉尘，均可采用。这种型式的变电所在小型工厂中较为常见。

（4）独立变电所　独立变电所独立地设置在车间的外部（见图3-61中的7）。独立变电所的建筑费用高、馈电距离远、线路损耗大，主要用在负荷小而分散的场所，或由于生产车间环境的限制，如防火、防爆、防尘、有腐蚀性气体等，才考虑设置独立变电所。

（5）杆上变电所　杆上变电所的变压器安装在室外的电杆上，适用于315kV·A及以下变压器，多用于生活区供电。

（6）地下变电所　地下变电所设置在地下建筑物内，因此散热条件差，投资较大，是民用高层建筑中经常采用的变电所形式，其主变压器一般采用干式变压器。

（7）箱式变电所　箱式变电所也叫组合式变电所或成套变电所，是由电器制造厂家按一定接线方案成套制造、现场安装的变电所，多用于城市住宅区、商业大楼、公园、野外工程、港口、铁路、机场等场所。

## 二、变配电所的所址选择

1. 变配电所所址选择的一般原则

选择工厂变配电所的所址，应根据下列要求并经技术经济分析比较后确定：

1）尽量靠近负荷中心，以使电压损失、电能损耗和有色金属消耗量达到最小。

2）进出线方便，高压架空线进出线走廊的位置应与变电所位置同时确定。

3）尽量靠近电源侧，特别是选择工厂总变配电所时要考虑这一点。

4）占地面积小，位于厂区外的变电所尽量不占或少占农田。

5）交通方便，以便于变压器等大型用电设备的运输。

6）应避免设在多尘或有腐蚀性气体的场所；当无法远离时，应尽量设在污染源的上风侧。

7）应考虑地形和地质条件，避免设在有剧烈震动的地方或低洼积水处。

8）不妨碍工厂的发展，考虑扩建的可能。

9）所址的选择应方便职工的生活。

2. 负荷中心的确定

工厂或车间的负荷中心，通常用负荷指示图近似确定。

负荷指示图是将电力负荷（计算负荷 $P_{30}$）按一定比例（如以 $1mm^2$ 面积代表 1kW 等）用负荷圆的形式标注在工厂或车间的平面图上，各车间负荷圆的圆心应与车间的负荷中心大致相符。

由车间的计算负荷 $P_{30}=K\pi r^2$，可得负荷圆的半径为

$$r=\sqrt{\frac{P_{30}}{K\pi}}$$

式中，$K$ 为负荷圆的比例（$kW/mm^2$）。

通过负荷指示图可以直观和概略地确定工厂或车间的负荷中心，再结合上述选择变配电所所址的其他条件综合考虑，对几种方案进行分析比较，最后选择其中最佳方案来确定变配电所的所址。

## 三、变配电所的布置

变配电所的布置是在其位置与数量、电气主接线、变压器台数及容量确定的基础上进行的，且与变配电所的类型密切相关。变配电所的总体布置应满足以下要求：

1）便于运行维护和检修。值班室应尽量靠近高低压配电室，尤其应靠近高压配电室，且有直通门，以使值班人员巡回检查的路线最短。

2）保证运行维护的安全。值班室内不得有高压设备；变电所各室的大门都要朝外开，以利于人身安全和事故处理；变压器室的大门不能朝向易燃的露天仓库，在炎热地区的变压器室，大门应尽量避免朝西开。

3）进出线方便。当采用架空进线时，高压配电室应位于进线侧，变压器室应靠近低压配电室，低压配电室应位于架空出线侧。

4）节约土地和建筑费用。尽量把低压配电室与值班室合并，但此时低压配电屏的下面和侧面离墙的距离不得小于3m；当高压开关柜数量较少时，可与低压配电屏布置在同一室内，但间距不得小于2m；当高压电容器柜数量较少时，可装在高压配电室内，低压电容器柜可直接装在低压配电室内。

5）应留有发展扩建的余地。

## 四、箱式变电所的结构

箱式变电所也叫组合式变电所或成套变电所，它是以变压器为主的成套配电设备，是将变压器、断路器、隔离开关、互感器、低压配电装置、计量仪表和无功补偿装置等设备，按所要求的预定接线顺序装配在封闭的箱体中所组成的紧凑型成套变配电装置。

箱式变电所分为户内式和户外式两大类。户内式主要用于高层建筑和民用建筑群的供电，户外式则主要用于工矿企业、公共建筑和住宅小区的供电。箱式变电所一般由高压室、变压器室和低压室三部分组成。

箱式变电所具有结构紧凑、成套性强、整体美观、占地面积小、可靠性高、安装维护方便、便于扩建和迁移等优点，与常规土建式变电站相比，同容量的箱式变电所占地面积通常仅为常规变电所的1/10～1/5，大大减少了设计工作量及施工量，减少了建设费用，而且它能最大限度地深入到电力负荷中心，简化供配电系统。箱式变电所既可用于环网配电系统，也可用于双电源或放射终端配电系统；既可用于架空进、出线，也可用于电缆进、出线，是目前城乡变电站建设和改造的首选新型成套设备。

## 本 章 小 结

1. 在供配电系统中，担负电能输送和分配任务的电路，称为一次系统，一次系统中的所有电气设备，称为一次设备。对一次系统进行监视、控制、测量和保护作用的电路，称为二次系统，二次系统中的所有电气设备，称为二次设备。

2. 电弧产生的根本原因是触头周围存在大量可被游离的中性质点，电弧的产生过程中，有强电场发射、热电发射、碰撞游离和热游离等物理过程。灭弧的条件是去游离率大于游离率，去游离的方式有复合和扩散。开关电器中常用的灭弧方法有速拉灭弧法、冷却灭弧法、吹弧灭弧法、长弧切短灭弧法、粗弧分细灭弧法、狭缝灭弧法、采用多断口灭弧法和采用新型介质灭弧法等。

3. 供配电系统中常用的高压开关设备主要有高压断路器、高压隔离开关、高压负荷开关等。高压断路器的作用是接通或断开负荷电流，故障时断开短路电流；高压隔离开关的主要功能是隔离高压电源，保证人身和设备检修安全；高压负荷开关可以通断一定的负荷电流和过负荷电流，由于断流能力有限，常与高压熔断器配合使用。低压开关设备主要有低压断路器、低压开关等。低压断路器既能带负荷通断电路，又能在短路、过负荷、欠电压时自动跳闸。低压开关的主要作用是隔离电源，按功能作用可分为刀开关、刀熔开关和负荷开关。

4. 熔断器主要用于线路及设备的短路或过负荷保护。高压熔断器有户内式、户外式两种类型，其中户内 RN1 型用于保护电力线路和电力变压器，RN2 型用于保护电压互感器，属于“限流”式熔断器；户外 RW 系列跌落式熔断器用于户外场所的高压线路和设备的短路保护，属于“非限流”式熔断器。低压熔断器有瓷插式、螺旋式、无填料密闭管式、有填料密闭管式等，按保护性能也分为“限流”式和“非限流”式两种。

5. 避雷器是保护电力系统中电气设备的绝缘免受沿线路传来的雷电过电压损害的一种保护设备，有保护间隙、排气式、阀式和金属氧化物避雷器等几种类型，在成套配电装置中氧化锌避雷器使用较为广泛。

6. 变压器是变电所中最重要的一次设备，其功能是将电力系统中的电压升高或降低，以利于电能的合理输送、分配和使用。110kV 及以上的双绕组变压器通常采用 YNd11 联结；35～60kV 的变压器通常采用 Yd11 联结；6～10kV 配电变压器通常采用 Yyn0 或 Dyn11 联结。要求掌握变压器台数和容量的选择方法。

7. 互感器的作用是使二次设备与主电路隔离和扩大仪表、继电器的使用范围。电流互感器串联于线路中，其二次额定电流一般为5A，常用的有四种接线方式；电压互感器并联在线路中，二次额定电压一般为100V，常用的也有四种接线方式。要求熟悉电流、电压互感器的符号、工作原理、准确度等级、接线方式等，并牢记其使用注意事项。

8. 成套配电装置是制造厂家成套供应的设备，分为高压成套配电装置（高压开关柜）、低压成套配电装置（低压配电屏）和全封闭组合电器。高压开关柜有固定式和手车式两大类，目前的开关柜都具有“五防”闭锁功能；低压配电屏有固定式和抽屉式两种类型。

9. 电气主接线是变电所电气部分的主体，是保证连续供电和电能质量的关键环节。对电气主接线的基本要求是安全、可靠、灵活、经济。供配电系统变电所常用的电气主接线基本形式有线路—变压器单元接线、单母线接线和桥式接线等。要求熟悉各种接线形式的特点、适用场合及变配电所主接线的设计原则。

10. 架空线路主要由导线、杆塔、横担、绝缘子和金具等部件组成。导线可分为裸导线和绝缘导线两大类，通常低压线路采用绝缘导线，高压线路采用裸导线。其中，在10kV及以下线路上一般采用铝绞线，在35kV及以上线路一般采用钢芯铝绞线。

11. 电力线路常用的接线方式有放射式、树干式和环式等，实际配电系统往往是这几种接线方式的组合。要求熟悉各种接线形式的优缺点及适用范围。

## 思考题与习题

3-1 熄灭电弧的条件是什么？开关电器中常用的灭弧方法有哪些？

3-2 高压断路器、高压隔离开关和高压负荷开关各有哪些功能？

3-3 倒闸操作的基本要求是什么？

3-4 低压断路器有哪些功能？按结构型式可分为哪两大类？

3-5 熔断器的主要功能是什么？什么是“限流”式熔断器？

3-6 避雷器有何功能？有哪些常见的结构型式？各适用于哪些场合？

3-7 Dyn11联结配电变压器和Yyn0联结配电变压器相比较有哪些优点？

3-8 电流互感器的常用接线方式有哪几种？电压互感器的常用接线方式有哪几种？

3-9 什么是高压开关柜的“五防”？固定式开关柜和手车式开关柜各有哪些优缺点？

3-10 对电气主接线的基本要求是什么？在工厂变电所中电气主接线有哪些基本形式？各有什么优缺点？

3-11 试比较架空线路和电缆线路的优缺点。

3-12 架空线路由哪几部分组成？各部分的作用是什么？

3-13 某10/0.4kV车间变电所，总计算负荷为980kV·A，其中一、二类负荷为700 kV·A。试初步选择该车间变电所变压器的台数和容量。

3-14 某500kV·A的户外电力变压器，夏季的平均日最大负荷为360kV·A，平均日负荷率$\beta=0.75$，日最大负荷持续时间为8h，当地年平均气温为18℃，试求该变压器的实际容量和冬季时的过负荷能力。

3-15 某一降压变电所内装有两台双绕组变压器，该变电所有两回35kV电源进线，6回10kV出线，低压侧拟采用单母线分段接线，试画出当高压侧分别采用内桥接线、外桥接线和单母线分段接线时，该变电所的电气主接线图。

# 第四章　短路电流及其计算

本章主要介绍供配电系统短路故障的基本概念及其计算方法。短路电流计算是电力系统设计和运行的基础，它对电气设备选择及继电保护整定都有重要意义，因此必须牢固掌握。

## 第一节　短路的基本概念

### 一、短路的原因及其后果

短路是电力系统中最常见和最严重的一种故障。所谓短路，是指电力系统正常情况以外的一切相与相之间或相与地之间发生通路的情况。

引起短路的主要原因是电气设备载流部分绝缘损坏。引起绝缘损坏的原因有：各种形式的过电压（如遭到雷击）、绝缘材料的自然老化、遭受机械损伤以及设备运行维护不良等。此外，运行人员由于未遵守安全操作规程而带来的误操作（如带负荷拉刀开关、线路或设备检修后未拆除地线而送电等）、鸟兽跨接在裸露的载流部分以及风、雪、雨、雹等自然现象均会引起短路故障。

电力系统发生短路时，由于系统的总阻抗大为减小，因此伴随短路所产生的基本现象是：电流急剧增加，短路电流为正常工作电流的几十倍甚至几百倍，在大容量电力系统中发生短路时，短路电流可高达几万安甚至几十万安。在电流急剧增加的同时，系统中的电压将大幅度下降，例如发生三相短路时，短路点的电压将降到零。

由于短路时有上述现象发生，因此短路所引起的后果是破坏性的，具体表现在：

（1）短路电流的热效应　短路电流通过设备将会使发热急剧增加，短路持续时间较长时，可使设备因过热而损坏甚至烧毁。

（2）短路电流的力效应　短路电流将在电气设备中产生很大的电动力，可引起设备机械变形、扭曲甚至损坏。

（3）影响电气设备的正常运行　短路时系统电压大幅度下降，可使系统中的主要负荷异步电动机因电磁转矩显著降低而减速或停转，造成产品报废甚至设备损坏。

（4）破坏系统的稳定性　短路将会使系统中的功率分布突然发生变化，可能导致并列运行的发电厂失去同步，破坏系统的稳定性，造成大面积停电。这是短路故障最严重的后果。

（5）造成电磁干扰　不对称接地短路所产生的不平衡电流，将产生零序不平衡磁通，会对邻近的平行线路（通信线路、铁道信号系统等）产生严重的电磁干扰。

由此可见，对短路过程的研究具有十分重要的意义。实际上，在电力系统设计和运行的许多工作中，都必须有短路计算的结果作依据，例如选择合理的电气接线图，选择有足够动稳定度和热稳定度的电气设备及载流导体，合理配置各种继电保护和自动装置并正确地整定其参数等。因此，深入研究有关短路问题的理论及其计算方法是很有必要的。

## 二、短路的种类

在三相系统中，可能发生的短路有三相短路、两相短路、单相接地短路和两相接地短路，分别用 $k^{(3)}$、$k^{(2)}$、$k^{(1)}$和 $k^{(1,1)}$表示。三相短路是对称性短路，其他类型的短路都是不对称性短路。

各种短路的示意图如图 4-1 所示。

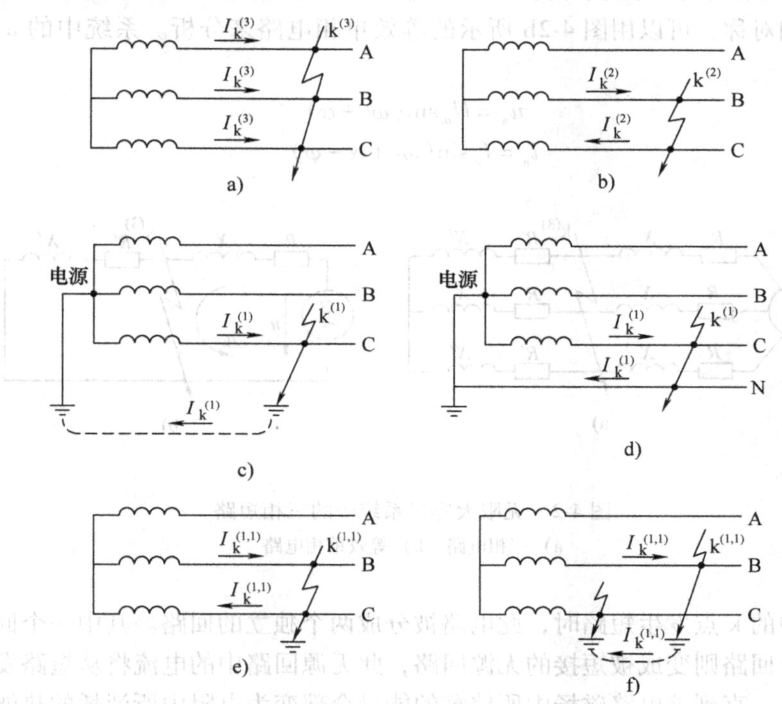


图 4-1　短路的类型

a）三相短路　b）两相短路　c）、d）单相接地短路　e）、f）两相接地短路

运行经验表明，在电力系统各种短路故障中，单相接地短路占大多数，而三相短路的机会最少，但三相短路故障对系统造成的后果最为严重，必须给予足够的重视。此外，三相短路计算又是一切不对称短路计算的基础。事实上，从以后的分析计算中可以看出，一切不对称短路的计算，都是应用对称分量法将其转化为对称短路来计算的。因此，对三相短路的研究具有重要的意义。

# 第二节　无限大容量系统三相短路暂态分析

## 一、无限大容量系统的概念

无限大容量系统亦称无限大功率电源，它是一个相对概念，真正的无限大功率电源是不存在的。当电源的容量足够大时，其等效内阻抗就很小，这时若在电源外部发生短路，则整个短路回路中各个元件（如线路、变压器、电抗器等）的等效阻抗将比电源内阻抗大得多，因而电源母线上的电压变化甚微，甚至可认为没有变化，即认为它是一个恒压源。在短路计算中，当电源内阻抗不超过短路回路总阻抗的5% ~10%时，就可以认为该电源是无限大容量系统。

## 二、无限大容量系统发生三相短路时的物理过程

图4-2a为一由无限大容量系统供电的三相对称电路。短路发生前，电路处于某一稳定状态，由于三相对称，可以用图4-2b所示的等效单相电路来分析。系统中的a相电压和电流分别为

$$u_a = U_m \sin(\omega t + \alpha) \tag{4-1}$$

$$i_a = I_m \sin(\omega t + \alpha - \varphi) \tag{4-2}$$

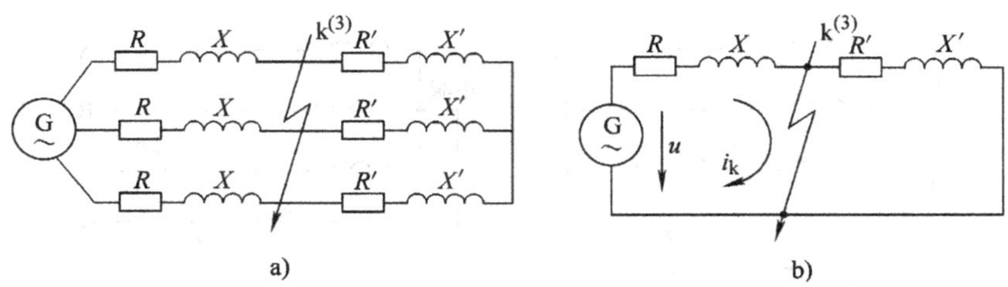


图4-2 无限大容量系统中的三相短路
a）三相电路 b）等效单相电路

当在电路中的k点发生短路时，此电路被分成两个独立的回路。其中一个回路仍与电源相连，而另一个回路则变成被短接的无源回路，此无源回路中的电流将从短路发生瞬间的初始值不断衰减，一直到该电路磁场中所储藏的能量全部变为电阻中所消耗的热能为止，电流衰减到零。在与电源相连的回路中，由于每相阻抗减小了，电流要在短时间内增大，电流的变化应符合以下微分方程：

$$Ri_k + L\frac{di_k}{dt} = U_m \sin(\omega t + \alpha) \tag{4-3}$$

解此微分方程得

$$i_k = \frac{U_m}{Z}\sin(\omega t + \alpha - \varphi_k) + Ce^{-\frac{t}{T_a}} = I_{pm}\sin(\omega t + \alpha - \varphi_k) + Ce^{-\frac{t}{T_a}} = i_p + i_{np} \tag{4-4}$$

式中，$i_p$为短路电流的周期分量；$I_{pm}$为周期分量电流的幅值，$I_{pm} = U_m/Z$；$i_{np}$为短路电流的非周期分量；$T_a$为非周期分量电流的衰减时间常数，$T_a = L/R$；$\alpha$为电源电压的相位角（合闸相位角）；$Z$为电源至短路点的阻抗，$Z = \sqrt{R^2 + (\omega L)^2}$；$\varphi_k$为短路电流与电压之间的相角；$C$为积分常数，由初始条件决定。

在含有电感的电路中，电流不能突变，短路前一瞬间的电流应与短路后一瞬间的电流相等。将$t=0$分别代入式（4-2）和式（4-4）中，得

$$I_m \sin(\alpha - \varphi) = I_{pm}\sin(\alpha - \varphi_k) + C \tag{4-5}$$

所以

$$C = I_m \sin(\alpha - \varphi) - I_{pm}\sin(\alpha - \varphi_k) = i_{np0} \tag{4-6}$$

式中，$i_{np0}$为非周期分量电流的初始值；$\varphi$ 为短路前电流与电压之间的相角。

将式（4-6）代入式（4-4）中，即得短路全电流的表达式为

$$i_k = I_{pm}\sin(\omega t+\alpha-\varphi_k)+[I_m\sin(\alpha-\varphi)-I_{pm}\sin(\alpha-\varphi_k)]e^{-\frac{t}{T_a}} \quad (4\text{-}7)$$

在短路回路中，通常电抗远大于电阻，可认为 $\varphi_k\approx 90°$，将它代入式（4-7）可得

$$i_k = -I_{pm}\cos(\omega t+\alpha)+[I_m\sin(\alpha-\varphi)+I_{pm}\cos\alpha]e^{-\frac{t}{T_a}} \quad (4\text{-}8)$$

分析式（4-8）可知，当非周期分量电流的初始值最大时，短路全电流的瞬时值为最大，短路情况最严重，其必备的条件是：①短路前空载（即 $I_m=0$）；②短路正好发生在电源电压过零（即 $\alpha=0$）时。

将 $I_m=0$ 和 $\alpha=0$ 代入式（4-8）得

$$i_k = -I_{pm}\cos\omega t+I_{pm}e^{-\frac{t}{T_a}} \quad (4\text{-}9)$$

根据式（4-9），可作出短路电流的变化曲线，如图 4-3 所示。

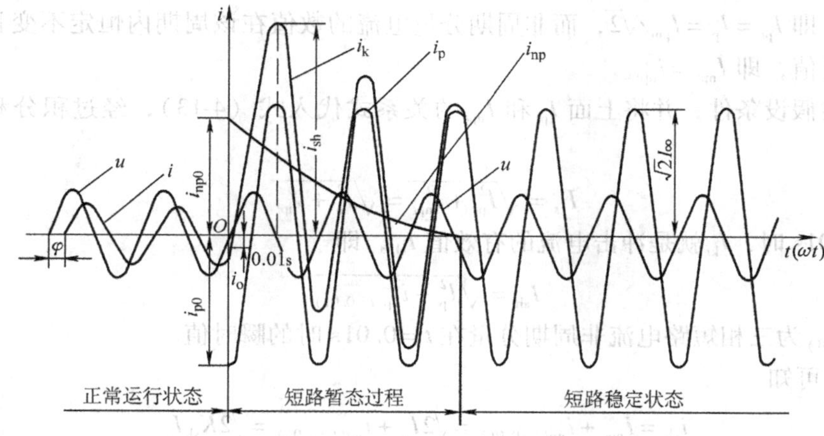


图 4-3　无限大容量系统三相短路时的短路电流变化曲线

## 三、三相短路冲击电流

在最严重短路情况下，三相短路电流的最大瞬时值称为冲击电流，用 $i_{sh}$表示。由图 4-3 可知，这一电流将在短路发生后约半个周期（即 $t=0.01$s）出现。所以，冲击电流的瞬时值应为

$$i_{sh} = I_{pm}+I_{pm}e^{-\frac{0.01}{T_a}} = I_{pm}\left(1+e^{-\frac{0.01}{T_a}}\right) = \sqrt{2}K_{sh}I_p \quad (4\text{-}10)$$

式中，$I_p$ 为短路电流周期分量有效值；$K_{sh}$为短路电流冲击系数，$K_{sh}=1+e^{-\frac{0.01}{T_a}}$，它表示冲击电流对周期分量幅值的倍数。

当回路内仅有电抗，而电阻 $R=0$ 时，$K_{sh}=2$，意味着短路电流的非周期分量不衰减；当回路内仅有电阻，而电感 $L=0$ 时，$K_{sh}=1$，意味着不产生非周期分量。因此，当时间常数 $T_a$ 的值由零变到无限大时，$K_{sh}=1\sim2$，或 $1<K_{sh}<2$。

在工程计算中，当在高压电网中短路时，取 $K_{sh}=1.8$；在低压电网中短路时，取 $K_{sh}=1.3$。

当 $K_{sh}=1.8$ 时 $$i_{sh}=2.55I_p \tag{4-11}$$

当 $K_{sh}=1.3$ 时 $$i_{sh}=1.84I_p \tag{4-12}$$

## 四、三相短路冲击电流有效值

在短路过程中，任一时刻 $t$ 的短路电流有效值 $I_{kt}$，是指以时刻 $t$ 为中心的一个周期内短路全电流瞬时值的方均根值，即

$$I_{kt}=\sqrt{\frac{1}{T}\int_{t-\frac{T}{2}}^{t+\frac{T}{2}} i_k^2 dt}=\sqrt{\frac{1}{T}\int_{t-\frac{T}{2}}^{t+\frac{T}{2}}(i_{pt}+i_{npt})^2 dt} \tag{4-13}$$

实用计算中，为了简化 $I_{kt}$ 的计算，通常假设在计算所取的一个周期内周期分量电流的幅值为常数，即 $I_{pt}=I_p=I_{pm}/\sqrt{2}$，而非周期分量电流的数值在该周期内恒定不变且等于该周期中点的瞬时值，即 $I_{npt}=i_{npt}$。

根据上述假设条件，并将上面 $I_{pt}$ 和 $I_{npt}$ 的关系式代入式（4-13），经过积分和代数运算后，可得

$$I_{kt}=\sqrt{I_{pt}^2+I_{npt}^2}=\sqrt{I_p^2+i_{npt}^2} \tag{4-14}$$

当 $t=0.01$s 时，$I_{kt}$ 就是冲击电流的有效值 $I_{sh}$，即

$$I_{sh}=\sqrt{I_p^2+i_{np(t=0.01)}^2} \tag{4-15}$$

式中，$i_{np(t=0.01)}$ 为三相短路电流非周期分量在 $t=0.01$s 时的瞬时值。

由图 4-3 可知

$$i_{sh}=I_{pm}+i_{np(t=0.01)}=\sqrt{2}I_p+i_{np(t=0.01)}=\sqrt{2}K_{sh}I_p$$

因此 $$i_{np(t=0.01)}=\sqrt{2}I_p(K_{sh}-1) \tag{4-16}$$

将式（4-16）代入式（4-15）中，得

$$I_{sh}=\sqrt{I_p^2+[\sqrt{2}(K_{sh}-1)I_p]^2}=I_p\sqrt{1+2(K_{sh}-1)^2} \tag{4-17}$$

当 $K_{sh}=1.8$ 时 $$I_{sh}=1.51I_p \tag{4-18}$$

当 $K_{sh}=1.3$ 时 $$I_{sh}=1.09I_p \tag{4-19}$$

## 五、三相短路稳态电流

三相短路稳态电流是指短路电流非周期分量衰减完后的短路全电流，其有效值用 $I_\infty$ 表示。

在无限大容量系统中，由于系统母线电压维持不变，所以短路后任何时刻的短路电流周期分量有效值（习惯上用 $I_k$ 表示）始终不变，所以有

$$I''=I_{0.2}=I_\infty=I_p=I_k \tag{4-20}$$

式中，$I''$ 为次暂态短路电流或超瞬变短路电流，它是短路瞬间（$t=0$s）三相短路电流周期分量的有效值；$I_{0.2}$ 为短路后 0.2s 时三相短路电流周期分量的有效值。

## 第三节　无限大容量系统三相短路电流的计算

### 一、概述

在短路电流计算中，各电气量，如电流、电压、阻抗、功率（或容量）等的数值，可以用有名值表示，也可以用标幺值表示。为了计算方便，通常在1kV以下的低压系统中宜采用有名值，而高压系统中由于有多个电压等级，存在电抗换算问题，所以宜采用标幺值。

在高压电网中短路电流的计算中，通常总电抗远大于总电阻，所以一般可以只计各主要元件的电抗而忽略其电阻，只有当短路回路的总电阻 $R_{\Sigma}>X_{\Sigma}/3$ 时才需计及电阻。

### 二、标幺制的概念

所谓标幺制，就是把各个物理量均用标幺值来表示的一种相对单位制。某一物理量的标幺值 $A^*$ 等于它的实际值 $A$ 与所选定的基准值 $A_d$ 的比值，即

$$A^*=\frac{A}{A_d} \tag{4-21}$$

式中，$A$ 为有名值；$A_d$ 为任意选定的基准值（与 $A$ 同单位）。

用标幺值进行短路计算时，一般先选定基准容量 $S_d$ 和基准电压 $U_d$，则基准电流 $I_d$ 和基准电抗 $X_d$ 分别按下式计算：

$$I_d=\frac{S_d}{\sqrt{3}U_d} \tag{4-22}$$

$$X_d=\frac{U_d}{\sqrt{3}I_d}=\frac{U_d^2}{S_d} \tag{4-23}$$

在工程计算中，为了计算方便，常取基准容量 $S_d=100\text{MV}\cdot\text{A}$，基准电压用各级线路的平均额定电压，即 $U_d=U_{av}$。

所谓线路平均额定电压，是指线路始端最大额定电压与线路末端最小额定电压的平均值。一般取线路的平均额定电压为其额定电压的1.05倍，见表4-1。

**表4-1　线路的额定电压与平均额定电压**

| 额定电压 $U_N$/kV | 0.22 | 0.38 | 3 | 6 | 10 | 35 | 60 | 110 | 220 | 330 |
|---|---|---|---|---|---|---|---|---|---|---|
| 平均额定电压 $U_{av}$/kV | 0.23 | 0.4 | 3.15 | 6.3 | 10.5 | 37 | 63 | 115 | 230 | 345 |

### 三、电力系统各元件电抗标幺值的计算

（1）电力系统　电力系统的电抗，可由电力系统变电所高压馈电线出口的短路容量 $S_k$ 来计算。当 $S_k$ 未知时，也可由其出口处断路器的断流容量 $S_{oc}$ 代替，因此电力系统的电抗为

$$X_{S}=\frac{U_{av}^{2}}{S_{k}}=\frac{U_{av}^{2}}{S_{oc}}$$

则电力系统电抗的标幺值为

$$X_{S}^{*}=\frac{S_{d}}{S_{k}}=\frac{S_{d}}{S_{oc}} \tag{4-24}$$

（2）电力线路　通常给出线路长度和每公里的电抗值，可按下式求出其电抗的标幺值：

$$X_{WL}^{*}=\frac{X_{WL}}{X_{d}}=x_{1}l\frac{S_{d}}{U_{d}^{2}}=x_{1}l\frac{S_{d}}{U_{av}^{2}} \tag{4-25}$$

（3）变压器　通常给出 $S_N$、$U_N$ 和短路电压百分数 $U_k\%$，由于

$$U_{k}\%=\frac{U_{k}}{U_{N}}\times 100\approx\frac{\sqrt{3}I_{N}X_{T}}{U_{N}}\times 100=X_{NT}^{*}\times 100 \tag{4-26}$$

所以

$$X_{T}^{*}=X_{NT}^{*}\frac{S_{d}}{S_{N}}=\frac{U_{k}\%}{100}\frac{S_{d}}{S_{N}} \tag{4-27}$$

（4）电抗器　通常给出额定电压 $U_{NL}$、额定电流 $I_{NL}$ 和电抗百分数 $X_L\%$，其中

$$X_{L}\%=\frac{\sqrt{3}I_{NL}X_{L}}{U_{NL}}\times 100=X_{NL}^{*}\times 100 \tag{4-28}$$

所以

$$X_{L}^{*}=\frac{X_{L}}{X_{d}}=\frac{X_{L}\%}{100}\frac{U_{NL}}{\sqrt{3}I_{NL}}\frac{S_{d}}{U_{d}^{2}}=\frac{X_{L}\%}{100}\frac{S_{d}}{S_{NL}}\frac{U_{NL}^{2}}{U_{d}^{2}}=X_{NL}^{*}\frac{S_{d}}{S_{NL}}\frac{U_{NL}^{2}}{U_{d}^{2}} \tag{4-29}$$

式中，$S_{NL}$ 为电抗器的额定容量，$S_{NL}=\sqrt{3}U_{NL}I_{NL}$。

将短路电路中各主要元件的电抗标幺值求出以后，就可以画出由电源到短路点的等效电路图，通过对网络进行化简，最后可求出短路回路总电抗的标幺值 $X_{\Sigma}^{*}$。由于各元件的电抗均采用标幺值，与短路计算点的电压无关，因此无需进行电压换算，这也是标幺值法的优点。

## 四、三相短路电流和短路容量的计算

1. 短路电流

根据标幺值的定义，短路电流的标幺值 $I_k^*$ 为

$$I_{k}^{*}=\frac{I_{k}}{I_{d}}=\frac{U_{av}}{\sqrt{3}X_{\Sigma}}\Big/\frac{U_{d}}{\sqrt{3}X_{d}}=\frac{U_{av}}{U_{d}}\Big/\frac{X_{\Sigma}}{X_{d}}=\frac{1}{X_{\Sigma}^{*}} \tag{4-30}$$

式（4-30）说明，短路电流的标幺值等于短路回路总电抗标幺值的倒数。

求出 $I_k^*$ 后，再乘以基准电流 $I_d$，就可得出短路电流的有名值 $I_k$，即

$$I_{k}=I_{d}I_{k}^{*}=\frac{S_{d}}{\sqrt{3}U_{d}}\frac{1}{X_{\Sigma}^{*}} \tag{4-31}$$

2. 短路容量

短路容量等于短路电流乘以短路处的正常工作电压（一般用平均额定电压），即

$$S_k = \sqrt{3} U_{av} I_k \tag{4-32}$$

如用标幺值表示，则为

$$S_k^* = \frac{S_k}{S_d} = \frac{\sqrt{3} U_{av} I_k}{\sqrt{3} U_d I_d} = \frac{I_k}{I_d} = I_k^* = \frac{1}{X_\Sigma^*} \tag{4-33}$$

式（4-33）说明，短路容量的标幺值等于短路电流的标幺值，也等于短路回路总电抗标幺值的倒数。

求出 $S_k^*$ 后，再乘以基准容量 $S_d$，就可得出短路容量的有名值 $S_k$，即

$$S_k = S_d S_k^* = \frac{S_d}{X_\Sigma^*} \tag{4-34}$$

**例 4-1**　试求图 4-4 所示供电系统中，总降压变电所 10kV 母线上 $k_1$ 点和车间变电所 380V 母线上 $k_2$ 点发生三相短路时的短路电流 $I_k$、短路容量 $S_k$、短路冲击电流 $i_{sh}$ 及冲击电流有效值 $I_{sh}$。图中标明了计算所需要的技术数据。

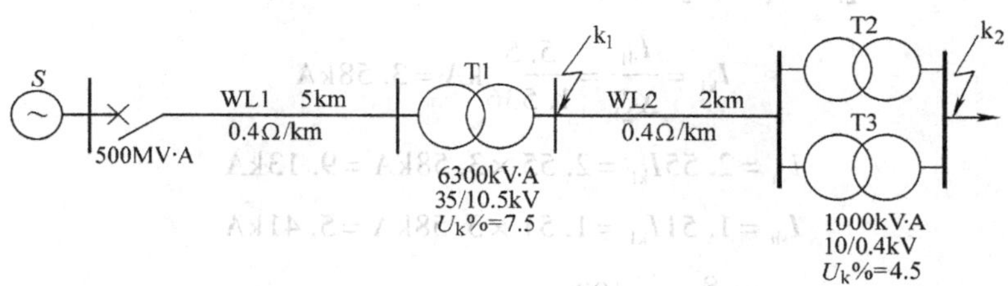


图 4-4　例 4-1 接线图

**解：**（1）选取基准容量 $S_d = 100\text{MV}\cdot\text{A}$，基准电压 $U_{d1} = 10.5\text{kV}$，$U_{d2} = 0.4\text{kV}$，则基准电流为

$$I_{d1} = \frac{S_d}{\sqrt{3} U_{d1}} = \frac{100}{\sqrt{3} \times 10.5}\text{kA} = 5.5\text{kA}$$

$$I_{d2} = \frac{S_d}{\sqrt{3} U_{d2}} = \frac{100}{\sqrt{3} \times 0.4}\text{kA} = 144.3\text{kA}$$

（2）计算各元件的电抗标幺值。

电力系统　$X_1^* = \frac{100}{500} = 0.2$

线路 WL1　$X_2^* = 0.4 \times 5 \times \frac{100}{37^2} = 0.146$

变压器 T1　$X_3^* = \frac{7.5}{100} \times \frac{100}{6.3} = 1.19$

线路 WL2　$X_4^* = 0.4 \times 2 \times \frac{100}{10.5^2} = 0.726$

变压器 T2、T3 $X_5^* = X_6^* = \frac{4.5}{100} \times \frac{100}{1} = 4.5$

（3）画出短路等效电路如图 4-5 所示，图上标出各元件的序号和电抗标幺值，并标出短路计算点。

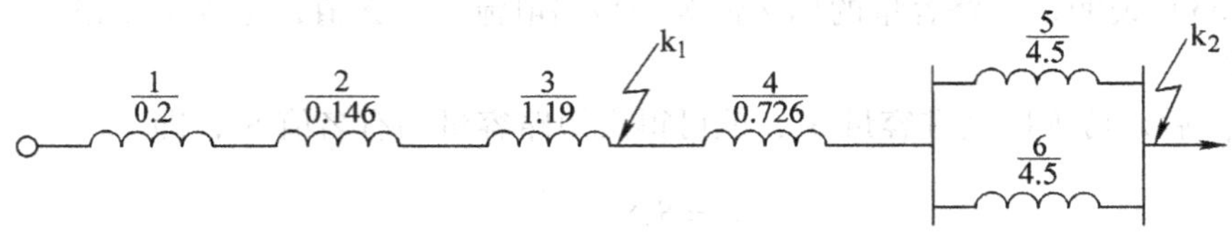


图 4-5 例 4-1 的短路等效电路

（4）求 $k_1$ 点的总等效电抗标幺值及三相短路电流和短路容量。

$$X_{\Sigma 1}^* = X_1^* + X_2^* + X_3^* = 0.2 + 0.146 + 1.19 = 1.536$$

$$I_{k1} = \frac{I_{d1}}{X_{\Sigma 1}^*} = \frac{5.5}{1.536}\text{kA} = 3.58\text{kA}$$

$$i_{sh} = 2.55 I_{k1} = 2.55 \times 3.58\text{kA} = 9.13\text{kA}$$

$$I_{sh} = 1.51 I_{k1} = 1.51 \times 3.58\text{kA} = 5.41\text{kA}$$

$$S_k = \frac{S_d}{X_{\Sigma 1}^*} = \frac{100}{1.536}\text{MV}\cdot\text{A} = 65.1\text{MV}\cdot\text{A}$$

（5）求 $k_2$ 点的总等效电抗标幺值及三相短路电流和短路容量。

$$X_{\Sigma 2}^* = X_1^* + X_2^* + X_3^* + X_4^* + \frac{X_5^*}{2} = 0.2 + 0.146 + 1.19 + 0.726 + \frac{4.5}{2} = 4.512$$

$$I_{k2} = \frac{I_{d2}}{X_{\Sigma 2}^*} = \frac{144.3}{4.512}\text{kA} = 32\text{kA}$$

$$i_{sh} = 1.84 I_{k2} = 1.84 \times 32\text{kA} = 58.88\text{kA}$$

$$I_{sh} = 1.09 I_{k2} = 1.09 \times 32\text{kA} = 34.88\text{kA}$$

$$S_{k2} = \frac{S_d}{X_{\Sigma 2}^*} = \frac{100}{4.512}\text{MV}\cdot\text{A} = 22.16\text{MV}\cdot\text{A}$$

## 第四节 不对称短路电流计算简介

### 一、对称分量法

在电力系统中，除了三相短路外，还有不对称短路，如单相接地短路、两相短路和两相接地短路等。而在供配电系统设计和运行中，有时为了校验保护装置的灵敏度，需要计算不对称短路电流。

不对称短路的计算通常采用对称分量法。这一方法是将一个不对称的三相电压或电流系统分解成三组各自对称的正序、负序和零序分量，对分解所得的每个对称系统就可以运用分析对称电路的方法进行计算。

对称分量法的基本原理是：任何一组三相不对称的相量$\dot{F}_a$、$\dot{F}_b$、$\dot{F}_c$（$\dot{F}$可以是电动势、电流、电压等）都可以分解成三组对称的分量——正序（$\dot{F}_{a1}$、$\dot{F}_{b1}$、$\dot{F}_{c1}$）、负序（$\dot{F}_{a2}$、$\dot{F}_{b2}$、$\dot{F}_{c2}$）和零序（$\dot{F}_{a0}$，$\dot{F}_{b0}$，$\dot{F}_{c0}$）。其中，正序分量的相序与正常对称运行下的相序相同，而负序分量的相序则与正序相反，零序分量则三相同相位。三相相量与其对称分量之间的关系可表示为

$$\left.\begin{aligned}\dot{F}_a&=\dot{F}_{a1}+\dot{F}_{a2}+\dot{F}_{a0}\\\dot{F}_b&=\dot{F}_{b1}+\dot{F}_{b2}+\dot{F}_{b0}\\\dot{F}_c&=\dot{F}_{c1}+\dot{F}_{c2}+\dot{F}_{c0}\end{aligned}\right\}\tag{4-35}$$

令$a=\mathrm{e}^{\mathrm{j}120^\circ}=-\dfrac{1}{2}+\mathrm{j}\dfrac{\sqrt{3}}{2}$，$a^2=\mathrm{e}^{\mathrm{j}240^\circ}=-\dfrac{1}{2}-\mathrm{j}\dfrac{\sqrt{3}}{2}$，且有$a^3=1$和$1+a+a^2=0$，则B相和C相的各序分量都可用A相的序分量来表示，即$\dot{F}_{b1}=a^2\dot{F}_{a1}$，$\dot{F}_{c1}=a\dot{F}_{a1}$，$\dot{F}_{b2}=a\dot{F}_{a2}$，$\dot{F}_{c2}=a^2\dot{F}_{a2}$，$\dot{F}_{b0}=\dot{F}_{c0}=\dot{F}_{a0}$，则式（4-35）可改写为

$$\left.\begin{aligned}\dot{F}_a&=\dot{F}_{a1}+\dot{F}_{a2}+\dot{F}_{a0}\\\dot{F}_b&=a^2\dot{F}_{a1}+a\dot{F}_{a2}+\dot{F}_{a0}\\\dot{F}_c&=a\dot{F}_{a1}+a^2\dot{F}_{a2}+\dot{F}_{a0}\end{aligned}\right\}\tag{4-36}$$

以矩阵形式表示，则有

$$\begin{bmatrix}\dot{F}_a\\\dot{F}_b\\\dot{F}_c\end{bmatrix}=\begin{bmatrix}1&1&1\\a^2&a&1\\a&a^2&1\end{bmatrix}\begin{bmatrix}\dot{F}_{a1}\\\dot{F}_{a2}\\\dot{F}_{a0}\end{bmatrix}\tag{4-37}$$

其逆关系为

$$\begin{bmatrix}\dot{F}_{a1}\\\dot{F}_{a2}\\\dot{F}_{a0}\end{bmatrix}=\frac{1}{3}\begin{bmatrix}1&a&a^2\\1&a^2&a\\1&1&1\end{bmatrix}\begin{bmatrix}\dot{F}_a\\\dot{F}_b\\\dot{F}_c\end{bmatrix}\tag{4-38}$$

这样，根据式（4-37）可以把三组对称分量合成三个不对称相量，而根据式（4-38）可以把三个不对称相量分解成三组对称分量。

由式（4-38）可知，在三相对称系统中，因三相量的和为零，所以不存在零序分量。因此，只有当三相电流（或电压）之和不等于零时才有零序分量。如果三相系统是三角形联

结，或是没有中性线的星形联结，三相线电流之和总为零，就不可能有零序分量电流。换言之，只有在有中性线的星形联结中才有可能$\dot{I}_a+\dot{I}_b+\dot{I}_c\neq0$，且中性线中的电流为三倍零序电流，即3$\dot{I}_0$。

## 二、对称分量法在不对称短路计算中的应用

当电力系统的某一点发生不对称短路时，短路点将出现不对称的三相电压$\dot{U}_a$、$\dot{U}_b$和$\dot{U}_c$，利用式（4-38）可将其分解成三组各自对称的正序、负序和零序分量。这样，研究电力系统不对称短路只需取其中一相（通常选A相）来分析即可。设$\dot{U}_{a1}$、$\dot{U}_{a2}$、$\dot{U}_{a0}$是从短路点的三相不对称电压中分解出来的各序电压对称分量，它们分别与相应序的电流对称分量成正比，因此正序、负序和零序对称系统都能独立地满足欧姆定律。也就是说，不同相序的对称分量之间是没有关系的，所以对正序、负序和零序系统可以分别画出等效电路，通常称为序网络，如图4-6所示。

无论是正常情况还是故障情况，发电机的电动势总被认为是正序对称电动势，不存在负序和零序分量。因此，根据图4-6，可以列出各序网络的基本方程为

$$\left.\begin{aligned}\dot{U}_{a1}&=\dot{E}_{a1\Sigma}-\mathrm{j}\,\dot{I}_{a1}X_{1\Sigma}\\\dot{U}_{a2}&=-\mathrm{j}\,\dot{I}_{a2}X_{2\Sigma}\\\dot{U}_{a0}&=-\mathrm{j}\,\dot{I}_{a0}X_{0\Sigma}\end{aligned}\right\}\tag{4-39}$$

式中，$\dot{U}_{a1}$、$\dot{U}_{a2}$、$\dot{U}_{a0}$为短路点电压的正序、负序和零序分量；$\dot{I}_{a1}$、$\dot{I}_{a2}$、$\dot{I}_{a0}$为短路点的正序、负序和零序电流；$X_{1\Sigma}$、$X_{2\Sigma}$、$X_{0\Sigma}$为正序、负序和零序网络对短路点的等效电抗；$\dot{E}_{a1\Sigma}$为正序网络中发电机的等效电动势。

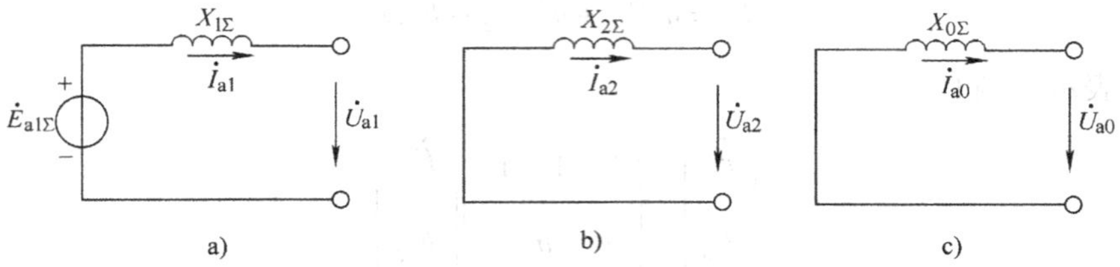


图4-6 序网络

a）正序网络 b）负序网络 c）零序网络

由此可见，应用对称分量法进行不对称故障计算时，需要求出各序网络的等效电抗。为此，必须先求出系统中各主要元件（发电机、变压器、线路等）的各序电抗值。

## 三、供电系统中各主要元件的序电抗

1. 发电机的序电抗

同步发电机正常对称运行时，只有正序电动势和正序电流，相应的电机参数就是正序参数。因此，发电机的正序电抗包括稳态时的同步电抗$X_d$、$X_q$，暂态过程中的$X_d'$、$X_q'$和$X_d''$、$X_q''$。同步发电机的负序电抗与故障类型有关，零序电抗和发电机结构有关。发电机的各序电抗标幺值的平均值见表4-2。

**表 4-2 发电机的正序、负序和零序电抗标幺值的平均值**

| 发电机类型 | 超瞬态电抗 $X''_d$ | 正序电抗 $X_1$ | 负序电抗 $X_2$ | 零序电抗 $X_0$ |
|---|---|---|---|---|
| 汽轮发电机 | 0.125 | 1.62 | 0.16 | 0.06 |
| 水轮发电机(有阻尼绕组) | 0.20 | 1.15 | 0.25 | 0.07 |
| 水轮发电机(无阻尼绕组) | 0.27 | 1.15 | 0.45 | 0.07 |

2. 变压器的序电抗

三相变压器的负序电抗与正序电抗相等，而零序电抗则可能不同。变压器的零序电抗与变压器的铁心结构及三相绕组的接线方式等因素有关。

(1) 变压器零序电抗与铁心结构的关系　对于由三个单相变压器组成的变压器组及三相五柱式或壳式变压器，零序主磁通与正序主磁通一样，都以铁心为回路，因磁导率大，零序励磁电流很小，故零序励磁电抗 $X_{m0}$ 的数值很大，在短路计算中可当作 $X_{m0}=\infty$。对于三相三柱式变压器，零序主磁通不能在铁心内形成闭合回路，只能通过充油空间及油箱壁形成闭合回路，因磁导率小，励磁电流很大，所以零序励磁电抗 $X_{m0}$ 要比正序励磁电抗 $X_{m1}$ 小得多，在短路计算中，应视为有限值，通常取 $X_{m0}=0.3\sim1$。

(2) 变压器零序电抗与三相绕组接线方式的关系　在星形联结的绕组中，零序电流无法流通，从等效电路的角度来看，相当于变压器绕组开路；在中性点接地的星形联结绕组中，零序电流可以畅通，所以从等效电路的角度来看，相当于变压器绕组短路；在三角形联结的绕组中，零序电流只在绕组内部环流，不能流到外电路，因此从外部看进去，相当于变压器绕组开路。可见，变压器三相绕组不同的接线方式对零序电流的流通情况有很大的影响，因此其零序电抗也不相同。

根据上述讨论，可以画出各类双绕组变压器的零序等效电路，如图 4-7 所示。

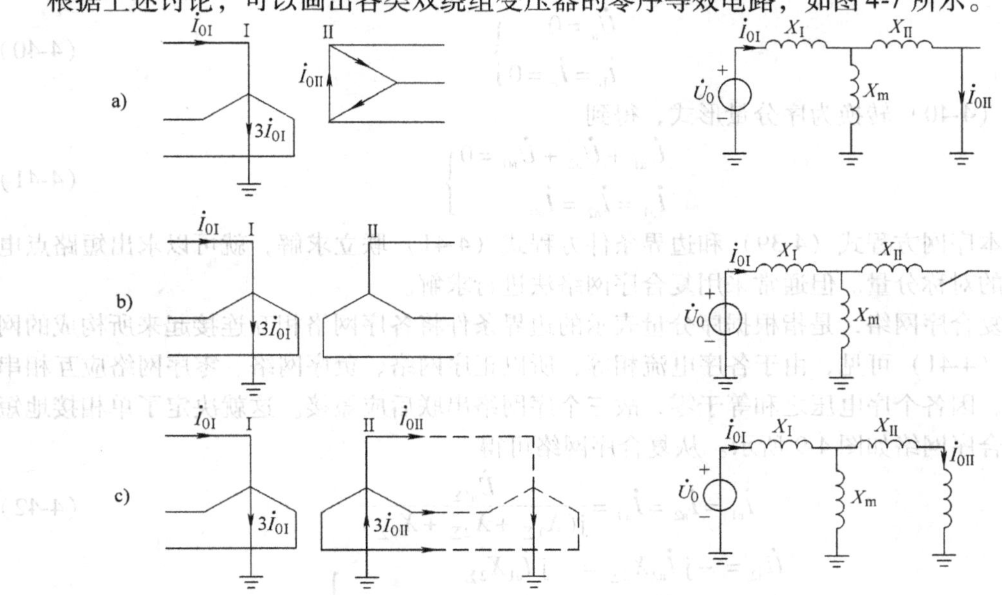


图 4-7 双绕组变压器的零序等效电路

a) YN d 联结 b) YN y 联结 c) YN yn 联结

3. 线路的序电抗

线路的负序电抗和正序电抗相等，但零序电抗却与正序电抗相差较大。当线路通过零序电流时，由于三相电流的大小和相位完全相同，各相间的互感磁通是互相加强的，因此零序电抗要大于正序电抗。零序电流是通过大地形成回路的，因此线路的零序电抗与土壤的导电性能有关。此外，当线路装有架空地线（避雷线）时，零序电流的一部分通过架空地线和大地形成回路，由于架空地线中的零序电流与输电线路上的零序电流方向相反，其互感磁通是相互抵消的，将导致零序电抗减小。在实用短路计算中，线路零序电抗的平均值可采用表4-3所列数据。

**表 4-3　线路各序电抗的平均值**

| 序号 | 线路名称 | | $x_1=x_2$(单位为 Ω/km) | $x_0/x_1$ | 序号 | 线路名称 | $x_1=x_2$(单位为 Ω/km) | $x_0$/(Ω/km) |
|---|---|---|---|---|---|---|---|---|
| 1 | 无避雷线的架空输电线路 | 单回线 | 0.4 | 3.5 | 7 | 1kV 三芯电缆 | 0.06 | 0.7 |
| 2 | | 双回线 | | 5.5 | 8 | 1kV 四芯电缆 | 0.066 | 0.17 |
| 3 | 有钢质避雷线的架空输电线路 | 单回线 | | 3 | 9 | 6～10kV 三芯电缆 | 0.08 | 0.28 |
| 4 | | 双回线 | | 5 | 10 | 20kV 三芯电缆 | 0.11 | 0.38 |
| 5 | 有良导体避雷线的架空输电线路 | 单回线 | | 2 | 11 | 35kV 三芯电缆 | 0.12 | 0.42 |
| 6 | | 双回线 | | 3 | | | | |

## 四、不对称短路的计算方法

1. 单相接地短路

图4-8表示a相接地短路，短路点的边界条件为

$$\left.\begin{aligned}\dot{U}_a&=0\\ \dot{I}_b=\dot{I}_c&=0\end{aligned}\right\}\tag{4-40}$$

将式（4-40）转换为序分量形式，得到

$$\left.\begin{aligned}\dot{U}_{a1}+\dot{U}_{a2}+\dot{U}_{a0}&=0\\ \dot{I}_{a1}=\dot{I}_{a2}&=\dot{I}_{a0}\end{aligned}\right\}\tag{4-41}$$

将基本序网方程式（4-39）和边界条件方程式（4-41）联立求解，就可以求出短路点电流、电压的对称分量。但通常采用复合序网络法进行求解。

所谓复合序网络，是指根据序分量表示的边界条件将各序网络相互连接起来所构成的网络。由式（4-41）可见，由于各序电流相等，所以正序网络、负序网络、零序网络应互相串联；同时，因各个序电压之和等于零，故三个序网络串联后应短接。这就决定了单相接地短路时的复合序网络如图4-9所示。从复合序网络可得

$$\dot{I}_{a1}=\dot{I}_{a2}=\dot{I}_{a0}=\frac{\dot{E}_{a1\Sigma}}{\mathrm{j}(X_{1\Sigma}+X_{2\Sigma}+X_{0\Sigma})}\tag{4-42}$$

$$\left.\begin{aligned}\dot{U}_{a2}&=-\mathrm{j}\dot{I}_{a2}X_{2\Sigma}=-\mathrm{j}\dot{I}_{a1}X_{2\Sigma}\\ \dot{U}_{a0}&=-\mathrm{j}\dot{I}_{a0}X_{0\Sigma}=-\mathrm{j}\dot{I}_{a1}X_{0\Sigma}\\ \dot{U}_{a1}&=\dot{E}_{a1\Sigma}-\mathrm{j}\dot{I}_{a1}X_{1\Sigma}=\mathrm{j}\dot{I}_{a1}(X_{2\Sigma}+X_{0\Sigma})\end{aligned}\right\}\tag{4-43}$$

短路点的故障相电流为

$$\dot{I}_a = \dot{I}_{a1} + \dot{I}_{a2} + \dot{I}_{a0} = 3\dot{I}_{a1} \tag{4-44}$$

所以，单相短路电流为

$$I_k^{(1)} = |\dot{I}_a| = |3\dot{I}_{a1}| = \frac{3E_{a1\Sigma}}{X_{1\Sigma} + X_{2\Sigma} + X_{0\Sigma}} \tag{4-45}$$

式（4-45）是工程上常用的计算公式。如需要计算非故障相电压，可由式（4-43）各序电压合成得到。

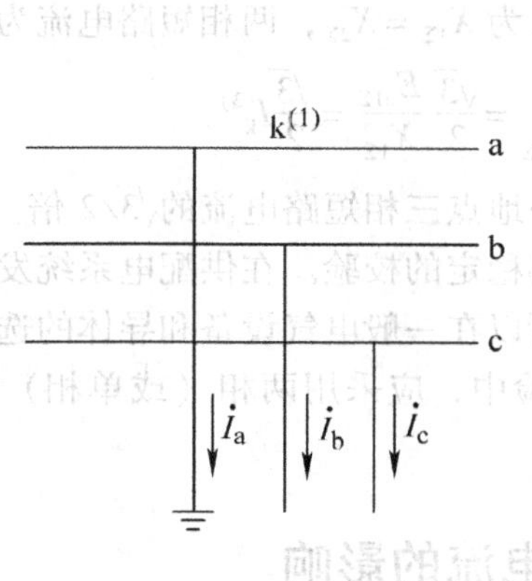


图 4-8　单相接地短路

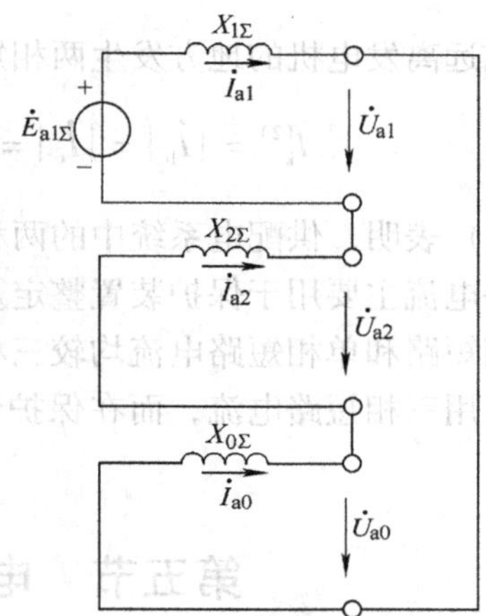


图 4-9　单相接地短路时的复合序网络

2. 两相短路

图 4-10 表示 b、c 两相短路的情况，短路点的边界条件为

$$\left.\begin{aligned} \dot{I}_a &= 0 \\ \dot{I}_b &= -\dot{I}_c \\ \dot{U}_b &= \dot{U}_c \end{aligned}\right\} \tag{4-46}$$

将式（4-46）转换为序分量形式，得到

$$\left.\begin{aligned} \dot{I}_{a0} &= 0 \\ \dot{I}_{a1} &= -\dot{I}_{a2} \\ \dot{U}_{a1} &= \dot{U}_{a2} \end{aligned}\right\} \tag{4-47}$$

可见，在两相短路中零序电流为零，零序网络不起作用。按照边界条件，可得到两相短路时的复合序网络如图 4-11 所示。从复合序网络可得

$$\left.\begin{aligned} \dot{I}_{a1} &= -\dot{I}_{a2} = \frac{\dot{E}_{a1\Sigma}}{j(X_{1\Sigma} + X_{2\Sigma})} \\ \dot{U}_{a1} &= \dot{U}_{a2} = -j\dot{I}_{a2}X_{2\Sigma} = j\dot{I}_{a1}X_{2\Sigma} \end{aligned}\right\} \tag{4-48}$$

短路点的故障相电流为

$$\left.\begin{aligned} \dot{I}_b &= a^2\dot{I}_{a1} + a\dot{I}_{a2} = (a^2 - a)\dot{I}_{a1} = -j\sqrt{3}\dot{I}_{a1} \\ \dot{I}_c &= a\dot{I}_{a1} + a^2\dot{I}_{a2} = (a - a^2)\dot{I}_{a1} = j\sqrt{3}\dot{I}_{a1} \end{aligned}\right\} \tag{4-49}$$

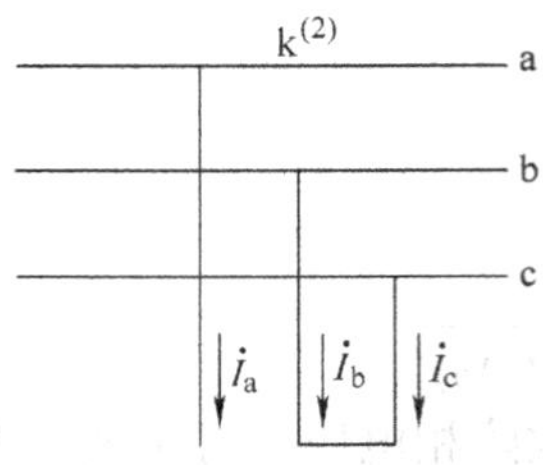


图 4-10 两相短路

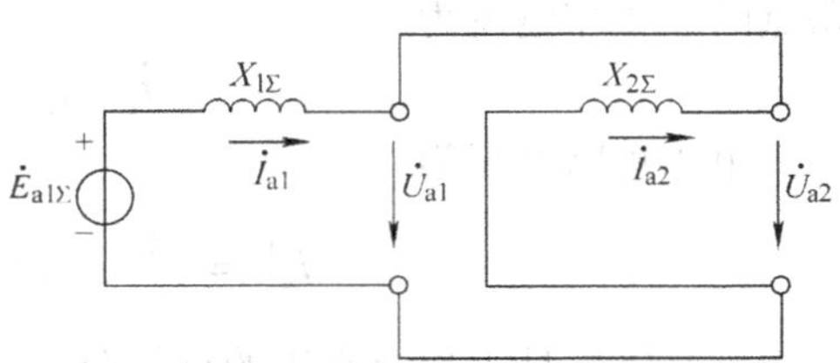


图 4-11 两相短路时的复合序网络

当在远离发电机的地方发生两相短路故障时，可认为 $X_{1\Sigma}=X_{2\Sigma}$，两相短路电流为

$$I_k^{(2)}=|\dot{I}_b|=|\dot{I}_c|=\sqrt{3}I_{a1}=\sqrt{3}\frac{E_{a1\Sigma}}{X_{1\Sigma}+X_{2\Sigma}}=\frac{\sqrt{3}}{2}\frac{E_{a1\Sigma}}{X_{1\Sigma}}=\frac{\sqrt{3}}{2}I_k^{(3)} \tag{4-50}$$

式（4-50）表明，供配电系统中的两相短路电流为同一地点三相短路电流的$\sqrt{3}/2$倍。

短路电流主要用于保护装置整定及短路动稳定和热稳定的校验。在供配电系统发生短路时，两相短路和单相短路电流均较三相短路电流小，所以在一般电气设备和导体的选择校验中，应采用三相短路电流，而在保护装置的灵敏度校验中，应采用两相（或单相）短路电流。

## 第五节 电动机对短路电流的影响

当靠近短路点处接有交流电动机时，在计算短路电流冲击值时，应把电动机作为附加电源来考虑。因为当电网发生三相短路时，短路点的电压突然下降，接在短路点附近的电动机电压也大大下降，如果电动机的反电动势小于电网在该点的残余电压，则电动机仍能从电网取得电能并在低压状态下运转；如果电动机的反电动势大于电网在该点的残余电压，则电动机将变为发电机运行，就要向短路点输送反馈电流。同时，由于该电动机已失去电源，电动机将迅速受到制动，送到短路点的反馈电流亦迅速减小，所以电动机的反馈电流一般只影响短路电流的冲击值。在实际计算中，只有当电动机距短路点很近，且电动机额定功率较大（高压电动机总功率不小于100kW，低压电动机单机功率在20kW及以上）时，才计及电动机的反馈电流。

电动机的反馈电流可按下式计算：

$$i_{sh.M}=\sqrt{2}\frac{E''^*_M}{X''^*_M}K_{sh.M}I_{NM}=CK_{sh.M}I_{NM} \tag{4-51}$$

式中，$E''^*_M$为电动机次暂态电动势的标幺值，见表4-4；$X''^*_M$为电动机次暂态电抗的标幺值，见表4-4；$C$为电动机的反馈电流系数，见表4-4；$K_{sh.M}$为电动机短路电流的冲击系数，对3～6kV电动机可取1.4～1.6，对380V电动机可取1；$I_{NM}$为电动机的额定电流。

**表4-4 交流电动机的$E''^*_M$、$X''^*_M$及$C$值**

| 电动机类型 | $E''^*_M$ | $X''^*_M$ | $C$ | 电动机类型 | $E''^*_M$ | $X''^*_M$ | $C$ |
|---|---|---|---|---|---|---|---|
| 感应电动机 | 0.9 | 0.2 | 6.5 | 同步补偿机 | 1.2 | 0.16 | 10.6 |
| 同步电动机 | 1.1 | 0.2 | 7.8 | 综合性负荷 | 0.8 | 0.35 | 3.2 |

计及电动机反馈冲击电流后，短路点的总冲击电流为

$$i_{\mathrm{sh}\Sigma}=i_{\mathrm{sh}}^{(3)}+i_{\mathrm{sh.M}}=\sqrt{2}K_{\mathrm{sh}}I_{\mathrm{k}}+CK_{\mathrm{sh.M}}I_{\mathrm{NM}} \tag{4-52}$$

## 第六节　低压电网短路电流的计算

### 一、低压电网短路电流计算的特点

1）由于低压电网中配电变压器容量远小于高压电力系统的容量，所以在计算配电变压器低压侧短路电流时，可认为配电变压器高压侧电压保持不变。

2）由于低压回路中各元件的电阻与电抗相比已不能忽略，所以计算时需用阻抗值。

3）由于低压电网的电压等级通常只有一级，所以计算中采用有名值计算比较方便。

### 二、低压电网中各主要元件的阻抗

（1）电力系统的阻抗　电力系统的电阻相对于电抗来说很小，一般不予考虑。电力系统的电抗可按下式来计算：

$$X_{\mathrm{S}}=\frac{U_{\mathrm{N}}^{2}}{S_{\mathrm{oc}}}\times 10^{-3} \tag{4-53}$$

式中，$X_{\mathrm{S}}$ 为电力系统的电抗（mΩ）；$S_{\mathrm{oc}}$为电力系统出口的三相短路容量或高压断路器的断流容量（MV·A）；$U_{\mathrm{N}}$ 为变压器低压侧的额定电压（V）。

（2）变压器的阻抗　变压器的电阻 $R_{\mathrm{T}}$、电抗 $X_{\mathrm{T}}$ 及阻抗 $Z_{\mathrm{T}}$ 可按下式来计算：

$$\left.\begin{aligned}R_{\mathrm{T}}&=\frac{\Delta P_{\mathrm{k}}U_{\mathrm{N}}^{2}}{S_{\mathrm{N}}^{2}}\\Z_{\mathrm{T}}&=\frac{U_{\mathrm{k}}\%}{100}\,\frac{U_{\mathrm{N}}^{2}}{S_{\mathrm{N}}}\\X_{\mathrm{T}}&=\sqrt{Z_{\mathrm{T}}^{2}-R_{\mathrm{T}}^{2}}\end{aligned}\right\} \tag{4-54}$$

式中，$R_{\mathrm{T}}$、$X_{\mathrm{T}}$、$Z_{\mathrm{T}}$ 分别为变压器的电阻、电抗及阻抗（mΩ）；$\Delta P_{\mathrm{k}}$ 为变压器的额定短路损耗（kW）；$S_{\mathrm{N}}$ 为变压器的额定容量（kV·A）；$U_{\mathrm{k}}\%$ 为变压器的短路电压百分数；$U_{\mathrm{N}}$ 为变压器低压侧的额定电压（V）。

（3）母线的阻抗　在工程实用计算中，母线的电抗常采用以下简化公式计算：

母线截面面积在 500mm$^2$ 以下时　$X_{\mathrm{W}}=0.17l\mathrm{m}\Omega$

母线截面面积在 500mm$^2$ 以上时　$X_{\mathrm{W}}=0.13l\mathrm{m}\Omega$

式中，$l$ 为母线长度（m）。

（4）其他元件的阻抗　低压断路器过电流线圈的阻抗、低压断路器及刀开关触头的接触电阻、电流互感器一次绕组的阻抗及电缆的阻抗等可查有关产品样本得到。

### 三、低压电网三相短路电流的计算

1. 三相短路电流有效值的计算

对三相阻抗相同的低压配电系统，三相短路电流有效值可按下式计算：

$$I_k^{(3)}=\frac{U_{av}}{\sqrt{3}\sqrt{R_\Sigma^2+X_\Sigma^2}} \tag{4-55}$$

式中，$R_\Sigma$ 及 $X_\Sigma$ 为短路回路每相的总电阻和总电抗（mΩ）；$U_{av}$为低压侧平均线电压，取400V。

如仅在一相或两相上装设电流互感器而使短路电流不对称时，仍可按式（4-55）计算，但式中的 $R_\Sigma$ 和 $X_\Sigma$ 采用没有电流互感器那一相的总阻抗。

2. 短路冲击电流的计算

由于低压电网的电阻值较大，非周期分量电流衰减较快，所以只有在变压器低压侧母线附近短路时，才在短路第一个周期内考虑非周期分量。低压电网短路冲击电流 $i_{sh}$按下式计算：

$$i_{sh}=\sqrt{2}K_{sh}I_k^{(3)} \tag{4-56}$$

式中，$K_{sh}$为短路电流的冲击系数，可根据短路回路中 $X_\Sigma/R_\Sigma$ 的比值从图 4-12 中查得。若短路点不在变压器低压侧母线附近，则可不考虑非周期分量，即 $K_{sh}=1$。

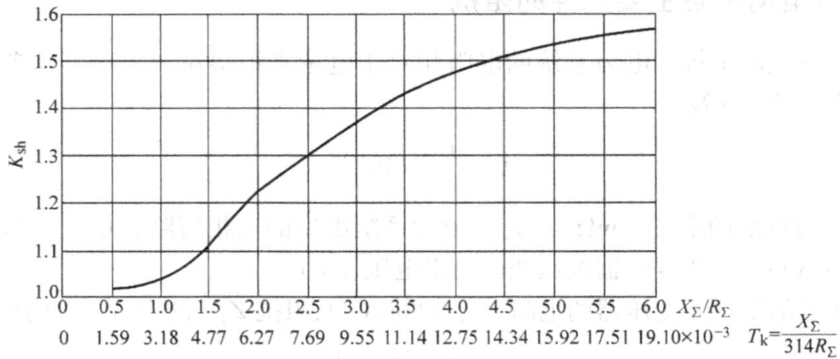


图 4-12 $K_{sh}$与 $X_\Sigma/R_\Sigma$ 的关系

3. 冲击电流有效值的计算

当 $K_{sh}>1.3$ 时
$$I_{sh}=I_k^{(3)}\sqrt{1+2(K_{sh}-1)^2} \tag{4-57}$$

当 $K_{sh}\leqslant 1.3$ 时
$$I_{sh}=I_k^{(3)}\sqrt{1+\frac{T_k}{0.02}} \tag{4-58}$$

式中，$T_k$ 为短路回路的时间常数，$T_k=\dfrac{X_\Sigma}{314R_\Sigma}$。

## 四、低压电网两相短路电流的计算

由于低压电网距电源（发电机）较远，且变压器容量远小于系统容量，所以两相短路电流可按下式计算：

$$I_k^{(2)}=\frac{\sqrt{3}}{2}I_k^{(3)} \tag{4-59}$$

## 五、低压电网单相短路电流的计算

应用对称分量法，可求得单相短路电流为

$$I_k^{(1)}=\frac{3U_\varphi}{Z_{1\Sigma}+Z_{2\Sigma}+Z_{0\Sigma}} \tag{4-60}$$

式中，$U_{\varphi}$ 为电源相电压（V）；$Z_{1\Sigma}$、$Z_{2\Sigma}$、$Z_{0\Sigma}$分别为电源到短路点的总正序、负序和零序阻抗（Ω）。

在实际计算中，单相短路电流常通过“相—零”回路阻抗来求，即

$$I_{\mathrm{k}}^{(1)}=\frac{U_{\varphi}}{Z_{\mathrm{T}}+Z_{\varphi 0}} \tag{4-61}$$

式中，$Z_{\mathrm{T}}$ 为变压器的单相阻抗（Ω）；$Z_{\varphi 0}$为“相—零”回路阻抗（Ω），它包括除变压器外的所有电器元件的阻抗，如线路和电器线圈的阻抗、触头接触电阻等，可通过查阅有关产品样本获得。

## 第七节　短路电流的效应

### 一、概述

短路电流通过电气设备和导体时，一方面将产生很大的电动力，即力效应；另一方面会产生很高的温度，即热效应。力效应可能会使设备变形损坏，而热效应可能会烧毁电气设备。因此，电力系统中的设备和载流导体应能承受住这两种效应的作用，并依此两种效应校验电气设备的动、热稳定性。

### 二、短路电流的力效应

在正常运行时，电气设备和载流导体通过的负荷电流不大，因此相邻载流导体间的相互作用力也不大。当发生短路时，特别是流过短路冲击电流的瞬间，相邻载流导体间会产生很大的电动力，可能会使电气设备和载流导体遭到破坏。所以，必须要求电气设备有足够承受电动力的能力（即动稳定性），才能可靠地工作。

1. 两平行导体间的电动力

两根平行敷设的载流导体，当其分别流过电流 $i_1$、$i_2$ 时，它们之间的作用力为

$$F=2Ki_1i_2\frac{l}{s}\times 10^{-7} \tag{4-62}$$

式中，$F$ 为两平行导体间的电动力（N）；$i_1$、$i_2$ 为载流导体中的电流（A）；$l$ 为平行敷设的载流导体的长度（m）；$s$ 为两载流导体轴线间的距离（m）；$K$ 为与载流导体形状和相对位置有关的形状系数，对圆形和管形导体取 $K=1$，对矩形导体，其值可根据$\frac{s-b}{b+h}$和 $m=\frac{b}{h}$查图 4-13 求得。从图 4-13 可见，$K$ 值在 0～1.4 范围内变化，当

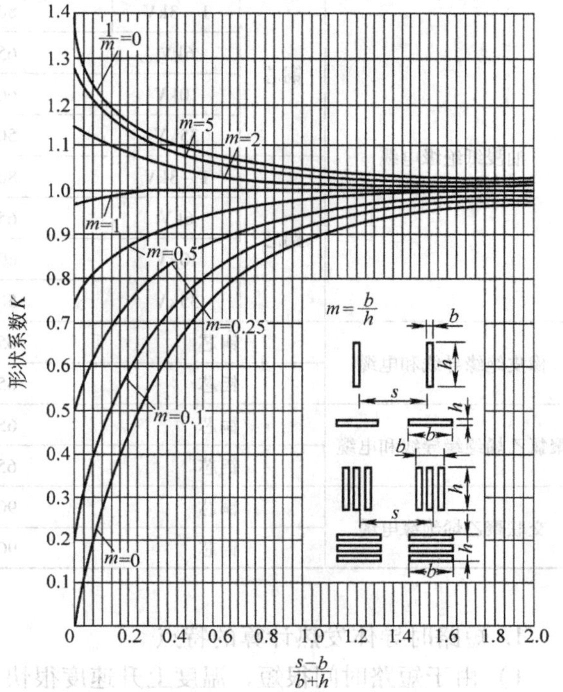


图 4-13　矩形母线的形状系数

$\frac{s-b}{b+h}\geqslant 2$ 时，$K\approx 1$。

2. 三相平行导体间的电动力

在电力系统中，经常遇到的是三相导体平行布置在同一平面内。在这种情况下，若发生三相短路，导体中流过冲击电流 $i_{sh}$时，经分析知，中间相（B 相）受到的电动力最大，其大小为

$$F_{max}=1.73Ki_{sh}^{2}\frac{l}{s}\times 10^{-7} \tag{4-63}$$

式中，$F_{max}$为三相母线所受的最大电动力（N）；$i_{sh}$为最大冲击短路电流（A）。

## 三、短路电流的热效应

当系统发生短路故障时，通过导体的电流要比正常工作电流大很多倍。虽然继电保护装置能在很短的时间内切除故障，但导体的温度仍有可能被加热到很高的程度，导致电气设备损坏。如果导体在短路时的最高温度不超过设计规程规定的允许温度（见表 4-5），则认为导体是满足热稳定要求的。所以，短路时发热计算的目的是确定导体在短路时的最高温度，再与该类导体在短路时的最高允许温度相比较。

**表 4-5 导体在正常和短路时的最高允许温度及热稳定系数**

<table>
<tr><th colspan="3" rowspan="2">导体种类和材料</th><th colspan="2">最高允许温度/℃</th><th rowspan="2">热稳定系数 C/<br>(A·√s/mm²)</th></tr>
<tr><th>正常 θ_L</th><th>短路 θ_k</th></tr>
<tr><td rowspan="2">母线</td><td colspan="2">铜芯</td><td>70</td><td>300</td><td>171</td></tr>
<tr><td colspan="2">铝芯</td><td>70</td><td>200</td><td>87</td></tr>
<tr><td rowspan="8">油浸纸绝缘电缆</td><td rowspan="4">铜芯</td><td>1～3kV</td><td>80</td><td>250</td><td>148</td></tr>
<tr><td>6kV</td><td>65</td><td>250</td><td>150</td></tr>
<tr><td>10kV</td><td>60</td><td>250</td><td>153</td></tr>
<tr><td>35kV</td><td>50</td><td>175</td><td></td></tr>
<tr><td rowspan="4">铝芯</td><td>1～3kV</td><td>80</td><td>200</td><td>84</td></tr>
<tr><td>6kV</td><td>65</td><td>200</td><td>87</td></tr>
<tr><td>10kV</td><td>60</td><td>200</td><td>88</td></tr>
<tr><td>35kV</td><td>50</td><td>175</td><td></td></tr>
<tr><td rowspan="2">橡皮绝缘导线和电缆</td><td colspan="2">铜芯</td><td>65</td><td>150</td><td>131</td></tr>
<tr><td colspan="2">铝芯</td><td>65</td><td>150</td><td>87</td></tr>
<tr><td rowspan="2">聚氯乙烯绝缘导线和电缆</td><td colspan="2">铜芯</td><td>65</td><td>130</td><td>100</td></tr>
<tr><td colspan="2">铝芯</td><td>65</td><td>130</td><td>65</td></tr>
<tr><td rowspan="2">交联聚乙烯绝缘电缆</td><td colspan="2">铜芯</td><td>90</td><td>250</td><td>135</td></tr>
<tr><td colspan="2">铝芯</td><td>90</td><td>200</td><td>80</td></tr>
</table>

1. 短路时导体发热计算的特点

1）由于短路时间很短，温度上升速度很快，可以认为短路过程是一个绝热过程，即短路电流产生的热量不向周围介质散发，全部用来使导体的温度升高。

2）由于导体的温度上升得很高，不能把导体的电阻和比热看成常数，而是随温度而变化的。

3）由于短路电流的变化规律复杂，要想把短路电流在导体中产生的热量直接计算出来是很困难的，通常用等效发热的方法进行分析计算。

2. 短路时导体的发热计算

图4-14表示短路前后导体的温度变化情况。导体在短路前正常负荷时的温度为 $\theta_L$，设在 $t_1$ 时刻发生短路，导体温度按指数规律迅速升高，在 $t_2$ 时刻保护装置动作将故障切除，这时导体的温度为 $\theta_k$。短路切除后，导体内无电流，不再产生热量，只向周围介质散热，最后冷却到周围介质温度 $\theta_0$。

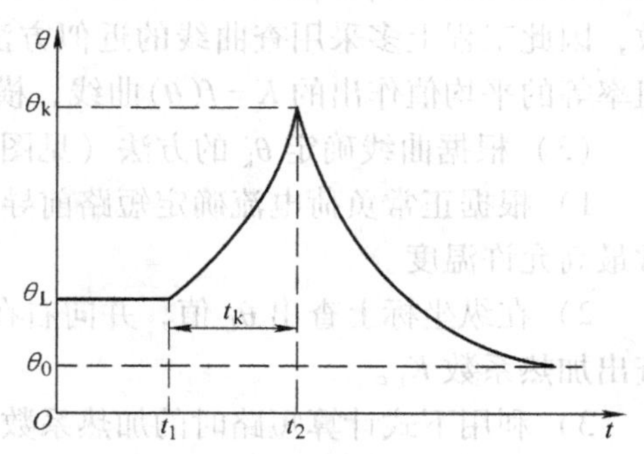

图4-14　短路前后导体的温度变化

要确定短路后导体的最高温度 $\theta_k$，就必须先求出实际的短路电流 $i_k$ 或 $I_{kt}$ 在短路时间内产生的热量 $Q_k$，即

$$Q_k = \int_{t_1}^{t_2} I_{kt}^2 R \mathrm{d}t = \int_0^{t_k} I_{kt}^2 R \mathrm{d}t \tag{4-64}$$

式中，$I_{kt}$ 为短路全电流的有效值（A）；$R$ 为导体的电阻（Ω）；$t_k$ 为短路电流持续的时间（s）。

由于短路电流的变化规律比较复杂，按式（4-64）计算 $Q_k$ 相当困难，因此一般采用等效方法来计算，即用稳态短路电流 $I_\infty$ 来代替实际短路电流 $I_{kt}$，并设定一个假想时间 $t_{ima}$，在此时间内稳态短路电流 $I_\infty$ 所产生的热量恰好等于短路电流 $I_{kt}$ 在短路持续时间 $t_k$ 内产生的热量 $Q_k$，即

$$\int_0^{t_k} I_{kt}^2 R \mathrm{d}t = I_\infty^2 R t_{ima} \tag{4-65}$$

式中，$t_{ima}$ 为假想时间，如图4-15所示。

（1）假想时间的计算　由于短路电流是由周期分量和非周期分量组成的，为了与这两个分量的发热量相对应，假想时间也分为周期分量假想时间 $t_{ima.p}$ 和非周期分量假想时间 $t_{ima.np}$ 两部分，即

$$t_{ima} = t_{ima \cdot p} + t_{ima \cdot np} \tag{4-66}$$

在无限大容量系统中，短路电流的周期分量恒等于稳态短路电流，因此短路电流周期分量假想时间就是短路电流的持续时间，即 $t_{ima.p} = t_k$。$t_k$ 等于保护装置的实际动作时间 $t_{pr}$ 和断路器的分闸时间 $t_{oc}$ 之和，即

$$t_k = t_{pr} + t_{oc} \tag{4-67}$$

对快速和中速断路器，可取 $t_{oc} = 0.1 \sim 0.15\text{s}$；对低速断路器，可取 $t_{oc} = 0.2\text{s}$。

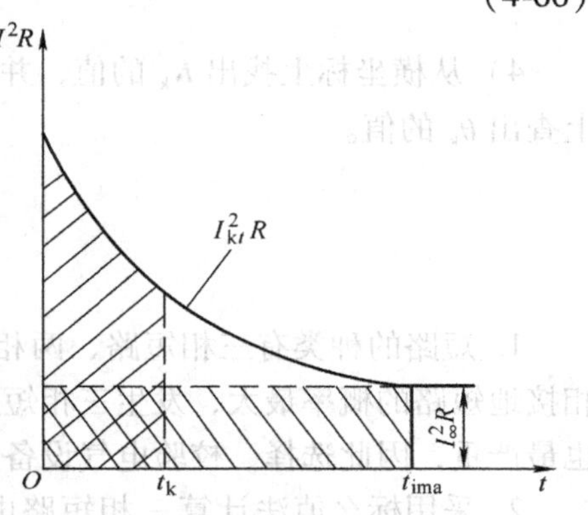

图4-15　短路发热的假想时间

短路电流非周期分量假想时间 $t_{ima.np}$ 只有在短路时间较短（$t_k < 1\text{s}$）时才考虑，可按下式计算：

$$t_{\text{ima. np}} = 0.05\left(\frac{I''}{I_\infty}\right)^2 \tag{4-68}$$

在无限大容量系统中，$I'' = I_\infty$，故 $t_{\text{ima. np}} = 0.05\text{s}$。

（2）短路时导体的最高温度　由式（4-65）求出热量 $Q_k$ 后，可计算出导体在短路后所达到的最高温度 $\theta_k$，但其计算不仅相当复杂，而且涉及到的导体电阻率和比热等都不是常数，因此工程上多采用查曲线的近似方法计算。图 4-16 是按铜、铝、钢的比热、密度、电阻率等的平均值作出的 $K = f(\theta)$ 曲线，横坐标为导体加热系数 $K$，纵坐标为导体温度 $\theta$。

（3）根据曲线确定 $\theta_k$ 的方法（见图 4-17）

1）根据正常负荷电流确定短路前导体的温度 $\theta_L$；如果难以确定，可选用导体材料的正常最高允许温度。

2）在纵坐标上查出 $\theta_L$ 值，并向右在对应的材料曲线上查出 $a$ 点，再由 $a$ 点在横坐标上查出加热系数 $K_L$。

3）利用下式计算短路时的加热系数 $K_k$：

$$K_k = K_L + \left(\frac{I_\infty}{A}\right)^2 t_{\text{ima}} \tag{4-69}$$

式中，$A$ 为导体的截面面积（$\text{mm}^2$）；$I_\infty$ 为三相短路稳态电流（A）；$t_{\text{ima}}$ 为假想时间（s）；$K_L$ 和 $K_k$ 分别为正常和短路时的加热系数（$\text{A}^2 \cdot \text{s/mm}^4$）。

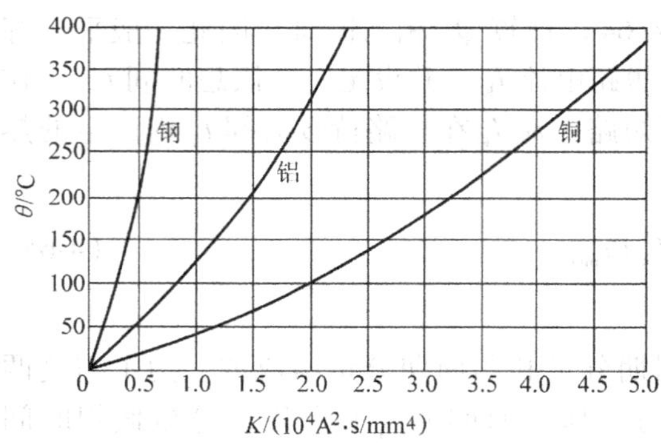


图 4-16　用来确定 $\theta_k$ 的曲线

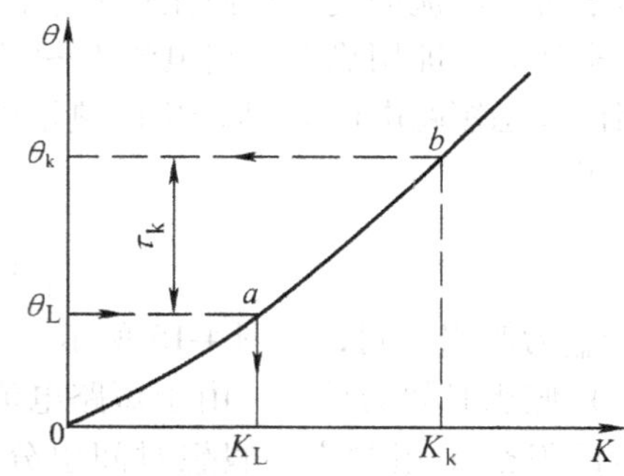


图 4-17　根据 $\theta_L$ 确定 $\theta_k$ 的步骤

4）从横坐标上找出 $K_k$ 的值，并向上在对应的曲线上查出 $b$ 点，再由 $b$ 点向左在纵坐标上查出 $\theta_k$ 的值。

## 本 章 小 结

1. 短路的种类有三相短路、两相短路、单相接地短路和两相接地短路。其中，发生单相接地短路的概率最大，发生三相短路的概率最小，但一般三相短路电流最大，造成的危害也最严重，因此选择、校验电气设备用的短路电流，以三相短路计算值为主。

2. 采用标幺值法计算三相短路电流，避免了多级电压系统中的阻抗变换，计算简便，在工程中广泛应用。应掌握基准值的选取、电力系统各元件电抗标幺值的计算方法。

3. 无限大容量系统发生三相短路时，短路全电流由周期分量和非周期分量组成。短路电流周期分量在短路过程中保持不变，从而有 $I''=I_{\infty}=I_{p}=I_{k}$，使短路计算十分简便。应了解次暂态短路电流、稳态短路电流、冲击短路电流、短路全电流和短路容量的物理意义。在进行电气设备动稳定和热稳定校验时，短路稳态电流、短路冲击电流是校验电气设备的重要依据。

4. 无限大容量系统的短路电流为 $I_{k}=I_{d}/X^{*}_{\Sigma}$，其中 $I_{d}$ 为基准电流，$X^{*}_{\Sigma}$为短路回路总电抗的标幺值。

5. 对称分量法是分析不对称短路的有效方法，它是将一组三相不对称系统分解成三相对称的正序、负序和零序三个分量系统，各序分量相互独立。对于各种不对称短路，都可以根据短路点的边界条件方程建立复合序网络求解。

6. 两相短路电流可近似看成同一地点三相短路电流的$\sqrt{3}/2$ 倍，进行两相短路电流计算的目的主要是校验保护的灵敏度。

7. 低压电网短路计算时，一般将配电变压器的高压侧看作无限大容量系统，且通常计入短路电路所有元件的阻抗。

8. 电力系统发生短路时会产生强烈的力效应和热效应，可能使电气设备遭受严重破坏，因此必须对电气设备和载流导体进行动稳定和热稳定校验。

## 思考题与习题

4-1 什么是短路？短路的类型有哪几种？短路对电力系统有哪些危害？

4-2 什么是标幺值？在短路电流计算中，各物理量的标幺值是如何选取的？

4-3 什么是无限大容量系统？它有什么特征？

4-4 什么是短路冲击电流 $i_{sh}$、短路次暂态电流 $I''$和短路稳态电流 $I_{\infty}$？在无限大容量系统中，它们与短路电流周期分量有效值之间有什么关系？

4-5 什么是短路电流的力效应？什么是短路电流的热效应？短路发热的假想时间是什么意思？如何计算？

4-6 某工厂变电所装有两台并列运行的 S9—800（Yyn0 联结）型变压器，其电源由地区变电站通过一条 8km 的 10kV 架空线路供给。已知地区变电站出口断路器的断流容量为 500MV·A，试用标幺制法求该厂变电所 10kV 高压侧和 380V 低压侧的三相短路电流 $I_{k}$、$i_{sh}$、$I_{sh}$及三相短路容量 $S_{k}$。

4-7 图 4-18 所示网络中，各元件的参数已标于图中，试用标幺值法计算 k 点发生三相短路时短路点的短路电流。

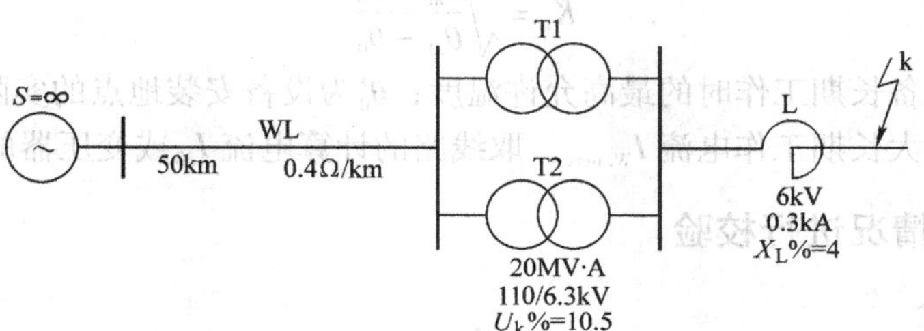


图 4-18 习题 4-7 附图

# 第五章　电气设备的选择与校验

电气设备的选择是供配电系统设计的主要内容之一，选择是否合理将直接影响整个供配电系统的可靠运行。本章主要介绍供配电系统中常用电气设备的选择与校验方法。

## 第一节　电气设备选择的一般原则

在变电所中，电气设备的种类很多，它们的工作条件和运行要求各不相同，但选择这些电气设备的基本要求却是一致的。选择电气设备的一般条件是保证电气设备在正常工作条下能可靠工作，而在短路情况下不被损坏。即按长期正常工作条件进行选择，按短路情况进行校验。

### 一、按正常工作条件选择

电气设备按正常工作条件选择，主要包括以下几个方面：

1. 使用环境条件

使用环境条件主要包括设备的安装地点（户内或户外）、环境温度、海拔、相对湿度等，还应考虑防尘、防腐、防爆、防火等要求。即根据安装地点的环境不同，可分为室内型和室外型两种。

2. 额定电压

电气设备的额定电压 $U_N$ 应不低于设备安装地点电网的最高工作电压 $U_{W.max}$，即

$$U_N \geqslant U_{W.max} \tag{5-1}$$

3. 额定电流

电气设备的额定电流 $I_N$ 应不小于设备正常工作时的最大负荷电流 $I_{W.max}$，即

$$I_N \geqslant I_{W.max} \tag{5-2}$$

目前，我国生产的电气设备是按环境温度 $\theta_0=40℃$ 设计的，如果安装地点的实际环境温度 $\theta_0' \neq 40℃$，则额定电流应乘以温度校正系数 $K_\theta$：

$$K_\theta=\sqrt{\frac{\theta_{al}-\theta_0'}{\theta_{al}-\theta_0}} \tag{5-3}$$

式中，$\theta_{al}$ 为电气设备长期工作时的最高允许温度；$\theta_0'$ 为设备安装地点的实际环境温度。

电气设备的最大长期工作电流 $I_{W.max}$，取线路的计算电流 $I_{30}$ 或变压器的额定电流 $I_{NT}$。

### 二、按短路情况进行校验

1. 动稳定校验

动稳定是指电气设备承受短路电流力效应的能力，满足动稳定的条件是

$$i_{max} \geqslant i_{sh}^{(3)} \text{ 或 } I_{max} \geqslant I_{sh}^{(3)} \tag{5-4}$$

式中，$i_{max}$、$I_{max}$ 分别为电气设备允许通过的最大电流峰值和有效值，可查相关手册或产品样

本；$i_{sh}^{(3)}$、$I_{sh}^{(3)}$分别为设备安装地点三相短路冲击电流的峰值和有效值。

2. 热稳定校验

热稳定是指电气设备承受短路电流热效应的能力，满足热稳定的条件是

$$I_t^2 t \geqslant I_\infty^2 t_{ima} \tag{5-5}$$

式中，$I_t$ 为电气设备在时间 $t$ 内的热稳定电流（kA）；$I_\infty$ 为三相短路稳态短路电流（kA）；$t$ 为厂家给出的热稳定试验时间（s）；$t_{ima}$ 为假想时间（s）。$I_t$ 和 $t$ 可查相关手册或产品样本。

3. 断流能力校验

断路器、熔断器等电气设备，均担负着切断短路电流的任务，因此必须具备在通过最大短路电流时能将其可靠切断的能力。所以，选用此类设备时，必须使其额定开断容量或额定开断电流大于其安装处的最大三相短路容量或短路电流，即

$$I_{oc} > I_k^{(3)} \text{ 或 } S_{oc} > S_k^{(3)} \tag{5-6}$$

式中，$I_{oc}$、$S_{oc}$分别为断路器在额定电压下的最大开断电流（kA）和开断容量（MV·A），可查相关手册或产品样本；$I_k^{(3)}$、$S_k^{(3)}$分别为安装地点的最大三相短路电流（kA）和短路容量（MV·A）。

高低压电气设备的选择，应根据工程实际情况，在保证安全、可靠工作的前提下，积极而稳妥地采用新技术，使用新产品，并注意节约投资，选择合适的电气设备。各种高低压电气设备的选择和校验项目见表5-1。

**表 5-1　高低压电气设备的选择和校验项目**

| 设备名称 | 电压／kV | 电流／A | 断流容量／MV·A | 短路电流效应校验 | |
|---|---|---|---|---|---|
| | | | | 动稳定 | 热稳定 |
| 高压断路器 | ✓ | ✓ | ✓ | ✓ | ✓ |
| 高压隔离开关 | ✓ | ✓ | × | ✓ | ✓ |
| 高压负荷开关 | ✓ | ✓ | × | ✓ | ✓ |
| 熔断器 | ✓ | ✓ | ✓ | × | × |
| 低压断路器 | ✓ | ✓ | ✓ | × | × |
| 低压刀开关 | ✓ | ✓ | × | × | × |
| 低压负荷开关 | ✓ | ✓ | × | × | × |
| 电流互感器 | ✓ | ✓ | × | ✓ | ✓ |
| 电压互感器 | ✓ | × | × | × | × |
| 限流电抗器 | ✓ | ✓ | × | ✓ | ✓ |
| 消弧线圈 | ✓ | ✓ | × | × | × |
| 母线 | × | ✓ | × | ✓ | ✓ |
| 电缆、绝缘导线 | ✓ | ✓ | × | × | ✓ |
| 支持绝缘子 | ✓ | × | × | ✓ | × |
| 穿墙套管 | ✓ | ✓ | × | ✓ | ✓ |

注：表中“✓”表示选择此项，“×”表示不选择此项。

## 第二节　高低压开关设备的选择与校验

### 一、高压开关设备的选择与校验

高压开关设备的选择，主要是对高压断路器、高压隔离开关以及高压负荷开关的选择。具体选择与校验的项目可参照表 5-1 进行。

**例 5-1**　试选择某 35kV 户内变电所主变压器二次侧高压开关柜内的高压断路器和高压隔离开关。已知变压器容量为 5000kV · A，电压比为 35/10.5kV，10kV 母线的最大三相短路电流为 3.35kA，冲击短路电流为 8.54kA，三相短路容量为 60.9MV · A，继电保护动作时间为 1.1s。

**解**：变压器二次侧的额定电流为

$$I_{N2}=\frac{S_N}{\sqrt{3}U_{N2}}=\frac{5000}{\sqrt{3}\times 10.5}A=275A$$

假想时间为

$$t_{ima}=t_k=t_{pr}+t_{oc}=1.1s+0.2s=1.3s$$

查附录表 16 和附录表 17，选择 SN10—10I/630 型断路器和 GN8—10T/400 型隔离开关，设备具体参数及计算数据见表 5-2。

**表 5-2　高压断路器和高压隔离开关的选择**

| 序号 | 安装地点的电气条件 | | 所选设备的技术数据 | | |
|---|---|---|---|---|---|
| | 项目 | 数据 | 项目 | SN10—10I/630 型断路器 | GN8—10T/400 型隔离开关 |
| 1 | $U_{W.max}$/kV | 10 | $U_N$/kV | 10 | 10 |
| 2 | $I_{W.max}$/A | 275 | $I_N$/A | 630 | 400 |
| 3 | $I_k$/kA | 3.35 | $I_{oc}$/kA | 16 | |
| 4 | $S_k$/MV · A | 60.9 | $S_{oc}$/MV · A | 300 | |
| 5 | $i_{sh}$/kA | 8.54 | $i_{max}$/kA | 40 | 40 |
| 6 | $I_\infty^2 t_{ima}/(kA^2\cdot s)$ | $3.35^2\times1.3=14.6$ | $I_t^2 t/(kA^2\cdot s)$ | $16^2\times4=1024$ | $14^2\times5=980$ |

### 二、低压开关设备的选择与校验

低压开关设备的选择，主要指低压断路器、低压刀开关、低压刀熔开关以及低压负荷开关的选择。下面重点介绍低压断路器的选择、整定与校验。

1. 低压断路器过电流脱扣器的选择

过电流脱扣器的额定电流 $I_{N.OR}$ 应不小于线路的计算电流 $I_{30}$，即

$$I_{N.OR}\geqslant I_{30} \tag{5-7}$$

2. 低压断路器过电流脱扣器的整定

（1）瞬时过电流脱扣器动作电流的整定　瞬时过电流脱扣器的动作电流 $I_{op(0)}$ 应躲过线路的尖峰电流 $I_{pk}$，即

$$I_{op(0)} \geqslant K_{rel} I_{pk} \tag{5-8}$$

式中，$K_{rel}$为可靠系数，对动作时间在0.02s以上的万能式断路器（DW型）取1.35，对动作时间在0.02s及以下的塑料外壳式断路器（DZ型）取1.7～2。

（2）短延时过电流脱扣器动作电流的整定　短延时过电流脱扣器的动作电流$I_{op(s)}$也应躲过线路的尖峰电流$I_{pk}$，即

$$I_{op(s)} \geqslant K_{rel} I_{pk} \tag{5-9}$$

式中，$K_{rel}$为可靠系数，取1.2。

短延时过电流脱扣器的动作时间有0.2s、0.4s和0.6s三种，应按前后保护装置的选择性要求来确定，前一级保护的动作时间应比后一级保护的动作时间长一个时间级差（0.2s）。

（3）长延时过电流脱扣器动作电流的整定　长延时过电流脱扣器的动作电流$I_{op(l)}$应躲过线路的计算电流$I_{30}$，即

$$I_{op(l)} \geqslant K_{rel} I_{30} \tag{5-10}$$

式中，$K_{rel}$为可靠系数，取1.1。

长延时过电流脱扣器的动作时间应躲过允许短时过负荷的持续时间，一般为1～2h。

（4）过电流脱扣器与被保护线路的配合要求　为了使过电流脱扣器能可靠地保护导线或电缆，以便在线路发生过负荷或短路时及时切断线路电流，过电流脱扣器的动作电流$I_{op}$必须与被保护线路的允许电流$I_{al}$相配合，因此应满足以下条件：

$$I_{op} \leqslant K_{oL} I_{al} \tag{5-11}$$

式中，$K_{oL}$为导线或电缆的允许短时过负荷系数。对瞬时和短延时过电流脱扣器，取$K_{oL}=4.5$；对长延时过电流脱扣器，取$K_{oL}=1$。

3. 低压断路器热脱扣器的选择与整定

（1）热脱扣器的选择　热脱扣器的额定电流$I_{N.TR}$应不小于线路的计算电流$I_{30}$，即

$$I_{N.TR} \geqslant I_{30} \tag{5-12}$$

（2）热脱扣器的整定　热脱扣器的动作电流$I_{op.TR}$应躲过线路的计算电流$I_{30}$，即

$$I_{op.TR} \geqslant K_{rel} I_{30} \tag{5-13}$$

式中，$K_{rel}$为可靠系数，取1.1。

4. 低压断路器的选择与校验

1）低压断路器的额定电压应不低于所在线路的额定电压。

2）低压断路器的额定电流应不小于它所安装的脱扣器的额定电流。

3）低压断路器的类型应符合安装条件、保护性能及操作方式的要求。

4）低压断路器断流能力的校验。

①对动作时间在0.02s以上的万能式低压断路器（DW型），应满足下列条件：

$$I_{oc} \geqslant I_k^{(3)} \tag{5-14}$$

式中，$I_{oc}$为低压断路器的极限分断电流；$I_k^{(3)}$为低压断路器安装地点的三相短路电流有效值。

②对动作时间在0.02s及以下的塑料外壳式断路器（DZ型），应满足下列条件：

$$I_{oc} \geqslant I_{sh}^{(3)} \tag{5-15}$$

式中，$I_{sh}^{(3)}$为低压断路器安装地点的三相短路冲击电流有效值。

5. 低压断路器过电流保护的灵敏度校验

低压断路器过电流保护的灵敏度应按下式计算：

$$K_S=\frac{I_{k\cdot min}}{I_{op}}\geqslant 1.5 \tag{5-16}$$

式中，$I_{op}$为低压断路器瞬时或短延时过电流脱扣器的动作电流；$I_{k.min}$为低压断路器保护的线路末端最小短路电流，对中性点不接地系统，取两相短路电流 $I_k^{(2)}$，对中性点直接接地系统，取单相短路电流 $I_k^{(1)}$。

## 第三节　互感器的选择与校验

### 一、电流互感器的选择

选择电流互感器时，应根据安装地点（户内、户外）和安装方式（穿墙式、支持式、母线式等）选择其型式，其他选择项目如下：

（1）额定电压　电流互感器的额定电压应不低于安装地点电网的额定电压。

（2）额定电流　电流互感器一次绕组的额定电流应不小于线路的计算电流，二次绕组的额定电流通常为5A。

（3）准确度等级的选择　为了保证电流互感器的准确度，其二次侧的实际负荷必须小于其准确度等级所规定的额定二次负荷，即

$$S_{N2}\geqslant S_2 \tag{5-17}$$

二次回路的负荷 $S_2$ 取决于二次回路阻抗 $Z_2$ 的值，即

$$S_2=I_{N2}^2Z_2\approx I_{N2}^2(\sum|Z_i|+R_{WL}+R_{tou})$$

或

$$S_2\approx\sum S_i+I_{N2}^2(R_{WL}+R_{tou}) \tag{5-18}$$

式中，$S_i$、$Z_i$ 为仪表和继电器电流线圈的额定负荷（V·A）和阻抗（Ω），可由仪表、继电器的产品样本查得；$R_{tou}$为所有接头的接触电阻，取0.1Ω；$R_{WL}$为连接导线的电阻，其计算公式为

$$R_{WL}=\frac{l_c}{\gamma A} \tag{5-19}$$

式中，$A$ 为导线的截面面积（$mm^2$），后文中简称截面；$\gamma$ 为导线的电导率（$m/\Omega\cdot mm^2$），铜线取 $53m/\Omega\cdot mm^2$，铝线取 $32m/\Omega\cdot mm^2$；$l_c$ 为连接导线的计算长度（m），与电流互感器的接线方式有关。假设从电流互感器二次端子到仪表、继电器接线端子的单向长度为 $l$，则互感器为一相式接线时，$l_c=2l$；为三相完全星形接线时，$l_c=l$；为两相不完全星形接线和两相电流差接线时，$l_c=\sqrt{3}l$。

从产品技术说明书可查得保证某一准确度时的 $S_{N2}$，所要连接的仪表选定后，可求出满足准确度等级的连接导线电阻为

$$R_{WL}\leqslant\frac{S_{N2}-\sum S_i-I_{N2}^2R_{tou}}{I_{N2}^2} \tag{5-20}$$

则连接导线的截面为

$$A = \frac{l_c}{\gamma R_{WL}} \tag{5-21}$$

连接导线一般采用铜芯绝缘导线，其截面不得小于1.5mm$^2$。

对于保护用的电流互感器，通常采用10P准确度等级，其复合误差限值为10%。由于电流互感器的实际二次负荷为$S_2 = I_{N2}^2 Z_2$，因此当电流互感器的准确度等级一定（即允许的二次负荷一定）时，其二次负荷阻抗与其二次电流或一次电流的二次方成反比。即一次电流越大，允许的二次负荷阻抗越小；一次电流越小，允许的二次负荷阻抗越大。电流互感器的10%误差曲线，就是由互感器生产厂家按出厂试验绘制的保持电流互感器的误差为10%时，一次电流倍数$n_i$（$=I_1/I_{N1}$）与二次负荷阻抗最大允许值的关系曲线，如图5-1所示。如果已知系统短路时通过电流互感器一次侧的电流倍数$n_i$，就可在10%误差曲线上查得对应的二次负荷最大允许值。只要实际的二次负荷$Z_2$小于它，则电流互感器在短路情况下的比值差不会超过10%。

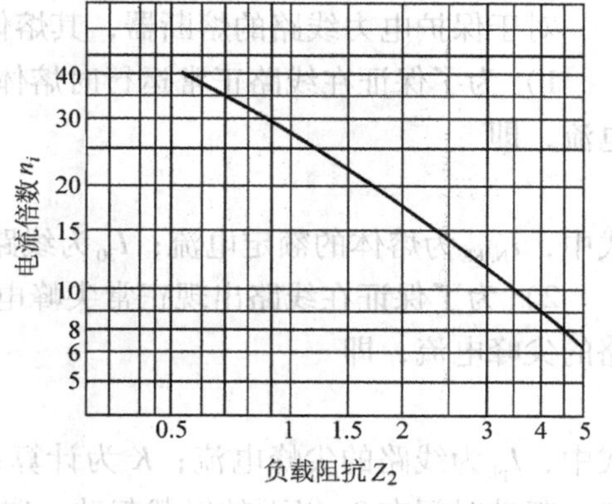


图5-1 电流互感器的10%误差曲线

（4）动稳定校验　电流互感器产品给出的是动稳定倍数$K_{es}$，因此满足动稳定的条件为

$$\sqrt{2}K_{es}I_{N1} \geqslant i_{sh} \tag{5-22}$$

式中，$K_{es}$为电流互感器的动稳定倍数，且$K_{es} = \frac{i_{max}}{\sqrt{2}I_{N1}}$。

（5）热稳定校验　电流互感器产品给出的是热稳定倍数$K_t$，因此满足热稳定的条件为

$$(K_t I_{N1})^2 t \geqslant I_\infty^2 t_{ima} \tag{5-23}$$

式中，$K_t$为电流互感器的热稳定倍数，且$K_t = \frac{I_t}{I_{N1}}$。

## 二、电压互感器的选择

（1）额定电压　电压互感器一次绕组的额定电压应与安装地点电网的额定电压相同，二次绕组的额定电压通常为100V。

（2）准确度等级的选择　为了保证电压互感器的准确度，其二次侧的实际负荷必须小于其准确度等级所规定的额定二次负荷，即

$$S_{N2} \geqslant S_2 = \sqrt{\left(\sum_{i=1}^{n} S_i \cos\varphi_i\right)^2 + \left(\sum_{i=1}^{n} S_i \sin\varphi_i\right)^2} \tag{5-24}$$

式中，$S_i$、$\cos\varphi_i$分别为二次侧所接仪表并联线圈消耗的功率及其功率因数。

由于电压互感器两侧均装有熔断器，故不需进行短路电流的动稳定和热稳定校验。

# 第四节 熔断器的选择与校验

熔断器的选择，除了根据安装地点（户内、户外）和保护对象（线路、变压器、电压

互感器等）选择其型式外，还包括熔体的额定电流选择、熔管的额定电流选择、断流能力校验等。

## 一、熔断器熔体额定电流的选择

对于保护电力线路的熔断器，其熔体额定电流应按以下条件选择：

1）为了保证在线路正常运行时熔体不致熔断，应使熔体的额定电流不小于线路的计算电流，即

$$I_{N.FE} \geqslant I_{30} \tag{5-25}$$

式中，$I_{N.FE}$为熔体的额定电流；$I_{30}$为线路的计算电流。

2）为了保证在线路出现正常尖峰电流时熔体不致熔断，应使熔体的额定电流不小于线路的尖峰电流，即

$$I_{N.FE} \geqslant KI_{pk} \tag{5-26}$$

式中，$I_{pk}$为线路的尖峰电流；$K$为计算系数，应根据熔体的特性和电动机的起动情况来决定。起动时间在3s以下的轻载起动，取$K=0.25\sim0.35$；起动时间为3～8s的重载起动，取$K=0.35\sim0.5$；起动时间大于8s的重载起动或频繁起动、反接制动等，取$K=0.5\sim0.6$。

3）为了使熔断器能可靠地保护导线和电缆，以便在线路发生短路或过负荷时及时切断线路电流，熔断器的熔体额定电流$I_{N.FE}$必须与被保护线路的允许电流$I_{al}$相配合，因此应满足以下条件：

$$I_{N.FE} \leqslant K_{oL} I_{al} \tag{5-27}$$

式中，$I_{al}$为绝缘导线或电缆的允许载流量；$K_{oL}$为绝缘导线或电缆的允许短时过负荷倍数。对电缆和穿管绝缘导线，取$K_{oL}=2.5$；对明敷绝缘导线，取$K_{oL}=1.5$；对已装设有过负荷保护的绝缘导线或电缆而又要求用熔断器进行短路保护时，取$K_{oL}=1$。

对于保护电力变压器的熔断器，其熔体额定电流应按下式选择：

$$I_{N.FE} = (1.5\sim2) I_{NT} \tag{5-28}$$

式中，$I_{NT}$为变压器的额定电流，熔断器装在哪侧，就用哪侧的额定电流。

对于保护电压互感器的RN2型熔断器，其熔体额定电流一般选用0.5A。

## 二、熔断器的选择与校验

（1）额定电压　熔断器的额定电压应不低于被保护线路的额定电压。

（2）额定电流　熔断器的额定电流应不小于它所安装熔体的额定电流。

（3）断流能力校验　对限流式熔断器（如RN1型、RT0型等），由于能在短路电流达到冲击值之前将电弧完全熄灭，因此应满足下列条件：

$$I_{oc} \geqslant I''^{(3)} \tag{5-29}$$

式中，$I_{oc}$为熔断器的最大分断电流；$I''^{(3)}$为熔断器安装地点的三相次暂态短路电流有效值。

对非限流式熔断器（如RW4型、RM10型等），由于不能在短路电流达到冲击值之前将电弧完全熄灭，因此应满足下列条件：

$$I_{oc} \geqslant I_{sh}^{(3)} \tag{5-30}$$

式中，$I_{sh}^{(3)}$为熔断器安装地点的三相短路冲击电流有效值。

## 三、熔断器保护的灵敏度校验

熔断器保护的灵敏度应按下式计算：

$$K_S = \frac{I_{k.min}}{I_{N.FE}} \geqslant 4 \sim 7 \tag{5-31}$$

式中，$I_{N.FE}$为熔体的额定电流；$I_{k.min}$为熔断器保护线路末端的最小短路电流，对中性点不接地系统，取两相短路电流 $I_k^{(2)}$，对中性点直接接地系统，取单相短路电流 $I_k^{(1)}$。

## 四、前后熔断器之间的选择性配合

所谓选择性配合，就是要求在线路发生短路故障时，应使靠近故障点的熔断器最先熔断，将故障切除，从而保证系统的其他部分仍能正常运行。

前后熔断器之间的选择性配合，应按其保护特性曲线来进行校验。

熔断器的保护特性曲线（又叫安秒特性曲线），是指熔断器熔体的熔断时间和通过其电流的关系曲线 $t = f(I)$。需要指出，每一额定电流的熔体均有一对特性曲线，表示任一电流通过熔体时熔体熔断时间的范围，日常所见到的曲线是该范围的平均值，其时限相对误差高达 ±50%，即熔断器的实际熔断时间与从平均保护特性曲线上查出的时间可能有 ±50% 的误差。此外，熔体截面越大，额定电流越大，时限特性越高。

图 5-2a 所示线路中，当在 WL2 的首端 k 点发生三相短路时，则 FU1 和 FU2 都有短路电流 $I_k$ 流过。按保护选择性的要求，应该是 FU2 的熔体首先熔断，切除故障线路 WL2，而 FU1 不再熔断，干线 WL1 正常运行。然而，由于熔体的实际熔断时间与从其产品的标准特性曲线上查得的时间可能有 ±50% 的误差，从最不利的情况考虑，设 FU2 的实际熔断时间$t_2'$比从标准保护特性曲线上查得的时间 $t_2$ 大 50%（为正偏差），即 $t_2' = 1.5t_2$；而 FU1 的实际熔断时间 $t_1'$比从标准保护特性曲线上查得的时间 $t_1$ 小 50%（为负偏差），即 $t_1' = 0.5t_1$。由图 5-2b 可知，为保证前后两熔断器 FU1 和 FU2 动作的选择性，必须满足的条件是 $t_1' > t_2'$，即 $0.5t_1 > 1.5t_2$，因此保证前后熔断器保护选择性配合的条件为

$$t_1 > 3t_2 \tag{5-32}$$

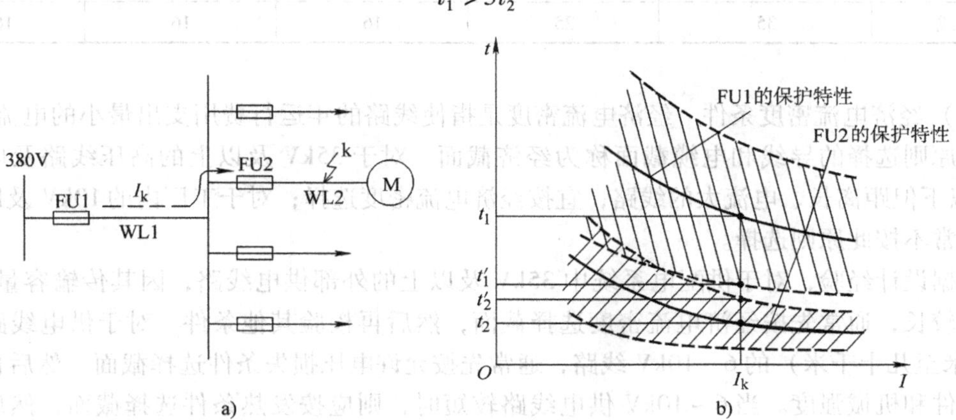


图 5-2 熔断器保护的选择性配合

a）熔断器在线路中的选择性配置 b）熔断器保护特性曲线进行选择性校验

即前一级熔断器（FU1）的熔断时间，至少应为后一级熔断器（FU2）熔断时间的3倍，才能保证前后熔断器动作的选择性。

若不用熔断器的保护特性曲线来校验选择性，一般只要前一级熔断器熔体的额定电流比后一级熔断器熔体的额定电流大2～3级，就能保证选择性动作。

## 第五节　导线截面的选择与校验

### 一、概述

导线（包括裸导线、电缆、绝缘导线、母线，下同）的选择是供配电设计的重要内容之一。由于导线是供配电系统中输送及分配电能的主要元件，因此其选择得合理与否，直接影响到有色金属的消耗量、线路投资以及电网的安全经济运行。为保证供电系统安全、可靠、优质、经济地运行，导线截面的选择必须满足以下条件：

（1）发热条件　导线在通过正常最大负荷电流（计算电流）时产生的发热温度，不应超过其正常运行时的最高允许温度，以防止因过热而引起导线和电缆绝缘损坏或加速老化。

（2）电压损失条件　导线在通过正常最大负荷电流（计算电流）时产生的电压损失，不应超过正常运行时的允许电压损失，以保证供电质量。

（3）机械强度条件　架空线路要经受风雨、覆冰和多种因素的影响，因此必须有足够的机械强度，以防止导线发生断裂。为此，要求架空线路所选的截面不小于其最小允许截面（见表5-3）。

**表5-3　架空线路按机械强度要求的最小允许导线截面**　（单位：$mm^2$）

| 导线种类 | 35kV及以上线路 | 6～10kV线路 | | 1kV以下低压线路 | |
|---|---|---|---|---|---|
| | | 居民区 | 非居民区 | 一般 | 与铁路交叉时 |
| 铝及铝合金线 | 35 | 35 | 25 | 16 | 35 |
| 钢芯铝绞线 | 35 | 25 | 16 | 16 | 16 |
| 铜线 | 35 | 25 | 16 | 16 | 16 |

（4）经济电流密度条件　经济电流密度是指使线路的年运行费用支出最小的电流密度，按这种原则选择的导线和电缆截面称为经济截面。对于35kV及以上的高压线路及电压在35kV以下但距离长、电流大的线路，宜按经济电流密度选择；对于工厂内的10kV及以下线路，通常不按此原则选择。

根据设计经验，对于供配电系统中35kV及以上的外部供电线路，因其传输容量较大，线路也较长，通常先按经济电流密度选择截面，然后再校验其他条件。对于供电线路较长（几千米至几十千米）的6～10kV线路，通常先按允许电压损失条件选择截面，然后再校验发热条件和机械强度。当6～10kV供电线路较短时，则应按发热条件选择截面，然后校验电压损失和机械强度。对于低压照明线路，因其对电压质量要求较高，故先按允许电压损失条件选择截面，再校验其他条件；而对低压动力线路，因其负荷电流较大，则应按发热条件选择截面，再校验其他条件。

## 二、按发热条件选择导线和电缆截面

（一）三相系统相线截面的选择

导线通过电流就会发热，导线的正常发热温度不得超过它的最高允许温度。根据最高允许温度，可以计算出导线在某一截面的允许持续负荷电流（允许载流量）$I_{al}$，把这些载流量列成表格，在设计时按这些表格来选择截面，叫做按发热条件选择截面，也叫做按允许载流量选择截面。

按发热条件选择三相系统中的相线截面时，应使导线的允许载流量 $I_{al}$ 不小于通过相线的计算电流 $I_{30}$，即

$$I_{al} \geqslant I_{30} \tag{5-33}$$

应当注意，导线的允许载流量与环境温度和敷设条件有关。如果导线敷设地点的环境温度与导线允许载流量所采用的环境温度不同时，则导线的允许载流量应乘以温度校正系数 $K_\theta$，即

$$K_\theta = \sqrt{\frac{\theta_{al} - \theta_0'}{\theta_{al} - \theta_0}} \tag{5-34}$$

式中，$\theta_{al}$ 为导线材料的最高允许温度；$\theta_0$ 为导线的允许载流量所采用的环境温度；$\theta_0'$ 为导线敷设地点的实际环境温度。

此时，按发热条件选择截面的条件为

$$K_\theta I_{al} \geqslant I_{30} \tag{5-35}$$

在室外，环境温度一般取当地最热月每日最高气温的月平均值（即最热月平均最高气温）；在室内（包括电缆沟内或隧道内），则取当地最热月平均最高气温加5℃。对埋入土中的电缆，取当地最热月地下0.8～1m深处的土壤月平均气温。

必须注意，按发热条件选择导线或电缆截面时，还必须与其相应的过电流保护装置（熔断器或低压断路器的过电流脱扣器）的动作电流相配合，以便在线路过负荷或短路时及时切断线路电流，保护导线或电缆不被毁坏。因此，过电流保护装置应满足的条件是

$$I_{op} \leqslant K_{oL} I_{al} \tag{5-36}$$

式中，$I_{op}$ 为过电流保护装置的动作电流，对于熔断器为熔体的额定电流 $I_{N.FE}$；$K_{oL}$ 为绝缘导线或电缆的允许短时过负荷倍数。

（二）中性线和保护线截面的选择

1. 中性线截面的选择

三相四线制中的中性线（N线），要通过系统中的不平衡电流或零序电流，因此中性线的允许载流量不应小于三相系统中的最大不平衡电流，同时应考虑谐波电流的影响。

1）一般三相四线制中中性线的截面 $A_0$，应不小于相线截面的50%，即 $A_0 \geqslant 0.5A_\varphi$。

2）由三相四线制引出的两相三线制线路和单相线路，由于其中性线电流与相线电流相等，因此其中性线截面 $A_0$ 应与相线截面 $A_\varphi$ 相同，即 $A_0 = A_\varphi$。

3）对于三次谐波电流相当突出的三相四线制线路，由于各相的三次谐波电流都要通过中性线，使得中性线电流可能接近甚至超过相电流，因此在这种情况下，中性线截面 $A_0$ 应不小于相线截面 $A_\varphi$，即 $A_0 \geqslant A_\varphi$。

2. 保护线截面的选择

正常情况下，保护线（PE 线）不流过负荷电流，但当发生单相接地短路时，保护线流过短路电流，因此要满足短路热稳定性的要求。按 GB 50054—1995《低压配电设计规范》规定，保护线截面 $A_{PE}$ 选择如下：

1）当 $A_{\varphi} \leqslant 16mm^2$ 时，$A_{PE} \geqslant A_{\varphi}$。

2）当 $16mm^2 < A_{\varphi} \leqslant 35mm^2$ 时，$A_{PE} \geqslant 16mm^2$。

3）当 $A_{\varphi} > 35mm^2$ 时，$A_{PE} \geqslant 0.5A_{\varphi}$。

3. 保护中性线截面的选择

保护中性线（PEN 线）兼有保护线和中性线的双重功能，因此其截面选择应同时满足上述保护线和中性线的要求，并取其中的最大值。

**例 5-2** 有一条采用 BLV 型绝缘导线穿塑料管暗敷的 380/220V 的 TN—S 型线路，负荷主要是三相电动机，计算电流为 60A，当地最热月平均最高气温为 30℃，试按发热条件选择此线路的截面。

**解：**（1）相线截面的选择 查附录表 12 得，环境温度为 30℃时，$35mm^2$ 的 BLV 型绝缘导线 5 芯穿管敷设时的 $I_{al} = 65A > I_{30} = 60A$，满足发热条件，故选相线截面 $A_{\varphi} = 35mm^2$。

（2）中性线截面的选择 由于负荷为三相电动机，按 $A_0 \geqslant 0.5A_{\varphi}$，选中性线截面为 $A_0 = 25mm^2$。

（3）保护线截面的选择 由于 $A_{\varphi} = 35mm^2$，按 $A_{PE} \geqslant 16mm^2$，选保护线截面为 $A_{PE} = 25mm^2$。

所选导线规格可表示为 BLV－500－（3×35＋1×25＋PE25）。

## 三、按允许电压损失选择导线和电缆截面面积

由于线路阻抗的存在，因此当负荷电流通过线路时将产生电压损失。电压损失越大，则用电设备的端电压越低，电压偏差越大，当电压偏差超过允许值时将严重影响电气设备的正常运行。为保证供电质量，规定高压配电线路的电压损失一般不得超过线路额定电压的 5%；从配电变压器低压侧母线到用电设备受电端的低压配电线路的电压损失，一般也不超过线路额定电压的 5%；对照明效果要求较高的照明线路，则不得超过其额定电压的 2%～3%。如果线路的电压损失超过了允许值，应适当加大导线或电缆的截面，直至满足要求。

（一）线路电压损失的计算

1. 放射式线路电压损失的计算

放射式线路可以简化成终端有一个集中负荷的三相线路，如图 5-3a 所示。设线路始端电压为 $\dot{U}_1$，末端电压为 $\dot{U}_2$，则线路始末端电压的相量差称为电压降落，用 $\Delta\dot{U}$ 表示；线路始末端电压的代数差称为电压损失，用 $\Delta U$ 表示。

由于三相电路正常情况下基本对称，因此可以先计算一相的电压损失，然后换算成线电压损失。

设线路始末端相电压分别为 $\dot{U}_{\varphi1}$ 和 $\dot{U}_{\varphi2}$，负荷电流为 $\dot{I}$，负荷的功率因数为 $\cos\varphi_2$，则以末端电压 $\dot{U}_{\varphi2}$ 为参考相量的相量图如图 5-3b 所示。

由图 5-3b 可知，一相的电压损失为 $\Delta U_{\varphi} = U_{\varphi1} - U_{\varphi2} = \overline{ae}$。为便于计算，用 $\overline{ad}$ 代替 $\overline{ae}$，其误差在允许范围之内（小于 5%），因此相电压损失为

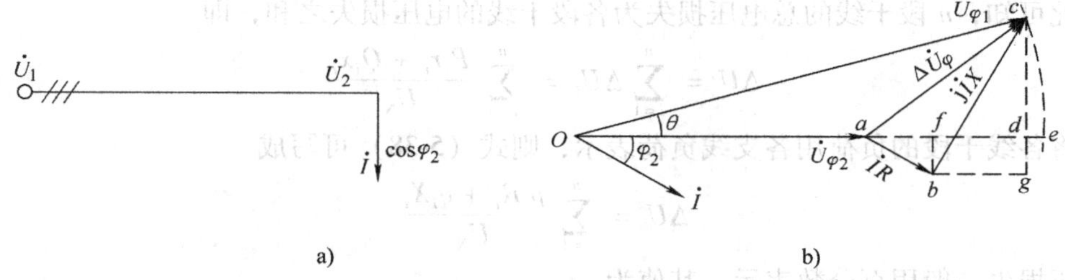


图 5-3　放射式线路电压损失的相量图

$$\Delta U_\varphi \approx \overline{ad} = \overline{af} + \overline{fd} = \overline{af} + \overline{bg} = IR\cos\varphi_2 + IX\sin\varphi_2$$

换算成线电压损失为

$$\begin{aligned}\Delta U &= \sqrt{3}\Delta U_\varphi = \sqrt{3}I(R\cos\varphi_2 + X\sin\varphi_2)\\ &= \sqrt{3}\frac{P}{\sqrt{3}U_N\cos\varphi_2}(R\cos\varphi_2 + X\sin\varphi_2) = \frac{PR+QX}{U_N}\end{aligned} \tag{5-37}$$

式中，$\Delta U$ 为线电压损失（V）；$P$ 为三相有功负荷功率（kW）；$Q$ 为三相无功负荷功率（kvar）；$U_N$ 为线路的额定电压（kV）；$R$、$X$ 为线路的电阻和电抗（Ω）。

2. 树干式线路电压损失的计算

树干式线路上接有多个集中负荷，计算其电压损失时，应先计算出各段线路的电压损失，则总电压损失等于各段线路的电压损失之和。

下面以图 5-4 所示的带三个集中负荷的三相电路为例进行说明。图中，各支线的负荷功率用小写 $p$、$q$ 表示；各段干线的功率用大写 $P$、$Q$ 表示；各段线路的长度、电阻和电抗分别用小写 $l$、$r$ 和 $x$ 表示；各个负荷到电源之间的干线长度、电阻和电抗分别用大写 $L$、$R$ 和 $X$ 表示。

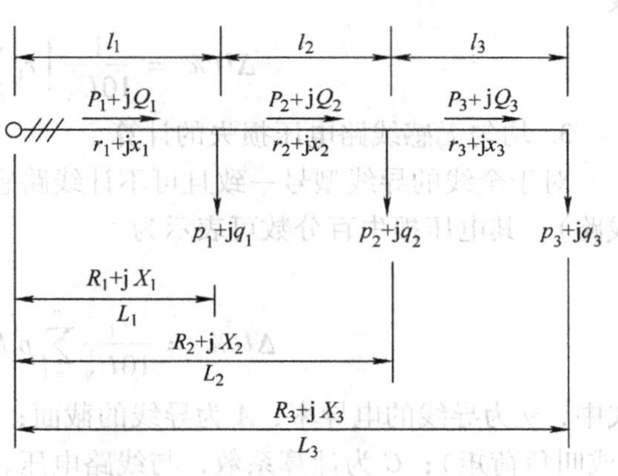


图 5-4　树干式线路电压损失的计算

为便于计算，可暂忽略各段线路的功率损耗（引起的误差尚在允许范围之内），所以每段干线的功率可用各支线的负荷功率表示，即

$l_1$ 段：$P_1 = p_1 + p_2 + p_3 \quad Q_1 = q_1 + q_2 + q_3$

$l_2$ 段：$P_2 = p_2 + p_3 \quad Q_2 = q_2 + q_3$

$l_3$ 段：$P_3 = p_3 \quad Q_3 = q_3$

根据式（5-37）可得各段干线的电压损失为

$l_1$ 段：$\Delta U_1 = \dfrac{P_1 r_1 + Q_1 x_1}{U_N}$

$l_2$ 段：$\Delta U_2 = \dfrac{P_2 r_2 + Q_2 x_2}{U_N}$

$l_3$ 段：$\Delta U_3 = \dfrac{P_3 r_3 + Q_3 x_3}{U_N}$

由此可知，$n$ 段干线的总电压损失为各段干线的电压损失之和，即

$$\Delta U = \sum_{i=1}^{n} \Delta U_i = \sum_{i=1}^{n} \frac{P_i r_i + Q_i x_i}{U_N} \tag{5-38}$$

若将各线干段的负荷用各支线负荷表示，则式（5-38）可写成

$$\Delta U = \sum_{i=1}^{n} \frac{p_i R_i + q_i X_i}{U_N} \tag{5-39}$$

电压损失一般用百分数表示，其值为

$$\Delta U\% = \frac{\Delta U}{U_N \times 10^3} \times 100 = \frac{1}{10U_N^2}\sum_{i=1}^{n}(P_i r_i + Q_i x_i) \tag{5-40}$$

或

$$\Delta U\% = \frac{1}{10U_N^2}\sum_{i=1}^{n}(p_i R_i + q_i X_i) \tag{5-41}$$

若各段线路的导线截面、材料和布置方式均相同，则 $r_i = r_1 l_i$，$x_i = x_1 l_i$，$R_i = r_1 L_i$，$X_i = x_1 L_i$，代入式（5-40）和式（5-41）得

$$\Delta U\% = \frac{1}{10U_N^2}\left[r_1 \sum_{i=1}^{n} P_i l_i + x_1 \sum_{i=1}^{n} Q_i l_i\right] \tag{5-42}$$

或

$$\Delta U\% = \frac{1}{10U_N^2}\left[r_1 \sum_{i=1}^{n} p_i L_i + x_1 \sum_{i=1}^{n} q_i L_i\right] \tag{5-43}$$

3. 均匀无感线路电压损失的计算

对于全线的导线型号一致且可不计线路感抗或负荷 $\cos\varphi \approx 1$ 的线路（如电缆和低压室内线路），其电压损失百分数可表示为

$$\Delta U\% = \frac{r_1}{10U_N^2}\sum_{i=1}^{n} p_i L_i = \frac{\sum_{i=1}^{n} p_i L_i}{10\gamma A U_N^2} = \frac{\sum M}{CA} \tag{5-44}$$

式中，$\gamma$ 为导线的电导率；$A$ 为导线的截面；$\sum M = \sum p_i L_i = \sum P_i l_i$ 为线路的所有功率矩之和（或叫负荷矩）；$C$ 为计算系数，与线路电压、接线方式及导线材料有关，可查表 5-4。

**表 5-4 计算系数 $C$ 的值**

| 线路电压/V | 线路类别 | $C$ 的计算式 | 计算系数 $C/(\mathrm{kW \cdot m/mm^2})$ | |
|---|---|---|---|---|
| | | | 铜线 | 铝线 |
| 380/220 | 三相四线 | $\gamma U_N^2/100$ | 76.5 | 46.2 |
| | 两相三线 | $\gamma U_N^2/225$ | 34.0 | 20.5 |
| 220 | 单相及直流 | $\gamma U_N^2/200$ | 12.8 | 7.74 |
| 110 | | | 3.21 | 1.94 |

4. 均匀分布负荷的三相线路电压损失的计算

图 5-5 为一具有均匀分布负荷的开式电网。设单位长度的负荷电流为 $i$(A/km)，则微小线段 $\mathrm{d}l$ 上的负荷电流为 $i\mathrm{d}l$，这一负荷电流通过长度为 $l$、电阻为 $r_1 l$ 的线路所产生的电压损失为

$$d(\Delta U)=\sqrt{3}r_1 lidl$$

因此，整个线路由分布负荷产生的电压损失为

$$\Delta U=\int_{L_0}^{L_0+L}\sqrt{3}ir_1 l\mathrm{d}l=\sqrt{3}ir_1\frac{l^2}{2}\bigg|_{L_0}^{L_0+L}=\frac{\sqrt{3}U_{\mathrm{N}}ir_1}{U_{\mathrm{N}}}\frac{L(2L_0+L)}{2}$$

$$=\frac{\sqrt{3}U_{\mathrm{N}}(iL)r_1}{U_{\mathrm{N}}}\frac{2L_0+L}{2}=\frac{Pr_1}{U_{\mathrm{N}}}\left(L_0+\frac{L}{2}\right)\tag{5-45}$$

式中，$iL(=I)$为与均匀分布负荷等效的集中负荷。

式（5-45）说明，计算均匀分布负荷线路的电压损失时，可以用一个与均匀分布的总负荷相等、位于均匀分布负荷中点的集中负荷等效代替。

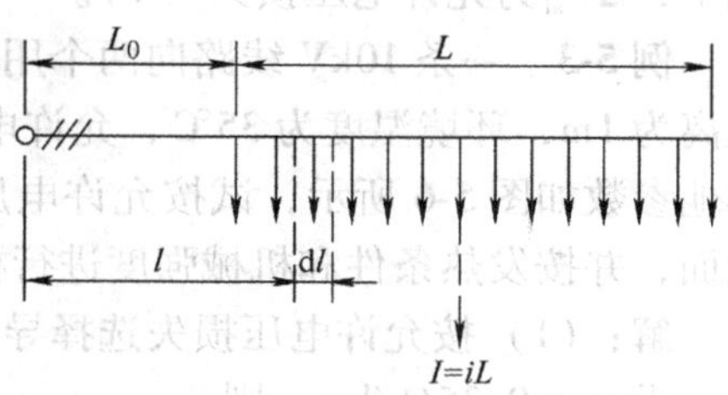


图 5-5　具有均匀分布负荷的电网

（二）按允许电压损失选择导线截面

由于工厂供配电系统内部的电力线路往往不长，为避免不必要的接头，减少导线、电缆品种的规格，各段干线常采用相同截面的导线或电缆。

由式（5-39）可得

$$\Delta U=\sum_{i=1}^{n}\frac{p_iR_i+q_iX_i}{U_{\mathrm{N}}}=\Delta U_{\mathrm{a}}+\Delta U_{\mathrm{r}}\tag{5-46}$$

式中，$\Delta U_{\mathrm{a}}$ 为有功功率在导线电阻上的电压损失；$\Delta U_{\mathrm{r}}$ 为无功功率在导线电抗上的电压损失。

由于导线截面对线路电抗的影响不大，故式（5-46）的第二项可用平均电抗来计算。因此，可初选一种导线的单位长度电抗值（6～10kV 架空线路取 0.35Ω/km，35kV 以上架空线路取 0.4Ω/km，电缆线路取 0.08Ω/km），按下式计算无功功率在导线电抗上的电压损 $\Delta U_{\mathrm{r}}$：

$$\Delta U_{\mathrm{r}}=\frac{\sum_{i=1}^{n}q_iX_i}{U_{\mathrm{N}}}=\frac{x_1\sum_{i=1}^{n}q_iL_i}{U_{\mathrm{N}}}\tag{5-47}$$

而电压损失的允许值 $\Delta U_{\mathrm{al}}$为

$$\Delta U_{\mathrm{al}}=\frac{\Delta U_{\mathrm{al}}\%}{100}U_{\mathrm{N}}\tag{5-48}$$

则线路电阻部分中的电压损失 $\Delta U_{\mathrm{a}}$ 为

$$\Delta U_{\mathrm{a}}=\Delta U_{\mathrm{al}}-\Delta U_{\mathrm{r}}\tag{5-49}$$

由于
$$\Delta U_{\mathrm{a}}=\frac{\sum_{i=1}^{n}p_iR_i}{U_{\mathrm{N}}}=\frac{r_1\sum_{i=1}^{n}p_iL_i}{U_{\mathrm{N}}}=\frac{\sum_{i=1}^{n}p_iL_i}{\gamma AU_{\mathrm{N}}}$$

所以，导线截面 $A$ 为

$$A=\frac{\sum_{i=1}^{n}p_iL_i}{\gamma\Delta U_{\mathrm{a}}U_{\mathrm{N}}}\tag{5-50}$$

式中，$A$ 为导线截面($\mathrm{mm}^2$)；$U_{\mathrm{N}}$ 为线路的额定电压(kV)；$\gamma$ 为导线材料的电导率($\mathrm{km}/\Omega\cdot\mathrm{mm}^2$)，

铜取0.053，铝取0.032；$\Delta U_a$ 为电阻上的电压损失（V）；$p_i$ 为各支线的有功负荷（kW）；$L_i$ 为电源至各负荷间的距离（km）。

若 $\cos\varphi \approx 1$，可不计 $\Delta U_r$，则

$$A = \frac{\sum_{i=1}^{n} p_i L_i}{\gamma \Delta U_{al} U_N} \tag{5-51}$$

式中，$\Delta U_{al}$为允许电压损失（V）。

**例 5-3** 一条10kV线路向两个用户供电，三相导线为LJ型且呈等边三角形布置，线间距离为1m，环境温度为35℃，允许电压损失为5%，其他参数如图5-6所示，试按允许电压损失选择导线截面，并按发热条件和机械强度进行校验。

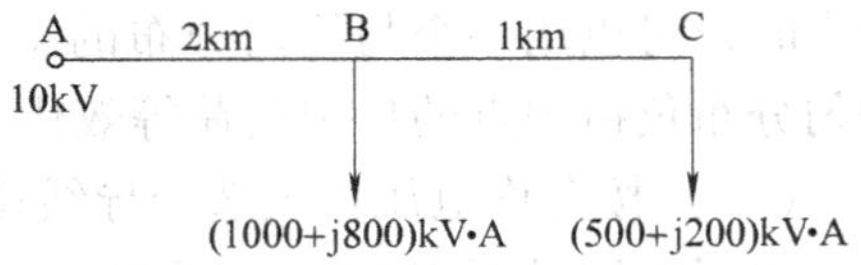

图5-6 例5-3图

**解**：(1) 按允许电压损失选择导线截面

设 $x_1 = 0.35\Omega/\text{km}$，则

$$\Delta U_{al} = \frac{\Delta U_{al}\%}{100} U_N = \frac{5}{100} \times 10000\text{V} = 500\text{V}$$

$$\Delta U_r = \frac{x_1 \sum_{i=1}^{n} q_i L_i}{U_N} = \frac{0.35 \times (800 \times 2 + 200 \times 3)}{10}\text{V} = 77\text{V}$$

$$\Delta U_a = \Delta U_{al} - \Delta U_r = 500\text{V} - 77\text{V} = 423\text{V}$$

因此，导线截面为

$$A = \frac{\sum_{i=1}^{n} p_i L_i}{\gamma \Delta U_a U_N} = \frac{1000 \times 2 + 500 \times 3}{0.032 \times 423 \times 10}\text{mm}^2 = 25.86\text{mm}^2$$

初步选LJ—35型铝绞线。

(2) 按发热条件进行校验　线路的最大负荷电流为AB段承载的电流，其值为

$$I_{30} = \frac{\sqrt{(p_1 + p_2)^2 + (q_1 + q_2)^2}}{\sqrt{3} U_N} = \frac{\sqrt{(1000 + 500)^2 + (800 + 200)^2}}{\sqrt{3} \times 10}\text{A} = 104\text{A}$$

查附录表6和附录表8知，35℃时LJ—35型铝绞线的允许载流量为 $K_\theta I_{al} = 0.88 \times 170\text{A} = 149.6\text{A} > 104\text{A}$，故满足发热条件。

(3) 按机械强度进行校验　查表5-3知，10kV架空铝绞线的最小截面为 $25\text{mm}^2 < 35\text{mm}^2$，故满足机械强度要求。

## 四、按经济电流密度选择导线截面

导线截面越大，线路的功率损耗和电能损耗越小，但是线路投资和有色金属消耗量都要增加；反之，导线截面越小，线路投资和有色金属消耗量越少，但是线路的功率损耗和电能损耗却要增大。线路投资和电能损耗都影响年运行费用。因此，综合以上两种情况，使年运

行费用达到最小、初投资费用又不过大而确定的符合总经济利益的导线截面，称为经济截面，用$A_{ec}$表示。

对应于经济截面的导线电流密度，称为经济电流密度，用$j_{ec}$表示。我国现行的经济电流密度规定见表5-5。

**表5-5　经济电流密度**　（单位：$A/mm^2$）

| 导线材料 | 年最大负荷利用小时数/h | | |
|---|---|---|---|
| | 小于3000 | 3000～5000 | 大于5000 |
| 铝线 | 1.65 | 1.15 | 0.9 |
| 铜线 | 3.00 | 2.25 | 1.75 |
| 铝芯电缆 | 1.92 | 1.73 | 1.54 |
| 铜芯电缆 | 2.50 | 2.25 | 2.00 |

图5-7是年运行费用$F$与导线截面$A$的关系曲线。其中，曲线1表示年折旧费用和线路的年维修管理费用之和与导线截面的关系曲线；曲线2表示线路的年电能损耗费用与导线截面的关系曲线；曲线3为曲线1与曲线2的叠加，表示线路的年运行费用与导线截面的关系曲线。由图5-7可以看出，曲线3最低点（$a$点）的年运行费用$F_a$具有最小值，但与$a$点相对应的导线截面$A_a$并不一定是最为经济合理的截面，因为曲线3在$a$点附近比较平坦。如果将导线截面面积再选小一些，例如选为$A_b$（$b$点），年运行费用$F_b$增加不多，但导线截面（即有色金属消耗量）却减少很多。因此，从综合经济效益考虑，导线截面选$A_b$比选$A_a$更为经济合理，即$A_b$为经济截面。

按经济电流密度选择导线截面时，可按下式计算

$$A_{ec}=\frac{I_{30}}{j_{ec}} \tag{5-52}$$

式中，$I_{30}$为线路通过的计算电流。

根据式（5-52）计算出经济截面$A_{ec}$后，应选最接近而又偏小一点的标准截面，这样可节省初投资和有色金属消耗量。

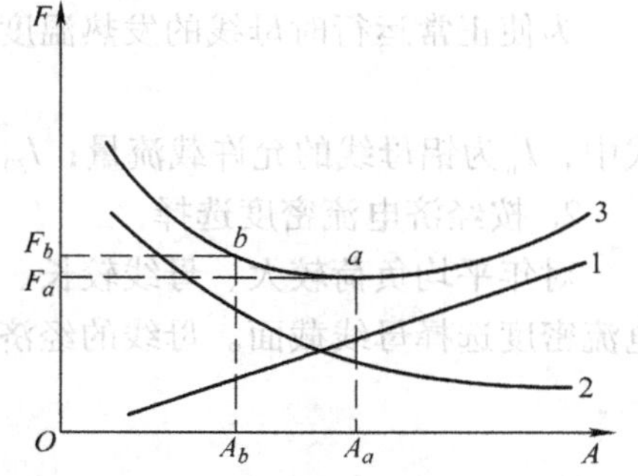

图5-7　线路年运行费用与导线截面的关系曲线

**例5-4**　有一条长15km的35kV架空线路，计算负荷为4850kW，功率因数为0.8，年最大负荷利用小时数为4600h。试按经济电流密度选择其导线截面，并校验其发热条件和机械强度。

**解：**（1）按经济电流密度选择导线截面　线路的计算电流为

$$I_{30}=\frac{P_{30}}{\sqrt{3}U_N\cos\varphi}=\frac{4850}{\sqrt{3}\times35\times0.8}A=100A$$

由表5-5查得$j_{ec}=1.15A/mm^2$，因此导线的经济截面为

$$A_{ec}=\frac{100}{1.15}mm^2=87mm^2$$

选用与$87mm^2$接近的标准截面$70mm^2$，即选LGJ—70型钢芯铝绞线。

（2）校验发热条件　查附录表6知，LGJ—70型钢芯铝绞线的允许载流量（室外、

25℃）$I_{al}=275\text{A}>I_{30}=100\text{A}$，因此发热条件满足要求。

（3）校验机械强度　查表5-3知，35kV钢芯铝绞线的最小允许截面为35mm²，因此所选LGJ—70型钢芯铝绞线满足机械强度要求。

## 第六节　母线的选择与校验

### 一、母线的材料、类型和布置方式

母线的材料有铜和铝，选择母线材料时，应贯彻“以铝代铜”的方针。目前，变电所的母线除了大电流采用铜母线外，一般应尽量采用铝母线。

室外配电装置的母线多采用钢芯铝绞线，由于是软导线，所以不需要校验动稳定。室内配电装置由于线间距离较小，布置紧凑，故采用硬母线。常用的硬母线截面有矩形、槽形和管形，在中小型变电所和发电厂中多采用矩形铝排。矩形母线散热较好，有一定的机械强度，便于固定和安装，但它集肤效应大，为了避免集肤效应过大，单条矩形母线的截面不应大于1000～1200mm²。当工作电流过大时，可采用2～3条矩形母线并联使用。

母线的散热条件和机械强度与母线的布置方式有关。矩形母线一般均采用三相水平排列布置方式，仅在个别变电所中采用垂直布置方式。

### 二、母线截面的选择

1. 按发热条件选择

为使正常运行时母线的发热温度不超过允许值，必须满足以下条件：

$$I_{al}\geqslant I_{30} \tag{5-53}$$

式中，$I_{al}$为铝母线的允许载流量；$I_{30}$为通过母线的计算电流。

2. 按经济电流密度选择

对年平均负荷较大、母线较长、传输容量较大的回路，为了降低年运行费用，可按经济电流密度选择母线截面。母线的经济截面按下式确定：

$$A=\frac{I_{30}}{j_{ec}} \tag{5-54}$$

式中，$j_{ec}$为经济电流密度。

3. 动稳定校验

当短路冲击电流通过母线时产生的最大计算应力应不大于母线的允许应力，即

$$\sigma_{c}\leqslant\sigma_{al} \tag{5-55}$$

式中，$\sigma_{al}$为母线材料的允许应力（Pa，即N/m²），硬铜母线的$\sigma_{al}\approx137\text{MPa}$，硬铝母线的$\sigma_{al}\approx69\text{MPa}$；$\sigma_{c}$为母线通过$i_{sh}^{(3)}$时产生的最大计算应力（Pa），按下式计算：

$$\sigma_{c}=\frac{M}{W} \tag{5-56}$$

式中，$M$为母线通过$i_{sh}^{(3)}$时受到的最大弯曲力矩（N·m）。当母线跨距数为1～2时，$M=\frac{F_{max}l}{8}$；当母线跨距数大于2时，$M=\frac{F_{max}l}{10}$。$W$为母线的截面系数（m³）。当矩形母线平放时

（见图 5-8a），$b>h$，$W=\frac{b^2h}{6}$；当矩形母线竖放时（见图 5-8b），$b<h$，$W$ 的计算公式不变。

若不满足要求，则需减小 $\sigma_c$，常用的方法有：限制短路电流；减小支持绝缘子之间的距离；变更母线放置方式，增大相间距离；增大母线截面等。其中，最经济有效的方法是减小绝缘子之间的跨距，在设计中，常按 $\sigma_c=\sigma_{al}$ 反求出最大跨距 $l_{max}$，只要绝缘子之间的实际跨距 $l<l_{max}$，动稳定就能满足要求。

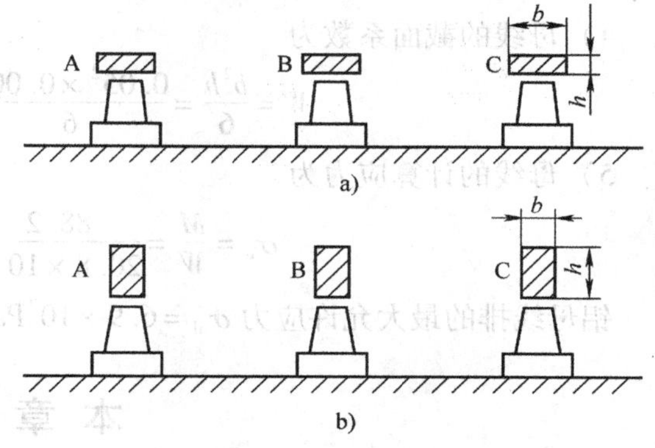

图 5-8 水平放置的母线
a）平放 b）竖放

4. 热稳定校验

满足热稳定的条件为

$$\theta_{k.max}\geqslant\theta_k \tag{5-57}$$

式中，$\theta_{k.max}$ 为导体在短路电流通过时的最高允许温度，可查表 4-5。

由于计算短路时导体的最高温度 $\theta_k$ 比较麻烦，因此也可根据热稳定条件计算导体的最小允许截面。由式（4-69）得

$$A_{min}=\frac{I_\infty}{\sqrt{K_k-K_L}}\sqrt{t_{ima}}=\frac{I_\infty}{C}\sqrt{t_{ima}} \tag{5-58}$$

式中，$C$ 为导体的热稳定系数（$A\sqrt{s}/mm^2$），可查表 4-5，$I_\infty$ 为三相短路稳态电流（A）。

只要所选导线截面 $A>A_{min}$，热稳定就能满足要求。

**例 5-5** 已知某降压变电所低压侧 10kV 母线上的短路电流为 $I''_k=I_\infty=14kA$，继电保护动作时间 $t_{pr}=2s$，断路器分闸时间 $t_{oc}=0.2s$，采用矩形母线平放布置方式，母线的相间距离 $s=250mm$，母线支持绝缘子的跨距 $l=1m$，跨距数大于 2，母线的工作电流 $I_{W.max}=600A$。试选择母线截面并进行短路的动稳定和热稳定校验。

**解：**（1）截面选择 根据 $I_{W.max}=600A$，在附录表 7 中选择 50mm×5mm 的矩形铝母线。

（2）热稳定校验 短路电流的假想时间为

$$t_{ima}=t_{pr}+t_{oc}=2s+0.2s=2.2s$$

查表 4-5 得，铝母线的热稳定系数 $C=87A\sqrt{s}/mm^2$，因此最小允许截面为

$$A_{min}=\frac{I_\infty}{C}\sqrt{t_{ima}}=\frac{14000}{87}\sqrt{2.2}mm^2=238.7mm^2$$

实际选用的母线截面 $A=50\times5mm^2=250mm^2>A_{min}$，所以热稳定满足要求。

（3）动稳定校验 10kV 母线三相短路时的冲击电流为

$$i_{sh}=2.55\times14kA=35.7kA$$

1）确定母线的截面形状系数。由于 $\frac{s-b}{b+h}=\frac{250-50}{50+5}=3.64>2$，故 $K\approx1$。

2）母线受到的最大电动力为

$$F_{max}=1.73Ki_{sh}^2\frac{l}{s}\times10^{-7}=1.73\times1\times35700^2\times\frac{1000}{250}\times10^{-7}N=882N$$

3）母线的弯曲力矩为

$$M=\frac{F_{max}l}{10}=\frac{882\times1}{10}\text{N}\cdot\text{m}=88.2\text{N}\cdot\text{m}$$

4）母线的截面系数为

$$W=\frac{b^2h}{6}=\frac{0.05^2\times0.005}{6}\text{m}^3=20.8\times10^{-7}\text{m}^3$$

5）母线的计算应力为

$$\sigma_c=\frac{M}{W}=\frac{88.2}{20.8\times10^{-7}}\text{Pa}=4.24\times10^7\text{Pa}$$

铝母线排的最大允许应力 $\sigma_{al}=6.9\times10^7\text{Pa}>\sigma_c$，所以动稳定满足要求。

## 本章小结

1. 高低压电气设备的选择，一般先考虑设备的工作环境条件（即户内、户外、安装方式、环境温度等），然后按正常工作电压和工作电流来初选型号，最后再校验短路时的动稳定和热稳定。对具有分断短路电流的设备还需进行断流能力校验，如断路器、熔断器等；对电流、电压互感器还需要选择变比、准确度，并且需校验其二次负荷是否满足准确度要求。

2. 进行供配电线路导线截面选择时，应满足发热条件、电压损失条件、机械强度条件和经济电流密度条件要求。对于35kV及以上高压线路，一般先按经济电流密度按选择截面，然后再校验其他条件；对于供电线路较长的6～10kV线路和低压照明线路，先按允许电压损失条件选择截面，再校验其他条件；对于供电线路较短的6～10kV线路和低压动力线路，则先按发热条件选择截面，再校验其他条件。

3. 电压降落是指线路始末端电压的相量差；电压损失是线路始末端电压的代数差。要求掌握各种线路电压损失的计算方法。

## 思考题与习题

5-1 电气设备选择的一般原则是什么？如何校验电气设备的动稳定和热稳定？

5-2 导线截面选择的基本原则是什么？

5-3 什么叫电压降落？什么叫电压损失？

5-4 什么是“经济截面”？如何按经济电流密度来选择导线或电缆截面？

5-5 某厂的有功计算负荷为3000kW，功率因数为0.92，该厂6kV进线上拟安装一台SN10—10型断路器，其主保护动作时间为1.2s，断路器分闸时间为0.2s，其6kV母线上的 $I_k=I_\infty=20\text{kA}$，试选择该断路器的规格。

5-6 试按发热条件选择380/220V、TN-C系统中的相线和保护中性线（PEN线）的截面及穿线的焊接钢管（G）的内径。已知线路的计算电流为148A，敷设地点的环境温度为25℃，拟用BLV型铝芯塑料线穿钢管埋地敷设。

5-7 某10kV线路如图5-9所示，已知导线型号为LJ—50，线间几何均距为1m，$p_1=250\text{kW}$，$p_2=400\text{kW}$，$p_3=300\text{kW}$，全部用电设备的 $\cos\varphi=0.8$，试求该线路的电压损失。

5-8 一条10kV线路向两个用户供电，允许电压损失为5%，环境温度为30℃，其他参数如图5-10所示，若用相同截面的 LJ 型架空线路，试按允许电压损失选择其导线截面，并按发热条件和机械强度进行校验。

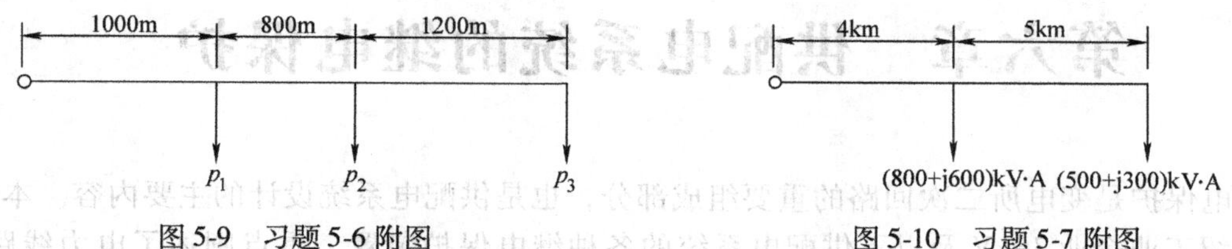


图 5-9　习题 5-6 附图　　　图 5-10　习题 5-7 附图

5-9　一条采用 LGJ 型钢芯铝绞线的 35kV 线路，计算负荷为 4480kW，功率因数为 0.88，年最大负荷利用小时数为 4500h，试按经济电流密度选择其导线截面，并按发热条件和机械强度进行校验。

5-10　某 10kV 母线三相水平平放，型号为 LMY—60 × 8$mm^2$，已知 $I'' = I_\infty = 21kA$，母线跨距为 1000mm，相间距为 250mm，跨距数大于 2，短路持续时间为 2.5s，系统为无穷大容量系统，试校验此母线的动稳定度和热稳定度。

# 第六章　供配电系统的继电保护

继电保护是变电所二次回路的重要组成部分，也是供配电系统设计的主要内容。本章主要介绍工业企业 35kV 及以下供配电系统的各种继电保护装置，重点阐述了电力线路、变压器和电动机保护的接线、原理及整定计算，并在最后简要介绍了微机保护的基础知识。

## 第一节　继电保护的基本知识

### 一、继电保护的任务

供配电系统在正常运行中，由于自然环境、制造质量、运行维护水平等诸方面的原因，可能会出现各种故障和不正常运行状态。因此，需要有专门的技术为供配电系统建立一个安全保障体系，其中最重要的专门技术之一就是装设继电保护装置。

所谓继电保护装置，是指能反应供配电系统中电气元件发生故障或不正常运行状态，并动作于断路器跳闸或发出信号的一种自动装置。它的基本任务是：

1）自动、迅速、有选择地将故障元件从供配电系统中切除，使其损坏程度尽可能减小，并最大限度地保证非故障部分迅速恢复正常运行。

2）能正确反应电气设备的不正常运行状态，并发出报警信号，提醒值班人员注意并及时处理，以免发展成故障。

### 二、继电保护的基本原理

供配电系统发生故障时，通常伴有电流增大、电压降低、电流与电压之间的相位角改变等现象。因此，利用故障时这些电气量的变化特征，可以构成各种不同原理的继电保护装置，例如反应电流增大的过电流保护、反应电压降低的低电压（欠电压）保护等。

继电保护装置的种类很多，但其工作原理基本相同，一般是由测量部分、逻辑部分和执行部分组成，如图 6-1 所示。测量部分是测量从被保护对象输入的有关电气量，并与已给定的整定值进行比较，从而判断保护装置是否应该起动。逻辑部分是根据测量部分各输出量的大小、性质，输出的逻辑状态，出现的顺序或它们的组合，进行逻辑判断，以确定保护装置是否应该动作。执行部分是根据逻辑部分做出的判断，执行保护装置所担负的任务（跳闸或发信号）。

输入信号 → 测量部分 → 逻辑部分 → 执行部分 → 输出信号
整定值 → 测量部分

图 6-1　继电保护装置的组成框图

### 三、对继电保护的基本要求

对作用于断路器跳闸的继电保护装置，在技术性能上必须满足以下四个基本要求：

1. 选择性

选择性是指保护装置动作时，仅将故障元件从供配电系统中切除，使停电范围尽量缩小，最大限度地保证系统中的非故障部分继续运行。

以图 6-2 为例，当 $k_3$ 点短路时，虽然保护 1 ~ 6 均有短路电流流过，但应由距短路点最近的保护 6 作用于断路器 QF6 跳闸，切除故障线路 WL4，此时只有变电站 D 停电，其余用户仍能继续得到供电。如果 $k_3$ 点短路时，保护 6 或断路器 QF6 由于自身故障失灵等原因而拒绝动作，应由保护 5 动作使断路器 QF5 跳闸，将故障线路 WL4 切除，此时虽然扩大了停电范围，但限制了故障的扩大。保护 5 所起的这种作用，称为远后备作用（简称远后备）。如果保护 6 或断路器 QF6 都完好，$k_3$ 点短路时 QF5 跳闸，就不能认为有选择性，而是越级跳闸，这是不允许的。

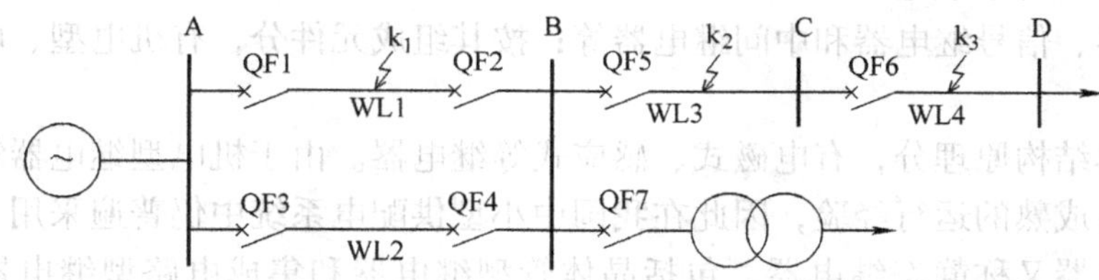


图 6-2　电力系统继电保护选择性的说明

2. 速动性

速动性是指继电保护装置应以尽可能快的速度将故障元件从电网中切除。这样既能降低故障设备的损坏程度，减少用户在欠电压情况下工作的时间，更重要的是能提高电力系统运行的稳定性。

3. 灵敏性

灵敏性是指保护装置对其保护范围内的故障或不正常运行状态的反应能力。满足灵敏性要求的保护装置应该在事先规定的保护范围内发生故障时，不论短路点的位置及短路的类型如何，都能感觉敏锐，正确反应。

保护装置的灵敏性，通常用灵敏系数 $K_s$ 来衡量，$K_s$ 越大，说明保护的灵敏度越高。

对于故障状态下保护输入量增大时动作的继电保护（如过电流保护），其灵敏系数为

$$K_s = \frac{\text{保护区末端故障时反应量的最小值}}{\text{保护动作的整定值}}$$

对于故障状态下保护输入量降低时动作的继电保护（如低电压保护），其灵敏系数为

$$K_s = \frac{\text{保护动作的整定值}}{\text{保护区末端故障时反应量的最大值}}$$

对不同作用的保护装置和被保护设备，其灵敏系数应满足有关规定的标准。

4. 可靠性

可靠性是指在保护装置规定的保护范围之内发生了它应该动作的故障时，它不应该拒绝动作（简称拒动）；而在其他任何情况下发生了该保护装置不应该动作的故障时，则不应该错误动作（简称误动）。可靠性与保护装置本身的设计、制造、安装质量有关，也与运行维护水平有关。一般说来，保护装置组成元件的质量越好、接线越简单、回路中继电器的触点

数量越少，可靠性就越高。同时，正确的调整试验、良好的运行维护以及丰富的运行经验等，对于提高保护运行的可靠性也具有重要的作用。

以上四项要求对于一个具体的继电保护装置，不一定都是同等重要，应根据保护对象而有所侧重。继电保护装置除了满足上述的四个基本要求外，还要求投资少、便于调试和维护、并尽可能满足电气设备运行的条件。在考虑继电保护方案时，要正确处理四个基本要求之间相互联系又相互矛盾的关系，使继电保护方案技术上安全可靠、经济上合理。

## 四、常用保护继电器

（一）保护继电器的分类

继电器是构成继电保护装置的基本元件。保护继电器按其反应物理量分，有电流继电器、电压继电器、功率继电器、气体继电器等；按其在保护装置中的功能分，有起动继电器、时间继电器、信号继电器和中间继电器等；按其组成元件分，有机电型、电子型和微机型等继电器。

机电型按其结构原理分，有电磁式、感应式等继电器。由于机电型继电器结构简单、工作可靠，而且有成熟的运行经验，因此在我国中小型供配电系统中仍普遍采用。

电子型继电器又称静态继电器，包括晶体管型继电器和集成电路型继电器两类。所谓“静态”是相对于机电型继电器的“触点”动作而言的。静态继电器具有动作灵敏、体积小、能耗低、耐震动、无机械惯性、寿命长等优点，但也存在抗环境（温度、电磁等）干扰能力低、元件质量及性能不够稳定等缺点。随着电子技术的进一步发展和静态继电器保护技术的不断完善，它将在中小型供配电系统中逐步得到推广应用。

微机型继电器又称数字式继电器，是以微处理器为核心组成的新型继电保护装置。与传统继电保护装置相比，它具有保护性能好、可靠性高、灵活性大、调试维护方便等优点，目前已成为电力系统继电保护的更新换代产品，在大中型供配电系统中具有广阔的应用前景。

为便于分析和理解继电保护装置的基本工作原理，这里主要介绍机电型保护继电器及对应的继电保护电路，而微机保护装置将在第五节介绍。

（二）电磁式继电器

1. 电磁式电流继电器

电磁式电流继电器主要由电磁铁、可动衔铁、线圈、触点和反作用弹簧等元件组成。图6-3为常用的DL—10系列电磁式电流继电器的内部结构。

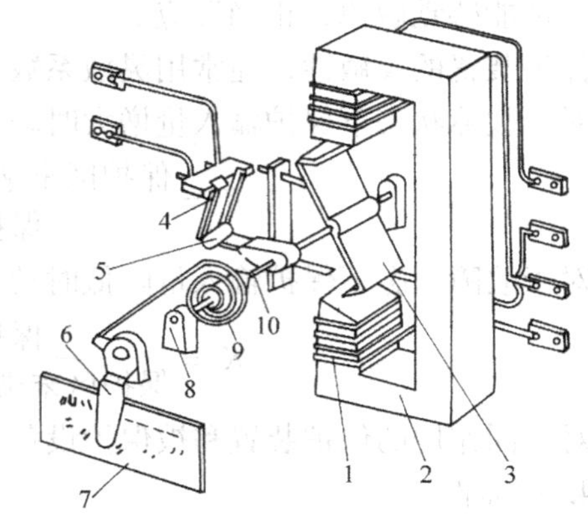

图6-3 电磁式电流继电器的内部结构

1—线圈 2—电磁铁 3—钢舌片 4—静触点 5—动触点 6—起动电流调节转杆 7—标度盘（铭牌） 8—轴承 9—反作用弹簧 10—转轴

当继电器线圈1中通过电流 $I_K$ 时，在电磁铁2中产生磁通，电磁力矩力图使钢舌片（衔铁）3转动，同时转轴10上的反作用弹簧9又力图阻止钢舌片偏转。当电流 $I_K$ 足够大时，电磁力矩克服弹簧的反作用力矩，钢舌片转动，带动动触点5和静触点4接触，使常开触点闭合，继电器动作。

能使电流继电器产生动作的最小电流，称

为继电器的动作电流，用$I_{op.K}$表示。

继电器动作后，逐渐减小$I_K$到一定值，钢舌片在弹簧的反作用下返回到原位，常开触点断开。能使电流继电器返回到原始位置的最大电流，称为继电器的返回电流，用$I_{re.K}$表示。

继电器的返回电流与动作电流的比值，称为电流继电器的返回系数，用$K_{re}$表示，即

$$K_{re}=\frac{I_{re.K}}{I_{op.K}} \tag{6-1}$$

返回系数是继电器的一项重要质量指标。过电流继电器的返回系数$K_{re}<1$，一般要求不低于0.85。

电磁式电流继电器动作电流的调整方法有两种：一种是平滑调节，即改变调整杆6的位置来改变弹簧的反作用力矩；另一种是级进调节，即改变继电器线圈的连接方式，当线圈并联时，动作电流将比线圈串联时增大一倍。

2. 电磁式电压继电器

常用的DJ—100系列电磁式电压继电器与DL—10系列电流继电器的结构和原理相似，不同点是电压继电器线圈匝数多、导线细、阻抗大。电压继电器可分为过电压继电器和低电压继电器两种，但在供配电系统中多用低电压继电器。

低电压继电器的触点为常闭触点。系统正常运行时，低电压继电器的触点打开，一旦出现故障，引起母线电压下降到一定程度（动作电压）时，继电器触点闭合，保护动作；当故障消除，系统电压恢复上升到一定数值（返回电压）时，继电器触点打开，保护返回。因此，能使低电压继电器产生动作的最高电压，称为继电器的动作电压$U_{op.K}$；能使继电器返回到原始位置的最低电压，称为继电器的返回电压$U_{re.K}$。由于$U_{re.K}>U_{op.K}$，所以低电压继电器的返回系数$K_{re}>1$，一般应不大于1.25。

3. 电磁式时间继电器

时间继电器的作用是建立必要的延时，以保证保护动作的选择性。对时间继电器的要求是动作时间要准确，且动作时间不随操作电压的波动而变化。

目前常用的电磁式时间继电器是DS—100系列，它由一个电磁起动机构带动一个钟表延时机构组成。时间继电器一般有一对瞬动转换触点和一对延时主触点。当继电器线圈接上工作电压后，衔铁被吸下，使被卡住的一套钟表机构释放，同时切换瞬时触点，在拉引弹簧作用下，经过整定的时间，使主触点闭合。继电器的延时可借改变主静触点的位置（即它与主动触点的相对位置）来调整，调整的时间范围，在标度盘上标出。

4. 电磁式中间继电器

中间继电器的作用是在继电保护和自动装置中用以增加触点数量和容量，所以该类继电器一般有多对触点，其触点容量也比较大。中间继电器通常装在保护装置的出口回路中，用以接通断路器的跳闸线圈，所以它也称为出口继电器。

常用的电磁式中间继电器有DZ—10、DZS—100、DZB—100等系列，其中DZ系列中间继电器是瞬时动作的，DZS系列中间继电器动作是有延时的，DZB系列中间继电器是具有自保持线圈的。例如电压起动、电流自保持的中间继电器，除有一个工作电压线圈外，还有一个或两个电流自保持线圈，只要中间继电器动作后其常开触点闭合，接通电流自保持线圈的直流电源，即可使继电器保持动作状态，起到自保持作用。

5. 电磁式信号继电器

信号继电器用作继电保护和自动装置动作的信号指示。正常情况下，其信号牌是被衔铁支持住的。当继电器线圈电时，衔铁被电磁铁吸合，信号牌靠自重落下，从继电器外壳小窗中就可以看到红色信号牌（未掉牌前是白色的），表示保护装置动作。与此同时，其常开触点闭合，接通信号回路，发出灯光或音响信号。信号继电器动作之后触点自保持，不能自动返回，需由值班人员手动复归或电动复归。

常用的 DX—11 系列电磁式信号继电器有两种：一种继电器的线圈是电流式的，串联接入电路；另一种继电器的线圈是电压式的，并联接入电路。

（三）感应式继电器

常用的 GL—10 和 GL—20 系列感应式电流继电器的结构如图 6-4 所示。它有两个系统，一个是感应系统，由线圈 1、带短路环 3 的电磁铁 2 和装在可偏铝框架 6 上的可转铝盘 4 组成，它的动作是有时限的；另一个是电磁系统，由线圈 1、电磁铁 2 和衔铁 15 组成，它的动作是瞬时的。

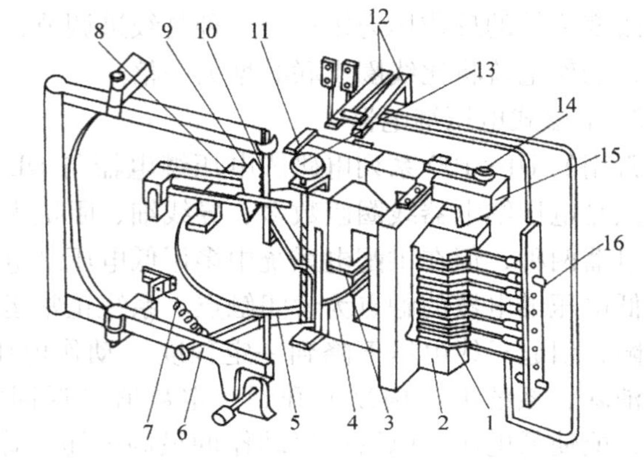

图 6-4 感应式电流继电器的结构

1—线圈 2—电磁铁 3—短路环 4—可转铝盘 5—钢片 6—可偏铝框架 7—调节弹簧 8—制动永久磁铁 9—扇形齿轮 10—蜗杆 11—扁杆 12—继电器触点 13—时限调节螺杆 14—速断电流调节螺钉 15—衔铁 16—动作电流调节插销

当线圈 1 中有电流 $I_K$ 通过时，电磁铁 2 在短路环 3 的作用下，产生相位一前一后的两个磁通 $\Phi_1$ 和 $\Phi_2$，均穿过可转铝盘 4，则作用在铝盘上的电磁转矩为

$$M_1 = K\Phi_1\Phi_2\sin\varphi$$

式中，$K$ 为常数；$\varphi$ 为 $\Phi_1$ 和 $\Phi_2$ 之间的相位差。

由于磁通 $\Phi_1 \propto I_K$，$\Phi_2 \propto I_K$，因此电磁转矩 $M_1 \propto I_K^2$。

铝盘在转矩 $M_1$ 作用下转动后，铝盘切割制动永久磁铁 8 的磁通而在铝盘中产生涡流，这涡流又与永久磁铁的磁通作用，产生一个与 $M_1$ 反方向的制动力矩 $M_2$，且铝盘转动越快，$M_2$ 越大，即 $M_2 \propto n$。

当 $M_1 = M_2$ 时，铝盘匀速旋转。在 $M_1$ 和 $M_2$ 的同时作用下，继电器的铝盘受力，有使可偏铝框架 6 绕轴顺时针偏转的趋势，但受到调节弹簧 7 的阻力。当继电器线圈中的电流达到某一定值时，铝盘受到的合力克服弹簧的阻力，可偏铝框架 6 便转动，使蜗杆 10 与扇形齿轮 9 咬合，此时铝盘转动带动扇形齿轮 9 上升，最后使继电器触点 12 切换，同时使继电器的信号牌掉下，从观察孔内可以看到红色或白色的指示，表示继电器已经动作。

继电器线圈中的电流 $I_K$ 越大，铝盘转速越快，扇形齿轮沿蜗杆上升的速度越快，因此动作时间也越短，这就是感应式电流继电器的“反时限特性”，如图 6-5 所示曲线中的 $ab$ 段，此时继电器铁心尚未饱和。当 $I_K$ 进一步增大时，铁心达到饱和，铝盘所受转矩不再随 $I_K$ 的增大而增大，动作时限基本恒定，如图 6-5 所示曲线中的 $bc$ 段，称为“定时限”部分。如果 $I_K$ 增大到速断电流时，GL 型电流继电器的电磁元件瞬时动作（图 6-4 中的电磁铁 2 瞬时将衔铁15吸下，使触点12瞬时切换，同时也使信号牌掉下），其动作时间仅仅为继电器本身的固有动作时间，如图6-5所示曲线中的 $de$ 段，称为“速断特性”部分。

应当注意，GL型电流继电器时限特性曲线上标明的“速断电流倍数”是速断电流与整定的感应元件动作电流之比，用 $n_{qb}$ 表示。GL—10和GL—20系列电流继电器的速断电流倍数一般为2～8。

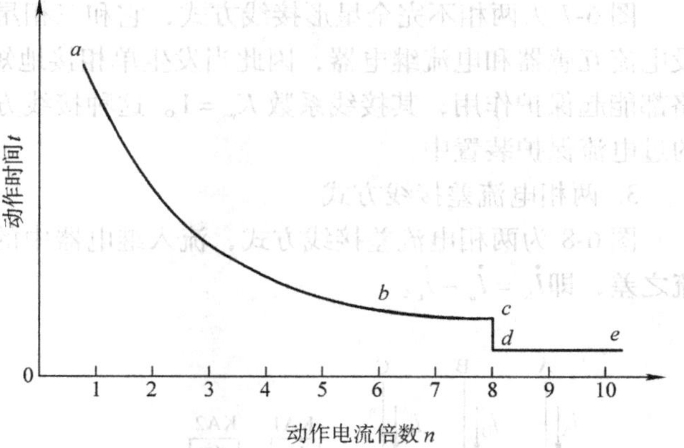

图6-5　感应式电流继电器的动作特性曲线

感应系统的动作电流可利用改变线圈的匝数（继电器线圈有抽头，接在动作电流调节插销16上）来进行级进调节，也可以利用调节弹簧的拉力来进行平滑调节。电磁系统的动作电流可以利用速断电流调节螺钉14改变衔铁与电磁铁之间的气隙大小来调节。

感应系统的动作时限是利用时限调节螺杆13来改变扇形齿轮顶杆行程的起点，以使动作特性上下移动。但应注意，继电器动作时限调节螺杆的标度尺，是以10倍动作电流的动作时限来标度的，也就是说，标度尺上所标示的动作时间，是继电器线圈中通过的电流为其整定电流的10倍时的动作时间。与其他电流相对应的实际动作时间，可从相应的动作特性曲线上查得。

综上所述，感应式电流继电器具有反时限特性和速断特性，而且本身有类似信号继电器的掉牌指示信号。此外，继电器的触点容量大，在组成保护装置时可不加中间继电器。可见，感应式电流继电器具有前述电磁式电流、时间、信号、中间继电器的功能，从而使保护装置的元件减少，接线简单，因此在6～10kV用户供配电系统中得到广泛应用。

## 五、保护装置的接线方式

保护装置的接线方式是指电流互感器与电流继电器之间的连接方式。接线方式不同将会直接影响到保护装置的灵敏度。为了便于进行分析和保护整定计算，引入接线系数 $K_w$ 的概念，它是指流入继电器的电流 $I_K$ 与电流互感器的二次电流 $I_2$ 的比值，即

$$K_w = \frac{I_K}{I_2} \tag{6-2}$$

1. 三相完全星形接线方式

图6-6为三相完全星形接线方式。在这种接线方式中，流入继电器电流线圈的电流 $I_K$ 总是等于电流互感器的二次电流 $I_2$，因此 $K_w = 1$。这种接线方式对各种故障都起作用，当短路电流相同时，对所有故障都同样灵敏。因此，三相完全星形接线主要用于大电流接地系统及大型发电机、变压器等，作为相间短路和单相接地短路的保护接线。

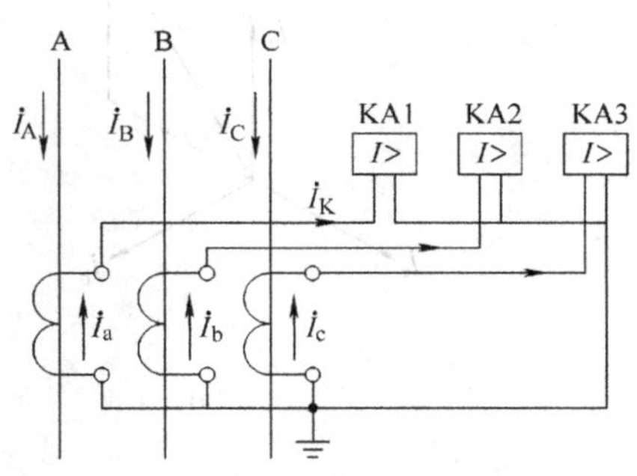

图6-6　三相完全星形接线方式

2. 两相不完全星形接线方式

图 6-7 为两相不完全星形接线方式，它和三相星形接线方式的主要区别在于 B 相上不装设电流互感器和电流继电器，因此当发生单相接地短路时，保护不起作用。它对各种相间短路都能起保护作用，其接线系数 $K_w=1$。这种接线方式主要用于 6 ~ 35kV 小电流接地系统中的过电流保护装置中。

3. 两相电流差接线方式

图 6-8 为两相电流差接线方式，流入继电器中的电流等于 A、C 两相电流互感器二次电流之差，即$\dot{I}_K=\dot{I}_a-\dot{I}_c$。

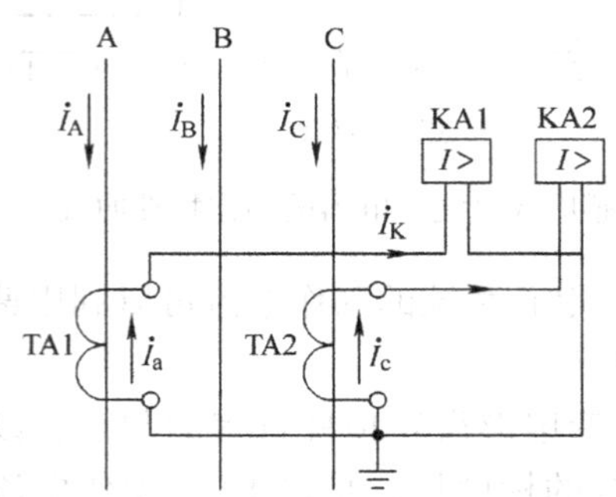


图 6-7 两相不完全星形接线方式

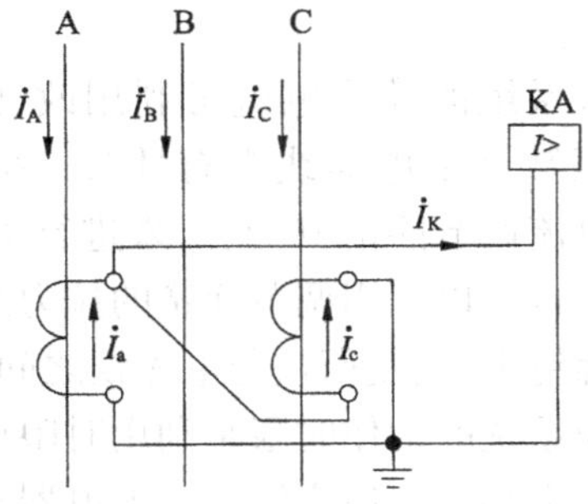


图 6-8 两相电流差接线方式

两相电流差接线方式的接线系数随电力系统短路类型的不同而改变，如图 6-9 所示。

1）正常运行或三相短路时，因三相对称，各相电流的相位关系如图 6-9a 所示，故有

$$I_K=|\dot{I}_a-\dot{I}_c|=\sqrt{3}I_a \tag{6-3}$$

即流入继电器中的电流为电流互感器二次电流的$\sqrt{3}$倍，其接线系数 $K_w=\sqrt{3}$。

2）当发生 A、C 两相短路时，电流的相位关系如图 6-9b 所示，故有

$$I_K=|\dot{I}_a-\dot{I}_c|=2I_a \tag{6-4}$$

此时，流入继电器中的电流为电流互感器二次电流的 2 倍，其接线系数 $K_w=2$。

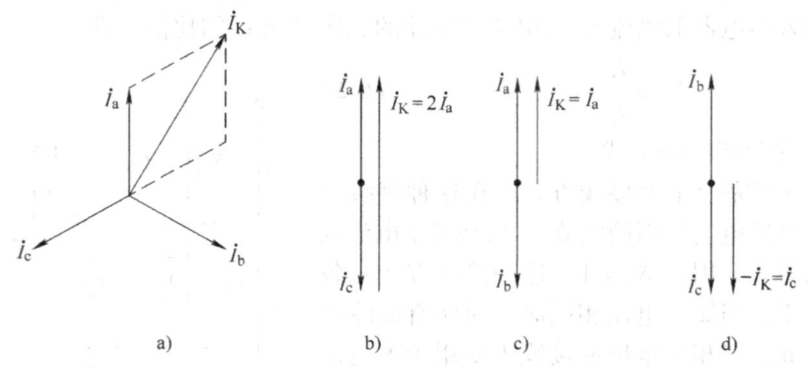


图 6-9 两相电流差接线方式在不同短路形式下的电流相量图

3）当发生 A、B 或 B、C 两相短路时，电流的相位关系如图 6-9c、d 所示，故有

$$I_{K} = I_{a} \text{ 或 } I_{K} = I_{c} \tag{6-5}$$

此时，流入继电器中的电流为电流互感器的二次电流，其接线系数 $K_{w} = 1$。

由以上分析可知，两相电流差接线方式能反应各种相间短路，但对各种相间短路的灵敏度是不同的，在保护整定计算时，必须按最坏的情况来校验。这种接线方式简单，价格便宜，在 6～10kV 线路和小容量高压电动机的保护中被广泛采用。

## 第二节　电力线路的继电保护

### 一、概述

电力用户内部的高压电力线路通常是单端电源供电，电压等级一般为 6～35kV，线路不是很长，容量不是很大，因此其继电保护装置通常比较简单，按 GB 50062—2008《电力装置的继电保护和自动装置设计规范》规定，应装设相间短路保护、单相接地保护和过负荷保护。

线路的相间短路保护主要采用带时限的过电流保护和瞬时动作的电流速断保护，保护动作于断路器跳闸。单相接地保护一般有两种方式：一种是无选择性的绝缘监视装置，动作于信号；另一种是有选择性的零序电流保护，动作于信号或跳闸。对经常发生过负荷的电缆线路，应装设过负荷保护，动作于信号。

### 二、过电流保护

过电流保护的动作电流通常按躲过最大负荷电流来整定。正常运行时保护不会动作，当供配电系统发生短路故障时，则能反应电流的增大而动作，并以时间元件的延时来保证动作的选择性。过电流保护按其动作时间特性分，有定时限过电流保护和反时限过电流保护两种。定时限是指保护装置的动作时间是固定的，与短路电流大小无关；反时限是指保护装置的动作时间与反应到继电器中的短路电流大小成反比关系。

（一）过电流保护的接线和工作原理

1. 定时限过电流保护的接线和工作原理

定时限过电流保护的原理图和展开图如图 6-10 所示。它由电磁式电流继电器（KA1、KA2）、时间继电器（KT）、信号继电器（KS）和中间继电器（KM）组成。其中，YR 为断路器的跳闸线圈，TA1、TA2 为装于 A 相和 C 相上的电流互感器，保护采用不完全星形接线。

当一次电路发生相间短路故障时，电流继电器 KA1 和 KA2 中至少有一个瞬时动作，其常开触点（又称动合触点）闭合，使时间继电器 KT 起动，经预先整定的延时后，其延时触点闭合，使串联的信号继电器 KS（电流型）和中间继电器 KM 动作。KM 动作后，其触点接通跳闸线圈 YR 的回路，使断路器 QF 跳闸，切除短路故障。KS 动作后，其信号指示牌掉下，接通灯光和音响信号。断路器 QF 跳闸后，其辅助常开触点随之切断跳闸回路，防止 YR 线圈因长时间通电而烧毁。在短路故障被切除后，继电保护装置中除 KS 以外的其他所有继电器均自动返回起始状态，而 KS 可手动复位。

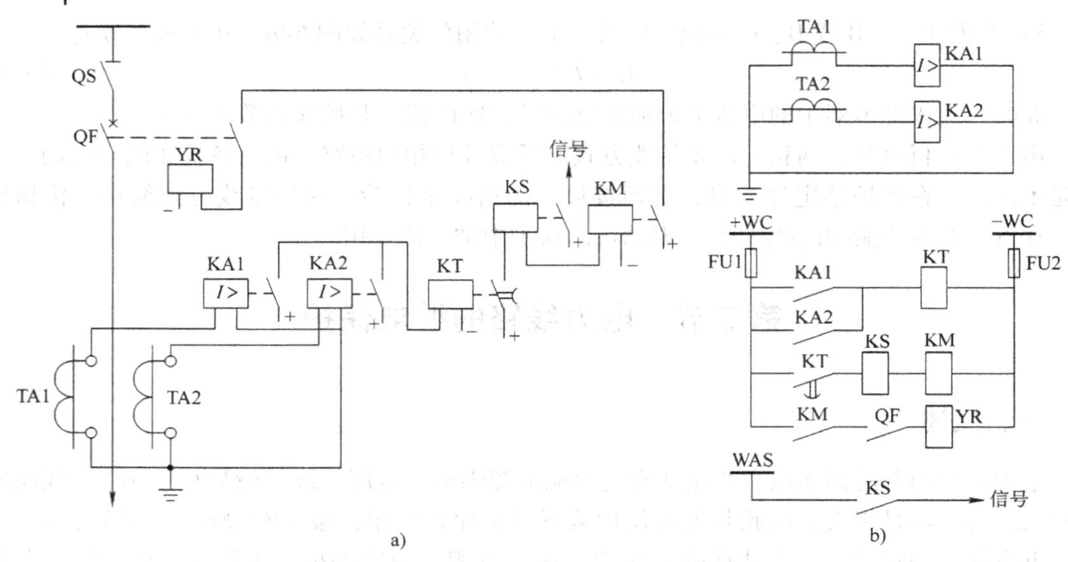


图 6-10　定时限过电流保护的原理图和展开图

a）原理图　b）展开图

2. 反时限过电流保护的接线和工作原理

反时限过电流保护采用 GL 型电流继电器，其原理图和展开图如图 6-11 所示。正常情况下，电流继电器 KA1、KA2 的常闭触点将跳闸线圈短接，保护装置不动作。当一次电路发生相间短路故障时，继电器动作，其常开触点闭合，紧接着其常闭触点打开，这时断路器因其跳闸线圈 YR1、YR2 去分流而跳闸，切除短路故障。在继电器去分流跳闸的同时，其信号牌掉下，指示保护装置已经动作。当故障被切除后，继电器自动返回，但其信号牌需手动才能复位。

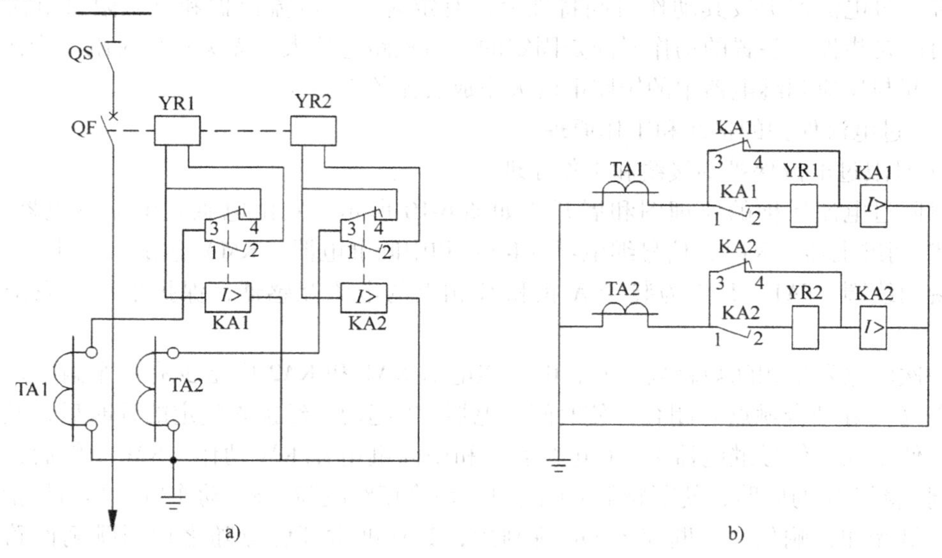


图 6-11　反时限过电流保护的原理图和展开图

a）原理图　b）展开图

（二）过电流保护的整定计算

1. 过电流保护动作电流的整定

过电流保护的动作电流必须满足以下两个条件：

1）为保证保护装置在正常运行情况下不动作，其动作电流 $I_{op}$ 必须躲过线路上的最大负荷电流 $I_{L.max}$（包括正常过负荷电流和尖峰电流），即

$$I_{op} > I_{L.max} \tag{6-6}$$

2）保护装置在外部故障切除后应可靠返回到原始位置。例如在图 6-12 所示的线路中，当 k 点短路时，保护 1 和保护 2 的电流继电器均起动，当保护 2 动作将故障切除后，接在变电所 B 母线上的电动机自起动，这时保护 1 仍有很大的自起动电流流过。为了保证选择性，要求此时已经起动的保护 1 能可靠返回，因此要求保护 1 的返回电流 $I_{re}$ 必须躲过线路的最大负荷电流（包含电动机的自起动电流），即

$$I_{re} > I_{L.max} \tag{6-7}$$

考虑 $I_{re} < I_{op}$，所以式（6-7）为计算条件。引入一个可靠系数 $K_{rel}$ 后，式（6-7）可改写为

$$I_{re} = K_{rel} I_{L.max} = K_{rel} K_{st} I_{30} \tag{6-8}$$

式中，$I_{L.max}$ 为线路的最大负荷电流；$I_{30}$ 为线路的计算电流；$K_{st}$ 为电动机的自起动系数，一般取 1.5～3。

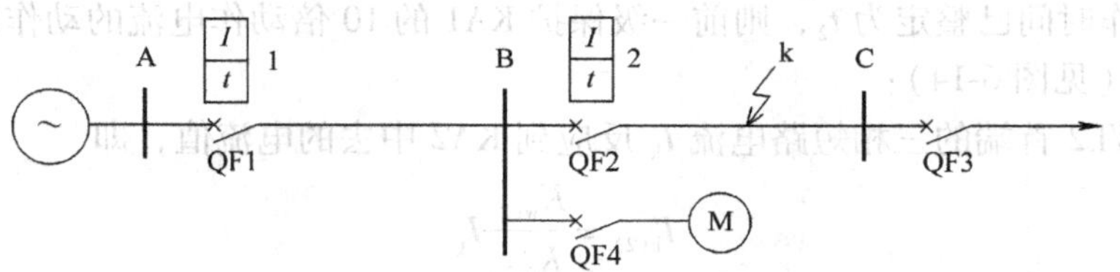


图 6-12　过电流保护的整定计算示意图

由于 $K_{re} = I_{re}/I_{op}$，因此保护装置的动作电流为

$$I_{op} = \frac{K_{rel} K_{st}}{K_{re}} I_{30} \tag{6-9}$$

则继电器的动作电流为

$$I_{op.K} = \frac{K_w}{K_i} I_{op} = \frac{K_{rel} K_{st} K_w}{K_{re} K_i} I_{30} \tag{6-10}$$

式中，$K_{rel}$ 为可靠系数，DL 型继电器取 1.2，GL 型继电器取 1.3；$K_{re}$ 为继电器的返回系数，DL 型继电器取 0.85，GL 型继电器取 0.8；$K_w$ 为接线系数，星形和不完全星形接线取 1，两相电流差接线取 $\sqrt{3}$；$K_i$ 为电流互感器的变比。

2. 过电流保护动作时间的整定

为了保证选择性，过电流保护的动作时间（也称动作时限）应按“阶梯原则”整定，即从负荷侧到电源侧，各保护的动作时间应逐级增加 $\Delta t$。例如，在图 6-13 所示网络中，当在线路 WL2 的首端 k 点发生短路故障时，前一级保护的动作时间 $t_1$ 应比后一级保护的动作时间 $t_2$ 大 $\Delta t$，即 $t_1 = t_2 + \Delta t$。$\Delta t$ 的大小应保证保护装置不误动作，它应包括断路器的跳闸时间、前一级保护的时间继电器可能提前动作的负误差、后一级保护的时间继电器可能推迟动作的正误差和一个裕度时间，对 GL 型继电器还要考虑一个惯性误差。一般来说，对定时限过电流保护，取 $\Delta t = 0.5\text{s}$；对反时限过电流保护，取 $\Delta t = 0.7\text{s}$。

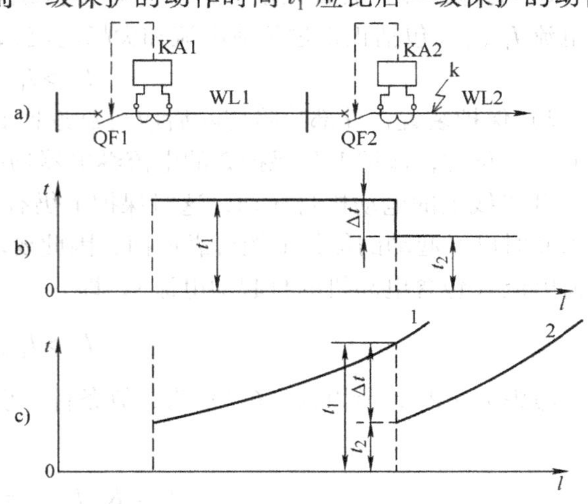


图 6-13　过电流保护整定说明
a）电路　b）定时限过电流保护的时限整定
c）反时限过电流保护的时限整定

定时限过电流保护的动作时间取决于时间继电器预先整定的时间，与短路电流的大小无关。反时限过电流保护的动作时间，由于 GL 型电流继电器的时限调节机构是按 10 倍动作电流的动作时限来标度的，因此需要根据前后两级保护的 GL 型电流继电器的动作特性曲线来整定。假设在图 6-13a 所示线路中，后一级保护 KA2 的 10 倍动作电流的动作时间已整定为 $t_2$，则前一级保护 KA1 的 10 倍动作电流的动作时间 $t_1$ 的整定方法步骤如下（见图 6-14）：

1）计算 WL2 首端的三相短路电流 $I_k$ 反应到 KA2 中去的电流值，即

$$I'_{k(2)} = \frac{K_{w(2)}}{K_{i(2)}} I_k \tag{6-11}$$

式中，$K_{w(2)}$ 为保护装置 2 的接线系数；$K_{i(2)}$ 为 KA2 所连电流互感器的变比。

2）计算 $I'_{k(2)}$ 对 KA2 的动作电流 $I_{op.K(2)}$ 的倍数，即

$$n_2 = \frac{I'_{k(2)}}{I_{op.K(2)}} \tag{6-12}$$

3）确定 KA2 的实际动作时间。在图 6-14 所示 KA2 的动作特性曲线的横坐标轴上找出 $n_2$ 点，然后找到该曲线上的 $a$ 点，该点所对应的纵坐标 $t'_2$ 就是在通过 $I'_{k(2)}$ 时 KA2 的实际动作时间。

4）计算 KA1 的实际动作时间。根据保护选择性的要求，KA1 的实际动作时间为 $t'_1 = t'_2 + \Delta t$（取 $\Delta t = 0.7\text{s}$）。

5）计算 WL2 首端的三相短路电流 $I_k$ 反应到 KA1 中去的电流值，即

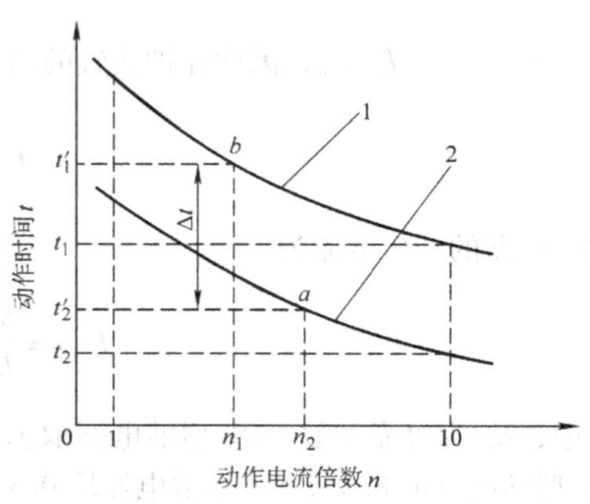


图 6-14　反时限过电流保护的动作时间整定

$$I'_{k(1)}=\frac{K_{w(1)}}{K_{i(1)}}I_k \tag{6-13}$$

式中，$K_{w(1)}$为保护装置1的接线系数；$K_{i(1)}$为KA1所连电流互感器的变比。

6）计算$I'_{k(1)}$对KA1的动作电流$I_{op.K(1)}$的倍数，即

$$n_1=\frac{I'_{k(1)}}{I_{op.K(1)}} \tag{6-14}$$

7）确定KA2的10倍动作电流的动作时间。在图6-14所示KA1的动作特性曲线的横坐标轴上找出$n_1$点，从纵坐标轴上找出$t'_1$，然后找到$n_1$与$t'_1$的交点$b$点，则从过点$b$所在的曲线上找出$n=10$时对应的时间$t_1$即为所求。

3. 过电流保护的灵敏度校验

过电流保护的灵敏度应按系统最小运行方式下保护区末端的两相短路电流来校验，即

$$K_s=\frac{I_{k.min}^{(2)}}{I_{op}}\geqslant 1.5 \tag{6-15}$$

式中，$I_{k.min}^{(2)}$为系统最小运行方式下被保护线路末端的两相短路电流。

过电流保护作为后备保护时，其$K_s\geqslant 1.2$即可。当灵敏度不满足要求时，可采用低电压起动的过电流保护，此时电流继电器的动作电流按线路的计算电流来整定，因此可降低动作电流，提高灵敏度。

（三）定时限过电流保护与反时限过电流保护的比较

以上介绍了定时限过电流保护与反时限过电流保护的组成、动作电流及动作时间的整定方法。通过分析，可以知道定时限过电流保护的优点是：动作时间比较准确，容易整定，误差小。但其缺点是：所用继电器数目比较多，因此接线较为复杂，继电器触点容量较小，需直流操作电源，投资大。此外，靠近电源处的定时限过电流保护动作时间较长，而此时的短路电流又较大，故对设备的危害较大。而反时限过电流保护的优点是：所用继电器数目少，接线简单，只用一套GL系列继电器就可同时实现电流速断保护和过电流保护。由于GL型继电器触点容量大，因此可以直接接通断路器的跳闸线圈，而且适于交流操作。其缺点是：动作时间的整定和配合比较麻烦，而且误差较大；且当短路电流较小时，其动作时间可能很长，延长了故障持续时间。

## 三、电流速断保护

上述带时限的过电流保护装置中，为了保证动作的选择性，其保护装置的动作时间是按阶梯原则来整定的。这样，越靠近电源端，保护的动作时间越长，而短路电流越大，对电力系统的危害越严重。为了克服这个缺点，一般规定，当过电流保护的动作时间超过0.5～0.7s时，应装设瞬时动作的电流速断保护。

1. 电流速断保护的组成与整定计算

电流速断保护实际上就是一种瞬时动作的过电流保护，其动作时间仅仅为继电器本身的固有动作时间，它的选择性不是靠时限，而是依靠选择适当的动作电流来保证的。对于DL型电流继电器组成的电流速断保护，相当于把定时限过电流保护中的时间继电器去掉。图6-15是线路上同时装有定时限过电流保护和电流速断保护的原理接线图，图中KA1、KA2、

KT、KS1 和 KM 构成定时限过电流保护，KA3、KA4、KS2 和 KM 构成电流速断保护。

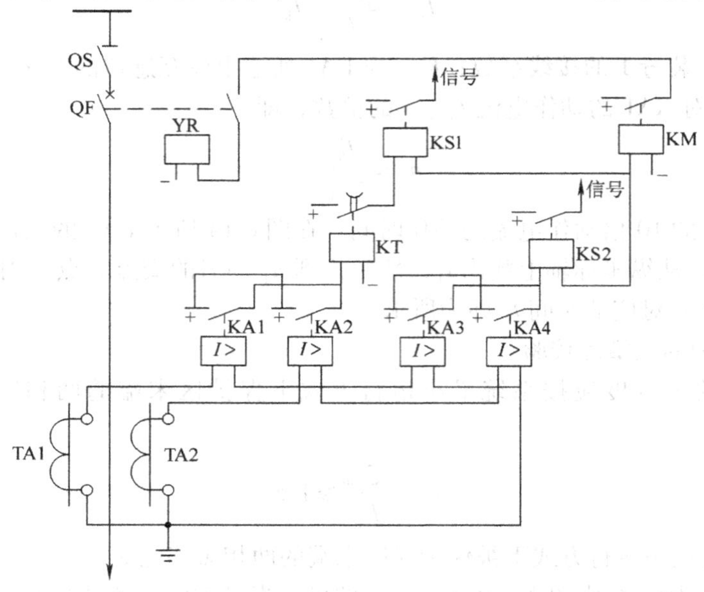


图 6-15　线路的定时限过电流保护和电流速断保护原理接线图

对于 GL 型电流继电器组成的电流速断保护，可直接利用该继电器的电磁系统来实现电流速断保护，而其感应系统用来做反时限过电流保护，不需要额外增加设备，因此非常简单经济。

为了保证保护装置动作的选择性，电流速断保护的动作电流应按躲过它所保护线路末端最大可能的短路电流（即三相短路电流）来整定。只有这样，才能避免在后一级线路首端发生三相短路时前一级速断保护误动作。

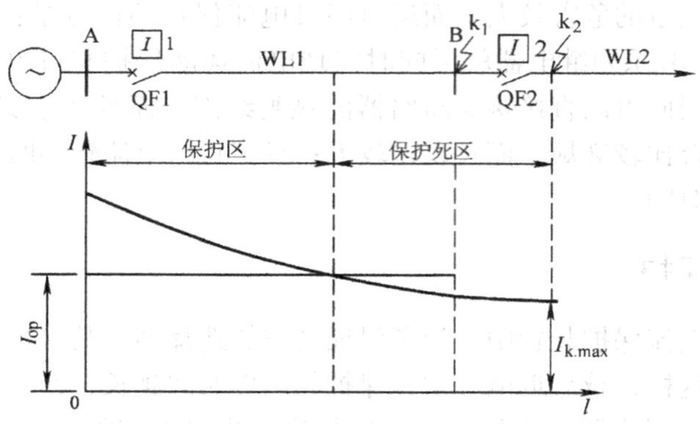


图 6-16　线路电流速断保护的整定说明

在图 6-16 所示的线路中，设在线路 WL1 和 WL2 的首端装有电流速断保护 1 和 2，当线路 WL2 首端 $k_2$ 点发生短路时，保护 1 的电流速断保护不应该动作。实际上，WL2 首端 $k_2$ 点的三相短路电流与 WL1 末端 $k_1$ 点的三相短路电流几乎是相等的。因此，电流速断保护的动作电流为

$$I_{op}=K_{rel}I_{k.max}^{(3)} \tag{6-16}$$

则继电器的动作电流为

$$I_{op.K}=\frac{K_{rel}K_w}{K_i}I_{k.max}^{(3)} \tag{6-17}$$

式中，$K_{rel}$为可靠系数，DL型继电器取1.3，GL型继电器取1.5；$I_{k.max}^{(3)}$为被保护线路末端的最大三相短路电流。

显然，按照式（6-16）整定的电流速断保护不能保护线路全长，只能保护线路的一部分，这种保护装置不能保护的区域称为保护死区，如图6-16所示。

为了弥补速断保护存在死区的缺陷，一般规定，凡装设电流速断保护的线路，都必须装设带时限的过电流保护。过电流保护的动作时间比电流速断保护至少长一个时间级差$\Delta t$（一般为0.5～0.7s），而且前后级过电流保护的动作时间又要符合“阶梯原则”，以保证选择性。

在电流速断保护的保护区内，速断保护为主保护，过电流保护为后备保护；而在电流速断保护的死区内，则由过电流保护来实现保护。

2. 电流速断保护的灵敏度校验

由于电流速断保护有死区，因此灵敏度校验不能用线路末端的最小两相短路电流进行校验，而只能用线路首端的最小两相短路电流来校验，即

$$K_s=\frac{I_{k.min}^{(2)}}{I_{op}}\geqslant 1.5\sim 2.0 \tag{6-18}$$

式中，$I_{k.min}^{(2)}$为线路首端在系统最小运行方式下的两相短路电流。

当被保护线路较短时，上述电流速断保护的灵敏度往往不能达到要求，此时应采用带有一定时限（0.5s）的延时电流速断保护来替代瞬时电流速断保护。由于有了0.5s延时，其动作电流不需躲过它所保护线路末端的三相短路电流，而只需大于下一级线路的瞬时电流速断保护动作电流即可获得保护的选择性。由于动作电流的减小，延时电流速断保护在任何情况下都能可靠保护线路全长。延时电流速断保护的原理接线图与定时限过电流保护（见图6-10）基本相同，只是时间继电器的整定值为0.5s。有关原理读者可参考其他相关书籍。

**例6-1**　试对某工厂10kV供电线路的定时限过电流保护和电流速断保护进行整定计算。已知保护采用两相不完全星形接线，线路的计算电流为180A，$K_{st}=1.5$，电流互感器的变比为300/5。在最大运行方式下，线路首端和末端的短路电流分别为$I_{k1.max}^{(3)}=4390\text{A}$，$I_{k2.max}^{(3)}=1450\text{A}$；在最小运行方式下，$I_{k1.min}^{(3)}=3400\text{A}$，$I_{k2.min}^{(3)}=1320\text{A}$，线路末端出线保护动作时间为0.7s。

**解：** 1. 过电流保护

（1）动作电流整定　取$K_{rel}=1.2$，$K_{re}=0.85$，则过电流保护一次侧的动作电流为

$$I_{op}=\frac{K_{rel}K_{st}}{K_{re}}I_{30}=\frac{1.2\times 1.5}{0.85}\times 180\text{A}=381\text{A}$$

继电器的动作电流为

$$I_{op.K}=\frac{K_w}{K_i}I_{op}=\frac{1}{300/5}\times 381\text{A}=6.35\text{A}$$

选用 DL—11/10 型电流继电器，线圈并联，动作电流整定为 6.5A。

(2) 动作时限整定　该线路定时限过电流保护的动作时间为

$$t = 0.7\text{s} + \Delta t = 0.7\text{s} + 0.5\text{s} = 1.2\text{s}$$

(3) 灵敏度校验　过电流保护的灵敏度为

$$K_s = \frac{I_{k2.\min}^{(2)}}{I_{op}} = \frac{\sqrt{3}}{2} \times \frac{1320}{381} = 3 > 1.5$$

2. 电流速断保护

(1) 动作电流整定　取 $K_{rel} = 1.3$，则电流速断保护一次侧的动作电流为

$$I_{op} = K_{rel} I_{k2.\max}^{(3)} = 1.3 \times 1450\text{A} = 1885\text{A}$$

继电器的动作电流为

$$I_{op.K} = \frac{K_w}{K_i} I_{op} = \frac{1}{300/5} \times 1885\text{A} = 31.4\text{A}$$

选用 DL—11/50 型电流继电器，线圈并联，动作电流整定为 31.5A。

(2) 灵敏度校验　速断保护的灵敏度为

$$K_s = \frac{I_{k1.\min}^{(2)}}{I_{op}} = \frac{\sqrt{3}}{2} \times \frac{3400}{1885} = 1.56 > 1.5$$

**例 6-2**　图 6-17 所示高压线路中，WL1 和 WL2 的过电流保护都采用两相两继电器接线，继电器均为 GL—15/10 型，已知 TA1 的变比为 100/5，TA2 的变比为 75/5，KA1 的过电流保护动作电流整定为 9A，10 倍动作电流的动作时间为 1s，WL2 的计算电流为 48A，WL2 首端三相短路电流为 900A，末端三相短路电流为 280A。试对线路 WL2 的保护进行整定。

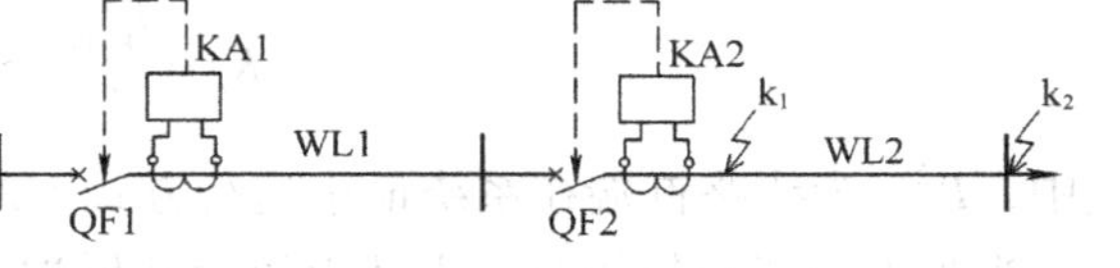

图 6-17　例 6-2 图

**解：** 1. 过电流保护

(1) 动作电流整定　取 $K_{rel} = 1.3$，$K_{re} = 0.8$，$K_{st} = 1.5$，则过电流保护一次侧的动作电流为

$$I_{op} = \frac{K_{rel} K_{st}}{K_{re}} I_{30} = \frac{1.3 \times 1.5}{0.8} \times 48\text{A} = 117\text{A}$$

继电器的动作电流为

$$I_{op.K} = \frac{K_w}{K_i} I_{op} = \frac{1}{75/5} \times 117\text{A} = 7.8\text{A}$$

继电器的动作电流整定为 8A。

(2) 动作时间整定　先确定 KA1 的实际动作时间。$k_1$ 点短路时反应到 KA1 中的电流为

$$I'_{k(1)} = \frac{K_{w(1)}}{K_{i(1)}} I_{k1} = \frac{1}{100/5} \times 900\text{A} = 45\text{A}$$

则 $I'_{k(1)}$ 对 KA1 的动作电流倍数为

$$n_1 = \frac{I'_{k(1)}}{I_{op(1)}} = \frac{45}{9} = 5$$

由 $n_1=5$ 和 $t_1=1\text{s}$ 查附录表 30 中 GL—15 型电流继电器的动作特性曲线，得 KA1 的实际动作时间为 $t_1'=1.3\text{s}$。

因此，KA2 的实际动作时间为

$$t_2'=t_1'-\Delta t=1.3\text{s}-0.7\text{s}=0.6\text{s}$$

现在确定 KA2 的 10 倍动作电流的动作时间。$\text{k}_1$ 点短路时反应到 KA2 中的电流为

$$I'_{\text{k}(2)}=\frac{K_{\text{w}(2)}}{K_{i(2)}}I_{\text{k1}}=\frac{1}{75/5}\times 900\text{A}=60\text{A}$$

则 $I'_{\text{k}(2)}$ 对 KA2 的动作电流倍数为

$$n_2=\frac{I'_{\text{k}(2)}}{I_{\text{op}(2)}}=\frac{60}{8}=7.5$$

由 $n_2=7.5$ 和 KA2 的实际动作时间 $t_2'=0.6\text{s}$，查附录表 30 中 GL—15 型电流继电器的动作特性曲线，得 KA2 的 10 倍动作时间为 0.5s。

（3）灵敏度校验　过电流保护的灵敏度为

$$K_{\text{s}}=\frac{I^{(2)}_{\text{k2.min}}}{I_{\text{op}}}=\frac{\sqrt{3}}{2}\times\frac{280}{117}=2.07>1.5$$

2. 电流速断保护

（1）动作电流整定　取 $K_{\text{rel}}=1.5$，则电流速断保护一次侧的动作电流为

$$I_{\text{op}}=K_{\text{rel}}I^{(3)}_{\text{k2.max}}=1.5\times 280\text{A}=420\text{A}$$

继电器的动作电流为

$$I_{\text{op.K}}=\frac{K_{\text{w}}}{K_i}I_{\text{op}}=\frac{1}{75/5}\times 420\text{A}=28\text{A}$$

速断电流倍数为

$$n_{\text{qb}}=\frac{28}{8}=3.5$$

（2）灵敏度校验　速断保护的灵敏度为

$$K_{\text{s}}=\frac{I^{(2)}_{\text{k1.min}}}{I_{\text{op}}}=\frac{\sqrt{3}}{2}\times\frac{900}{420}=1.86>1.5$$

## 四、小电流接地系统的单相接地保护

小电流接地系统中发生单相接地故障时，流过故障点的电流是电容电流，其数值很小，而且系统的线电压仍然保持对称，因此不影响供电，允许带故障继续运行 1～2h，以便寻找接地线路，排除故障，而不引起对用户供电的中断（参看第一章第三节）。但是在单相接地以后，其他两相的对地电压要升高$\sqrt{3}$倍，为了防止故障进一步扩大为两点或多点接地短路，应及时发出信号，以便运行人员采取措施，予以消除故障。

因此，在单相接地时，一般只要求继电保护能有选择性地发出信号，而不必跳闸。但当单相接地对人身和设备的安全有危险时，则应动作于跳闸。

1. 小电流接地系统中单相接地时电容电流的分布

在图 6-18 所示系统中，当在任一线路上（如图中的 WL3）发生 C 相单相接地时，整个

系统的C相电压都等于零，各条线路非故障相（A、B相）的电容电流之和$I_{C1}$、$I_{C2}$、$I_{C3}$都流向接地点，此时的电容电流分布如图6-18所示。其特点如下：

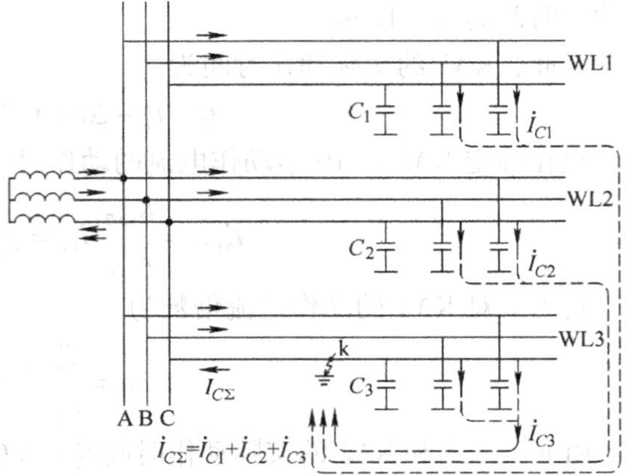


图6-18 小电流接地系统中单相接地时电容电流的分布

1）发生单相接地，全系统都会出现零序电压。

2）非故障线路的C相对地电容电流为零，只有A相和B相有电容电流；而故障线路的C相对地电容电流不为零。

3）非故障线路的零序电流为该线路本身对地的电容电流，其方向由母线指向线路。

4）对故障线路WL3而言，C相中有$I_{C\Sigma}$从线路流向母线，A、B相中有$I_{C3}$从母线流向线路，所以故障线路始端所反应的零序电流为

$$I_{C\Sigma}-I_{C3}=(I_{C1}+I_{C2}+I_{C3})-I_{C3}=I_{C1}+I_{C2} \tag{6-19}$$

式（6-19）说明，故障线路的零序电流为所有非故障线路零序电流之和，其方向是由线路流向母线。

2. 小电流接地系统的单相接地保护

（1）绝缘监视装置 这种装置是利用系统接地时出现的零序电压给出信号的。图6-19为绝缘监察装置的接线图，它是由三个单相三绕组电压互感器或一个三相五柱式电压互感器构成的，其二次侧接成$Y_0$的二次绕组中的三只电压表，用来测量各相对地电压；接成开口三角形的辅助二次绕组，构成零序电压过滤器，供给一个过电压继电器，用来反应单相接地时出现的零序电压。

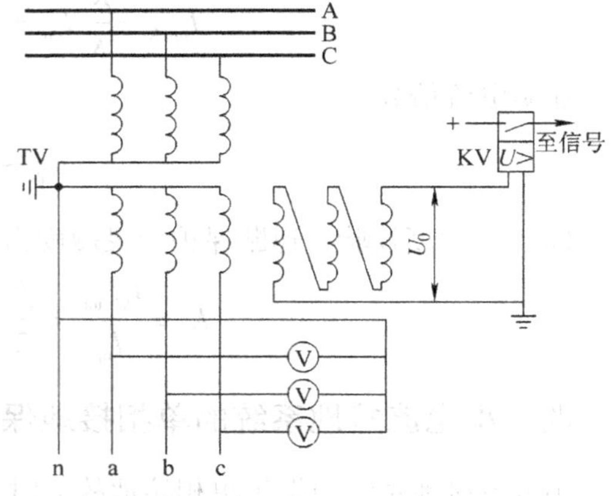


图6-19 绝缘监察装置的接线图

正常运行时，三相电压基本对称，三只电压表读数基本相同，均为相电压，开口三角形两端的电压接近于零，过电压继电器不动作。当一次系统发生单相接地故障时，故障相的电压表读数为零，另外两相的电压表读数升高到线电压，同时开口三角形两端将出现接近100V的零序电压，过电压继电器动作，发出报警的灯光信号和音响信号。

这种保护比较简单，但给出的信号没有选择性，难以找到故障线路。值班人员通过接地信号和电压表指示可以判断接地故障的相别，但不知道是哪条线路发生了接地故障。这时，可采用“顺序拉闸法”来寻找故障线路，如果拉开某条线路时接地信号消失（三个电压表读数恢复正常），则被拉开的线路就是故障线路。由此可见，这种装置只适用于线路数目不多，并且允许短时停电的电网中。

（2）零序电流保护　利用单相接地故障线路的零序电流较非故障线路零序电流大的特点，实现有选择性的零序电流保护，并可动作于信号或跳闸。

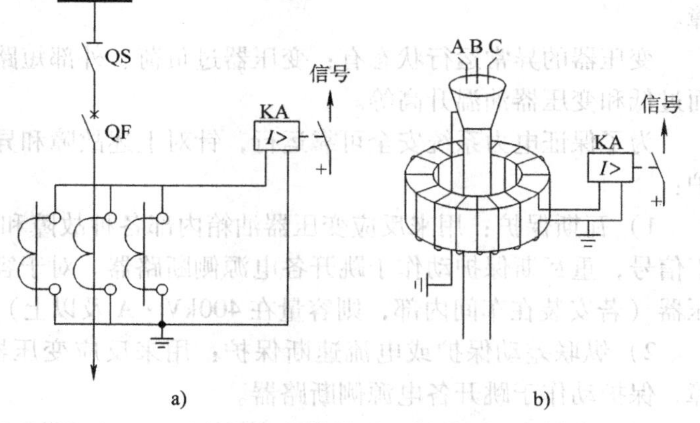

图6-20　零序电流保护装置
a）架空线路用　b）电缆线路用

架空线路的零序电流一般用零序电流滤过器获得，如图6-20a所示，它是由三个同型号同规格的电流互感器同极性并联所组成的。电流继电器的动作电流按下式整定：

$$I_{\text{op. K}} = K_{\text{rel}}\left(I_{\text{dsq}} + \frac{I_C}{K_i}\right) \tag{6-20}$$

式中，$K_{\text{rel}}$为可靠系数，保护瞬时动作时，一般取4～5，保护延时动作时，可取1.5～2；$I_{\text{dsq}}$为正常负荷电流产生的不平衡电流；$I_C$为其他线路单相接地时，本线路的零序电容电流，其值按式（1-13）计算。

按式（6-20）确定的动作电流，一般不能躲开本线路外部三相短路时所出现的不平衡电流，因此应加装时限元件来保证选择性，其动作时限必须比相间短路的过电流保护大一个$\Delta t$。

电缆线路的零序电流一般用零序电流互感器获得，如图6-20b所示。注意：电缆头的接地线必须穿过零序电流互感器的铁心，否则接地保护装置不会动作。和零序电流滤过器相比，其正常运行时的$I_{\text{dsp}}$很小，可以忽略，因此电流继电器的动作电流可按下式整定：

$$I_{\text{op. K}} = K_{\text{rel}}\frac{I_C}{K_i} \tag{6-21}$$

保护的灵敏度可按下式校验：

$$K_{\text{s}} = \frac{I_{C\Sigma} - I_C}{K_i I_{\text{op. K}}} \tag{6-22}$$

式中，$I_{C\Sigma} - I_C$为本线路单相接地时，非故障线路对地电容电流的总和（见式6-19），应取最小值。

对架空线路，要求$K_{\text{s}} \geqslant 1.5$；对电缆线路，要求$K_{\text{s}} \geqslant 1.25$。

## 第三节　电力变压器的继电保护

### 一、电力变压器的故障类型和应装设的保护

电力变压器是电力系统的重要设备之一，它的故障对供电可靠性和系统正常运行带来严重后果，因此必须根据变压器容量和重要程度装设性能良好、动作可靠的继电保护装置。

变压器故障可分为油箱内部故障和油箱外部故障。油箱内部故障包括绕组的匝间短路、相间短路和单相接地短路等。变压器发生内部故障是很危险的，因为短路电流产生的高温电弧不仅会烧毁绕组绝缘和铁心，而且还会使绝缘材料和变压器油受热分解产生大量气体，可

能引起变压器油箱爆炸。油箱外部故障主要包括绝缘套管和引线上发生的相间短路和接地故障。

变压器的异常运行状态有：变压器过负荷、外部短路引起的过电流、油箱漏油引起的油面过低和变压器油温升高等。

为了保证电力系统安全可靠运行，针对上述故障和异常运行状态，变压器应装设如下保护：

1）瓦斯保护：用来反应变压器油箱内部各种故障和油面降低。其中，轻瓦斯保护动作于信号，重瓦斯保护动作于跳开各电源侧断路器。对于容量为800kV·A及以上的油浸式变压器（若安装在车间内部，则容量在400kV·A及以上），应装设瓦斯保护。

2）纵联差动保护或电流速断保护：用来反应变压器绕组、套管及引出线上的短路故障，保护动作于跳开各电源侧断路器。

对于容量在6300kV·A及以上并列运行的变压器和容量在10000kV·A及以上单独运行的变压器，应装设纵联差动保护。对于容量在10000kV·A以下变压器且其过电流保护的动作时限大于0.5s时，应装设电流速断保护。但是，对于2000kV·A及以上的变压器，当电流速断保护的灵敏度不满足要求时，也应装设纵联差动保护。

3）过电流保护：用来反应外部相间短路引起的过电流，并作为瓦斯保护和纵联差动保护（或电流速断保护）的后备，保护延时动作于跳闸。

4）过负荷保护：用来反应变压器的对称过负荷。过负荷保护采用单相式，带时限动作于信号。

5）温度信号：用来监视变压器温度升高和油冷却系统的故障，一般作用于信号。

本节只介绍中小型工厂35kV及以下变压器的继电保护，包括瓦斯保护、电流速断保护、纵联差动保护、过电流保护和过负荷保护等。

## 二、瓦斯保护

瓦斯保护是反应油浸式变压器内部故障的一种保护装置。当油浸式变压器油箱内部发生故障时，在故障点电流和电弧的作用下，变压器油和其他绝缘材料会受热分解产生气体，这些气体必然从油箱流向油枕的上部，故障越严重，产生的气体就越多，流向油枕的气流速度也越快，利用这种气体来动作的保护装置，称为瓦斯保护。

瓦斯保护的主要元件是气体继电器（旧称瓦斯继电器），它安装在油箱与油枕之间的连接管道上，如图6-21所示。为了不妨碍气体的流通，变压器安装时顶盖与水平面应有1%～1.5%的坡度，通往继电器的连接管道应有2%～4%的坡度。

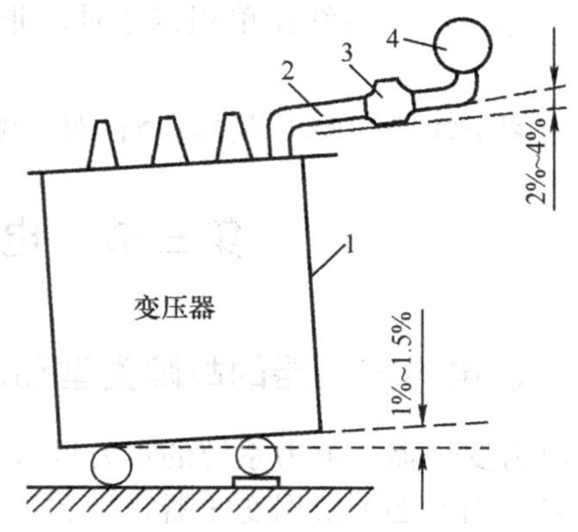


图6-21 气体继电器的安装示意图
1—变压器油箱 2—连接管
3—气体继电器 4—油枕

气体继电器的型式很多，目前在我国电力系统中推广应用的是开口杯挡板式气体继电器，其内部结构如图6-22所示。正常运行时，上、下开口杯都浸在油中，开口杯和附件在油内的重力所产生的力矩小于平衡锤所产生的力矩，因此开口杯向上倾，上、下触点均断开。当油箱内部发生轻微故障时，少量的气体上升后逐渐聚集在继电器的上部，迫使油面下降，使上开口杯漏出油面。由于浮力减小，开口杯和附件在空气中的重力加上杯内油重所产生的力矩大于平衡锤所产生的力矩，于是上开口杯顺时针方向转动，使上触点闭合，发出“轻瓦斯”保护动作信号。当油箱内部发生严重故障时，大量气体和油流直接冲击挡板，使下开口杯顺时针方向转动，带动下触点闭合，发出跳闸脉冲，表示“重瓦斯”保护动作。当变压器出现严重漏油而使油面逐渐降低时，首先是上开口杯露出油面，发出报警信号，然后下开口杯露出油面，发出跳闸脉冲。

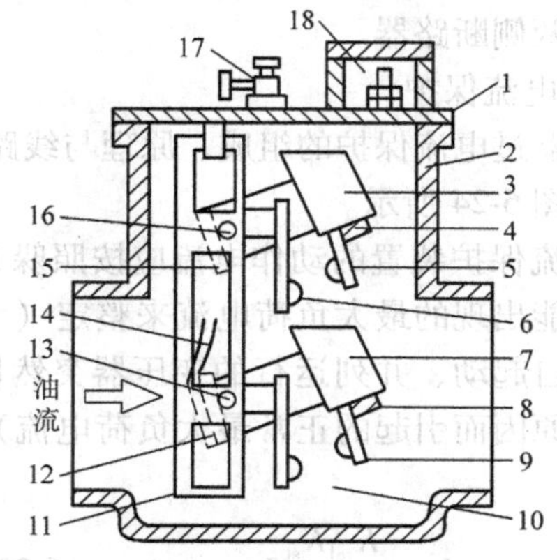


图 6-22　$FJ_3$—80 型气体继电器的结构示意图

1—盖　2—容器　3—上开口杯　4—永久磁铁
5—上动触点　6—上静触点　7—下开口杯
8—永久磁铁　9—下动触点　10—下静触点
11—支架　12—下开口杯平衡锤
13—下开口杯转轴　14—挡板　15—上开口杯平衡锤
16—上开口杯转轴　17—放气阀　18—接线盒

瓦斯保护的原理接线图如图 6-23 所示，上面的触点表示“轻瓦斯保护”，动作后经延时发出报警信号；下面的触点表示“重瓦斯保护”，动作后起动变压器保护的总出口继电器，使断路器跳闸。当油箱内部发生严重故障时，由于油流的不稳定性可能造成触点的抖动，此时为使断路器能可靠跳闸，应选用具有电流自保持线圈的出口中间继电器 KM，动作后由断路器的辅助触点来解除出口回路的自保持。此外，为防止变压器换油或进行试验时引起重瓦斯保护误动作跳闸，可利用切换片将跳闸回路切换到信号回路。

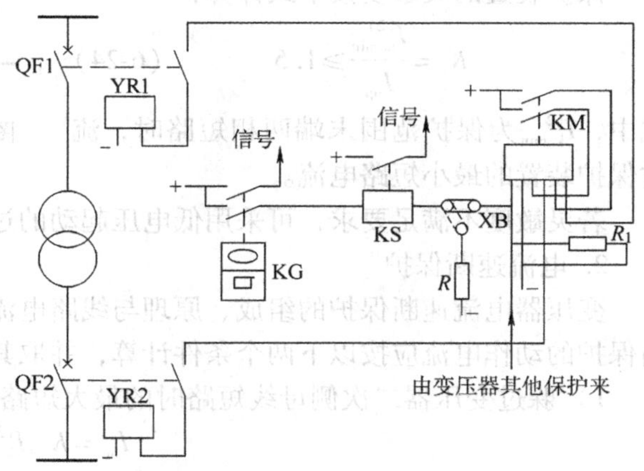


图 6-23　瓦斯保护的原理接线图

瓦斯保护的主要优点是动作迅速、灵敏度高、安装接线简单、能反应油箱内部发生的各种故障。其缺点则是不能反应油箱以外的套管及引出线等部位上发生的故障。因此，除设置瓦斯保护外，还需设置过电流、电流速断或差动等保护。

## 三、变压器的过电流保护和电流速断保护

对于容量较小的变压器，特别是车间配电用变压器，广泛采用电流速断保护作为电源侧绕组、套管及引出线故障的主保护，再用过电流保护装置保护变压器的全部，并作为外部短路所引起的过电流及变压器内部故障的后备保护。

对于单侧电源的变压器，过电流保护和电流速断保护应装在电源侧。通常，电流速断保

护采用两相式接线，而过电流保护通常采用三相式或两相三继电器式接线。保护动作后，跳开变压器两侧断路器。

1. 过电流保护

变压器过电流保护的组成、原理与线路过电流保护的组成、原理完全相同，其单相原理接线图如图6-24所示。

过电流保护装置的动作电流应按照躲开变压器可能出现的最大负荷电流来整定（考虑电动机自起动、并列运行的变压器突然切除一台等原因而引起的正常最大负荷电流），即

$$I_{op}=\frac{K_{rel}K_{st}}{K_{re}}I_{NT} \tag{6-23}$$

式中，$K_{rel}$为可靠系数，取1.2～1.3；$K_{re}$为返回系数，取0.85；$K_{st}$为自起动系数，取1.5～3。

保护装置的动作时限应比出线过电流保护的动作时限大一个时限级差$\Delta t$。

保护装置的灵敏度按下式计算：

$$K_s=\frac{I_{k.min}^{(2)}}{I_{op}}\geqslant 1.5 \tag{6-24}$$

式中，$I_{k.min}^{(2)}$为保护范围末端两相短路时，流过保护装置的最小短路电流。

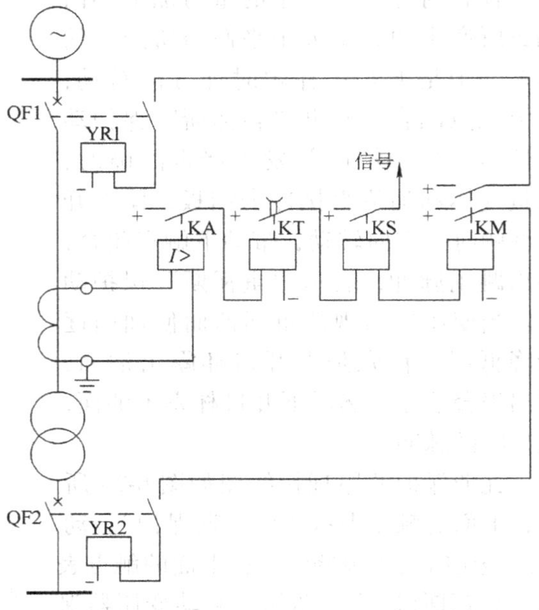


图6-24 变压器过电流保护的单相原理接线图

若灵敏度不满足要求，可采用低电压起动的过电流保护来提高保护的灵敏度。

2. 电流速断保护

变压器电流速断保护的组成、原理与线路电流速断保护的组成、原理完全相同。电流速断保护的动作电流应按以下两个条件计算，并取其中的较大者作为动作电流的整定值。

1）躲过变压器二次侧母线短路时的最大短路电流，即

$$I_{op}=K_{rel}I_{k.max}^{(3)} \tag{6-25}$$

式中，$K_{rel}$为可靠系数，取1.3～1.5；$I_{k.max}^{(3)}$为变压器二次侧母线三相短路时，流过保护安装处（一次侧）的最大短路电流。

2）躲过变压器空载合闸时的最大励磁涌流，即

$$I_{op}=(3\sim5)I_{NT} \tag{6-26}$$

式中，$I_{NT}$为保护安装侧变压器的额定电流。

为保证选择性，变压器的电流速断保护与线路的电流速断保护一样，也有保护死区，不能保护变压器的全部绕组。弥补死区的措施，也是配备带时限的过电流保护。它与过电流保护和瓦斯保护配合，可以组成小型变压器的整组保护。

电流速断保护的灵敏度应按下式校验：

$$K_s=\frac{I_{k.min}^{(2)}}{I_{op}}\geqslant 2 \tag{6-27}$$

式中，$I_{k.min}^{(2)}$为保护装置安装处发生短路时的最小两相短路电流。

若灵敏度不满足要求，应装设差动保护。

## 四、变压器的过负荷保护

变压器的过负荷电流一般都是三相对称的，因此过负荷保护只采用一个电流继电器接于一相电流回路中，经较长的延时后发出信号。对双绕组降压变压器，过负荷保护一般装在高压侧。

过负荷保护的动作电流，按躲开变压器的额定电流整定，即

$$I_{op}=\frac{K_{rel}}{K_{re}}I_{NT} \tag{6-28}$$

式中，$K_{rel}$为可靠系数，取1.05；$K_{re}$为返回系数，取0.85。

过负荷保护的动作时间一般取10～15s。

图6-25为变压器的定时限过电流保护、电流速断保护和过负荷保护的综合电路。

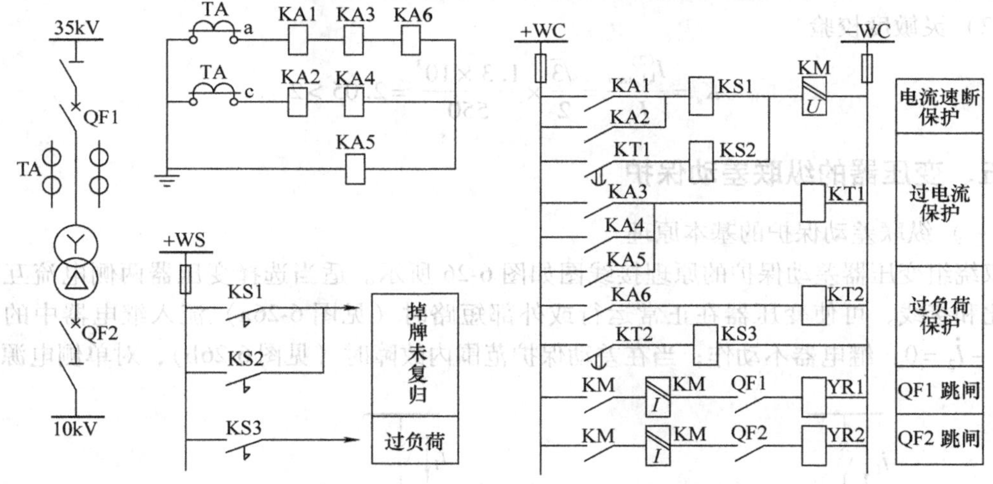


图6-25 变压器的定时限过电流保护、电流速断保护和过负荷保护的综合电路

**例6-3** 某总降压变电所装有一台35/10.5kV、2500kV·A的变压器，已知变压器一次侧母线（35kV侧）的最大、最小三相短路电流分别为$I_{k1.max}^{(3)}=1.42kA$和$I_{k1.min}^{(3)}=1.3kA$，二次侧母线（10kV侧）的最大、最小三相短路电流分别为$I_{k2.max}^{(3)}=1.49kA$和$I_{k2.min}^{(3)}=1.45kA$，保护采用两相三继电器接线，电流互感器的变比为75/5，变电所10kV出线过电流保护动作时间为1s，试对该变压器的定时限过电流保护和电流速断保护进行整定计算。

**解：** 1. 定时限过电流保护

（1）动作电流整定 取$K_{rel}=1.2$，$K_{re}=0.85$，$K_{st}=2$，则

$$I_{op}=\frac{K_{rel}K_{st}}{K_{re}}I_{NT}=\frac{1.2\times2}{0.85}\times\frac{2500}{\sqrt{3}\times35}A=116.4A$$

$$I_{op.K}=\frac{K_w}{K_i}I_{op}=\frac{1}{75/5}\times116.4A=7.76A$$

选用 DL—11/10 型电流继电器，线圈并联，动作电流整定为 8A。

（2）动作时限整定

$$t_1 = t_2 + \Delta t = 1\text{s} + 0.5\text{s} = 1.5\text{s}$$

（3）灵敏度校验

$$K_s = \frac{I'^{(2)}_{k2.\min}}{I_{op}} = \frac{\sqrt{3}}{2} \times \frac{1.45 \times 10^3}{116.4} \times \frac{10.5}{37} = 3.06 > 1.5$$

2. 电流速断保护

（1）动作电流整定　取 $K_{rel} = 1.3$，则

$$I_{op} = K_{rel} I'_{k2.\max} = 1.3 \times 1.49 \times 10^3 \times \frac{10.5}{37}\text{A} = 550\text{A}$$

$$I_{op.K} = \frac{K_w}{K_i} I_{op} = \frac{1}{75/5} \times 550\text{A} = 36.7\text{A}$$

选用 DL—11/50 型电流继电器，线圈并联，动作电流整定为 37A。

（2）灵敏度校验

$$K_s = \frac{I^{(2)}_{k1.\min}}{I_{op}} = \frac{\sqrt{3}}{2} \times \frac{1.3 \times 10^3}{550} = 2.05 > 2$$

## 五、变压器的纵联差动保护

### （一）纵联差动保护的基本原理

双绕组变压器差动保护的原理接线图如图 6-26 所示。适当选择变压器两侧电流互感器的变比和接线，可使变压器在正常运行或外部短路时（见图 6-26a）流入继电器中的电流 $\dot{I}_K = \dot{I}_1 - \dot{I}_2 = 0$，继电器不动作；当在差动保护范围内故障时（见图 6-26b），对单侧电源的变

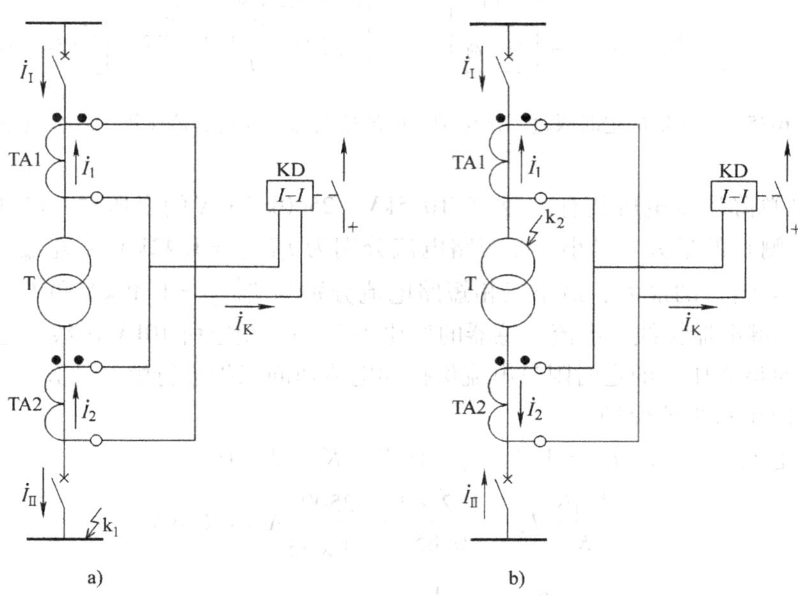

图 6-26　变压器差动保护的原理接线图

压器来说，$\dot{I}_2=0$，流入继电器中的电流为$\dot{I}_K=\dot{I}_1$，继电器动作。由此可见，差动保护的保护范围是变压器两侧电流互感器安装地点之间的区域，因此它可以保护变压器内部及两侧套管和引出线上的相间短路。

（二）差动保护的不平衡电流

从差动保护的基本工作原理可见，要使差动保护在正常运行或外部短路时不动作，就应使此时流入继电器中的电流$\dot{I}_K=\dot{I}_1-\dot{I}_2=0$。但有许多因素使得$\dot{I}_1\neq\dot{I}_2$（下面将详细讨论），从而使流入继电器的电流$\dot{I}_K=\dot{I}_1-\dot{I}_2\neq0$，该电流叫不平衡电流，用$I_{dsq}$表示。为了保证动作的选择性，继电器的动作电流必须躲过外部短路时的最大不平衡电流。不平衡电流越大，继电器的动作电流就越大，这将会降低内部故障时保护的灵敏度，有时甚至使保护无法工作。因此，如何减小不平衡电流是差动保护中需要解决的主要问题。为此，下面先分析不平衡电流产生的原因，并讨论减少它对保护影响的措施。

1. 由变压器两侧绕组接线不同而产生的不平衡电流

电力系统中的大、中型双绕组变压器通常采用 YNd11 或 Yd11 联结，因此变压器两侧线电流之间就有 30°的相位差。此时，如果两侧的电流互感器采用相同的接线方式，则两侧二次电流由于相位不同，将会在差动回路中产生很大的不平衡电流。为了消除这种不平衡电流的影响，通常是将变压器星形侧的三个电流互感器接成三角形，而将变压器三角形侧的三个电流互感器接成星形，如图 6-27a 所示。由图 6-27b 所示相量图可知，这样连接后即可把二次电流的相位校正过来。

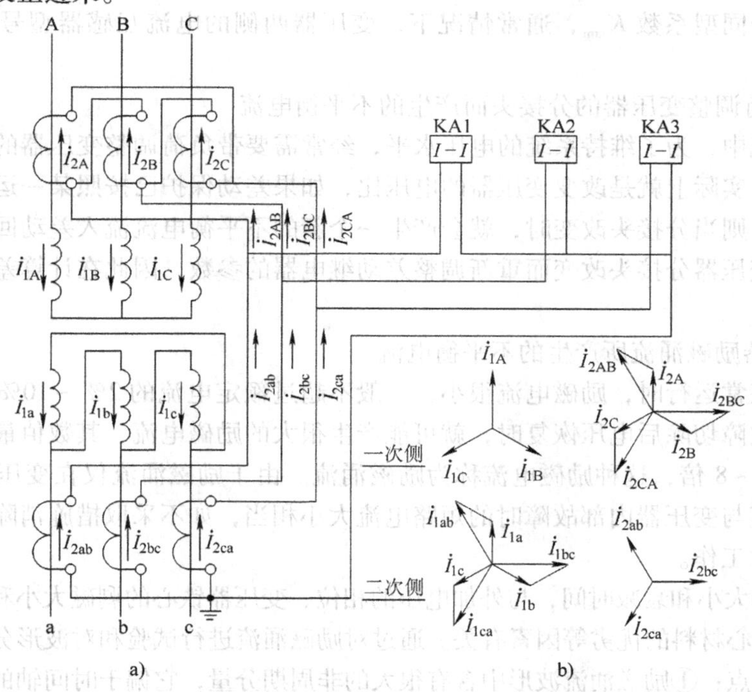


图 6-27　YNd11 或 Yd11 联结变压器差动保护的接线图和相量图

a）接线图　b）相量图

但当采用上述接线方式以后，变压器星形侧电流互感器流入继电器的电流将是电流互感器二次电流的$\sqrt{3}$倍，为了使正常运行及外部故障时流入继电器中的电流为零，就必须将该侧电流互感器的变比扩大$\sqrt{3}$倍。因此，变压器星形侧电流互感器的变比应为

$$K_{i\curlyvee}=\frac{\sqrt{3}I_{\mathrm{N1.T}}}{5} \tag{6-29}$$

式中，$I_{\mathrm{N1.T}}$为变压器星形侧的额定电流。

变压器三角形侧电流互感器的变比应为

$$K_{i\triangle}=\frac{I_{\mathrm{N2.T}}}{5} \tag{6-30}$$

式中，$I_{\mathrm{N2.T}}$为变压器三角形侧的额定电流。

2. 由电流互感器计算变比与实际变比不同而产生的不平衡电流

按式（6-29）、式（6-30）确定的变比称为计算变比，但是由于电流互感器的变比已标准化，变压器各侧采用电流互感器的实际变比将比计算变比大。这样，在正常运行时，差动回路中将会有不平衡电流流过。当采用具有速饱和铁心的差动继电器时，通常都是利用它的平衡线圈来进行补偿的。

3. 由两侧电流互感器型号不同而产生的不平衡电流

由于变压器两侧的电压等级和额定电流不同，因而装在变压器两侧的电流互感器的型号就不同，则它们的磁化特性也就不同，因此在差动回路中将产生不平衡电流。为此，在整定计算时引入一个同型系数$K_{\mathrm{sam}}$，通常情况下，变压器两侧的电流互感器型号是不同的，取$K_{\mathrm{sam}}=1$。

4. 由带负荷调整变压器的分接头而产生的不平衡电流

在电力系统中，为了维持系统的电压水平，经常需要带负荷调整变压器的分接头。改变分接头的位置，实际上就是改变变压器的电压比，如果差动保护已按照某一运行方式下的电压比调整好后，则当分接头改变时，就会产生一个新的不平衡电流流入差动回路。由于在运行中不可能随变压器分接头改变而重新调整差动继电器的参数，因此在计算差动保护动作值时应予以考虑。

5. 由变压器励磁涌流所产生的不平衡电流

变压器在正常运行时，励磁电流很小，一般不超过额定电流的2%～10%。当变压器空载投入或外部故障切除后电压恢复时，就可能产生很大的励磁电流，其数值最大可达到变压器额定电流的6～8倍，这种励磁电流称为励磁涌流。由于励磁涌流仅在变压器的电源侧出现，而且其数值与变压器内部故障时的短路电流大小相当，如不采取措施消除其影响，差动保护将难以正常工作。

励磁涌流的大小和衰减时间，与外加电压的相位、变压器铁心的剩磁大小和方向、变压器容量的大小、铁心材料的优劣等因素有关。通过对励磁涌流进行试验和对波形分析证明，励磁涌流具有以下特点：①励磁涌流波形中含有很大的非周期分量，它偏于时间轴的一侧，并迅速衰减；②涌流波形中含有大量的高次谐波，其中以二次谐波为主；③波形之间出现间断。

根据以上特点，在变压器纵联差动保护中减小不平衡电流的措施有：①对于电流互感器特性和电流比不同而产生的不平衡电流，可在继电器中采取补偿的办法减小，并且可以用提高整定值的办法来躲过。②对于励磁涌流，可利用它所包含的非周期分量，采用具有速饱和

变流器的差动继电器来躲过涌流的影响，或者利用涌流具有间断角和二次谐波等特点制成躲过涌流的差动继电器。

（三）差动继电器

目前我国生产的差动保护继电器有电磁式的 BCH 系列、整流式的 LCD 系列和晶体管式的 BCD 系列。变压器保护常用的是 BCH—2 型差动继电器。差动继电器必须具有躲过励磁涌流和外部故障时所产生的不平衡电流的能力，而在保护区内故障时，应有足够的灵敏度和速动性。

1. BCH—2 型差动继电器

BCH—2 型差动继电器由电流继电器和带短路线圈的速饱和变流器组成，其结构简图如图 6-28 所示。速饱和变流器为三柱铁心，其边柱截面面积较小，为中间柱截面面积的一半。图中，$N_{b1}$、$N_{b2}$ 为两个完全相同的平衡线圈，用来平衡差动回路中的不平衡电流；$N_d$ 为差动线圈；$N'_k$ 和 $N''_k$ 为短路线圈（$N''_k=2N'_k$），两线圈反极性串联，用来增强躲过励磁涌流的能力；$N_2$ 为二次线圈。

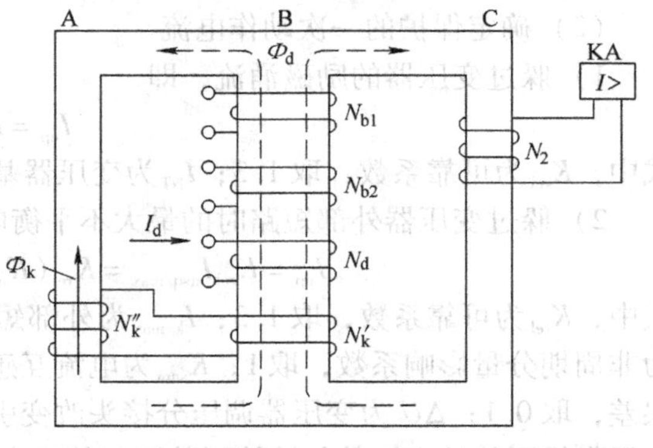

图 6-28 BCH—2 型差动继电器的结构简图

用 BCH—2 型差动继电器构成的双绕组变压器差动保护单相接线图如图 6-29 所示。两个平衡线圈 $N_{b1}$ 和 $N_{b2}$ 分别接于差动保护的两臂上，$N_d$ 接在差动回路中，它们都有插头可以调整匝数，匝数的选择应满足在正常运行和外部故障时使中间柱内的合成磁动势为零，从而 $N_2$ 上没有感应电动势，电流继电器中没有电流。但由于平衡线圈和差动线圈匝数不能平滑调节，所以仍有一定的不平衡电流存在。两个短路线圈同名端（如 1—1′）的匝数比保持为 2，大型变压器可选用较少匝数，中小型变压器选用较多匝数。

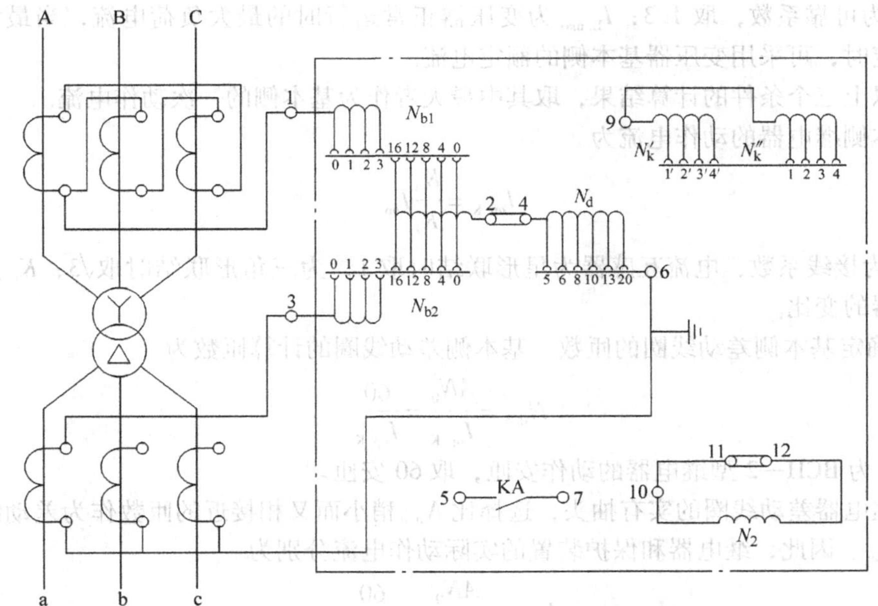

图 6-29 双绕组变压器差动保护的单相接线图

2. BCH—2 型差动继电器差动保护的整定计算

（1）确定基本侧　由变压器的额定容量和额定电压计算出各侧一次额定电流 $I_{N1}$，并按 $K_wI_{N1}$ 选择各侧电流互感器的变比，然后按下式算出各侧二次回路的额定电流：

$$I_{N2}=\frac{K_w}{K_i}I_{N1} \tag{6-31}$$

取 $I_{N2}$ 最大侧为基本侧，该侧电流即为基本侧电流 $I_{ba}$。

（2）确定保护的一次动作电流

1）躲过变压器的励磁涌流，即

$$I_{op}=K_{rel}I_{NT} \tag{6-32}$$

式中，$K_{rel}$ 为可靠系数，取 1.3；$I_{NT}$ 为变压器基本侧的额定电流。

2）躲过变压器外部短路时的最大不平衡电流，即

$$I_{op}=K_{rel}I_{dsq.\,max}=K_{rel}(K_{np}K_{sam}f_i+\Delta U+\Delta f_b)I_{k.\,max} \tag{6-33}$$

式中，$K_{rel}$ 为可靠系数，取 1.3；$I_{k.\,max}$ 为外部短路时流过变压器基本侧的最大短路电流；$K_{np}$ 为非周期分量影响系数，取 1；$K_{sam}$ 为电流互感器的同型系数，取 1；$f_i$ 为电流互感器的 10% 误差，取 0.1；$\Delta U$ 为变压器调压分接头改变引起的相对误差，取调压范围的一半；$\Delta f_b$ 为由于平衡线圈的整定匝数与计算匝数不相等而产生的相对误差，其值为

$$\Delta f_b=\frac{N_{b.\,c}-N_{b.\,set}}{N_{b.\,c}+N_{d.\,set}} \tag{6-34}$$

式中，$N_{b.\,c}$ 为平衡线圈的计算匝数；$N_{b.\,set}$ 为平衡线圈的整定匝数；$N_{d.\,set}$ 为差动线圈的整定匝数。

初步整定计算时，$\Delta f_b$ 可暂取中间值，初选 0.05。

3）躲过变压器正常运行时的最大负荷电流，即

$$I_{op}=K_{rel}I_{L.\,max} \tag{6-35}$$

式中，$K_{rel}$ 为可靠系数，取 1.3；$I_{L.\,max}$ 为变压器正常运行时的最大负荷电流，当最大负荷电流无法确定时，可采用变压器基本侧的额定电流。

根据以上三个条件的计算结果，取其中最大者作为基本侧的一次动作电流。

则基本侧继电器的动作电流为

$$I_{op.\,K}=\frac{K_w}{K_i}I_{op} \tag{6-36}$$

式中，$K_w$ 为接线系数，电流互感器为星形联结时取 1，为三角形联结时取 $\sqrt{3}$；$K_i$ 为基本侧电流互感器的变比。

（3）确定基本侧差动线圈的匝数　基本侧差动线圈的计算匝数为

$$N_{d.\,c}=\frac{AN_0}{I_{op.\,K}}=\frac{60}{I_{op.\,K}} \tag{6-37}$$

式中，$AN_0$ 为 BCH—2 型继电器的动作安匝，取 60 安匝。

根据继电器差动线圈的实有抽头，选择比 $N_{d.\,c}$ 稍小而又相接近的匝数作为差动线圈的整定匝数 $N_{d.\,set}$。因此，继电器和保护装置的实际动作电流分别为

$$I_{op.\,K}=\frac{AN_0}{N_{d.\,set}}=\frac{60}{N_{d.\,set}} \tag{6-38}$$

$$I_{op}=\frac{K_i}{K_w}I_{op.K} \tag{6-39}$$

（4）确定非基本侧平衡线圈的匝数 根据正常运行时差动继电器内部的磁动势平衡条件计算，可求出非基本侧平衡线圈的匝数，即

$$I_{N2.ba}N_{d.set}=I_{N2.nba}(N_{d.set}+N_{b.c}) \tag{6-40}$$

或

$$N_{b.c}=\frac{I_{N2.ba}}{I_{N2.nba}}N_{d.set}-N_{d.set} \tag{6-41}$$

选择与 $N_{b.c}$ 相接近的匝数作为平衡线圈的整定匝数 $N_{b.set}$。

（5）校验相对误差 $\Delta f_b$

$$\Delta f_b=\frac{N_{b.c}-N_{b.set}}{N_{b.c}+N_{d.set}} \tag{6-42}$$

若 $\Delta f_b \leqslant 0.05$，则以上结果均有效；若 $\Delta f_b > 0.05$，则需将此计算值代入式（6-33）重新计算差动保护的动作电流和各线圈的匝数。

（6）确定短路线圈抽头的位置 继电器短路线圈的抽头有 4 组，短路线圈的匝数越多，躲过励磁涌流的性能就越好，但内部故障电流中含有较大的非周期性分量，继电器的动作时间就长。对中小型变压器，由于励磁涌流倍数大，内部故障电流中的非周期性分量衰减较快，对保护的动作时间要求较低，故一般选用较多的匝数；对大型变压器，由于励磁涌流倍数小，非周期性分量衰减较慢，切除故障又要求快，故一般选用较少的匝数。

（7）灵敏度校验 按内部短路时的最小短路电流来进行校验，即

$$K_s=\frac{I_{k.min}^{(2)}}{I_{op}}\geqslant 2 \tag{6-43}$$

式中，$I_{k.min}^{(2)}$ 为保护范围内部短路时，归算到基本侧的最小两相短路电流。

## 第四节 高压电动机的保护

### 一、高压电动机的故障类型和应装设的保护

电动机的主要故障是定子绕组的相间短路，其次是单相接地故障和一相绕组的匝间短路。电动机的不正常运行方式有过负荷、低电压，此外对同步电动机还有失步和失磁等。

针对上述故障和异常运行状态，电动机应装设如下保护：

（1）相间短路保护 容量在 2000kW 以下的电动机应装设电流速断保护；容量在 2000kW 以上或容量小于 2000kW 但电流速断保护灵敏度不满足要求的电动机应装设纵联差动保护。保护动作于跳闸，对同步电动机还应进行灭磁。

（2）接地短路保护 当小电流接地系统中接地电容电流大于 5A 时，应装设单相接地短路保护。当单相接地电流为 10A 及以下时，保护可动作于信号或跳闸；当单相接地电流大于 10A 时，保护动作于跳闸。

（3）过负荷保护 对于易发生过负荷的电动机应装设过负荷保护，保护应根据负荷特性延时动作于信号、跳闸或减负荷。

（4）低电压保护　当电源电压短时降低或短时中断后又恢复时，为保证重要电动机的自起动，对不重要的电动机应装设低电压保护，要求经 0.5s 时限动作于跳闸。此外，根据生产工艺过程不允许或不需要自起动的电动机，应装设低电压保护，要求经 0.5～1.5s 时限动作于跳闸。为保证人身和设备的安全，对需要参加自起动，但在电源电压长时间消失后自起动有困难的电动机，也要装设低电压保护，要求经 5～10s 时限动作于跳闸。

## 二、电动机的相间短路保护

1. 电流速断保护

电流速断保护通常采用两相不完全星形接线；当灵敏度允许时，也可采用两相电流差接线方式。对于不易过负荷的电动机，可选用 DL 型电流继电器；对易过负荷的电动机，可选用 GL 型电流继电器，其瞬动元件作为相间短路保护，作用于跳闸，其反时限元件作为过负荷保护，延时作用于信号、跳闸或减负荷。

电动机电流速断保护的动作电流按躲过电动机的最大起动电流整定，即

$$I_{\text{op.K}}=\frac{K_{\text{rel}}K_{\text{w}}}{K_i}I_{\text{st.max}} \tag{6-44}$$

式中，$K_{\text{rel}}$为可靠系数，DL 型继电器可取 1.4～1.6，GL 型继电器可取 1.8～2。

保护的灵敏度按下式校验：

$$K_{\text{s}}=\frac{I_{\text{k.min}}^{(2)}}{K_iI_{\text{op.K}}}\geqslant 2 \tag{6-45}$$

式中，$I_{\text{k.min}}^{(2)}$为电动机出口处的最小两相短路电流。

2. 纵联差动保护

在小电流接地系统中，电动机的纵联差动保护可采用由两个 BCH—2 型或 DL—11 型继电器构成的两相式接线，其原理接线图如图 6-30 所示。

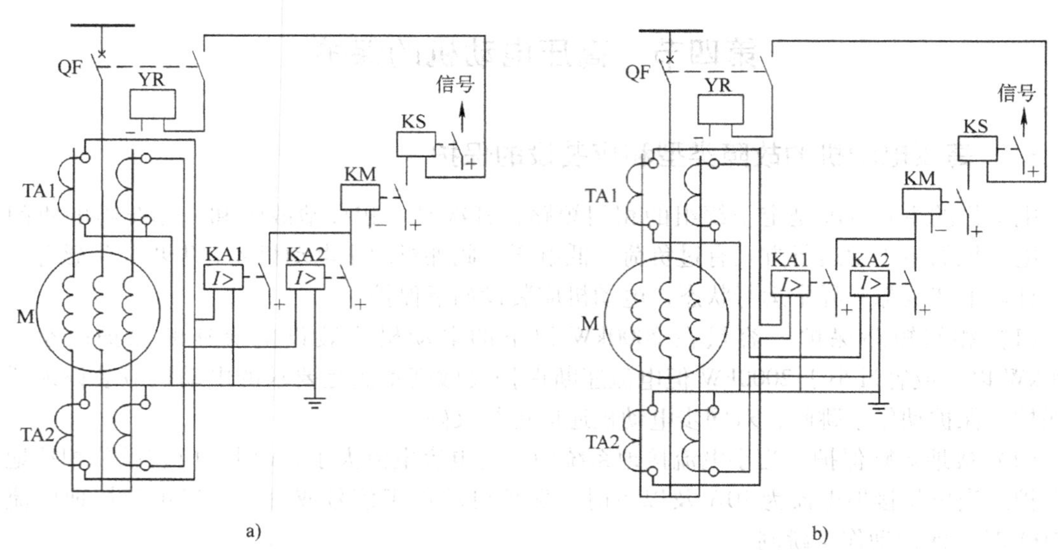


图 6-30　电动机纵联差动保护的原理接线图

a）由 DL—11 型电流继电器构成的差动保护　b）由 BCH—2 型差动继电器构成的差动保护

保护的动作电流按躲过电动机的额定电流整定，即

$$I_{op.K}=\frac{K_{rel}K_w}{K_i}I_{NM} \tag{6-46}$$

式中，$K_{rel}$为可靠系数，对BCH—2型继电器取1.3，对DL—11型继电器取1.5～2。

保护的灵敏度可按式（6-45）校验，要求$K_s \geqslant 2$。

### 三、电动机的过负荷保护

相间短路保护若由GL型电流继电器组成，可利用其感应元件作为电动机的过负荷保护。过负荷保护的动作电流按躲过电动机的额定电流整定，即

$$I_{op.K}=\frac{K_{rel}K_w}{K_{re}K_i}I_{NM} \tag{6-47}$$

式中，$K_{rel}$为可靠系数，保护动作于信号时，取1.05～1.1，动作于减负荷或跳闸时，取1.2～1.25；$K_{re}$为返回系数，对GL型继电器取0.85。

过负荷保护的动作时间，应大于电动机起动及自起动所需的时间，一般取15～20s。

小电流接地系统的高压电动机，当单相接地电流大于5A时，应装设单相接地保护，并瞬动于跳闸。电动机的单相接地保护一般均采用零序电流保护，其构成、原理及整定计算原则与前面介绍的电力线路的单相接地保护相似。

关于电动机的低电压保护，限于篇幅，这里不再叙述。

## 第五节 供配电系统微机保护简介

### 一、概述

我国供配电系统的继电保护装置，主要由机电型继电器构成。机电型继电保护都是反应模拟量的保护，多年来已经具有丰富的运行和维护经验，基本上能满足系统的要求。随着电力系统的发展，对继电保护的要求越来越高，现有的反应模拟量的保护将难以满足要求，因此反应数字量的微机保护应运而生。

微机保护充分利用和发挥微处理器的存储记忆、判断逻辑和数值运算等信息处理功能，克服模拟式继电保护的不足，可获得更好的保护性能和更高的技术指标。与传统继电保护相比，微机保护具有保护性能好、灵活性大、可靠性高和调试维护方便等特点，同时微机保护除了完成保护功能外，还可方便地附加自动重合闸、故障录波、故障测距等自动装置的功能。

### 二、微机保护装置的硬件构成

微机保护与传统继电保护的最大区别就在于前者不仅有实现继电保护功能的硬件电路，而且还有实现保护和管理功能的软件，而后者则只有硬件电路。一般地，微机保护装置的硬件构成可分为六部分，即数据采集部分、微型计算机部分、输入/输出接口部分、通信接口

部分、人机接口部分和电源部分。

（1）数据采集系统　微机保护中的微型计算机是处理数字信号的，即送入微型计算机的信号必须是数字信号。数据采集系统的任务是将模拟输入量准确地转换为所需的数字量，它由电压形成、模拟滤波、采样保持、多路转换、模/数转换等功能模块组成。

（2）微型计算机系统　微型计算机系统是微机保护装置的核心，主要由微处理器、程序存储器、数据存储器、接口芯片及定时器等组成。目前，微机保护的计算机部分都是由微型计算机或单片机构成的。由于单片机价格低廉，因此微机保护由最初的单 CPU 硬件结构为主发展为目前的多 CPU 硬件结构为主，由每个 CPU 分别执行不同的任务，而几个 CPU 之间的任务是并行工作的。

（3）输入/输出接口电路　输入/输出接口是微机保护与外部设备的联系部分，因为输入信号、输出信号都是开关量信号（即触点的通、断），所以又称为开关量输入/输出电路。该电路的任务是将各种开关量通过光电耦合电路、并行接口电路输入到微机保护，而微机保护的处理结果则通过开关量输出电路驱动中间继电器，以完成各种保护的出口跳闸、信号警报等功能。

（4）通信接口电路　微机保护的通信接口是实现变电站综合自动化的必要条件，因此每个保护装置都带有相对标准的通信接口电路，如 RS-232、RS-422/485、LonWorks 或 CAN 等现场通信网络接口电路。

（5）人机接口电路　人机接口部分主要包括显示、键盘、各种面板开关、打印与报警等，其主要功能用于调试、整定定值与电压比等。

（6）供电电源　微机保护电源工作的可靠性直接影响着微机保护装置的可靠性。微机保护装置不仅要求电源的电压等级多，电源特性好，而且要求具有较强的抗干扰能力。目前，微机保护装置的供电电源，通常采用逆变稳压电源，即将直流逆变为交流，再把交流整流为微机保护所需的直流工作电压。这样做的好处是把变电站的强电系统的直流电源与微机保护的弱电系统电源完全隔开。

微机保护装置的硬件组成框图如图 6-31 所示。它由上述六部分按功能模块化设计，便于维护和调试。

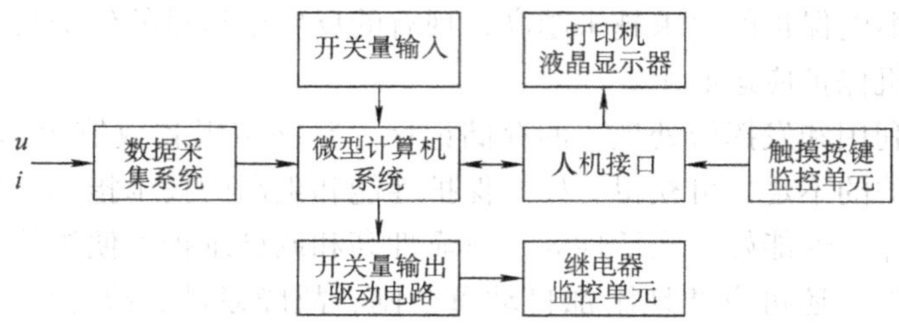


图 6-31　微机保护装置的硬件组成框图

## 三、微机保护的数据采集系统

数据采集系统的作用是将输入至保护装置的电压、电流等模拟量准确地转换成所需的数字量。按其中的模/数转换器的类型可分为两类：一类是比较式数据采集系统，采用逐次比较式模/数转换器（A/D 转换器，ADC）实现数据的转换；另一类是压频转换式数据采集系统，采用 V/F 转换器（VFC）实现数据的转换。在微机保护中应用较多的是比较式数据采集系统，其构成框图如图 6-32 所示。它包含交流变换器、前置模拟低通滤波器（ALF）、采样保持器（S/H）、多路转换开关（MPX）和 A/D 转换器等功能模块。

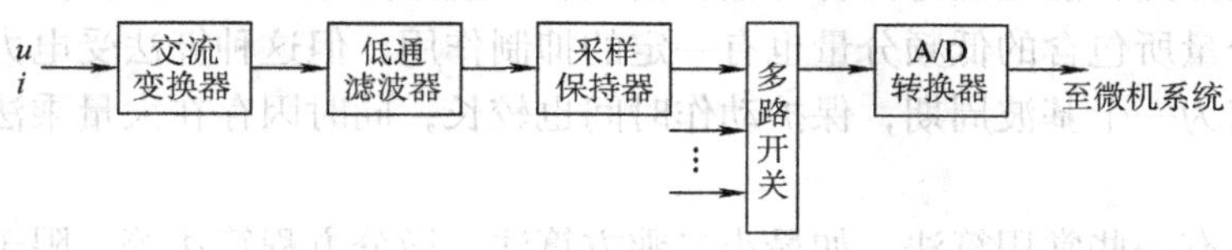


图 6-32　比较式数据采集系统的构成框图

（1）交流变换器　交流变换器的作用有二：一是将从电压互感器、电流互感器上获得的二次电流、电压信号变换成与 A/D 转换芯片电平相匹配的电压信号；二是实现互感器二次回路与微机保护 A/D 转换系统完全电隔离，以提高抗干扰能力。

（2）前置模拟低通滤波器　前置模拟低通滤波器一般由 $R$、$C$ 元件组成，其作用是阻止频率高于某一数值的信号进入 A/D 转换系统。

（3）采样保持器　微机保护系统通常要同时检测几个模拟量，为了使各信号间的相位关系保持不变，必须在每一通道上装设采样保持器，在同一瞬间对各模拟量采样并予以保持，以供 A/D 转换器相继进行转换。可见，采样保持电路的作用是在一个极短的时间内测量模拟输入量在该时刻的瞬时值，并在 A/D 转换器进行转换的期间内保持其输出不变，以保证有较高的转换精度。

（4）多路转换开关　数据采集系统往往要对多路模拟量进行采集，但由于 A/D 转换器价格昂贵，通常不是每个模拟输入量通道设一个 A/D 转换器，而是采用多路模拟信号公用一个 A/D 转换器，中间用一个多路转换开关轮流切换各路模拟量与 A/D 转换器之间的通道，使得在任一时刻只将一路模拟信号输入到 A/D 转换器，从而实现分时转换的目的。

（5）A/D 转换器　由于计算机只能处理数字信号，而电力系统中的电流、电压均为模拟量，因此必须采用 A/D 转换器将连续的模拟量转换为离散的数字量。

## 四、微机保护的算法

微机保护装置根据 A/D 转换器提供的输入电气量的采样数据进行分析、运算和判断，以实现各种继电保护功能的方法，称为保护算法。各种微机保护的功能和要求不同，其算法也不一样。

算法的研究是微机保护理论研究的重点之一。分析和评价各种不同算法优劣的标准是精度和速度。精度是指保护根据输入量判断电力系统故障或不正常运行状态的准确程度，而速度包括两个方面：一是算法所要求的采样点数（或数据窗长度），二是算法的运算工作量。一个好的算法应该是运算精度高，所用数据窗短，运算工作量小。然而，精度和速度又总是相互矛盾的，研究算法的实质是如何在速度和精度两方面进行权衡。

如果输入量为正弦函数，可采用的算法主要有两点乘积算法、半周积分算法、导数算法、采样值积分算法等。实际上，电力系统发生故障后的电流、电压中都含有各种暂态分量，使其不再是正弦波形，而且数据采集系统还会引入各种误差，所以这些算法对前置数字滤波器的要求较高，受输入信号的频率影响较大，误差也较大。

如果输入量为周期函数，可采用傅里叶算法。该算法本身具有较强的滤波作用，它能把基波与各次谐波分开，能完全滤掉各种整次谐波和纯直流分量，对非整次高频分量和按指数衰减的非周期分量所包含的低频分量也有一定的抑制作用。但这种算法受电力系统频率变化的影响，数据窗为一个基波周期，保护动作时间也较长，同时因存在大量乘法运算，所以不适合实时计算。

微机保护还有一些常用算法，如最小二乘方算法、微分方程算法等，限于篇幅，这里不一一介绍，可参考有关微机保护的书籍。

### 五、微机保护的可靠性

可靠性是对继电保护装置的基本要求之一，它包括两个方面——不误动和不拒动。可靠性和很多因素有关，例如保护的原理、工艺和运行维护水平等。运行中的微机保护装置的可靠性主要面临两个问题，一是元器件损坏，二是电磁干扰引起的功能障碍。由于微机系统的元器件大大减少，且使用了大规模集成电路，因此微机保护的可靠性主要是抗干扰问题。

电磁干扰是指电磁骚扰引起的设备、传输通道或系统性能的下降。对于微机保护而言，电磁干扰可能会造成微机保护装置的计算或逻辑错误、程序运行出轨，甚至元器件的损坏等严重后果。所以，应采取有效措施防止各种干扰进入微机保护装置，包括：①正确合理的接地处理；②良好的屏蔽与隔离；③必要的滤波、退耦和旁路电容；④良好的供电电源；⑤合理地分配和布置插件。

微机保护装置在电力系统正常运行时，其程序不断对系统的 RAM、EPROM、数据采集系统、出口通道等各部分进行在线自检，如有元器件损坏，装置应能及时发现、定位并报警，以便运行人员迅速采取措施予以修复。此过程中的可靠性问题运用容错设计加以保证。

为抑制干扰对保护软件的影响，可以采取采样值抗干扰纠错、出口密码校核、复算校核和程序出轨自恢复等措施。微机保护装置的软件设计应做到保护原理正确、逻辑严密和算法准确稳定，还可运用平滑技术克服计算结果的分散性，用冗余法减少判断失误等来提高软件的可靠性。

## 本 章 小 结

1. 继电保护装置的任务是自动、迅速、有选择地将故障元件从系统中切除，正确反应电气设备的不正常运行状况，因此继电保护应满足选择性、速动性、灵敏性和可靠性的要求。

2. 继电器是构成继电保护装置的基本元件，保护继电器按其反应物理量分，有电流继电器、电压继电器、功率继电器、气体继电器等；按其在保护装置中的功能分，有起动继电器、时间继电器、信号继电器和中间继电器等；按其组成元件分，有机电型、电子型和微机型等继电器。

3. 保护装置常用的接线方式有三相完全星形接线、两相不完全星形接线和两相电流差接线，可根据不同要求进行选择。前两种接线方式无论发生何种相间短路，其接线系数都等于1；而对于两相电流差接线，不同形式的相间短路，其接线系数有所不同。

4. 6～35kV 线路的相间短路保护主要采用带时限的过电流保护和瞬时动作的电流速断保护。过电流保护按线路的最大负荷电流整定，按线路末端最小两相短路电流校验灵敏度，动作时间按阶梯原则整定，由动作时间满足选择性要求。电流速断保护按线路末端最大三相短路电流整定，按首端最小两相短路电流校验灵敏度，由动作电流满足选择性要求，但在线路末端有保护死区，不能保护线路全长。

5. 6～35kV 线路的单相接地保护一般有两种方式：一种是无选择性的绝缘监视装置，动作于信号；另一种是有选择性的零序电流保护，动作于信号或跳闸。

6. 电力变压器的继电保护是根据变压器的容量和重要程度确定的，变压器的故障分为内部故障和外部故障。6～35kV 变压器的保护一般有瓦斯保护、纵联差动或电流速断保护、过电流保护和过负荷保护等。

7. 高压电动机通常装有电流速断或纵联差动保护、单相接地保护、过负荷保护和低电压保护等。

8. 微机保护是一种数字化智能保护装置，具有功能多、性能优、可靠性高等优点，是继电保护的发展方向。

## 思考题与习题

6-1 在电力系统中继电保护的任务是什么？对继电保护的基本要求是什么？

6-2 什么是继电保护的接线系数？星形、不完全星形和两相电流差接线方式的接线系数有何不同？

6-3 什么是继电器的动作电流、返回电流和返回系数？

6-4 简要说明定时限过电流保护装置和反时限过电流保护装置的组成特点、整定方法。

6-5 电流速断保护的动作电流如何整定？为什么会出现“保护死区”？如何弥补？

6-6 在小电流接地系统中发生接地故障时，通常采取哪些保护措施？简要说明其基本原理。

6-7 变压器常见的故障和不正常运行状态有哪些？应装设哪些保护？

6-8 变压器差动保护产生不平衡电流的原因是什么？如何减少不平衡电流？

6-9 微机保护装置的硬件构成分为几部分？各部分的作用是什么？

6-10 已知两相电流差接线的过电流保护在三相短路时的一次动作电流为 $I_{op}^{(3)}$，灵敏系数为 $K_s^{(3)}=\dfrac{I_k^{(3)}}{I_{op}^{(3)}}$，试证明：

（1）当 AB 或 BC 两相短路时，$I_{op}^{(2)}=\sqrt{3}I_{op}^{(3)}$，$K_s^{(2)}=\dfrac{I_k^{(2)}}{I_{op}^{(2)}}=0.5K_s^{(3)}$。

（2）当 AC 两相短路时，$I_{op}^{(2)}=\dfrac{\sqrt{3}}{2}I_{op}^{(3)}$，$K_s^{(2)}=K_s^{(3)}$。

6-11 某前、后两级反时限过电流保护都采用两相不完全星形接线和 GL—15 型过电流继电器。后一级继电器的动作电流为5A，10 倍动作电流的动作时限为 0.5s，电流互感器的变比为 50/5，前一级继电器的动作电流也为5A，电流互感器的变比为 75/5，末端三相短路电流 $I_k^{(3)}=450A$。试整定前一级过电流保护 10 倍动作电流的动作时限。

6-12 某 10kV 电力线路装有两相不完全星形接线的定时限过电流保护和电流速断保护，已知线路的最大负荷电流为165A，电流互感器的变比为300/5，在最大运行方式下，线路首端和末端的短路电流分别为 $I_{k1.max}^{(3)}=2520A$，$I_{k2.max}^{(3)}=1210A$；在最小运行方式下，$I_{k1.min}^{(3)}=2120A$，$I_{k2.min}^{(3)}=1108A$，下级保护动作时间为0.6s。试进行整定计算。

6-13 有一台S9—6300/35型电力变压器，Yd11联结，额定电压为35/10.5kV，试选择两侧电流互感器的接线方式和变比，并求出正常运行时差动保护回路中的不平衡电流。

6-14 某车间变电所装有一台10/0.4kV、1000kV·A的变压器，已知变压器一、二次侧的三相短路电流分别为 $I_{k1}^{(3)}=2.82kA$ 和 $I_{k2}^{(3)}=22.38kA$，保护采用两相两继电器接线，电流互感器的变比为100/5，试计算定时限过电流保护和电流速断保护的动作电流，并校验灵敏度。

# 第七章　供配电系统的二次回路和自动装置

本章首先介绍二次回路的基本概念及其操作电源，然后介绍断路器的控制回路、信号回路、测量回路和自动装置回路，最后简要介绍变电所综合自动化的知识。

## 第一节　供配电系统的二次回路及其操作电源

### 一、概述

供配电系统的二次回路，是指用来监视、控制、测量和保护一次系统运行的电路，亦称二次系统。二次回路按电源性质分，有直流回路和交流回路；按用途分，有断路器控制回路、信号回路、测量回路、保护回路和自动装置回路等。

操作电源是用来对断路器的跳、合闸回路，继电保护装置以及其他信号回路供电的电源。变配电所的操作电源应能保证在正常情况和事故情况下不间断供电，当电网发生故障时，能保证继电保护和断路器可靠地动作，以及当断路器合闸时有足够的容量。操作电源分为直流和交流两大类，以直流为主。下面介绍目前变配电所中常用的几种操作电源。

### 二、直流操作电源

直流操作电源可分为由蓄电池供电的直流操作电源和由硅整流器供电的直流操作电源两种。操作电源的电压多采用220V 或 110V。

1. 由蓄电池供电的直流操作电源

由蓄电池供电的直流操作电源是一种与电力系统运行方式无关的独立电源系统，在发电厂和变电所发生故障甚至交流电压完全消失的情况下，仍能可靠工作，因此它具有很高的供电可靠性。但它的运行维护工作量较大，使用寿命较短，价格较贵，并需要许多辅助设备，目前主要应用于发电厂和大型变电所，而在中小型变电所中多采用硅整流型直流操作电源。

2. 由硅整流器供电的直流操作电源

硅整流型直流操作电源主要有硅整流电容储能式和复式整流两种。

（1）硅整流电容储能式直流操作电源　如果单独采用硅整流器作为直流操作电源，当一次系统故障引起交流电压降低或完全消失时，将严重影响直流系统的正常工作。为此，可采用硅整流配合电容储能装置的直流操作电源，如图 7-1 所示。为了保证直流操作电源的可靠性，通常采用两组硅整流装置，其交流电源取自低压母线。硅整流器 U1 主要用作断路器的合闸电源，兼向控制回路供电，由于断路器电磁操作机构的合闸功率较大，所以采用三相桥式整流。隔离变压器 T1 除了起隔离交、直流侧的作用外，还可通过调节其二次侧的抽头来保证直流母线电压为220V。硅整流器 U2 容量较小，仅用于向控制回路供电，所以采用单相桥式整流。这样，不仅简化了接线，还可以使电容器有较高的充电电压。两组整流装置之

间用限流电阻 $R_1$ 和逆止元件 V3 隔开，使直流合闸母线仅能向控制母线供电，以防止断路器合闸或合闸母线侧故障时硅整流器 U2 向合闸母线供电。$R_1$ 用来限制控制系统短路时流过 V3 的电流，保护 V3 不被烧坏。位于硅整流器 U1、U2 前面的电阻、电容串联电路是过电压保护回路，快速熔断器 FU 用作硅整流器的过电流保护。硅整流器 U2 输出端串联的电阻 $R_0$ 用来限制 U2 的输出电流，使之不致过大。储能电容器 $C_1$ 供电给高压线路的保护和跳闸回路，储能电容器 $C_2$ 供电给其他元件的保护和跳闸回路。在保护回路中装设逆止元件 V1 和 V2 的目的，是为了当直流电源电压降低时，使电容器所储能量仅用来补偿本保护回路，而不向其他元件放电。

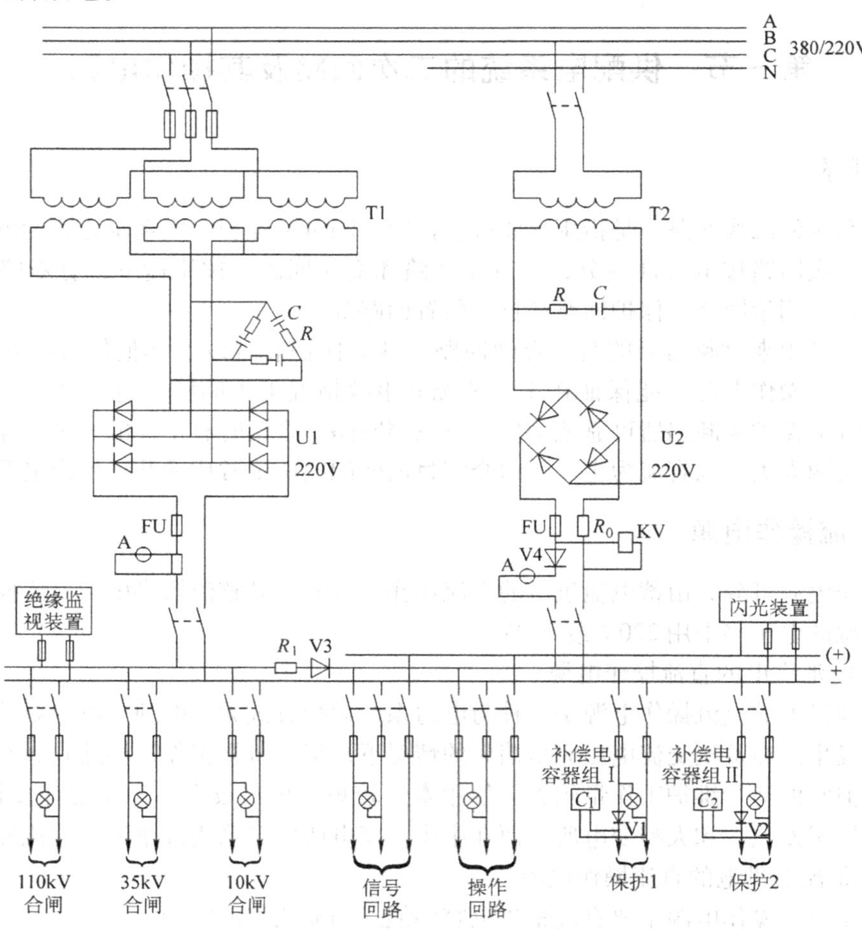


图 7-1　硅整流电容储能式直流操作电源的接线图

正常运行时，两台硅整流器同时运行。当电力系统发生短路故障时，直流电压因交流电源电压下降也相应下降，此时利用并联在保护回路中的电容器 $C_1$ 和 $C_2$ 的储能使断路器跳闸。当故障被切除后，交、直流电压恢复正常，电容器又会充足电能，以供断路器下一次跳闸使用。

储能电容器多采用电解电容器，由于电解电容器容易坏，电容器组的总容量会逐渐下降，致使整个保护回路失去电压补偿作用，因此应装设检查装置，以便定期进行检查。

（2）复式整流装置 复式整流是指整流装置不仅由所用变压器或电压互感器供电（称为“电压源”），还可由反应短路故障的电流互感器供电（称为“电流源”），这样就能保证在正常和事故情况下不间断地向直流系统供电。电流互感器的输出容量，首先必须保证保护回路及断路器跳闸回路的电源，能使断路器可靠地跳闸。与电容储能比较，复式整流装置能输出较大的功率，电压能保持相对稳定。

图 7-2 是复式整流装置的接线示意图。

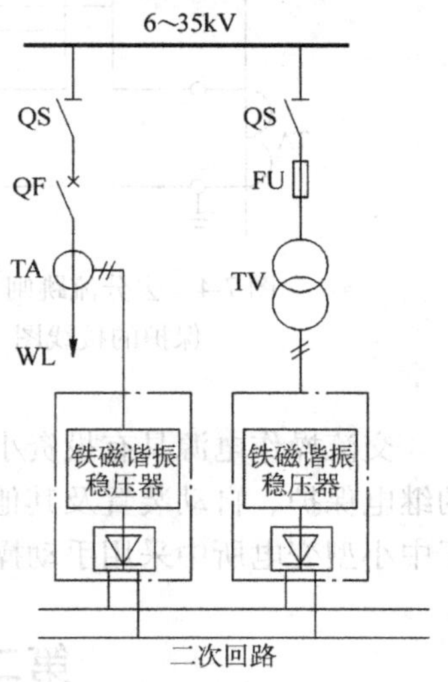

图 7-2 复式整流装置的接线示意图

## 三、交流操作电源

对采用交流操作的断路器，应采用交流操作电源。相应地，所有保护继电器、控制与信号装置均应采用交流电源。

交流操作电源分“电流源”和“电压源”两种。“电流源”取自电流互感器，主要供电给继电保护和跳闸回路；“电压源”取自变电所的所用变压器或电压互感器，通常所用变压器作为正常工作电源，而电压互感器由于容量较小，其电压因故障发生会降低，因此只有在故障或异常运行状态且母线电压无显著变化时，保护装置的操作电源才能取自电压互感器，例如中性点不接地系统的单相接地保护、油浸式变压器内部故障的瓦斯保护等。

目前普遍采用的交流操作继电保护接线方式有以下几种：

（1）直接动作式（见图 7-3） 其特点是利用操作机构内的过电流脱扣器（跳闸线圈）YR 直接动作于跳闸，不需另外装设继电器，设备少，接线简单，但保护灵敏度低，实际上较少采用。

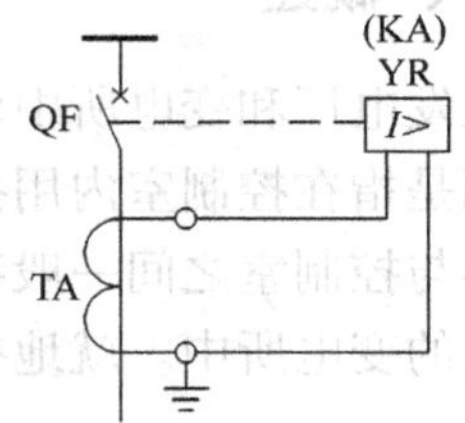

图 7-3 直接动作式保护的接线图

（2）利用继电器常闭触点去分流跳闸线圈方式（见图 7-4） 正常运行时，电流继电器 KA 的常闭触点将跳闸线圈 YR 短接，断路器 QF 不会跳闸。当一次电路发生短路时，继电器动作，其常闭触点断开，于是电流互感器的二次侧短路电流全部流入跳闸线圈而使断路器跳闸。这种接线方式简单、经济，由于使用了电流继电器作起动元件，提高了保护的灵敏度，在工厂供配电系统中应用广泛。但这要求继电器触点的容量要足够大才行。

（3）利用速饱和变流器的接线方式（见图 7-5） 正常运行时电流继电器 KA 不动作，其常开触点是断开的，速饱和变流器 TAM 的二次侧处于开路状态（速饱和变流器和电流互感器有所不同，电流互感器的二次侧不允许开路，而速饱和变流器可以在开路下使用，因为速饱和变流器的二次绕组匝数较少，铁心也较小，所以不会感应出很高的感应电压而影响安全），断路器的跳闸回路没有操作电源，断路器不会跳闸。当一次电路发生短路时，电流继电器动作，其常开触点闭合，接通操作电源回路，使断路器跳闸。

采用速饱和变流器的目的在于：①当短路时限制流入跳闸线圈的电流；②减小电流互感器的二次负荷阻抗（因饱和后阻抗变小）。但这种接线较复杂，所用的电器较多，保护灵敏度较低，一般只有当继电器容量不够时才采用。

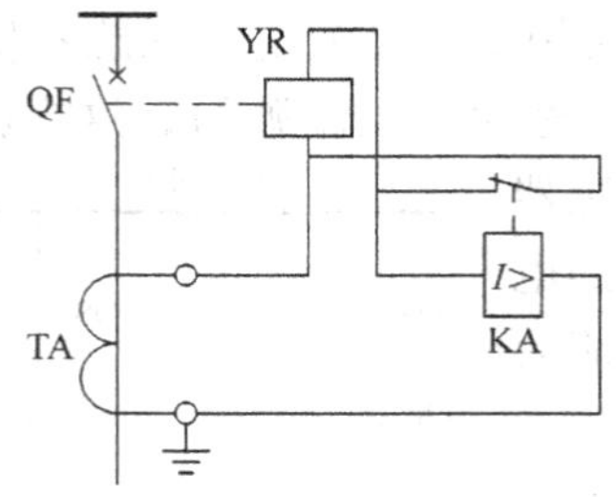


图 7-4 去分流跳闸方式保护的接线图

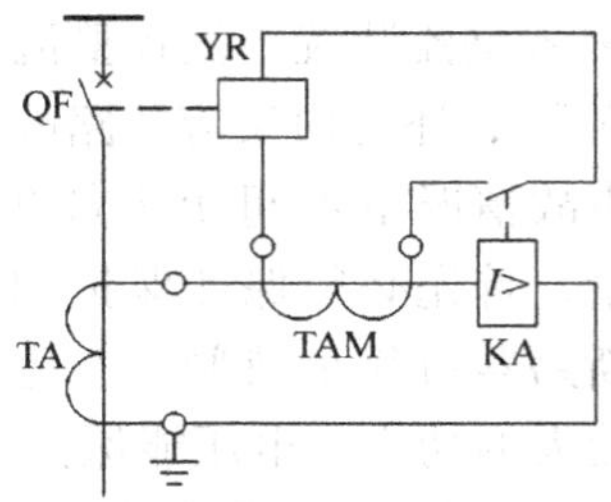


图 7-5 利用速饱和变流器的保护的接线图

交流操作电源具有投资小、接线简单可靠、运行维护方便等优点，但它不适用于较复杂的继电保护、自动装置及其他二次回路等，因此限制了它的使用范围。交流操作电源广泛用于中小型变电所中采用手动操作或弹簧储能操作及继电保护采用交流操作的场合。

## 第二节 高压断路器的控制回路

### 一、概述

在发电厂和变电所中对断路器的控制，按控制地点可分为集中控制和就地控制两类。集中控制是指在控制室内用控制开关（或按钮）通过控制回路对断路器进行操作，被控制的断路器与控制室之间一般都有几十米到几百米的距离，因此又叫远方控制，一般用于35kV及以上的变电所中。就地控制是指在各个断路器安装处就地操作，一般用于6～10kV的变电所中。

断路器的控制通常是通过电气回路来实现的，为此必须有相应的二次设备。在主控制室的控制屏上应当有发出跳、合闸命令的控制开关，在断路器上应当有执行命令的操动机构（跳、合闸线圈）。控制开关与操动机构之间是通过控制电缆连接起来的。

断路器的控制回路应满足以下基本要求：①断路器既能在远方由控制开关进行手动跳、合闸，又能在继电保护和自动装置作用下自动跳、合闸；②断路器操作机构的跳、合闸线圈是按短时通电设计制造的，当断路器跳闸或合闸完成后，应能自动切断跳闸或合闸回路，防止因通电时间过长而烧坏线圈；③控制回路应有指示断路器跳闸与合闸的位置信号，而且能够区分自动跳闸或合闸与手动跳闸或合闸的位置信号；④应有防止断路器多次连续跳、合闸的跳跃闭锁装置；⑤应有指示断路器控制回路完好性的监视信号；⑥在满足以上基本要求的前提下，应力求简单、可靠。

### 二、控制开关

控制开关是电气工作人员对断路器进行跳、合闸控制的操作元件，目前变电所多采用LW2型控制开关。LW2系列控制开关的正面为一操作手柄，安装于屏前，与手柄固定连接的转轴上有多个触点盒，安装于屏后。每个触点盒中都有四个静触点和一个转动接触式的动触点，静触点分布在触点盒的四角，盒外有供接线用的引出端子。当手柄转动时，每个触点盒内动、静触点的通断情况，需查看触点图表（见表7-1），表中“×”表示接通，否则为断开，箭头所指方向为手柄位置。

**表7-1　LW2-Z-1a·4·6a·40·20·2/F8 型控制开关触点图表**

| 手柄和触点盒型式 | | F8 | 1a | | 4 | | 6a | | | 40 | | | | 20 | | 2 | | |
|---|---|---|---|---|---|---|---|---|---|---|---|---|---|---|---|---|---|---|
| 触点号 | | | 1-3 | 2-4 | 5-8 | 6-7 | 9-10 | 9-12 | 10-11 | 13-14 | 14-15 | 13-16 | 17-19 | 17-18 | 18-20 | 21-23 | 21-22 | 22-24 |
| 位置 | 跳闸后 | ← | | × | | | | | × | | × | | | | × | | | × |
| | 预备合闸 | ↑ | × | | | | × | | | × | | | | × | | | × | |
| | 合闸 | ↗ | | | × | | | × | | | | × | × | | | × | | |
| | 合闸后 | ↑ | × | | | | × | | | | | × | × | | | × | | |
| | 预备跳闸 | ← | | × | | | | | × | × | | | | × | | | × | |
| | 跳闸后 | ↙ | | | | × | | | × | | × | | | | × | | | × |

由表7-1可知，这种控制开关共有六个位置，其中有两个预备操作位置（“预备合闸”和“预备跳闸”）、两个操作位置（“合闸”和“跳闸”）和两个固定位置（“合闸后”和“跳闸后”）。合闸操作的顺序为预备合闸→合闸→合闸后；跳闸操作的顺序为预备跳闸→跳闸→跳闸后。

可见，这种控制开关发出断路器的跳、合闸命令分两步进行。操作时，运行人员先把控制开关转到“预备合闸”（或“预备跳闸”）位置，再把控制开关转至“合闸”（或“跳闸”）位置，并保持在此位置（不松手），当运行人员确定断路器已完成合闸（或跳闸）动作而松开手后，控制开关在弹簧作用下会自动返回到“合闸后”（或“跳闸后”）位置，从而完成整个操作过程。这种两步式控制开关对减少误操作保证安全运行非常有利，因为在两步操作过程中，使操作人员有时间核对操作是否有错误，可及时中断错误操作。另外，万一不小心碰着控制开关，它至多只会转动一个位置，不会误发合闸或跳闸脉冲。

## 三、灯光监视的断路器控制回路和信号回路

断路器的操作机构不同，其电气控制回路也不尽相同，但基本接线是类似的。现以电磁型操作机构的断路器为例，说明控制回路和信号回路的动作过程。

图7-6为灯光监视的断路器控制回路和信号回路。图中，SA为LW2型控制开关；YR为断路器操作机构的跳闸线圈；KO为断路器合闸用接触器的合闸线圈，$KO_{1\text{-}2}$和$KO_{3\text{-}4}$为该接触器两对带有灭弧罩的常开触点；$QF_{1\text{-}2}$和$QF_{3\text{-}4}$为断路器QF的常闭和常开触点；KLB为用来防止断路器出现“跳跃”现象的防跳继电器，它是一个电流线圈起动、电压线圈保持的中间继电器，$KLB_{1\text{-}2}$和$KLB_{3\text{-}4}$是它的常开和常闭触点；KM1为自动重合闸回路中间继电器的常开触点，该触点闭合时，断路器QF即可自动合闸；KM0为继电保护出口中间继电器的常开触点，该触点闭合时，即可使断路器QF自动跳闸。±WC为直流控制回路电源小母线；±WO为断路器直流合闸回路电源小母线；+WF为闪光信号小母线，它在专用的闪光装置下断续带电；±WS为信号回路电源小母线；WAS为事故音响信号小母线。

对于图7-6中的控制开关SA，其右侧的三条虚线中，“1”表示操作手柄在“预备合闸”位置，“2”表示“合闸”位置，“3”表示“合闸后”位置；左侧的三条虚线中，“1”表示操作手柄在“预备跳闸”位置，“2”表示“跳闸”位置，“3”表示“跳闸后”位置。每对触点下方虚线上画有圆点者，表示手柄转到此位置时该触点接通，虚线上标出的箭头表示控

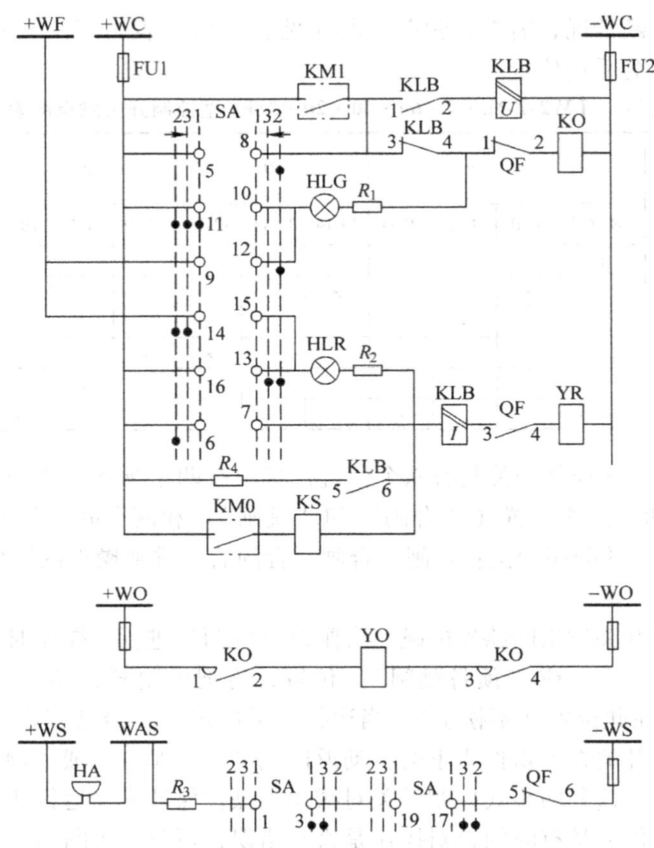


图 7-6 灯光监视的断路器控制回路和信号回路

制开关手柄自动返回的方向。

1. 合闸过程

(1) 手动合闸 手动合闸前，断路器 QF 处于跳闸状态，断路器的辅助常闭触点 $QF_{1\text{-}2}$ 闭合，控制开关手柄处于“跳闸后”位置。由表 7-1 的控制开关触点图表知，此时 $SA_{10\text{-}11}$ 接通，绿灯 HLG 亮，其电流通路为 $+WC \rightarrow SA_{10\text{-}11} \rightarrow HLG \rightarrow R_1 \rightarrow QF_{1\text{-}2} \rightarrow KO \rightarrow -WC$。由于限流电阻 $R_1$ 的存在，此回路的电流仅能使绿灯发光，不能使合闸接触器 KO 动作。采用接触器 KO 的目的是为了减轻控制回路的负担，因电磁操作机构的合闸电流很大，故用 KO 的触点接通断路器的合闸线圈 YO。绿灯亮，既表明断路器正处于跳闸位置，也表明断路器的合闸回路是完好的。

在合闸回路为完好的情况下，将控制开关手柄由“跳闸后”的水平位置顺时针转动 90°至“预备合闸”的垂直位置，此时触点 $SA_{9\text{-}10}$ 与 $SA_{13\text{-}14}$ 接通，绿灯 HLG 改接到闪光母线 +WF 上，发出绿灯闪光，其电流通路为 $+WF \rightarrow SA_{9\text{-}10} \rightarrow HLG \rightarrow R_1 \rightarrow QF_{1\text{-}2} \rightarrow KO \rightarrow -WC$。绿灯闪光表明该断路器准备合闸，借此提醒运行人员核对操作的对象是否正确。如核对无误后，运行人员可将控制开关手柄继续顺时针转动 45°至“合闸”位置（不要松手），此时触点 $SA_{5\text{-}8}$、$SA_{17\text{-}19}$ 和 $SA_{16\text{-}13}$ 接通，使合闸接触器 KO 动作，其电流通路为 $+WC \rightarrow SA_{5\text{-}8} \rightarrow KLB_{3\text{-}4} \rightarrow QF_{1\text{-}2} \rightarrow KO \rightarrow -WC$。此时，合闸接触器 KO 的常开触点 $KO_{1\text{-}2}$ 和 $KO_{3\text{-}4}$ 闭合，使断路器的合闸线圈 YO

接通，断路器在电磁操作机构的带动下实现合闸。合闸完毕后，断路器的辅助常闭触点 $QF_{1\text{-}2}$ 断开，切断合闸回路电源，防止合闸线圈因长时间通电而被烧毁。与此同时，断路器的辅助常开触点 $QF_{3\text{-}4}$ 闭合，红灯回路接通。此时，运行人员可松开控制开关的手柄，在弹簧的作用下，手柄自动逆时针转动 45°，到达“合闸后”的垂直位置。此时，红灯继续发光，其电流通路为 $+WC \to SA_{16\text{-}13} \to HLR \to R_2 \to KLB\ (I) \to QF_{3\text{-}4} \to YR \to -WC$。由于限流电阻 $R_2$ 的存在，此回路的电流仅能使红灯发光，不能使跳闸线圈 YR 动作，因此断路器不会跳闸。红灯亮，既表明断路器正处于合闸位置，也表明断路器的跳闸回路是完好的。

（2）自动合闸　断路器原为跳闸状态，控制开关手柄在“跳闸后”位置。当自动重合闸装置动作时，其出口中间继电器常开触点 KM1 闭合，使合闸接触器 KO 动作，断路器 QF 自动合闸。自动合闸后，$QF_{1\text{-}2}$ 随之断开，$QF_{3\text{-}4}$ 闭合。此时，由于断路器处于合闸位置，而控制开关手柄仍保留在“跳闸后”位置，两者呈现不对应状态，触点 $SA_{14\text{-}15}$ 接通，红灯将发出闪光，其电流通路为 $+WF \to SA_{14\text{-}15} \to HLR \to R_2 \to KLB\ (I) \to QF_{3\text{-}4} \to YR \to -WC$。

在控制台上，控制开关手柄在“跳闸后”位置，红灯在闪光，表明断路器是自动合闸的。只有当运行人员将 SA 手柄转到“合闸后”位置，使 SA 手柄位置与断路器的实际位置相对应时，红灯才发出平光。

2. 跳闸过程

（1）手动跳闸　在跳闸回路为完好的情况下，将控制开关手柄由“合闸后”的垂直位置逆时针转动 90°至“预备跳闸”的水平位置，此时 $SA_{13\text{-}14}$ 接通，红灯发出闪光，其电流通路为 $+WF \to SA_{13\text{-}14} \to HLR \to R_2 \to KLB\ (I) \to QF_{3\text{-}4} \to YR \to -WC$。运行人员经核对无误后，可将控制开关手柄继续逆时针转动 45°至“跳闸”位置（不要松手），此时触点 $SA_{6\text{-}7}$、$SA_{10\text{-}11}$ 接通，使断路器的跳闸线圈 YR 动作，断路器 QF 跳闸，其电流通路为 $+WC \to SA_{6\text{-}7} \to KLB\ (I) \to QF_{3\text{-}4} \to YR \to -WC$。跳闸完毕后，断路器的辅助常开触点 $QF_{3\text{-}4}$ 断开，切断跳闸回路电源，防止跳闸线圈因长时间通电而被烧毁。与此同时，断路器的辅助常闭触点 $QF_{1\text{-}2}$ 闭合，绿灯回路接通。此时，运行人员可松开控制开关的手柄，在弹簧的作用下，手柄自动顺时针转动 45°，到达“跳闸后”的水平位置。此时，绿灯继续发光，其电流通路为 $+WC \to SA_{10\text{-}11} \to HLG \to R_1 \to QF_{1\text{-}2} \to KO \to -WC$。由于限流电阻 $R_1$ 的存在，此回路的电流仅能使绿灯发光，不能使合闸接触器 KO 动作。绿灯亮，既表明断路器正处于跳闸位置，也表明断路器的合闸回路是完好的。

（2）自动跳闸　若由于线路发生故障使继电保护装置动作，其出口中间继电器常开触点 KM0 闭合，使跳闸线圈 YR 动作，断路器 QF 将自动跳闸。自动跳闸后，$QF_{1\text{-}2}$ 随之闭合开，$QF_{3\text{-}4}$ 断开。此时，由于断路器处于跳闸位置，而控制开关手柄仍保留在“合闸后”位置，两者呈现不对应状态，触点 $SA_{9\text{-}10}$ 接通，绿灯将发出闪光，其电流通路为 $+WF \to SA_{9\text{-}10} \to HLG \to R_1 \to QF_{1\text{-}2} \to KO \to -WC$。

自动跳闸属于事故性质，除发出闪光外，还应发出事故音响信号，以提醒运行人员注意。变电所一般在控制室的中央信号屏上都装有一个蜂鸣器（电笛），在事故跳闸前，控制开关手柄处于“合闸后”位置，触点 $SA_{1\text{-}3}$、$SA_{19\text{-}17}$ 接通，当断路器自动跳闸时，其常闭触点 $QF_{1\text{-}2}$ 闭合，启动事故信号装置发出音响，其电流通路为 $+WS \to HA \to R_3 \to SA_{1\text{-}3} \to SA_{19\text{-}17} \to QF_{5\text{-}6} \to -WS$。

在控制台上，控制开关手柄在“合闸后”位置，绿灯在闪光，事故信号装置发出音响，表明断路器是自动跳闸的。只有当运行人员将 SA 手柄转到“跳闸后”位置，使 SA 手柄位置与断路器的实际位置相对应时，绿灯才发出平光，事故音响信号才停止。

3. 防跳回路

断路器的所谓“跳跃”，是指运行人员手动合闸断路器于故障线路上，断路器又被继电保护装置动作于跳闸，由于控制开关位于“合闸”位置，则会引起断路器重新合闸，这样断路器将会出现多次连续跳、合闸的跳跃现象。为了防止这一现象，断路器的控制回路均需装设防止跳跃的电气联锁装置。

图 7-6 中的 KLB 为防跳继电器，它有两个线圈，电流线圈为起动线圈，接在跳闸线圈 YR 之前；电压线圈为自保持线圈，通过自身的常开触点 $KLB_{1\text{-}2}$ 接入合闸回路。若控制开关手柄在“合闸”位置或触点 $SA_{5\text{-}8}$ 粘住，恰好此时断路器合闸于永久故障线路上，继电保护动作使 KM0 触点闭合，则断路器 QF 自动跳闸；与此同时，防跳继电器 KLB（$I$）起动，触点 $KLB_{1\text{-}2}$ 闭合，使 KLB($U$)线圈带电,起自保持作用。这样,可使触点 $KLB_{3\text{-}4}$ 始终处于断开位置,合闸接触器线圈 KO 不会再次起动,从而使断路器 QF 不会出现多次连续跳、合闸的跳跃现象,保证了断路器不会因跳跃而损坏。触点 $KLB_{5\text{-}6}$ 与触点 KM0 并联,其作用是为了保护后者,使其不致断开超过其触点容量的跳闸线圈电流,以防止中间继电器触点被烧坏。

## 第三节 中央信号回路

### 一、概述

发电厂和变电所中的信号装置按用途分，有断路器位置信号、事故信号和预告信号。

断路器位置信号用来指示断路器正常工作的位置状态，一般用红灯亮表示断路器处于合闸位置，用绿灯亮表示断路器处于跳闸位置。事故信号用来指示断路器事故跳闸时的状态，包括灯光信号（绿灯闪光）和音响信号（蜂鸣器）。预告信号用来指示运行设备出现不正常运行时的报警信号，该信号是区别于事故信号的音响信号（电铃），同时有光字牌显示故障性质和地点。常见的预告信号有小电流接地系统中的单相接地、变压器过负荷、变压器的轻瓦斯保护动作、变压器油温过高、电压互感器二次回路断线、直流回路熔断器熔断、直流系统绝缘性能降低、自动装置动作等。

以上各种信号中，事故信号和预告信号是电气设备各信号的中心部分，通常称为中央信号，它们集中装设在中央信号屏上。每种中央信号装置都由灯光信号和音响信号两部分组成，灯光信号（包括信号灯和光字牌）是为了便于判断发生故障的设备及故障的性质，音响信号（蜂鸣器或电铃）是为了唤起值班人员的注意。

中央信号回路应满足以下基本要求：①所有有人值班的变电所，都应在控制室内装设中央事故信号和预告信号装置；②中央事故信号在任何断路器事故跳闸时，能及时发出音响信号，并在控制屏上有表示该回路事故跳闸的灯光或其他信号；③中央预告信号应保证在任何回路发生不正常运行时，能及时发出音响信号，并有显示故障性质或地点的指示，以便值班人员迅速处理；④中央事故信号与预告音响信号应有区别，一般事故信号用蜂鸣器（电笛），预告信号用电铃；⑤当发出音响信号后，应能手动或自动复归音响，而故障性质或地点的指示应保持，直到故障消除为止；⑥中央事故信号与预告信号一般应能重复动作。

## 二、事故信号装置

1. 简单的事故信号装置

（1）就地复归的事故音响信号装置　图 7-7 为最简单的就地复归的事故音响信号装置接线图。正常运行时，控制开关 SA1、SA2 的 1-3、19-17 触点均处在接通状态，断路器 QF1、QF2 的常闭触点均处于断开位置，事故音响蜂鸣器中无电流。当任一台断路器自动跳闸后，其相应的常闭触点闭合，利用断路器与控制开关位置的不对应原理，使直流负电源与事故音响小母线 WAS 连通，蜂鸣器（电笛）HA 中由于有电流流过而发出音响。为了解除音响，值班人员需要找到绿灯闪光的断路器控制开关，并将其手柄转到“跳闸后”位置上去，随着闪光信号的消失，事故音响信号就会被解除。

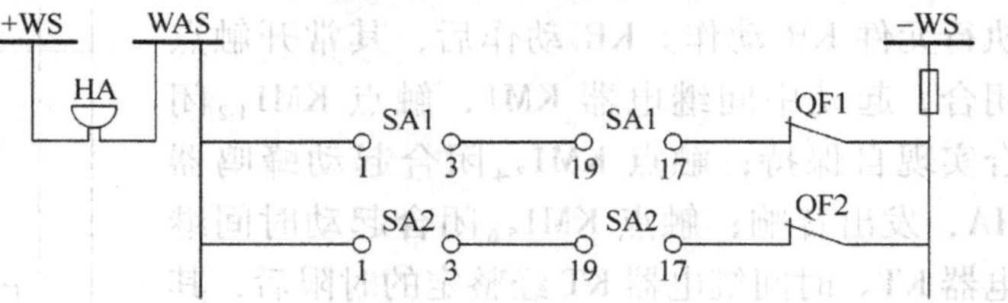


图 7-7　就地复归的事故音响信号装置接线图

这种信号回路的缺点是，在解除事故音响信号的同时，控制回路的闪光信号也被解除了，不利于值班人员处理事故。在发生事故时，通常希望音响信号能很快解除，以免干扰值班人员进行事故处理，而灯光信号需要保留一段时间，以便判断故障的性质及发生的地点。这就要求音响信号能手动解除或经过一段时间后自动消失。

（2）中央复归不能重复动作的事故音响信号装置　图 7-8 为中央复归不能重复动作的事故音响信号装置接线图。它由中间继电器 KM、蜂鸣器 HA 和试验按钮 SB1、解除按钮 SB2 组成。当任一台断路器自动跳闸时，通过控制开关 SA 和断路器 QF 的不对应回路起动蜂鸣器 HA，发出事故音响信号。值班人员听到音响后，按一下音响解除按钮 SB2，中间继电器 KM 动作，其常开触点 $KM_{3\text{-}4}$ 闭合，实现自保持，同时其常闭触点 $KM_{1\text{-}2}$ 将蜂鸣器回路切断，使音响立即解除。这种接线的缺点是不能重复动作，即第一次音响信号发出后，值班人员利用按钮 SB2 将音响解除，而不对应回路尚未复归前，此时如果又有第二台断路器事故跳闸，事故音响信号就不能再次起动，因而第二台断路器的跳闸信号可能不会被值班人员发现。因此，这种接线只适用于断路器数量较少的发电厂和变电所内。

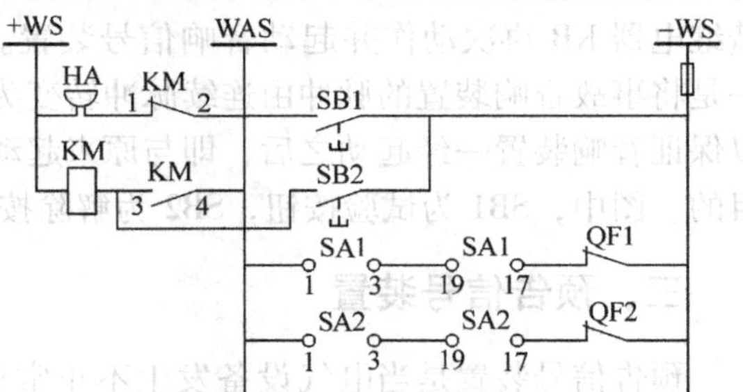


图 7-8　中央复归不能重复动作的事故音响信号装置接线图

2. 中央复归能重复动作的事故音响信号装置

中央复归能重复动作的事故音响信号装置，目前在大、中型发电厂和变电所中被广泛采用。信号装置的重复动作是利用冲击继电器（信号脉冲继电器）来实现的。冲击继电器有各种不同的型号，但共同点都是有一个脉冲变流器和相应的执行元件。图 7-9 为用 ZC—23 型冲击继电器构成的事故音响信号装置接线图，图中 TA 为脉冲变流器，KR 为干簧继电器，用作执行元件。并联在 TA 一次侧的二极管 V1 和电容器 *C* 起抗干扰作用；并联在 TA 二次侧的二极管 V2 起单向旁路的作用，当 TA 一次侧电流突然减小时，其二次侧感应的反向脉冲电动势经二极管 V2 而旁路，不让它流过 KR 的线圈。

当第一台断路器事故跳闸时，事故音响小母线 WAS 和负信号电源小母线 -WS 之间的不对应回路接通，脉冲变流器 TA 的一次侧有电流流过。由于此电流是由零值突变到一定数值的，所以在二次侧就会感应出脉冲电流，使执行元件 KR 动作。KR 动作后，其常开触点闭合，起动中间继电器 KM1，触点 $KM1_{1\text{-}2}$ 闭合实现自保持；触点 $KM1_{3\text{-}4}$ 闭合起动蜂鸣器 HA，发出音响；触点 $KM1_{5\text{-}6}$ 闭合起动时间继电器 KT。时间继电器 KT 经整定的时限后，其延时触点闭合，又起动了中间继电器 KM2，KM2 的常闭触点切断了中间继电器 KM1 的线圈回路，使其返回，于是音响立即停止，整套信号装置复归至原来的状态。当第一次发出的音响信号已被解除，而不对应回路尚未复归前，此时在 WAS 和 -WS 之间经一个电阻 $R$ 相连接，故在脉冲变流器 TA 的一次侧有一个稳定的电流流过，而稳定电流不会在脉冲变流器二次侧就感应出电动势，故冲击继电器不会动作。如果又有第二台断路器事故跳闸，由于在每一个并联支路中都有串联电阻 $R$，每多并联一个支路，都将引起 TA 一次绕组中的电流产生变化，在二次绕组中感应出电动势，使干簧继电器 KR 再次动作并起动音响信号装置。由此可见，脉冲变流器 TA 在此起两个作用：一是将事故音响装置的脉冲由连续脉冲转变为短时脉冲；二是将起动回路与音响装置分开，以保证音响装置一经起动之后，即与原来起动它的不对应回路无关，因而达到能重复动作的目的。图中，SB1 为试验按钮，SB2 为解除按钮。

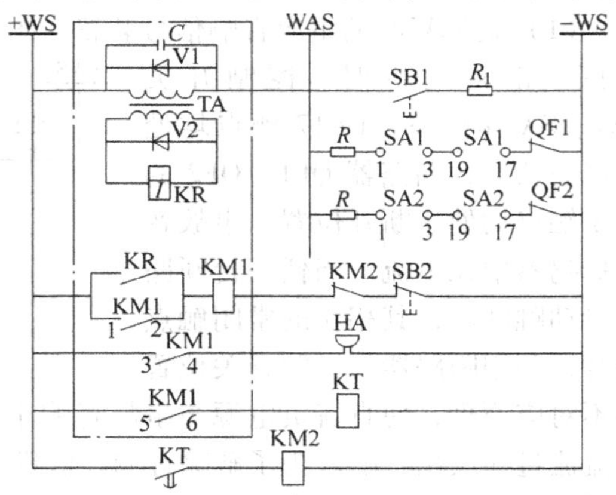


图 7-9 中央复归能重复动作的事故音响信号装置接线图

## 三、预告信号装置

预告信号装置是当电气设备发生不正常运行情况时，能自动发出音响和灯光信号的装置，它可以帮助值班人员及时地发现故障和隐患，以防止事故扩大。预告信号可分为瞬时预告信号和延时预告信号两种。瞬时预告信号和延时预告信号在灯光信号组成上有所区别，前者是双灯的光字牌，后者是一个单灯和一个电阻组成的光字牌。

图 7-10 为中央复归不能重复动作的预告音响信号装置接线图。图中，SB1 为试验按钮，SB2 为解除按钮。当发生不正常运行时，其相应的继电器 K 动作，预告音响信号 HA（警铃）和光字牌 HL 同时动作。值班人员听到铃声后，可根据光字牌的提示来判断发生故障的设备及故障的类型。按一下音响解除

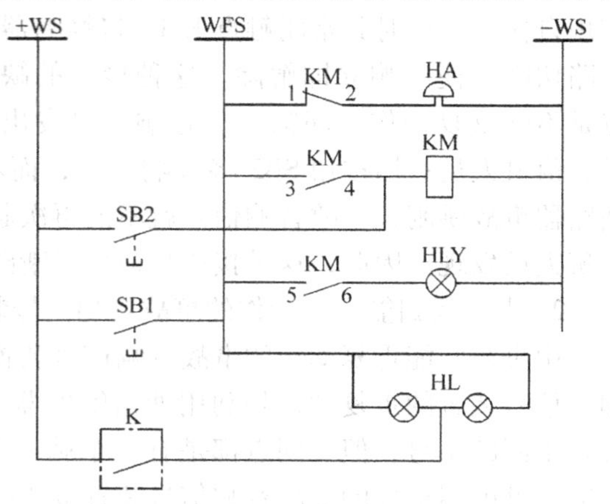


图 7-10 中央复归不能重复动作的预告音响信号装置接线图

按钮 SB2，中间继电器 KM 动作，其常闭触点 $KM_1$ 打开，切断警铃回路；常开触点 $KM_2$ 闭合实现自保持；常开触点 $KM_3$ 闭合使黄色信号灯 YE 发亮，告知值班人员已经发生了不正常运行情况，而且尚未解除。音响解除后，光字牌依旧是亮着的，只有当异常运行情况消除，中间继电器返回后，光字牌的灯光才熄灭，黄色信号灯也同时熄灭。这种接线的缺点是不能重复动作，即第一个异常运行未消除前，若出现第二个异常运行情况，警铃不能再次动作。

关于中央复归能重复动作的预告音响信号回路，其基本工作原理与图 7-9 相似，限于篇幅，在此省略。

## 第四节　绝缘监察装置和测量仪表

### 一、直流绝缘监察装置

1. 两点接地的危害

发电厂和变电所的直流系统比较复杂，其控制回路分布范围较广，外露部分多，容易受到外界环境因素的侵蚀，使得直流系统的绝缘水平降低，甚至可能发生绝缘损坏而接地。直流系统发生一点接地时，由于没有短路电流流过，熔断器不会熔断，仍能继续运行。但这种接地故障必须及早发现，否则当发生另一点接地时，有可能引起信号回路、控制回路、继电保护回路和自动装置回路发生误动作，如图 7-11 所示，A、B 两点接地会造成误跳闸情况。因此，发电厂和变电所的直流系统必须安装直流绝缘监察装置，当发生一点接地时，发出预告信号，避免使事故扩大造成损失。

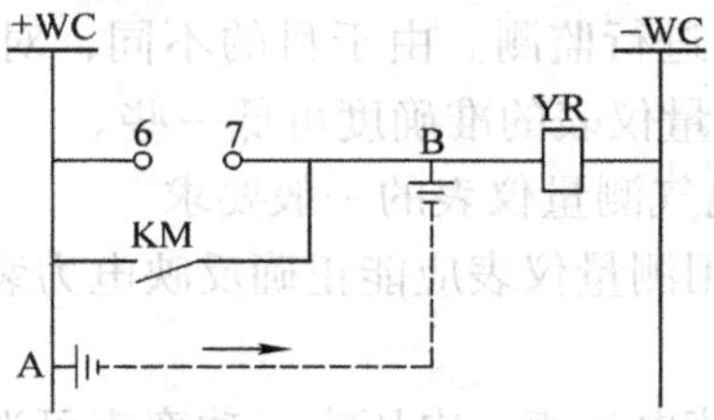


图 7-11　直流系统两点接地示意图

2. 直流绝缘监察装置的接线图

图 7-12 为直流绝缘监察装置的接线图。它是利用电桥原理进行监测的，能在绝缘电阻低于规定值时自动发出灯光和音响信号。图中，$R_1 = R_2 = R_3 = 1000\Omega$，SA1 和 SA2 为两个转换开关。

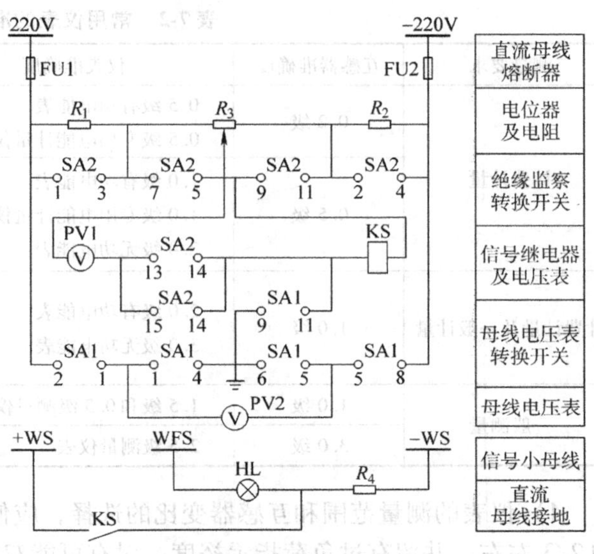


图 7-12　直流绝缘监察装置的接线图

该绝缘监察装置包括信号和测量两部分。母线电压表转换开关 SA1 有三个位置，即“母线”、“正对地”和“负对地”。平时，其手柄置于“母线”位置，触点 1-2、5-8、9-11 接通，电压表 PV2 可测量正、负母线间电压。当将 SA1 手柄顺时针旋转 45°切换至“正对地”位置时，触点 1-2 和 5-6 接通，可以测量正母线的对地电压；当将 SA1 手柄逆时针旋转45°切换至“负对地”位置时，其触点5-8和1-4接通，可以测量负母线的对地电压。若两极绝缘良好，则PV2指示0V，因为电压表PV2的线圈没有形成回路。如果正极接地，则正极对地电压为0V，而负极对地指示220V；反之，当负极接地时，情况与之相似。

绝缘监察转换开关SA2也有三个位置，即“信号”、“测量位置Ⅰ”和“测量位置Ⅱ”。平时，其手柄置于“信号”位置，触点5-7和9-11接通，使电阻$R_3$被短接，$R_1$、$R_2$和正、负母线绝缘电阻作电桥的四个臂与信号继电器KS构成电桥（此时SA1的触点9-11是接通的），当母线绝缘电阻下降，造成电桥不平衡，信号继电器KS动作，其常开触点闭合，光字牌亮，同时发出预告音响信号。

交流系统的绝缘监察装置在第六章已述，这里不再介绍。

## 二、电气测量仪表

在电力系统和供配电系统中，进行电气测量的目的有三个：一是计费测量，主要是计量用电单位的用电量，如有功电能表、无有功电能表；二是对电力系统的电力运行参数、技术经济分析所进行的测量，如电压、电流、有功功率、无功功率、有功电能、无功电能等，这些参数通常都需要定时记录；三是对交、直流系统的安全状况（如绝缘电阻、三相电压是否平衡等）进行监测。由于目的不同，对测量仪表的要求也不一样。计量仪表的准确度要高，其他测量仪表的准确度可低一些。

1. 对电气测量仪表的一般要求

1）常用测量仪表应能正确反映电力装置的运行参数，能随时监测电力装置回路的绝缘状况。

2）交流电流表、电压表、功率表可选用2.5级，直流电路中的电流表、电压表可选用1.5级，频率表可选用0.5级。

3）电能表及互感器的准确度配置见表7-2。

**表7-2 常用仪表的准确度配置**

| 测量要求 | 互感器准确度 | 仪表准确度 | 配置说明 |
|---|---|---|---|
| 计费计量 | 0.2级 | 0.5级有功电能表<br>0.5级专用电能计量仪表 | 月平均电量在$10^6$kW·h以上 |
| | 0.5级 | 1.0级有功电能表<br>1.0级专用电能计量仪表<br>2.0级无功电能表 | ①月平均电量在$10^6$kW·h以下<br>②315kV·A以上变压器高压侧计量 |
| 计费计量及一般计量 | 1.0级 | 2.0级有功电能表<br>3.0级无功电能表 | ①315kV·A以下变压器低压侧计量<br>②75kW及以上电动机电能计量<br>③企业内部技术经济考核（不计费） |
| 一般测量 | 1.0级 | 1.5级和0.5级测量仪表 | |
| | 3.0级 | 2.5级测量仪表 | 非重要回路 |

4）仪表的测量范围和互感器变比的选择，应使正常运行情况下仪表指针指示在满标度的2/3左右，并留有过负荷指示裕度。对有可能双向运行的电力装置回路，应采用具有双向标度尺的仪表。

2. 变配电装置中各部分仪表的配置

（1）电源进线　为了了解负荷情况，需要装设一只电流表。当需要计量电能时，还应装设有功电能表和无功电能表各一只。

（2）母线　在变配电所的每条或每段母线上必须装设一只电压表，以检查各个线电压。在中性点非直接接地电网中，每条或每段母线上还需加装三个绝缘监视电压表（当母线上配电出线较少时，绝缘监视电压表可不装设）。图7-13为6~10kV母线电压测量和绝缘监视的原理图。

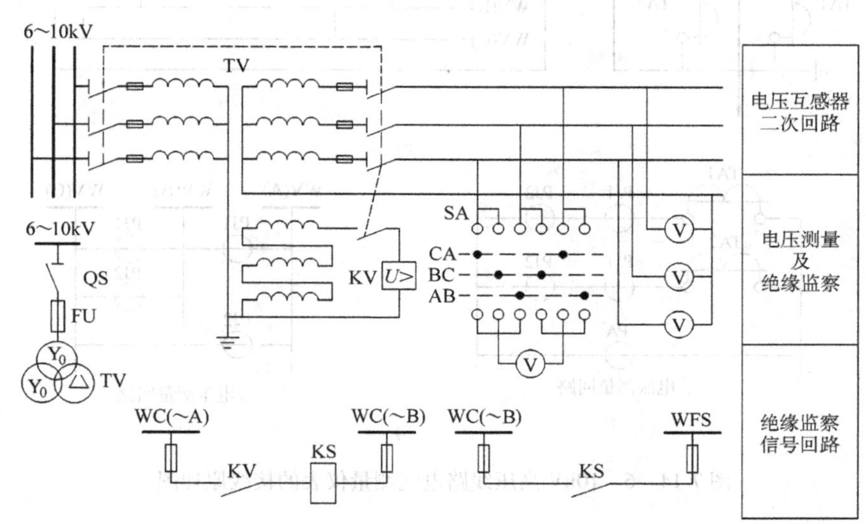


图7-13　6~10kV母线电压测量和绝缘监视的原理图

（3）降压变压器　对35~110/6~10kV的电力变压器，应装设电流表、有功功率表、无功功率表、有功电能表和无功电能表各一只，装在哪一侧视具体情况而定。对6~10/3~6kV的电力变压器，应在其一次侧装设电流表、有功电能表和无功电能表各一只；二次侧仅装设一只电流表。对6~10/0.4kV的电力变压器，应在其一次侧装设电流表和有功电能表各一只；如为单独经济核算单位的变压器，还应装设一只无功电能表。

（4）高压配电线路　应装设电流表、有功电能表和无功电能表各一只。如果不是送往单独的经济核算单位时，无功电能表可不装；当线路负荷为5000kV·A及以上时，可再装设一只有功功率表。图7-14为6~10kV高压线路电气测量仪表的接线原理图。图中的无功电能表为60°接线，其特点是在电压线圈中人为地串联了一个附加电阻，使电压线圈的阻抗角由原来的90°减小为60°，即电压线圈中的电流滞后电压60°。

（5）低压配电线路　对三相负荷平衡的低压动力线路，可只装设一只电流表；对三相负荷长期不平衡的低压照明线路及动力和照明混合电路，应装设三只电流表。如需计量电能，还应加装一只三相四线制的有功电能表；如果是三相负荷平衡的动力线路，可只装设一只单相有功电能表（实际电能为其计度值的3倍）。

（6）静电电容器　为了监视三相负荷是否平衡，需装设三只电流表。如需计量其无功电能，还应加装一只无功电能表。

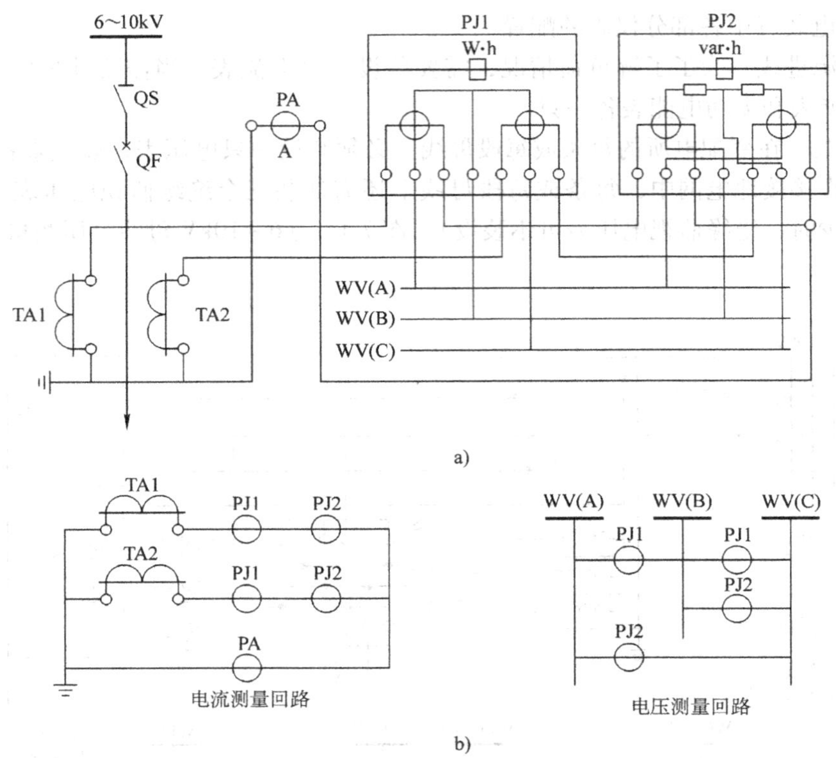


图 7-14 6~10kV 高压线路电气测量仪表的接线原理图

# 第五节 供配电系统常用自动装置

## 一、自动重合闸装置

1. 概述

运行经验表明，电力系统中的故障特别是架空线路上发生的故障很多都属于暂时性的，这些故障在断路器跳闸后，多数能很快自行消除。如雷击闪络或鸟兽造成的线路故障，往往在雷闪过后或鸟兽烧死以后，线路大多能恢复正常运行。因此，如果采用自动重合闸装置（简称 ARD），可使已经断开的断路器自动重新合上，迅速恢复供电，从而大大提高供电的可靠性，避免因停电带来巨大损失。当然，架空线路也可能发生有永久性故障，如线路倒杆、断线、绝缘子击穿或损坏等，在线路断路器跳闸后，由 ARD 将断路器自动合闸，因故障仍然存在，继电保护装置会将断路器再次跳开，因此不能恢复供电。

在架空线路上装设 ARD 之后，对于提高供电的可靠性无疑会带来极大的好处。但由于它不能判断故障的性质是暂时性的还是永久性的，因此在重合之后，可能成功（恢复供电），也可能不成功。根据运行资料统计，架空线路一次重合的动作成功率可达 60%～90%，二次、三次重合的动作成功率很小，故大多数企业用户都采用一次自动重合闸。

2. 一次自动重合闸的基本原理和要求

图 7-15 是说明一次自动重合闸基本原理的电气简图。手动合闸时，按下 SB1，使合闸接触器 KO 通电动作，接通合闸线圈 YO 的回路，使断路器合闸；手动跳闸时，按下 SB2，接通跳闸线圈 YR 的回路，使断路器跳闸。当线路上发生短路故障时，保护装置动作，其出口继电器触点 KM 闭合，接通跳闸线圈 YR 的回路，使断路器 QF 自动跳闸。与此同时，断路器辅助触点 $QF_{1\text{-}2}$ 闭合，重合闸继电器 KAR 起动，经整定的时限后，其延时常开触点闭合，使合闸接触器 KO 通电动作，从而使断路器 QF 重合闸。如果一次线路上的短路故障是暂时性的，且已经消除，则重合成功。如果短路故障尚未消除，则保护装置又要动作，KM 的触点闭合又使断路器 QF 再次跳闸。由于一次 ARD 采取了防跳措施（图中未表示），因此不会再次重合。

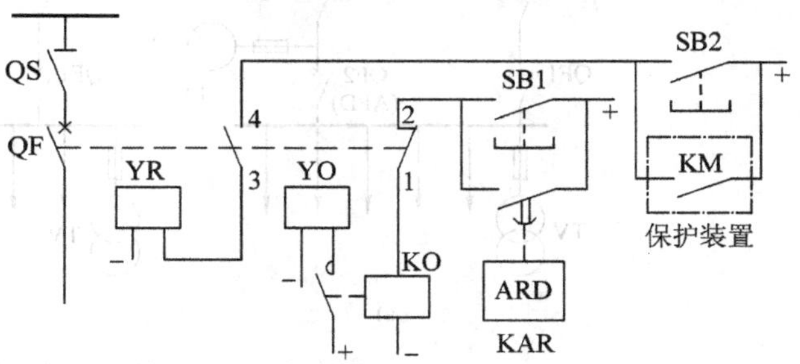

图 7-15 一次自动重合闸的原理电路图

不论哪种 ARD 电路，都应满足以下基本要求：①应采用控制开关手柄位置与断路器位置“不对应原则”起动 ARD；②用控制开关或遥控装置将断路器断开时，ARD 不应起动；③手动合闸于故障线路时，继电保护动作使断路器跳闸后，ARD 不应动作；④ARD 只能动作一次，以避免将断路器多次重合到永久性故障上去；⑤ARD 动作后应能自动复归，准备再次动作；⑥ARD 的动作时间应尽可能短，以减少临时停电时间，一般为 0.5 ~ 1.5s；⑦ARD 应能实现重合闸“后加速”或“前加速”，以便与继电保护配合。

## 二、备用电源自动投入装置

1. 概述

在用户供配电系统中，为了提高供电的可靠性，保证不间断供电，通常采用两路及以上的电源进线，其中一路作为工作电源，另一路作为备用源。如果在作为备用电源的线路上装设了备用电源自动投入装置（简称 APD），则当工作电源线路突然断电时，在 APD 作用下，工作电源自动断开，备用电源自动而迅速地投入工作，使用户不致停电，从而大大提高供电的可靠性。

APD 一般有以下两种基本接线方式：

（1）明备用接线方式 图 7-16a 所示是具有一条工作线路和一条备用线路的明备用接线方式，APD 装在备用进线断路器上。正常运行时，备用电源的断路器是断开的，当工作电源因故障或其他原因失去电压而被切除后，APD 能自动将备用线路投入。

（2）暗备用接线方式 图 7-16b 所示是具有两个独立的工作线路分别供电的暗备用接线方式，APD 装在母线分段断路器上。正常运行时，两个电源都投入工作，互为备用，分段断路器处于断开位置，当其中一路电源发生故障而被切除时，APD 能自动将分段断路器合上，由另一路电源供电给全部重要负荷。

2. APD 的基本原理和要求

图 7-17 是说明 APD 基本原理的电气简图。假设电源进线 WL1 在工作，WL2 为备用，其断路器 QF2 断开，但其两侧的隔离开关（图上未画）是闭合的。当工作电源 WL1 断电，引起失压保护动作使 QF1 跳闸时，其辅助常开触点 $QF1_{3\text{-}4}$ 断开，使原已通电动作的时间继电

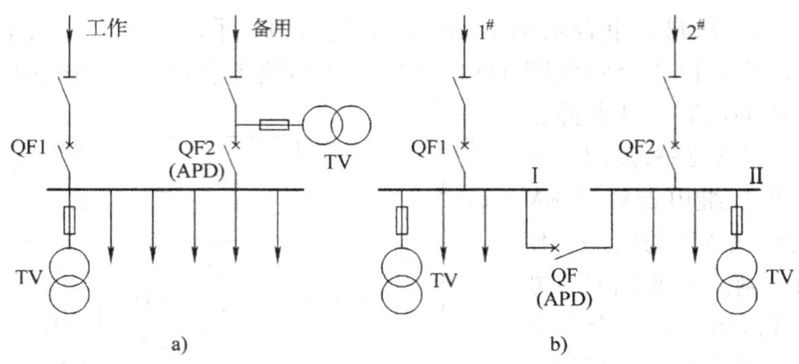


图 7-16 APD 的两种基本接线方式

a）明备用 b）暗备用

器 KT 断电。其延时断开触点尚未断开前，由于断路器 QF1 的另一对辅助常闭触点 $QF1_{1\text{-}2}$ 闭合，使合闸接触器 KO 通电动作，断路器 QF2 的合闸线圈 YO 通电，使 QF2 合闸，从而使备用线路 WL2 投入运行。WL2 投入后，KT 的延时断开触点断开，切断 KO 的回路，同时 QF2 的联锁触点 $QF2_{1\text{-}2}$ 断开，防止 YO 长期通电。由此可见，双电源进线并配以 APD 时，供电可靠性是相当高的。

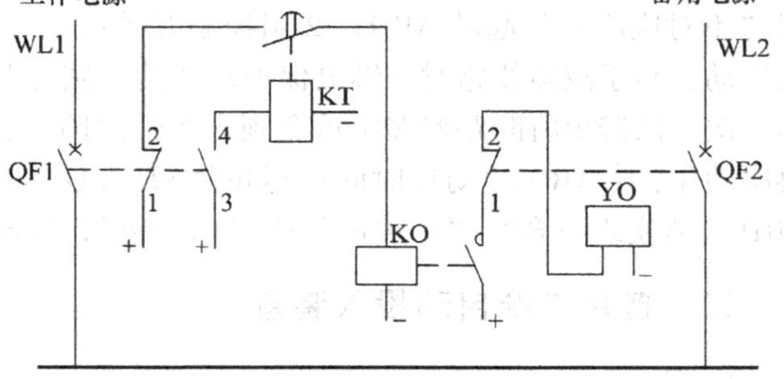


图 7-17 APD 的原理电路图

APD 应满足以下基本要求：①工作电源不论任何原因断开，备用电源应能自动投入；②必须在工作电源确已断开，而备用电源电压也正常时，才允许投入备用电源；③APD 的动作时间应尽可能短，以利于电动机的自起动；④APD 只能动作一次，以免将备用电源重复投入到永久性故障上去；⑤当电压互感器的二次回路断线时，APD 不应误动作；⑥若备用电源容量不足，应在 APD 动作的同时切除一部分次要负荷。

为了满足上述基本要求，APD 必须具有低电压起动机构和合闸机构。低电压起动机构用来在母线失去电压时将工作电源的断路器断开；合闸机构用来在断开工作电源后，能及时将备用电源的断路器自动合闸。

ARD 与 APD 有多种典型接线方案，限于篇幅，本节只介绍其基本原理，关于实际接线实例，读者可参考相关书籍，这里不再介绍。

## 第六节 变电所综合自动化系统简介

### 一、概述

在常规变电所中，大都采用机电式的继电保护屏、控制屏、仪表屏、中央信号屏等对供电系统的运行状态进行监视。供电系统二次设备的这种配置，决定了它具有结构复杂、资源不共享、电缆错综复杂、占地面积大和维护工作量大等缺点。随着计算机技术、控制技术和现代通信技术的发展及其在电力系统中的应用，变电所综合自动化技术得到了迅速发展，它将变电所二次设备（包括测量仪表、信号系统、继电保护、自动装置和远动装置等）经过功能的组合和优化设计，利用先进的计算机技术、现代电子技术、通信技术和信号处理技术，实现对全变电所的主要设备和线路的自动监视、测量、自动控制和微机保护，以及与调度通信等综合性的自动化功能。

与常规变电所二次系统相比，变电所综合自动化系统具有功能综合化、结构微机化、操作监视屏幕化和运行管理智能自动化等一系列优点，并为变电所实现无人值班提供了可靠的技术条件。

## 二、变电所综合自动化系统的基本功能

工业企业供电系统中的变电所综合自动化系统，主要具有以下基本功能：

1. 微机监控功能

监控系统取代常规的控制盘、仪表盘、模拟盘、中央信号系统、电压无功调节装置等，具体包括以下内容：

（1）数据采集功能　对供电系统运行参数的在线实时采集是变电所综合自动化的基本功能之一运行参数可分为模拟量、状态量和脉冲量。

1）模拟量的采集：包括各段母线的电压，线路的电流、电压和功率值，主变压器的电流和功率值，馈线的电流、电压和功率值，电容器的电流、无功功率及频率、相位、功率因数等。此外，还有主变压器的油温、直流电源电压、站用变压器电压等。

2）状态量的采集：包括断路器的状态、隔离开关的状态、有载调压变压器分接头的位置、同期检查状态、继电保护动作信号、运行告警信号等。

3）脉冲量的采集：主要是脉冲电能表输出的以脉冲信号表示的电能量。

（2）事件顺序记录功能　事件顺序记录（Sequence of Event，SOE）是指对变电所内的继电保护、自动装置、断路器等在事故时动作的先后顺序自动记录。记录事件发生的时间应精确到毫秒级。

（3）控制和操作功能　操作人员可通过显示器对断路器、隔离开关进行分、合闸操作；对变压器分接头进行调节控制；对电容器组进行投、切控制，同时要能接受遥控操作命令进行远方操作；并且所有的操作控制均能就地和远方控制，就地和远方切换相互闭锁，自动和手动相互闭锁。

（4）人机联系功能　人机联系的桥梁包括显示器、鼠标和键盘。操作人员或调度员面对显示器的屏幕通过鼠标或键盘，可对全站的运行情况和运行参数一目了然，并可对全站的断路器和隔离开关等进行分、合操作。

（5）数据处理与记录功能　根据交流采样数值，监控系统能在线计算出有功功率、无功功率、功率因数、有功电能和无功电能，并能计算出日、月、年最大、最小值及出现的时间；电能量的累计和分时统计；母线电压运行参数不合格时间及合格率统计；功率总加；变电所送入、送出负荷及电量平衡率统计；主变压器的负荷率及损耗统计；断路器的正常及事故跳闸次数统计；主要设备运行小时数统计；变压器、电容器、电抗器的停用时间及次数统计；所用电率计算统计；安全运行天数累计等。

(6) 制表打印功能　对有人值班的变电所，监控系统可以配备打印机，完成以下打印记录功能：定时打印报表和运行日志、开关操作记录打印、事件顺序记录打印、越限打印、设备运行状态变位打印等。对无人值班的变电所，可不设当地打印功能，各变电所的运行报表集中在控制中心打印。

(7) 自诊断功能　自诊断功能是指对监控系统的全部硬件和软件故障的自动诊断，并给出自诊断信息供维护人员及时检修和更换。

2. 微机远动功能

微机远动装置的主要任务是将变电所的有关实时信息采集到调度控制中心，同时还可以把调度控制中心的命令发往各变电所，对设备进行控制和调节，通常具有以下“四遥”功能。

1）遥测（YC）：即远程测量，是指将被监视变电所的主要参数远距离传送给调度，如变压器的有功和无功功率、线路的有功功率、母线电压、线路电流、系统频率及主变压器油温等。

2）遥信（YX）：即远程信号，是指将被监视变电所的设备状态信号远距离传送给调度，如断路器、隔离器的位置状态，调压变压器抽头位置状态，自动装置、继电保护的动作状态等。

3）遥控（YK）：即远程命令，是指从调度中心发出命令以实现远方操作和切换。遥控功能常用于断路器的分、合闸，电容器、电抗器的投切等。

4）遥调（YT）：即远程调节，是指从调度中心发出命令实现远方调整变电所的运行参数。遥调常用于有载调压变压器分接头位置的调节。

此外，微机远动装置还具有事件顺序记录、系统对时、自恢复和自检测等功能。

3. 微机保护功能

为保证电力系统运行的安全可靠，微机保护常独立于监控系统，专门负责系统运行中的故障检测与处理，故要求微机保护除了满足对继电保护选择性、快速性、可靠性、灵敏性的基本要求外，在此基础上还必须具备远方整定、远方投切、信号与复归、界面显示与打印、自动校时、自诊断等附加功能。

4. 微机通信功能

微机通信功能包括综合自动化系统的现场通信功能，即变电所层与间隔层之间的通信功能；综合自动化系统与上级调度之间的通信功能，即监控系统与调度之间的通信，包括“四遥”（遥信、遥测、遥控、遥调）的全部功能。

变电所综合自动化系统除了具有以上基本功能外，还具有电压无功控制、小电流接地选线、低频减载、备用电源自投等功能。

## 三、变电所综合自动化系统的结构

变电站自动化系统是和计算机技术、集成电路技术、网络通信技术密切相关的。随着这些技术的不断发展，综合自动化系统的体系结构也在不断发生变化，功能和特性也在不断提高。从变电所综合自动化的发展过程来看，其结构型式可分为集中式、分布集中组屏和分散分布式三种类型。

集中式结构的综合自动化系统，是指集中采集变电所的模拟量、开关量和数字量等信息，集中进行计算与处理，分别完成微机控制、微机保护和一些自动控制等功能。这种结构型式具有占地面积小、造价低等特点，但运行可靠性较差，组态不灵活，主要出现在变电所综合自动化问世的早期，现在只用于35kV或规模较小的变电所。

分布集中组屏的综合自动化系统，是把整套综合自动化系统按其功能组装成多个屏，如主变压器保护屏、线路保护屏、数据采集屏等，这些屏都集中安装在主控室，相互之间通过网络与控制主机相连。这种结构型式具有调试维修方便、组态灵活、系统整体可靠性高等特点，适用于主变压器回路数比较少、一次设备比较集中、从一次设备到各屏所用的信号电缆不长的10～35kV供电系统变电所。

分散分布式的综合自动化系统，是将变电所分为两个层次，即变电站层和间隔层。变电站层包括全站性的监控主机、远动通信机等，是变电所自动化系统的核心层；间隔层由各种不同的单元装置组成，一般按断路器的间隔划分，具有测量、控制和继电保护部分。分散分布式布置是以间隔为单元划分的，每一间隔中的数据采集、监控单元和保护单元做在一起，分散安装在对应的开关柜或控制柜上。这种结构型式节省了大量控制电缆，减少了主控室的占地面积，可靠性高，组态灵活，检修方便，是目前最流行、受到广大用户欢迎的一种综合自动化系统，适合应用在各种电压等级的变电所中。

## 本章小结

1. 操作电源有直流和交流之分，它为整个二次系统提供工作电源。直流操作电源可采用蓄电池，也可采用硅整流电源，后者较为普遍。交流操作电源可取自互感器二次侧或所用变压器低压母线，但保护回路的操作电源通常取自电流互感器，较常用的交流操作方式是去分流跳闸的操作方式。

2. 高压系统中断路器的控制回路和继电保护回路是整个二次系统的重要组成部分。断路器的控制回路可实现对断路器手动和自动合闸或跳闸，主要包括灯光监视系统和闪光装置等。通常用红灯亮表示断路器处于合闸位置，绿灯亮表示断路器处于跳闸位置。

3. 中央信号分为事故信号和预告信号。断路器事故跳闸时发事故信号，蜂鸣器发出音响，同时断路器的位置指示灯发出绿灯闪光；系统中发生不正常运行情况时发预告信号，电铃发出音响，同时光字牌点亮，显示故障性质。整个变电所只有一套中央信号系统，通常安装在主控制室的信号屏内。

4. 直流系统的绝缘监察装置是利用电桥平衡原理来实现的，主要是用来监视直流系统是否存在接地隐患；交流系统的绝缘监察装置是由三个单相三绕组电压互感器或一个三相五柱式电压互感器构成的，主要用来监视小电流接地系统是否有单相接地故障，这种装置可以判断出故障的相别，但不能判断出是哪条线路发生了接地故障。

5. 自动重合闸装置（ARD）可在线路发生短路故障时，使断路器跳闸后进行重新合闸，它能提高线路供电的可靠性，主要用于架空线路。变电所中采用两路及以上电源进线时，或一用一备，或互为备用，应安装备用电源自动投入装置（APD），以确保供电的可靠性。

6. 变电所综合自动化系统主要分为微机监控和微机保护两大系统。微机监控系统主要是应用微机控制技术，替代现行的人工监控方式，实现运行调度的自动化和微机化；而微机保护系统则是应用微机控制技术，替代传统的机电型和电子型模拟式继电保护装置，以获得更好的工作特性和更高的技术指标。变电所综合自动化系统的结构型式可分为集中式、分布集中组屏和分散分布式。

## 思考题与习题

7-1 什么叫操作电源？对操作电源的要求是什么？变电所常用操作电源有哪几种类型？各有什么特点？

7-2 断路器的控制回路应满足哪些基本要求？为什么要采用防跳装置？跳跃闭锁继电器如何起到防跳作用？

7-3 变电所信号装置按用途可分为哪几种？各有什么作用？

7-4 直流系统绝缘监察的目的是什么？交流系统绝缘监察的目的是什么？

7-5 什么叫自动重合闸？对自动重合闸的基本要求是什么？

7-6 备用电源自动投入装置的作用是什么？有哪些基本要求？

7-7 什么是变电所综合自动化？实现变电所综合自动化的优点是什么？

7-8 简述变电所综合自动化系统的基本功能。

7-9 变电所综合自动化的结构型式有哪几种？

# 第八章　防雷、接地与电气安全

防雷和接地是确保供配电系统安全运行的主要措施。本章主要介绍防雷和接地的基本概念、供配电系统的防雷措施和接地装置的设计等内容，并在最后简述安全用电的有关知识。

## 第一节　过电压与防雷

### 一、过电压的形式

电力系统在运行中，由于雷击、误操作、故障、谐振等原因引起的电气设备电压高于其额定工作电压的现象称为过电压。过电压按其产生的原因不同，可分为内部过电压和外部过电压两大类。

1. 内部过电压

内部过电压又分为操作过电压和谐振过电压等形式。对于因开关操作、负荷剧变、系统故障等原因而引起的过电压，称为操作过电压；对于系统中因电感、电容等参数在特殊情况下发生谐振而引起的过电压，称为谐振过电压。根据运行经验和理论分析表明，内部过电压的数值一般不超过电气设备额定电压的3.5倍，对电力系统的危害不大，可以从提高电气设备本身的绝缘强度来进行防护。

2. 外部过电压

外部过电压又称雷电过电压或大气过电压，它是由于电力系统的导线或电气设备受到直接雷击或雷电感应而引起的过电压。雷电过电压所形成的雷电流及其冲击波电压可高达几十万安和一亿伏，因此对电力系统的破坏性极大，必须加以防护。

### 二、雷电的基本知识

1. 雷电现象

雷云（即带电的云块）放电的过程称为雷电现象。当雷云中的电荷聚集到一定程度时，周围空气的绝缘性能被破坏，正、负雷云之间或雷云对地之间会发生强烈的放电现象。其中，雷云的对地放电（直接雷击）对地面的电力线路和建筑物破坏性较大，必须掌握其活动规律，采取严密的防护措施。

雷云的电位比大地高得多，由于静电感应使大地感应出大量异性电荷，两者组成了一个巨大的电容器。雷云中的电荷分布是不均匀的，常常形成多个电荷聚集中心。当雷云中电荷密集处的电场强度超过空气的绝缘强度（$30\text{kV/cm}^2$）时，该处的空气被击穿，形成一个导电通道，称为雷电先导或雷电先驱。当雷电先导进展到离地面100～300m时，地面上感应出来的异性电荷也相对集中，特别是易于聚集在地面上较高的突出物上，于是形成了迎雷先导。迎雷先导和雷电先导在空中相互靠近，当二者接触时，正、负电荷强烈中和，产生强大的雷电流并伴有雷鸣和闪光，这就是雷电的主放电阶段，时间很短，一般约为 50 ~ 100μs。主放电阶段过后，雷云中的剩余电荷沿主放电通道继续流向大地，称为放电的余辉阶段，时间约为 0.03 ~0.15s，但电流较小，约几百安。

2. 雷电流的特性

雷电流是一个幅值很大、陡度很高的冲击波电流，用快速电子示波器测得的雷电流波形如图 8-1 所示。雷电流从零上升到最大幅值这一部分，叫波头，一般只有 1 ~ 4μs；雷电流从最大幅值开始，下降到二分之一幅值所经历的时间，叫波尾，约数十微妙。图中，$I_m$ 为雷电流的幅值，其大小与雷云中的电荷量及雷云放电通道的阻抗（波阻抗）有关。

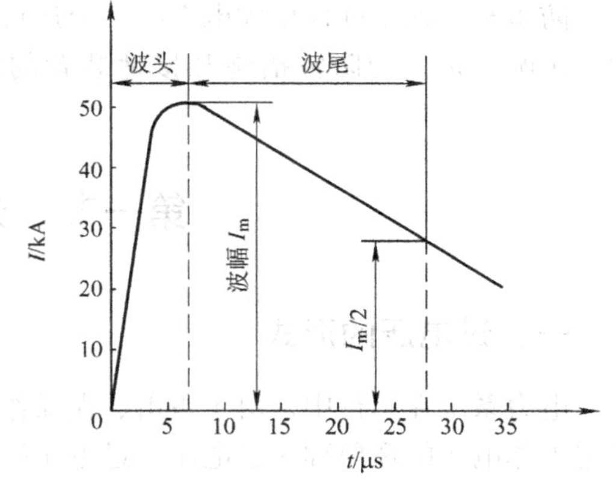

图 8-1 雷电流波形

雷电流的陡度 $\alpha$ 用雷电流在波头部分上升的速度来表示，即 $\alpha = \mathrm{d}i/\mathrm{d}t$。雷电流的陡度可能达到 50kA/μs 以上。一般说来，雷电流幅值愈大时，雷电流陡度愈大，产生的过电压（$u = L\mathrm{d}i/\mathrm{d}t$）越高，对电气设备绝缘的破坏性越严重。因此，如何降低雷电流陡度是防雷设计中的核心问题。

3. 雷电过电压的基本形式

（1）直击雷过电压（直击雷） 雷电直接击中电气设备、线路、建筑物等物体时，其过电压引起的强大雷电流通过这些物体放电入地，从而产生破坏性很大的热效应和机械效应。这种雷电过电压称为直击雷过电压。

（2）感应过电压（感应雷） 雷电未直接击中电气设备或其他物体，而是由雷电对线路、设备或其他物体的静电感应或电磁感应而引起的过电压。这种雷电过电压称为感应过电压。

感应过电压的形成过程如图 8-2 所示。当雷云出现在架空线路（或其他物体）上方时，由于静电感应，线路上积聚了大量异性的束缚电荷，如图 8-2a 所示。当雷云对地或对其他雷云放电后，线路上的束缚电荷被释放，形成自由电荷流向线路两端，产生很高的过电压，如图 8-2b 所示。高压线路的感应过电压可高达几十万伏，低压线路可达几万伏，对电力系统的危害都很大。

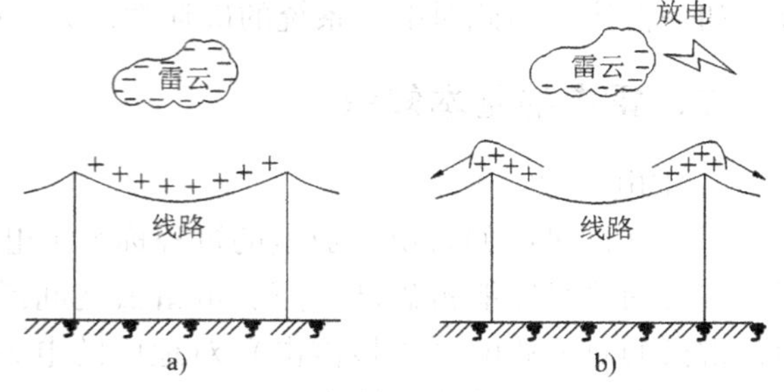

图 8-2 架空线路上的感应过电压

（3）雷电波侵入 架空线路遭到直接雷击或感应雷而产生的高电位雷电波，可能沿架空线略侵入变电所或其他建筑物而造成危险。这种雷电过电压形式称为雷电波侵入。据统计，这种雷电波侵入占电力系统雷电事故的 50% ~70% 以上，因此其防护问题应予以足够的重视。

4. 雷电活动强度及直击雷的规律

雷电活动的频繁程度通常用年平均雷暴日数来表示。只要一天中出现过雷电活动（包括看到雷闪和听到雷声），就算一个雷暴日。我国规定，年平均雷暴日不足15日的地区为少雷区；年平均雷暴日超过40日的地区为多雷区；年平均雷暴日超过90日的地区及雷害特别严重的地区为强雷区。年平均雷暴日数越多，说明该地区的雷电活动越频繁，因此防雷要求也越高，防雷措施就更需加强。我国各地区的年平均雷暴日见表8-1。

**表8-1　我国各地区的年平均雷暴日**

| 地区 | 年平均雷暴日 | 地区 | 年平均雷暴日 |
|---|---|---|---|
| 西北地区 | 20以下 | 长江以南北纬23°线以北 | 40~80 |
| 东北地区 | 30左右 | 长江以南北纬23°线以南 | 80以上 |
| 华北和中部地区 | 40~45 | 海南岛、雷洲半岛 | 120~130 |

表8-1说明，雷电活动的强度因地区而异。雷电活动的规律大致为：热而潮湿的地区比冷而干燥的地区雷暴多，且山区大于平原，平原大于沙漠，陆地大于湖海。此外，在同一地区内，雷电活动也有一定的选择性，雷击区的形成与地质结构（即土壤电阻率）、地面上的设施情况及地理条件等因素有关。一般而言，土壤电阻率小的地方易遭受雷击，在不同电阻率的土壤交界处易遭受雷击，山的东坡、南坡较山的北坡、西坡易遭受雷击，山岳地区易遭受雷击等。

建筑物的雷击部位与建筑物的高度、长度及屋顶坡度等因素有关，其大致规律为：建筑物的屋角和檐角雷击率最高；屋顶的坡度越大，屋脊的雷击率也越大，当坡度大于40°时，屋檐一般不会再受雷击；当屋顶坡度小于27°、长度小于30m时，雷击点多发生在山墙，而屋脊和屋檐一般不会再受雷击。此外，旷野中的孤立建筑物和建筑群中的高耸建筑物易遭受雷击；屋顶为金属结构、地下埋有大量金属管道及内部有大量金属设备的厂房易遭受雷击；排出有导电粉尘的厂房和废气管道、地下有金属矿物的地带以及变电所、架空线路等易遭受雷击。

5. 雷电的危害

雷电的破坏作用主要是雷电流引起的。它的危害主要表现在：雷电流的热效应可烧断导线和烧毁电力设备；雷电流的机械效应产生的电动力可摧毁设备、杆塔和建筑，伤害人畜；雷电流的电磁效应可产生过电压，击穿电气设备绝缘，甚至引起火灾、爆炸，造成人身伤亡；雷电的闪络放电可烧坏绝缘子，使断路器跳闸或引起火灾，造成大面积停电。

## 三、防雷装置

防雷装置由接闪器、引下线和接地装置三部分组成。

接闪器又称受雷装置，是接受雷电流的金属导体，常用的有避雷针、避雷线和避雷网（带）三种类型。引下线应保证雷电流通过时不致熔化，一般用直径不小于10mm的圆钢或截面面积不小于80$mm^2$的扁钢制成。当采用钢筋混凝土杆、钢结构作支持物时，可利用钢筋作接地引下线。接地装置是埋在地下的接地导线和接地体的总称，它的电阻值很小，一般不大于10Ω，因此可更有效地将雷电流泄入大地。

不同的被保护对象应选用不同的接闪器。一般而言，避雷针主要用于保护发电厂、变电站及其他独立的建筑物；避雷线主要用于保护输电线路或建筑物的某些部位；避雷网主要用于保护重要建筑物或高山上的文物古迹等。

接闪器的类型虽然不同，但其作用原理相同，都是将雷电吸引到自身，并经引下线和接地装置将雷电流安全地泄入大地，从而保护附近的电力设备和建筑物免遭雷击。

（一）避雷针

避雷针通常采用镀锌圆钢或镀锌焊接钢管制成。针长1m以下时，圆钢直径不小于12mm，钢管直径不小于20mm；针长1～2m时，圆钢直径不小于16mm，钢管直径不小于25mm。它通常安装在钢筋水泥杆（支柱）或构架上，它的下端要经引下线与接地装置连接。

避雷针的保护范围，以它能够防护直击雷的保护空间来表示。

我国过去的防雷设计规范，对避雷针和避雷线的保护范围都是按“折线法”来确定的，实践证明是安全的，已装避雷设施不可能废除，因此目前在输配电线路和配电所中仍被采用，其具体计算方法可参考相关书籍，本书不再赘述。而现行国家标准GB 50057—1994《建筑物防雷设计规范》则规定采用“滚球法”来确定，以便与国际电工委员会（IEC）标准接轨，因此本书重点介绍“滚球法”。

所谓“滚球法”，就是选择一个半径为$h_r$（滚球半径）的球体，沿需要防护直击雷的部位滚动，如果球体只接触到避雷针（线）或避雷针（线）与地面，而不触及需要保护的部位，则该部位就在避雷针（线）的保护范围之内。

1. 单支避雷针的保护范围

按GB 50057—1994规定，单支避雷针的保护范围应按下列方法确定（见图8-3）。

（1）当避雷针高度$h \leqslant h_r$时

1）在距地面$h_r$处作一平行于地面的平行线。

2）以避雷针的针尖为圆心、$h_r$为半径作弧线，交于平行线的$A$、$B$两点。

3）以$A$、$B$为圆心，以$h_r$为半径作弧线，该弧线与针尖相交并与地面相切。从该弧线起到地面为止的整个锥形空间，就是避雷针的保护范围。

4）避雷针在$h_x$高度的$XX'$平面上的保护半径，按下式计算：

$$r_x = \sqrt{h(2h_r - h)} - \sqrt{h_x(2h_r - h_x)} \qquad (8\text{-}1)$$

式中，$h_r$为滚球半径（m），按表8-2确定；$r_x$为避雷针在$h_x$高度的$XX'$平面上的保护半径（m）；$h_x$为被保护物的高度（m）。

5）避雷针在地面上的保护半径，按下式计算：

$$r_0 = \sqrt{h(2h_r - h)} \qquad (8\text{-}2)$$

（2）当避雷针高度$h > h_r$时　在避雷针上取高度为$h_r$的一点代替避雷针的针尖作为圆心，其余的画法与$h \leqslant h_r$时相同。

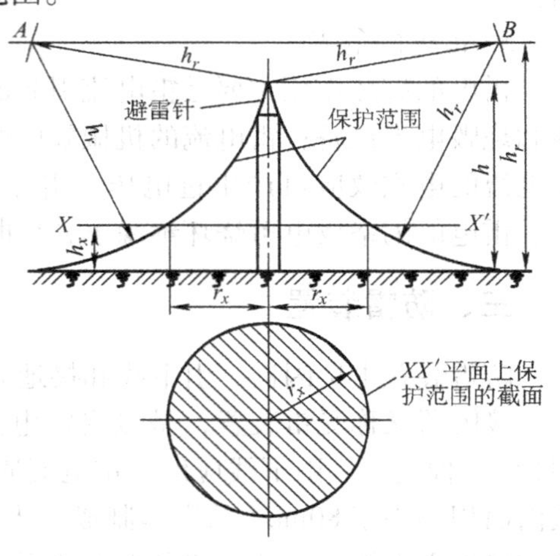


图8-3　单支避雷针的保护范围

表 8-2　按建筑物的防雷类别确定滚球半径和避雷网尺寸

| 建筑物的防雷级别 | 一级防雷建筑物 | 二级防雷建筑物 | 三级防雷建筑物 |
|---|---|---|---|
| 滚球半径 $h_r$/m | 30 | 45 | 60 |
| 避雷网尺寸（m×m） | 5×5 | 10×10 | 20×20 |

表 8-2 中建筑物的防雷级别，是根据其重要性、使用性质以及发生雷击事故的可能性和造成后果来划分的，共分为三级：

一级防雷建筑物是指具有特别重要用途的建筑物，如国家级会堂、办公建筑、档案馆、大型博展建筑、大型铁路客运站、国际型航空港、国宾馆、国际港口客运站，国家级重点文物保护建筑物以及高度超过 100m 的建筑物等。

二级防雷建筑物是指重要的或人员密集的大型建筑物，如省部级办公楼、会堂、博展、体育、交通、通信、广播等建筑物，省级重点文物保护建筑物，高度超过 50m 的建筑物以及大型计算中心和装有重要电子设备的建筑物。

三级防雷建筑物是指预计年雷击次数大于或等于 0.05 或经过调查确认需要防雷的建筑物，建筑群中最高或位于建筑群边缘高度超过 20m 的建筑物，高度为 15m 及以上的烟囱、水塔等孤立建筑物等。

**例 8-1**　某厂一座高 30m 的水塔旁边，建有一锅炉房（属第三类防雷建筑物），尺寸如图 8-4 所示，水塔上面安装一支 2m 高的避雷针，试问该避雷针能否保护这一锅炉房。

**解：** 查表 8-2 得滚球半径 $h_r=60\text{m}$，而 $h=30\text{m}+2\text{m}=32\text{m}$，$h_x=8\text{m}$，由式（8-1）得避雷针的保护半径为

$$r_x=\sqrt{32\times(2\times60-32)}\text{m}-\sqrt{8\times(2\times60-8)}\text{m}=23.13\text{m}$$

现锅炉房在 $h_x=8\text{m}$ 高度上最远一角距离避雷针的水平距离为

$$r=\sqrt{(10+8)^2+5^2}\text{m}=18.68\text{m}<23.13\text{m}$$

由此可见，水塔上的避雷针能保护这一锅炉房。

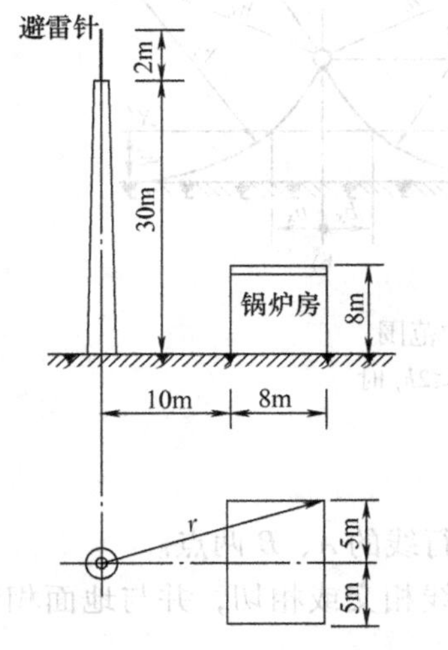


图 8-4　例 8-1 避雷针的保护范围

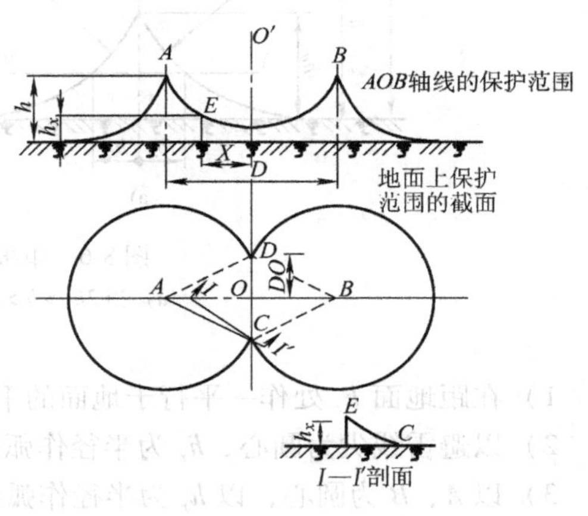


图 8-5　双支等高避雷针的保护范围

2. 双支等高避雷针的保护范围

如图 8-5 所示，在 $h \leqslant h_r$ 的情况下，当 $D \geqslant 2\sqrt{h(2h_r - h)}$ 时，各按单支避雷针所规定的方法确定；当 $D < 2\sqrt{h(2h_r - h)}$ 时，按下列方法确定。

1）$ABCD$ 外的保护范围，应按单支避雷针所规定的方法确定。

2）$C$、$D$ 点位于两针间的垂直平分线上。在地面每侧的最小保护宽度应按下式计算：

$$b_0 = \overline{CO} = \overline{DO} = \sqrt{h(2h_r - h) - (D/2)^2} \tag{8-3}$$

在 $AOB$ 轴线上，$A$、$B$ 间的保护范围上边线按下式确定：

$$h_x = h_r - \sqrt{(h_r - h)^2 + (D/2)^2 - X^2} \tag{8-4}$$

式中，$X$ 为距中心线的距离。

实际上，该保护范围上边线是以中心线距地面 $h_r$ 的一点 $O'$ 为圆心、以 $\sqrt{(h_r - h)^2 + (D/2)^2}$ 为半径作的圆弧。

3）两针间 $ABCD$ 内的保护范围，$ACO$、$BCO$、$ADO$、$BDO$ 各部分是类同的。以 $ACO$ 部分的保护范围为例，按以下方法确定：在 $h_x$ 和 $C$ 点所处的垂直平面上，以 $h_x$ 作为假想避雷针，按单支避雷针所规定的方法确定（见 $I$—$I'$ 剖面）。

双支不等高避雷针的保护范围可参看 GB 50054—1994 或有关设计手册。

（二）避雷线

避雷线一般采用截面面积不小于 $35\text{mm}^2$ 的镀锌钢绞线，架设在架空线路上面，以保护架空线路或其他物体（包括建筑物）免受雷击。由于避雷线既是架空，又要接地，因此它又称为架空地线。避雷线的功能和原理与避雷针基本相同。

单根避雷线的保护范围，按 GB 50054—1994 规定，当避雷线的高度 $h \geqslant 2h_r$ 时，无保护范围。当避雷线的高度 $h < 2h_r$ 时，应按下列方法确定（见图 8-6）。

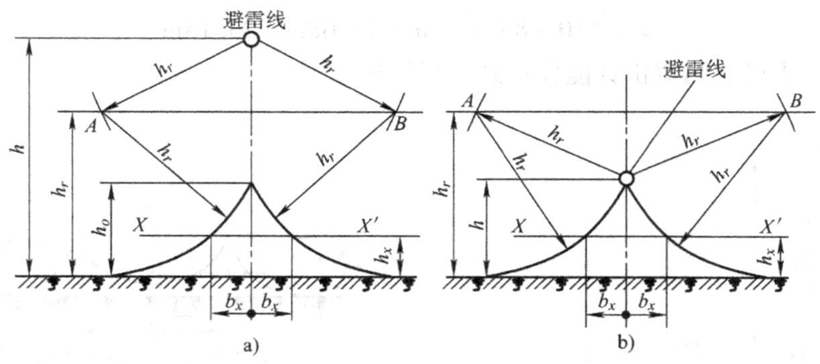


图 8-6　单根避雷线的保护范围

a）当 $2h_r > h > h_r$ 时　b）当 $h \leqslant 2h_r$ 时

1）在距地面 $h_r$ 处作一平行于地面的平行线。

2）以避雷线尖为圆心、$h_r$ 为半径作弧线，交于平行线的 $A$、$B$ 两点。

3）以 $A$、$B$ 为圆心，以 $h_r$ 为半径作弧线，该两弧线相交或相切，并与地面相切。从该弧线起到地面止就是避雷线的保护范围。

4）当 $2h_r > h > h_r$ 时，保护范围最高点的高度 $h_0$ 按下式计算：

$$h_0 = 2h_r - h \tag{8-5}$$

5）避雷线在 $h_x$ 高度的 $XX'$ 平面上的保护半径宽度 $b_x$ 按下式计算：

$$b_x = \sqrt{h(2h_r - h)} - \sqrt{h_x(2h_r - h_x)} \tag{8-6}$$

式中，$h$ 为避雷线的高度（m）；$h_x$ 为被保护物的高度（m）。

关于两根等高避雷线的保护范围可参看 GB 50054—1994 或有关设计手册。

110kV 及以上的架空输电线路，一般应全线装设避雷线；35kV 架空线路只在进变电所 1～2km线路上装设避雷线；10kV 架空线路的电杆较低，遭受雷击的概率较小，而且绝缘子的耐压水平较高，所以一般不装设避雷线。

（三）避雷带和避雷网

避雷带和避雷网主要用于保护高层建筑免遭雷击。避雷网和避雷带通常采用圆钢或扁钢焊接而成，并沿房屋边缘或屋顶敷设。圆钢直径不小于 8mm，扁钢截面面积不小于 $48\text{mm}^2$，其厚度不小于 4mm。当烟囱上采用避雷环时，其圆钢直径不小于 12mm，扁钢截面面积不小于 $100\text{mm}^2$，其厚度不小于 4mm。避雷网的网格尺寸要求见表 8-2。

## 四、供配电系统的防雷措施

1. 架空线路的防雷措施

（1）架设避雷线　这是架空线路防雷的有效措施，但造价高，因此只在 60kV 及以上的架空线路上才沿全线装设避雷线。对于 35kV 架空线路，一般只是在进出变电所的一段线路（如 1～2km 长）上装设避雷线，而 10kV 及以下线路一般不装设避雷线。

（2）提高线路本身的绝缘水平　在架空线路上采用瓷横担代替铁横担或改用高一绝缘等级的绝缘子都可以提高线路的绝缘水平，这是 10kV 及以下线路防雷的基本措施。

（3）利用三角形排列的顶线兼作防雷保护线　由于 3～10kV 线路是中性点不接地系统，因此可在三角形排列的顶线绝缘子上装设保护间隙，当出现雷电过电压时，顶线绝缘子上的保护间隙被击穿，通过接地引下线对地泄放雷电流，从而保护了下面的两根导线，也不会引起线路断路器跳闸。

（4）装设自动重合闸　线路因雷击放电而产生的短路是由电弧引起的，在断路器跳闸后电弧会自行熄灭。如果线路上装设自动重合闸装置，使断路器经过一定时间后自动重合闸，即可恢复供电。

（5）加强对绝缘薄弱点的保护　对架空线路上个别绝缘薄弱的地点，如跨越杆、转角杆等处，可装设排气式避雷器或保护间隙加以保护。

2. 变配电所的防雷措施

工厂变配电所的防雷主要有两个重要方面，一是要防止变配电所建筑物和户外配电装置遭受直击雷，二是防止过电压雷电波沿线路侵入变电所，危及变配电所电气设备的安全。工厂变配电所一旦遭到雷击而损坏后，其后果和影响十分严重，因此一般均按一级防雷建筑物的标准进行防雷设计。

（1）直击雷的防护措施　变配电所内的设备和建筑物必须有完善的直击雷防护装置，通常采用独立避雷针。独立避雷针应有独立的接地体，但当受到雷击时，雷电流沿着接闪器、引下线和接地体流入大地，并且在它们上面产生很高的电位。如果避雷针与附近设施之间的绝缘距离不够时，两者之间会发生强烈的放电现象，这种情况称为反击。反击可引起电气设备绝缘破坏，金属管道被击穿，甚至引起火灾、爆炸和人身伤亡。为了防止反击事故的发生，避雷针与附近其他金属导体之间必须保持足够的安全距离。

根据过电压保护设计规程规定，独立避雷针及其引下线与其他金属物体在空气中的安全距离应满足下式要求：

$$S_{saf} \geqslant 0.3R_{sh} + 0.1h_x \tag{8-7}$$

式中，$S_{saf}$为空气中的安全距离（m）；$R_{sh}$为独立避雷针（线）的冲击接地电阻（Ω）；$h_x$为避雷针校验点的高度（即被保护物的高度）（m）。

$S_{saf}$一般不应小于5m。

独立避雷针的接地体与变电所接地网间的最小地中距离应满足下式要求：

$$S_E \geqslant 0.3R_{sh} \tag{8-8}$$

式中，$S_E$为地中的安全距离（m），一般不应小于3m。

（2）雷电侵入波的防护措施　由于线路落雷比较频繁，且其绝缘水平远高于变压器或其他设备，所以雷电侵入波是造成变配电所雷害事故的主要原因。

对于雷电侵入波的过电压保护是利用阀式避雷器以及与阀式避雷器相配合的进线段保护。阀式避雷器的作用是限制电气设备上的过电压幅值；进线段保护的作用是使雷不直接击在导线上，且利用进线段本身阻抗来限制流过的雷电流幅值，利用导线的电晕损耗来降低雷电波陡度。

图8-7为全线无避雷线的35～110 kV（少雷区）变电所目前普遍采用的防雷保护方案。

在变电所1～2km进线段架设避雷线，主要是作为进线段的直击雷防护措施。在这段线路上发生直接雷击时，如果没有这段避雷线，将使流过避雷器的电流过大；装设这段避雷线后，可减轻避雷器的负担。

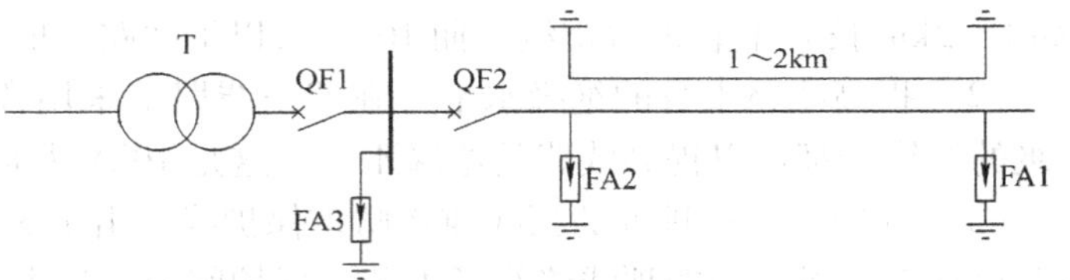

图8-7　35～110kV变电所的进线保护方案

排气式避雷器FA1的装设条件是，在木杆或木横担钢筋混凝土杆线路进线段首端，为了降低雷电侵入波的幅值，应装设一组排气式避雷器FA1（其工频接地电阻不宜超过10Ω），但是铁塔或铁横担、瓷横担的钢筋混凝土杆线路，以及全线有避雷线的线路，其进线段首端可不装设FA1。

排气式避雷器FA2的装设条件是，如果变电所35～110kV进线隔离开关或断路器在雷季经常断开运行，同时线路侧又带电，则必须在靠近隔离开关或断路器处装设一组排气式避雷器FA2，以防当沿线有雷电波侵入时，由于波的反射，使隔离开关或断路器断开点的电压为进线保护段侵入波电压的两倍，造成开路的隔离开关或断路器对地闪络，甚至烧毁开关触头。此时，FA2应该动作，使开关承受的电压降低。但在断路器闭合运行情况下雷电侵入波到来时，FA2应不动作，即此时FA2应在变电所阀式避雷器FA3的保护范围之内。

母线上的阀式避雷器FA3，主要用于保护变压器、电压互感器等所有高压电气设备。根据规程规定，变电所的每组母线都应装设阀式避雷器，变电所内所有避雷器，均应以最短的接地线与配电装置的主接地网连接。

对于容量较小的35kV变电所，可根据其重要性和雷电活动情况，酌情简化进线保护措施，如变电所进线段避雷线的长度可缩短为500~600m，但其首端排气式避雷器的接地电阻不应超过5Ω。

对于有电缆进线段的架空线路，避雷器应装设在电缆头附近，其接地端应和电缆金属外皮相连。

## 第二节 电气装置的接地

### 一、接地的有关概念

1. 接地装置

电气设备的某部分与大地之间做良好的电气连接，称为接地。直接与大地接触的金属导体，称为接地体。连接接地体与电气设备接地部分的金属导体，称为接地线。接地体与接地线的总和，称为接地装置。由若干个接地体在大地中相互用接地线连接起来的一个整体，称为接地网，如图8-8所示。

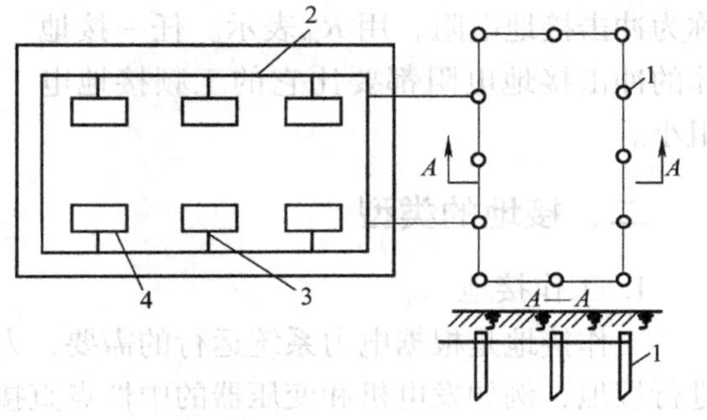


图8-8 接地网示意图

1—接地体 2—接地干线 3—接地支线 4—电气设备

2. 地和对地电压

当电气设备发生接地故障时，接地电流($I_E$)通过接地体向大地作半球形散开，如图8-9所示。该半球体就是接地电流的导体，该半球形球面就是接地电流通过的导体截面。距接地体越近，半球面积越小，其流散电阻越大，接地电流通过此处的电位也越高。反之，距接地体越远，半球面积越大，其散流电阻越小，接地电流通过此处的电位也越低。其电位分布曲线如图8-9所示。

试验证明：在距接地体20m以外的地方，散流电阻已趋近于零，也即电位趋近于零。该电位等于零的地方称为电气上的“地”或“大地”。电气设备的接地部分(如接地的外壳、接地体等)与零电位地之间的电位差，称为接地部分的对地电压，用$U_E$表示。

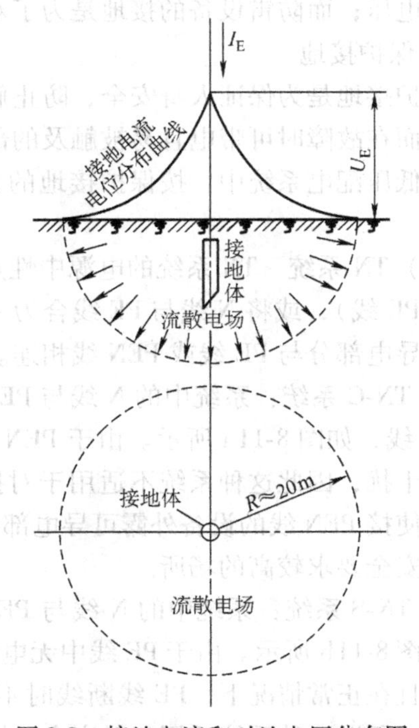


图8-9 接地电流和对地电压分布图

3. 接触电压和跨步电压

当电气设备发生接地故障时，接地电流流过接地体向大地流散时，大地表面形成分布电位。人体触及的电气设备和大地上任意两点之间的电位差，称为接触电压，如图8-10中的$U_{tou}$。人在接地故障点附近行走时，两脚之间的电位差，称为跨步电压，如图 8-10 中的 $U_{step}$。

4. 接地电阻

接地体的对地电压与通过接地体流入地中的电流之比，称为流散电阻。

电气设备接地部分的对地电压与接地电流之比，称为接地装置的接地电阻。接地电阻等于接地线的电阻与散流电阻之和。因接地线的电阻甚小，可忽略不计，因此可认为接地电阻等于流散电阻。

工频接地电流流经接地装置所呈现的接地电阻，称为工频接地电阻，用 $R_E$ 表示；雷电流流经接地装置所呈现的电阻，称为冲击接地电阻，用 $R_{sh}$ 表示。任一接地体的冲击接地电阻都要比它的工频接地电阻小。

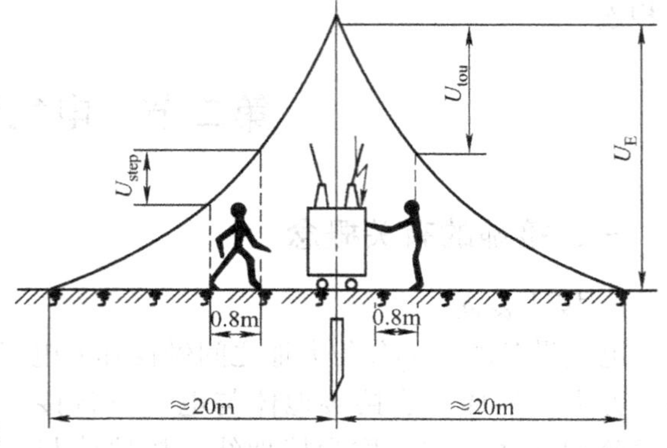


图 8-10 接触电压和跨步电压

## 二、接地的类型

1. 工作接地

工作接地是根据电力系统运行的需要，人为地将电力系统中性点或电气设备的某一部分进行接地，例如发电机和变压器的中性点直接接地或经消弧线圈接地、防雷设备的接地等。各种工作接地都有各自的功能。电源中性点直接接地，能在运行中维持三相系统的相线对地电压不变；电源中性点经消弧线圈接地，能在单相接地时消除接地点的断续电弧，避免系统出现过电压；而防雷设备的接地是为了对地泄放雷电流，以达到防雷保护的目的。

2. 保护接地

保护接地是为保证人身安全、防止触电事故，将电气设备的外露可导电部分（指正常不带电而在故障时可带电且易被触及的部分，如金属外壳和构架等）与地作良好的连接。

在低压配电系统中，按保护接地的方式不同，可分为三类，即 TN 系统、TT 系统和 IT 系统。

（1）TN 系统　TN 系统的电源中性点直接接地，并从中性点引出有中性线（N 线）、保护线（PE 线），或将 N 线与 PE 线合为一体的保护中性线（PEN 线），该系统中电气设备的外露可导电部分与 PE 线或 PEN 线相连。TN 系统又分为三种型式：

1）TN-C 系统：系统中的 N 线与 PE 线合为一根 PEN 线，所有设备的外露可导电部分均接 PEN 线，如图 8-11a 所示。由于 PEN 线中有电流流过，可对接 PEN 线的某些电气设备产生电磁干扰，因此这种系统不适用于对抗电磁干扰要求较高的场所。此外，如果 PEN 线断线，可使接 PEN 线的设备外露可导电部分带电而造成人身触电危险，因此 TN-C 系统也不适用于对安全要求较高的场所。

2）TN-S 系统：系统中的 N 线与 PE 线完全分开，所有设备的外露可导电部分均接 PE 线，如图 8-11b 所示。由于 PE 线中无电流流过，因此不会对接 PE 线的电气设备产生电磁干扰。而且在正常情况下，PE 线断线时不会使接 PE 线的设备外露可导电部分带电，因此比较安全，所以这种系统适用于对安全及抗电磁干扰要求较高的场所。

3）TN-C-S 系统：系统中前面线路采用 TN-C 系统，而后面线路部分或全部采用 TN-S 系统，所有设备的外露可导电部分接 PEN 线或 PE 线，如图 8-11c 所示。这种系统比较灵活，对安全及抗电磁干扰要求较高的场所采用 TN-S 系统，其他场所则采用 TN-C 系统。因此，TN-C-S 系统兼有 TN-C 系统和 TN-S系统的优越性，经济适用。

TN 系统相当于我国原先的保护接零系统，它的作用是，一旦电气设备发生单相碰壳（即形成单相短路），应保证保护设备（低压断路器或熔断器等）动作，迅速将故障设备切除，以便减小人的触电概率和触电时间。

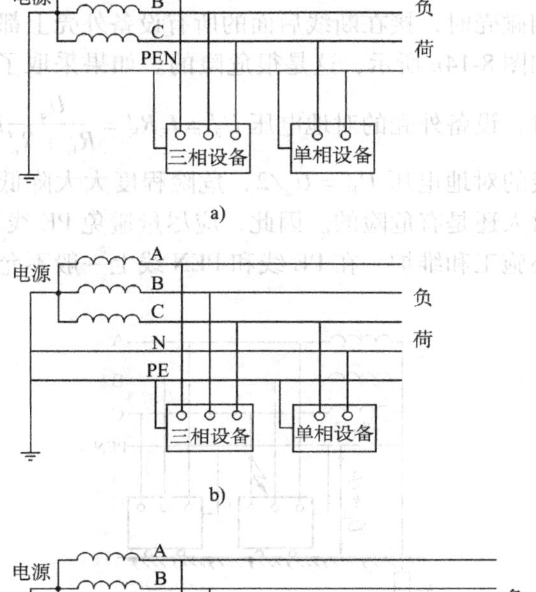


图 8-11 TN 系统示意图

a）TN-C 系统 b）TN-S 系统 c）TN-C-S 系统

（2）TT 系统 TT 系统的电源中性点直接接地，并引出有 N 线，属三相四线制系统，电气设备的外露可导电部分均经各自的接地装置（PE 线）单独接地，如图 8-12 所示。由于系统中各设备的 PE 线是分别直接接地的，彼此之间无电磁干扰，因此这种系统适用于对抗电磁干扰要求较高的场所。但在这种系统中，若有设备绝缘不良或损坏而使其外露可导电部分带电时，由于其漏电电流较小，往往不足以使线路上的过电流保护装置动作，从而增加了触电的危险。因此，为保证人身安全，这种系统中必须装设灵敏的漏电保护装置。

（3）IT 系统 IT 系统的电源中性点不接地或经高阻抗（约 1000Ω）接地，通常不引出 N 线，属三相三线制系统，电气设备的外露可导电部分均经各自的接地装置（PE 线）单独接地，如图 8-13 所示。此系统中各设备之间也不会产生电磁干扰，而且当发生一相接地故障时，所有三相用电设备仍可暂时继续运行，但需装设绝缘监视装置或单相接地保护发出报警信号。

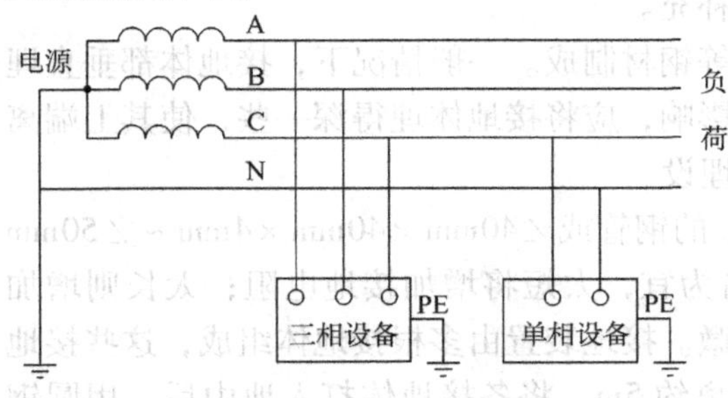


图 8-12 TT 系统示意图

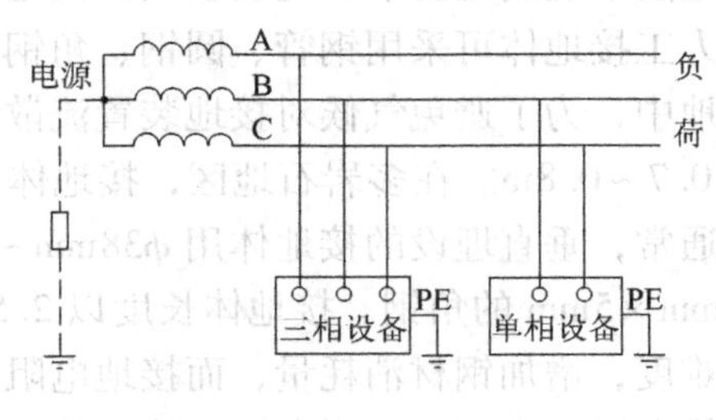


图 8-13 IT 系统示意图

3. 重复接地

在 TN 系统中，为了避免 PE 线或 PEN 线断开时系统失去保护作用，除在电源中性点必须采用工作接地外，PE 线或 PEN 线还应在下列地方重复接地：①架空线路末端及沿线每隔 1km 处；②电缆和架空线路引入车间或其他大型建筑物处。

如果没有采取重复接地，当发生 PE 线或 PEN 线断线，且在断线的后面又有设备发生一相碰壳时，接在断线后面的所有设备外壳上都将呈现接近于相电压的对地电压，即 $U_E \approx U_\varphi$，如图 8-14a 所示，这是很危险的。如果采取了重复接地（见图 8-14b），则在发生同样故障时，设备外壳的对地电压 $U_E' = I_E R_E' = \dfrac{U_\varphi}{R_E + R_E'} R_E'$。若 $R_E = R_E'$，则断线后面一段 PE 线或 PEN 线的对地电压 $U_E' = U_\varphi/2$，危险程度大大降低了。实际上，由于 $R_E' > R_E$，所以 $U_E' > U_\varphi/2$，对人还是有危险的。因此，应尽量避免 PE 线和 PEN 线的断线事故，对 PE 线和 PEN 线应精心施工和维护。在 PE 线和 PEN 线上一般不允许装设开关或熔断器。

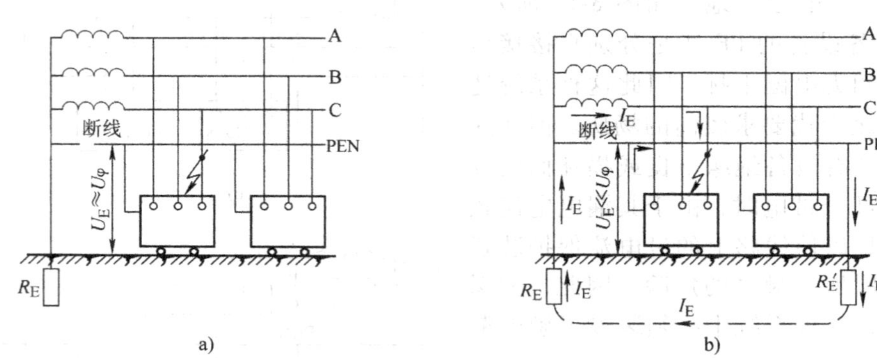


图 8-14 重复接地的作用说明

a）无重复接地 b）有重复接地

## 三、接地装置的装设

在设计和装设接地装置时，应充分利用自然接地体以节约投资和钢材。凡是与大地有可靠接触的金属导体，如埋入地下的金属管道（有可燃和爆炸物质的除外）、建筑物的钢结构和钢筋、行车的钢轨、电缆金属外皮等都可作为自然接地体。如果实地测量所利用的自然接地体电阻不能满足要求，应装设人工接地体作为补充。

人工接地体可采用钢管、圆钢、角钢、扁钢等钢材制成。一般情况下，接地体都垂直埋设于地中，为了避免气候对接地装置流散电阻的影响，应将接地体埋得深一些，使其上端离地面 0.7～0.8m。在多岩石地区，接地体可水平埋设。

通常，垂直埋设的接地体用 $\phi$38mm～$\phi$50mm 的钢管或∠40mm×40mm×4mm～∠50mm×50mm×5mm 的角钢。接地体长度以 2.5m 左右为宜，太短将增加接地电阻；太长则增加施工难度，增加钢材消耗量，而接地电阻减小甚微。接地装置由多根接地体组成，这些接地体成排布置，也可以环形布置。接地体之间的距离约 5m，将各接地体打入地中后，用圆钢或扁钢连成一体。

水平埋设的接地体可用 $\phi$16mm 的圆管或 40mm × 4mm 的扁钢。水平接地体多呈放射形布置，也可成排布置或环形布置。

接地线应采用 20mm × 4mm ~ 40mm × 4mm 的扁钢。

接地网的布置，应使接地装置附近的电位分布尽可能均匀，以降低接触电压和跨步电压，保证人身安全。人工接地网的外缘应闭合，外缘各角应做成圆弧形。当不能满足接触电压和跨步电压的要求时，人工接地网内应加装均压带。

一般 10kV 户内变电所的接地装置均布置在变电所主建筑物四周，距墙不小于 3m。35 ~ 110kV 有户外配电装置的变电所，其接地体可布置在变电所周围或户内配电装置四周。

电力系统在不同情况下对接地电阻的要求是不同的。表 8-3 给出了电力系统不同接地装置所要求的接地电阻允许值。

**表 8-3　电力系统常见电气设备的接地电阻允许值**

<table>
<tr><th>序号</th><th colspan="2">项目与设备名称</th><th>接地电阻/Ω</th></tr>
<tr><td>1</td><td colspan="2">1kV 以上大接地电流系统的设备</td><td>$R_E \leqslant 0.5$</td></tr>
<tr><td>2</td><td rowspan="2">1kV 以上小接地电流系统的设备</td><td>与低压电气设备共用</td><td>$R_E \leqslant \frac{120}{I_E}$</td></tr>
<tr><td>3</td><td>仅用于高压电气设备</td><td>$R_E \leqslant \frac{250}{I_E}$</td></tr>
<tr><td>4</td><td rowspan="3">1kV 以下低压电气设备</td><td>一般情况</td><td>$R_E \leqslant 4$</td></tr>
<tr><td>5</td><td>100kV · A 及以下发电机或变压器中性点接地</td><td>$R_E \leqslant 10$</td></tr>
<tr><td>6</td><td>发电机、变压器并联工作，但总容量不超过 100kV · A</td><td>$R_E \leqslant 10$</td></tr>
<tr><td>7</td><td rowspan="2">低压系统重复接地</td><td>序号 4 的重复接地装置</td><td>$R_E \leqslant 10$</td></tr>
<tr><td>8</td><td>序号 5、6 的重复接地装置</td><td>$R_E \leqslant 30$</td></tr>
<tr><td>9</td><td rowspan="2">高土壤电阻率区</td><td>大接地电流系统</td><td>$R_E \leqslant 5$</td></tr>
<tr><td>10</td><td>小接地电流系统</td><td>$R_E \leqslant 15$</td></tr>
<tr><td>11</td><td rowspan="3">无避雷线的架空线路</td><td>小接地电流系统钢筋混凝土杆、金属杆</td><td>$R_E \leqslant 30$</td></tr>
<tr><td>12</td><td>低压线路钢筋混凝土杆、金属杆</td><td>$R_E \leqslant 30$</td></tr>
<tr><td>13</td><td>低压进户线绝缘子铁塔</td><td>$R_E \leqslant 30$</td></tr>
<tr><td>14</td><td colspan="2">独立避雷针和避雷线</td><td>$R_E \leqslant 10$</td></tr>
</table>

注：$I_E$ 为电网接地电流。

## 四、接地电阻的计算

1. 工频接地电阻的计算

自然接地体的种类较多，其工频接地电阻的计算方法复杂且各不相同，在工程设计中，一般可通过实际测量或查阅有关设计手册获得。

人工接地体的形状各异，他们的工频接地电阻计算方法也各不相同。限于篇幅，这里仅介绍垂直人工接地体工频接地电阻的简易计算公式。

单根垂直管形接地体的接地电阻 $R_{E(1)}$ 为

$$R_{E(1)} \approx 0.3\rho \tag{8-9}$$

式中，$\rho$ 为土壤电阻率（Ω · m），见表 8-4。

表 8-4 常见土壤电阻率参考值

| 土壤性质 | 电阻率近似值/Ω·m | 不同情况下电阻率的变化范围/Ω·m | | |
|---|---|---|---|---|
| | | 较湿时 | 较干时 | 地下水含盐碱时 |
| 陶黏土 | 10 | 5~20 | 10~100 | 3~10 |
| 泥炭、泥灰岩、沼泽地 | 20 | 10~30 | 50~300 | 3~30 |
| 捣碎的木炭 | 40 | — | — | — |
| 黑土、田园土、陶土 | 50 | 30~100 | 50~300 | 10~30 |
| 黏土 | 60 | 30~100 | 50~300 | 10~30 |
| 砂质黏土 | 100 | 30~80 | 80~1000 | 10~30 |
| 黄土 | 200 | 100~200 | 250 | 30 |
| 含砂黏土、砂土 | 300 | 100~1000 | 1000 以上 | 30~100 |
| 多石土壤 | 400 | — | — | — |
| 砂、砂砾 | 1000 | 250~1000 | 1000~2500 | — |

当有 $n$ 根垂直接地体并联时，入地的流散电流将相互排挤，这种影响入地电流流散的作用，称为屏蔽效应。由于这种屏蔽效应，使接地装置的利用率有所下降，因此引入利用系数 $\eta$。此外，对以垂直接地体为主的接地装置，在计算中可以不单独计算水平接地体的接地电阻，考虑到它的作用，一般垂直接地体可减少 10%。因此 $n$ 根并联垂直接地体的接地电阻可按下式计算：

$$R_{\mathrm{E}}=0.9\frac{R_{\mathrm{E}(1)}}{n\eta} \tag{8-10}$$

式中，$\eta$ 为接地体的利用系数，见表 8-5 和表 8-6。

表 8-5 成排垂直敷设的管形接地体的利用系数

| 管间距离与管长之比 | 管子根数 | | | | | |
|---|---|---|---|---|---|---|
| | 2 | 3 | 5 | 10 | 15 | 20 |
| 1 | 0.84~0.87 | 0.76~0.80 | 0.67~0.72 | 0.56~0.62 | 0.51~0.56 | 0.47~0.50 |
| 2 | 0.90~0.92 | 0.85~0.88 | 0.79~0.83 | 0.72~0.77 | 0.66~0.73 | 0.63~0.70 |
| 3 | 0.93~0.95 | 0.90~0.92 | 0.85~0.88 | 0.79~0.83 | 0.76~0.80 | 0.74~0.79 |

注：该表中数据未计入连接扁钢的影响。

表 8-6 环形垂直敷设的管形接地体的利用系数

| 管间距离与管长之比 | 管子根数 | | | | | |
|---|---|---|---|---|---|---|
| | 4 | 6 | 10 | 20 | 30 | 40 |
| 1 | 0.66~0.72 | 0.58~0.65 | 0.52~0.58 | 0.44~0.50 | 0.41~0.47 | 0.35~0.44 |
| 2 | 0.76~0.80 | 0.71~0.75 | 0.66~0.71 | 0.61~0.66 | 0.58~0.63 | 0.55~0.61 |
| 3 | 0.84~0.86 | 0.78~0.82 | 0.74~0.78 | 0.68~0.73 | 0.66~0.71 | 0.64~0.69 |

注：该表中数据未计入连接扁钢的影响。

2. 接地装置的设计计算

1）按设计规范要求确定所设计变电所的接地电阻允许值 $R_{\mathrm{E}}$（查表 8-3）。

2）实测或估算可以利用的自然接地体的接地电阻 $R_{\mathrm{E(nat)}}$。

3）计算需要装设的人工接地体的接地电阻 $R_{\mathrm{E(man)}}$：

$$R_{E(man)}=\frac{R_{E(nat)}R_E}{R_{E(nat)}-R_E} \tag{8-11}$$

如果不考虑自然接地体，则 $R_{E(man)}=R_E$。

4）根据设计经验，初步拟订接地体埋设方案，并试选接地体和连接导线尺寸。

5）计算单根接地体的接地电阻 $R_{E(1)}$。

6）按下式计算接地体的数量 $n$：

$$n=\frac{0.9R_{E(1)}}{\eta R_{E(man)}} \tag{8-12}$$

以上介绍的是工频接地电阻的计算方法，关于冲击接地电阻的计算，可按 GB 50057—1994《建筑物防雷设计规范》的规定，与工频接地电阻进行换算获得。由于强大的雷电流泄放入地后，土壤被雷电波击穿并产生火花，使地中的流散电阻显著下降，因此冲击接地电阻一般是小于工频接地电阻的。

**例 8-2** 某 10/0.4kV 车间变电所，主变压器容量为 630kV · A，采用 Yyn0 联结。已知与变压器高压侧有电气联系的架空线路长度为 100km，电缆线路长度为 10km，当地土质为砂质黏土，可利用的自然接地体的实测电阻为 20Ω。试确定此变电所的公共人工接地装置。

**解**：（1）确定此变电所的接地电阻允许值　此变电所 10kV 侧为小电流接地系统，其接地电流为

$$I_E=I_C=\frac{U_N(l_{oh}+35l_{cab})}{350}=\frac{10\times(100+35\times10)}{350}\mathrm{A}=12.9\mathrm{A}$$

按表 8-3，此变电所公共接地装置的接地电阻应满足以下两个条件：

$$R_E\leqslant120/I_E=120/12.9\Omega=9.3\Omega$$

$$R_E\leqslant4\Omega$$

故此变电所公共接地装置的接地电阻应不大于 4Ω。

（2）计算需要装设的人工接地体的接地电阻

$$R_{E(man)}=\frac{R_{E(nat)}R_E}{R_{E(nat)}-R_E}=\frac{20\times4}{20-4}\Omega=5\Omega$$

（3）人工接地体的初步敷设方案　接地装置拟采用直径 50mm、长 2.5m 的钢管作接地体，沿变电所建筑四周垂直埋入地下，间距 5m，管间用 40mm × 4mm 的扁钢焊接相连。此时，$a/l=5/2.5=2$。

（4）计算单根钢管的接地电阻　查表 8-4 得，砂质黏土的 $\rho=100\Omega\cdot\mathrm{m}$，因此单根钢管的接地电阻为

$$R_{E(1)}\approx0.3\rho=0.3\times100\Omega=30\Omega$$

（5）确定接地的钢管数量和最终的接地方案

根据 $R_{E(1)}/R_{E(man)}=30/5=6$，考虑到管间电流屏蔽效应的影响，初选 10 根钢管作接地体。由 $n=10$ 和 $a/l=2$ 查表 8-6 得 $\eta=0.66$，则钢管根数为

$$n=\frac{0.9R_{E(1)}}{\eta R_{E(man)}}=\frac{0.9\times30}{0.66\times5}=8.2$$

考虑到接地体的均匀对称布置，最后确定选用 10 根或 12 根直径 50mm、长 2.5m 的钢管作接地体，并用 40mm × 4mm 的扁钢连接，呈环形布置。

3. 降低土壤电阻率的措施

在土壤电阻率较高（$\rho > 500\Omega \cdot m$）的地区，必须采取措施降低土壤的电阻率，才能使接地电阻达到所要求的数值，常用的措施有下列几种：

（1）采用外引式接地装置　将接地体引至附近的水井、泉眼、水沟、河边、水库边、大树下等土壤电阻率较低的地方，或者敷设水下接地网，以降低接地电阻。外引接地装置应避开人行道，以防跨步电压电击；穿过公路的外引线，埋设深度不应小于0.8m。

（2）深埋地极法　如果地下较深处的土壤电阻率较低，可用深埋式接地体，在选择埋设地点时，应尽量选在水较丰富及地下水位较高的地区或金属矿体区。这种方法对含砂土壤最有效果。

（3）换土法　用电阻率较低的土壤（如黏土、黑土等）替换原有电阻率较高的土壤，置换范围在接地体周围0.5m以内和接地体的1/3处。这种方法可用于多岩石地区。

（4）化学处理法　在接地体周围加入低电阻率的减阻剂来增加土壤的导电性，从而降低其接地电阻。减阻剂是一种含有水和强电介质的固体或液体材料，由多种化学物质配制而成。减阻剂材料应当是电阻率低、不易流失、性能稳定、易于吸收和保持水分、腐蚀性小、施工方便和价格低廉的材料。减阻剂的电阻率一般应在$10\Omega \cdot m$以下。这种方法在目前应用较为普遍。

## 五、低压配电系统的等电位联结

等电位联结是使建筑物电气装置的各外露可导电部分与电气装置外的其他金属可导电部分电位基本相等的一种电气连接。采取等电位联结后，可以降低接触电压，保障人身安全。GB 50054—1995《低压配电设计规范》规定，低压配电系统中采取接地故障保护时，应在建筑物内作总等电位联结（简称MEB），当电气装置或其某一部分的接地故障保护不能满足要求时，尚应在局部范围内作局部等电位联结（简称LEB）。

1. 总等电位联结

总等电位联结是在建筑物进线处，将PE线或PEN线与电气装置接地干线、建筑物内的各种金属管道（如水管、煤气管、采暖和空调管道等）以及建筑物的金属构件等，都接向总等电位连接端子板，使他们都具有基本相等的电位，如图8-15中的MEB。

2. 局部等电位联结

局部等电位联结又称辅助等电位联结，是在远离总等电位联结处、非常潮湿、有腐蚀性物质、触电危险性大的局部范围内进行的等电位联结，以作为总等电位联结的一种补充，如图8-15中的LEB。通常，在容易触电的浴室及安全要求极高的胸腔手术室等地，宜作局部等电位联结。

3. 等电位联结导线的选择

1）总等电位联结主母线的截面面积，不应小于装置中最大PE线截面面积的一半，且不得小于$6mm^2$。如果采用铜导线，其截面面积可不超过$25mm^2$。

2）连接两个外露可导电部分的局部等电位联结线，其截面面积不应小于接至该两个外露可导电部分的较小PE线的截面面积。

3）连接装置外露可导电部分与装置外可导电部分的局部等电位联结线，其截面面积不应小于相应PE线截面的一半。

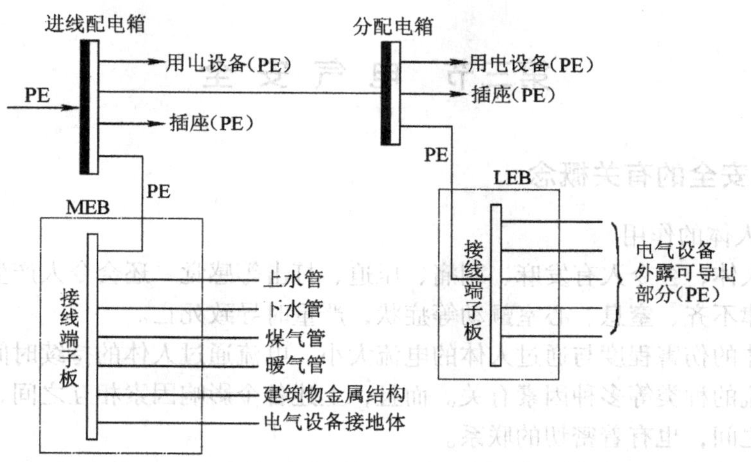


图 8-15 总等电位联结（MEB）和局部等电位联结（LEB）

4）PE 线、PEN 线和等电位联结线以及引至接地装置的接地干线等，在安装竣工后，均应检测其接地是否良好，绝不允许有接触不良现象。为此，在水表、煤气表以及导电不良的管道连接处应有跨接线。

需要指出：等电位联结对防止或减轻人体接触电压是一种很有效的措施，但不能认为只要设置了总等电位联结，就能完全防止单相接地故障的电击危害，电气装置的自动切断故障电源保护装置仍应为主要保护措施。

## 六、漏电保护器的基本结构和原理

漏电保护器又称漏电断路器或剩余电流保护器，它是一种低压安全保护装置，主要用于单相电击保护，也用于防止由漏电引起的火灾，还可用于检测和切断各种一相接地故障。

漏电保护器按工作原理分，有电压动作型和电流动作型两种，但应用较多的是电流动作型漏电保护器。

图 8-16 是电流动作型漏电保护器的工作原理示意图。图中，TAN 为零序电流互感器，A 为放大器，QF 为低压断路器，YR 为低压断路器 QF 的脱扣线圈。

在被保护电路工作正常、没有发生漏电或触电的情况下，通过零序电流互感器 TAN 一次侧的三相电流相量和等于零，因此 TAN 的铁心中没有磁通，其二次侧没有电流输出。当被保护电路发生漏电或有人触电时，由于漏电电流的存在，使通过 TAN 一次侧的三相电流的相量和不再为零，零序电流互感器中产生零序磁通，其二次侧就有电流输出，经放大器放大后，驱动低压断路器 QF 的脱扣线圈 YR，使断路器 QF 自动跳闸，迅速切断被保护电路的电源，从而避免人员发生触电事故。但这种漏电保护器仅适用于一相经人体对地形成的漏电。

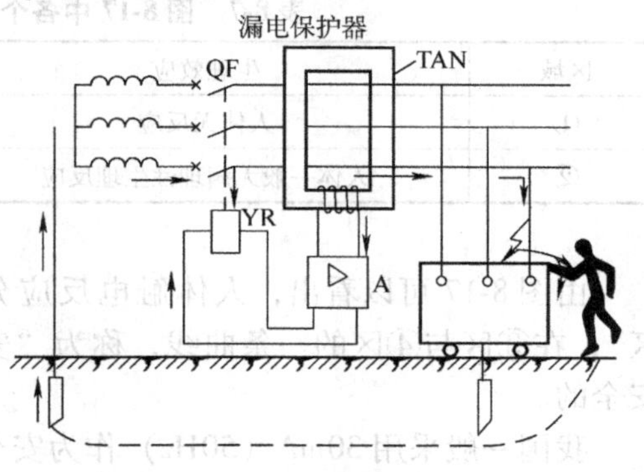


图 8-16 漏电保护器的工作原理示意图

# 第三节 电 气 安 全

## 一、电气安全的有关概念

1. 电流对人体的作用

电流通过人体，会令人有发麻、刺痛、压迫、打击等感觉，还会令人产生痉挛、血压升高、昏迷、心律不齐、窒息、心室颤动等症状，严重时导致死亡。

电流对人体的伤害程度与通过人体的电流大小、电流通过人体的持续时间、电流通过人体的路径、电流的种类等多种因素有关。而且，上述各个影响因素相互之间，尤其是电流大小与通电时间之间，也有着密切的联系。

（1）伤害程度与电流大小的关系　通过人体的电流愈大，人体的生理反应愈明显，伤害愈严重。对于工频交流电，按通过人体的电流强度的不同以及人体呈现的反应不同，将作用于人体的电流划分为三级：

1）感知电流。感知电流是指电流通过人体时可引起感觉的最小电流。对于不同的人，感知电流是不同的。成年男性的平均感知电流约为1.1mA，成年女性约为0.7mA。感知电流值与时间因素无关，此电流一般不会对人体造成伤害，但可能因不自主反应而导致由高处跌落等二次事故。

2）摆脱电流。摆脱电流是指人在触电后能够自行摆脱带电体的最大电流。成年男性平均摆脱电流约为16mA，成年女性约为10.5mA；成年男性最小摆脱电流约为9mA，成年女性约为6mA，儿童的摆脱电流较成人要小。摆脱电流值基本上与时间无关。

3）室颤电流。室颤电流是指引起心室颤动的最小电流。由于心室颤动几乎终将导致死亡，因此可以认为室颤电流即为致命电流。室颤电流与电流持续时间关系密切。当电流持续时间超过心脏周期时，室颤电流仅为50mA左右；当电流持续时间小于心脏周期时，室颤电流为数百毫安。

图8-17是国际电工委员会（IEC）提出的人体触电时间和通过人体的电流（50Hz）对人身肌体反应的曲线，图中各个区域所产生的电击生理效应见表8-7。

**表8-7　图8-17中各个区域所产生的电击生理效应说明**

| 区域 | 生理效应 | 区域 | 生理效应 |
|---|---|---|---|
| ① | 人体无反应 | ③ | 人体一般无心室纤维性颤动和器质性损伤 |
| ② | 人体一般无病理性生理反应 | ④ | 人体可能发生心室纤维性颤动 |

由图8-17可以看出，人体触电反应分为四个区域，其中①、②、③区可视为“安全区”，在③区与④区的一条曲线，称为“安全曲线”，④区是致命区，但③区也并非是绝对安全的。

我国一般采用30mA（50Hz）作为安全电流值，但其触电时间不得超过1s，因此这安全电流值也称为30mA·s。由图8-17所示的曲线中可以看出，30mA·s位于③区，不会对人体引起心室纤维性颤动和器质性损伤，因此可认为是相对安全的。当通过人体的电流达到50mA时，对人就有致命危险，而达到100mA时，一般要致人死命。

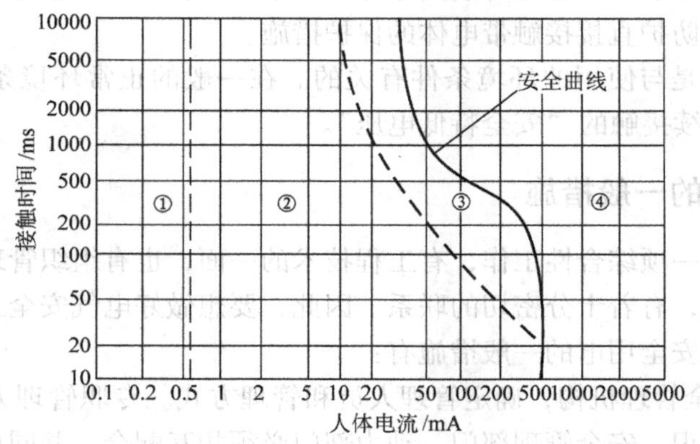


图 8-17　人体触电时间和通过人体电流对人身肌体反应的曲线

（2）伤害程度与电流持续时间的关系　通过人体电流的持续时间愈长，愈容易引起心室颤动，危险性就愈大。这是因为通电时间愈长，能量积累愈多，引起心室颤动的电流减小，使危险性增加。

（3）伤害程度与电流途径的关系　电流通过心脏会引起心室颤动，电流较大时会使心脏停止跳动；电流通过中枢神经，会引起中枢神经严重失调而导致死亡；电流通过头部会使人昏迷，电流较大时会对脑组织产生严重损坏而导致死亡；电流通过脊髓会使人瘫痪等。

上述伤害中，以心脏伤害的危险性为最大。因此，流经心脏的电流多、电流路线短的途径是危险性最大的途径。试验表明，从左手到胸部是最危险的电流途径，从手到手、从手到脚也是很危险的电流途径。

（4）伤害程度与电流种类的关系　试验表明，直流电流、交流电流、高频电流、静电电荷以及特殊波形电流对人体都有伤害作用，通常以 50～60Hz 的工频电流对人体的危害最为严重。

2. 人体电阻

人体电阻包括体内电阻和皮肤电阻两部分。体内电阻约 500Ω，与接触电压有关。皮肤电阻较大，集中在角质层，正常时可达 $10^4$～$10^5$Ω，但皮肤的潮湿、多汗、有损伤等都会降低人体电阻；通过电流加大，通电时间加长，会增加发热出汗，也会降低人体电阻；接触电压增高，会击穿角质层，也会降低人体电阻。

在一般情况下，人体电阻可按 1000～2000Ω 考虑。

3. 安全电压

安全电压是指不致使人直接致死或致残的电压，它取决于人体允许的电流和人体电阻。

我国国家标准 GB/T 3805—2008《特低电压（ELV）限值》规定的安全电压等级为 42V、36V、24V、12V 和 6V。凡手提照明灯、在危险环境和特别危险环境中使用的携带式电动工具，如无特殊安全结构或安全措施，应采用 42V 或 36V 的安全电压；金属容器内、隧道内、矿井内等工作地点狭窄、行动不便，以及周围有大面积接地导体的环境，应采用

24V 或 12V 的安全电压；水下作业等场所采用 6V 的安全电压。当电气设备采用 24V 以上安全电压时，必须采取防护直接接触带电体的保护措施。

可见，安全电压是与使用的环境条件有关的。在一般的正常环境条件下，通常称交流 50V 电压为可允许持续接触的“安全特低电压”。

### 二、安全用电的一般措施

电气安全工作是一项综合性工作，有工程技术的一面，也有组织管理的一面。工程技术与组织管理相辅相成，有着十分密切的联系。因此，要想做好电气安全工作，必须重视电气安全综合措施。保证安全用电的一般措施有：

1）建立电气安全管理机构，确定管理人员和管理方式。专职管理人员应具备一定的电气知识和电气安全知识，安全管理部门、动力部门必须相互配合，共同做好电气安全管理工作。

2）严格执行各项安全规章制度。合理的规章制度是保证安全、促进生产的有效手段。安全操作规程、运行管理规程、电气安装规程等规章制度都与整个企业的安全运转有直接联系。

3）对电气设备定期进行电气安全检查，以便及时排除设备事故隐患。

4）加强电气安全教育，以便提高工作人员的安全意识，使充分认识安全用电的重要性。

5）妥善收集和保存安全资料。安全资料是做好电气安全工作的重要依据，应当注意收集各种安全标准、规范、法规以及国内外电气安全信息并予以分类，作为资料保存。

6）按规定使用电工安全用具。电工安全用具是防止触电、坠落、灼伤等危险，保障工作人员安全的电工专用工具和用具，包括绝缘杆、绝缘夹钳、绝缘手套、绝缘靴、安全腰带、低压试电笔、高压验电器、临时接地线、标示牌等。

7）加强检修安全制度。为了保证检修工作的安全，应当建立和执行各项检修制度。常见的检修安全制度有工作票制度，操作票制度，工作许可制度，工作监督制度，工作间断、转移与终结制度等。

8）普及安全用电知识，使用户和广大群众都能了解安全用电的基本常识。

## 本 章 小 结

1. 过电压分为内部过电压和雷电过电压两大类。内部过电压又分为操作过电压和谐振过电压；雷电过电压有直击雷过电压、感应过电压和雷电波侵入三种形式。

2. 防雷装置由接闪器、引下线和接地装置三部分组成。接闪器有避雷针、避雷线和避雷网（带）三种类型。在供配电系统中，通常采用避雷针和避雷线来防护直击雷，避雷针（线）的保护范围通过“滚球法”来确定。避雷器与避雷线配合可以很好地实现 35～110kV 变电所进线段保护。

3. 接地分为工作接地、保护接地和重复接地。其中，工作接地是因工作需要，人为地将电力系统中性点或电气设备的某一部分进行接地；保护接地是为保证人身安全、防止触电事故，将电气设备的外露可导电部分与地作良好的连接；重复接地是将 TN 系统中 PE 线或

PEN 线上的一处或多处进行接地。

4. 低压配电系统中的保护接地可分为 TN 系统、TT 系统和 IT 系统，而 TN 系统根据中性线与保护线的组合不同，又可分为 TN-C 系统、TN-S 系统和 TN-C-S 系统。

5. 接地装置由接地体和接地线组成。由于接地线的电阻很小，可忽略不计，因此可认为接地装置的接地电阻等于接地体的流散电阻。接地电阻应满足规定要求，设计接地装置时，应首先考虑利用自然接地体，若不能满足要求，应装设人工接地体作为补充。

接地网的布置，应使接地装置附近的电位分布尽可能均匀，以降低接触电压和跨步电压，保证人身安全。当不能满足接触电压和跨步电压的要求时，人工接地网内应加装均压带。

6. 采用接地故障保护时，应在建筑物内作总等电位联结，当电气装置或其某一部分的接地故障保护不能满足要求时，尚应在局部范围内作局部等电位联结。等电位联结是建筑物内电气装置的一项基本安全措施，可以降低接触电压，保障人身安全。

7. 为保障人身安全，防止触电事故发生，应严格执行保证安全用电的一般措施。

## 思考题与习题

8-1 什么叫过电压？过电压有哪些类型？各是怎样产生的？

8-2 什么叫接闪器？其主要功能是什么？避雷针、避雷线和避雷网（带）各用在什么场合？

8-3 单支避雷针的保护范围如何计算？

8-4 变电所有哪些防雷措施？

8-5 什么叫接地？什么叫接地装置？电气上的“地”是什么意义？什么叫对地电压？什么叫接触电压和跨步电压？

8-6 什么叫工作接地？什么叫保护接地？按保护接地的方式不同，低压配电系统可分为哪几类？

8-7 在 TN 系统为什么要进行重复接地？应在哪些地方进行重复接地？

8-8 什么叫总等电位联结和局部等电位联结？其功能是什么？

8-9 什么叫感知电流、摆脱电流和致命电流？电流对人体的伤害程度与哪些因素有关？我国规定的安全电流是多少？

8-10 什么叫安全电压？我国规定的安全电压等级有哪些？各适用于什么环境？

8-11 试简述电流型漏电断路器的工作原理。

8-12 某厂有一座第二类防雷建筑物，高 10m，其屋顶最远的一角距离 60m 高的烟囱 50m，烟囱上装有一根 2.5m 高的避雷针。试验算此避雷针能否保护这座建筑物。

8-13 某电气设备需进行接地，可利用的自然接地体电阻为 15Ω，而接地电阻要求不得大于 4Ω。试选择垂直埋地的钢管和连接扁钢。已知接地处的土壤电阻率为 150Ω · m。

# 第九章　供配电系统电气设计

本章简要介绍35kV及以下工厂变电所电气专业设计的内容和程序，通过变电所设计的具体示例，使学生更好地理解前几章的内容，巩固所学知识，为今后从事供配电系统工程设计和电力行业相关工作打下坚实基础。

## 第一节　供配电系统电气设计概述

### 一、工厂供配电系统电气设计的主要内容

工厂供配电系统设计必须遵循国家的各项方针政策，设计方案必须符合国家标准中的有关规定，并力争做到保障人身和设备安全、供电可靠、电能质量稳定、技术先进和经济指标合理，同时注重选用效率高、能耗低、性能先进、便于施工安装和维护的新型电气设备。设计时应根据工程特点、规模和发展规划，正确处理好近期建设和远期发展的关系，并按照用户的负荷性质、用电容量、工程特点和地区供电条件，合理确定设计方案，以满足供电的要求。

工厂供配电系统电气设计包括变配电所设计、配电线路设计和电气照明设计等。本书所指供配电系统电气设计不包括电气照明设计的内容。

1. 变配电所设计

工厂总降压变电所和车间变电所的设计内容完全相同，而工厂高压配电所除了没有主变压器的选择外，其余部分的设计内容也与总降压变电所或车间变电所基本相同。工厂变配电所的设计内容包括：变配电所的负荷计算及无功功率补偿；变配电所所址的选择；变配电所主接线方案的选择；变电所主变压器台数、容量、型式的确定；配电装置布置；所用电设计；进出线的选择；短路电流计算和高低压电气设备选择；变配电所二次回路方案的确定及继电保护的选择与整定；防雷保护与接地装置的设计等。最后需编制设计说明书、主要设备材料清单及工程概预算，绘制变配电所主接线图、平面图和必要的剖面图、二次回路图及其他施工图纸。

2. 配电线路设计

工厂配电线路设计包括厂区高压供配电线路设计和车间低压配电线路设计。其设计的主要内容包括：配电线路的接线方式和线路路径的设计；线路结构型式（架空线路还是电缆线路）的确定；导线型号和截面的选择及校验；架空线路杆位的确定及电杆与绝缘子、金具的选择，架空线的防雷保护与接地装置设计；电缆线路敷设方式的设计等。最后需编制设计说明书、主要设备材料清单及工程概预算，绘制高低压配电系统图、平面布线图、电杆总装图及其他施工图纸。

### 二、供配电系统电气设计的程序简介

供配电系统电气设计通常分为方案设计、初步设计和施工图设计三个阶段。

1. 方案设计

方案设计是根据电力用户的工艺、生产特点和其对用电提出的要求，结合电力用户所处的地理环境、地区供电条件等外部因素，在进行可行性研究的基础上，制定并编写用户供配电工程设计任务书。方案设计是用户供配电工程设计的工艺要求阶段，它明确了后续阶段的电气设计目标。

2. 初步设计

初步设计是用户供配电工程设计中最关键的部分。它是在方案设计的基础上，按照设计任务书的要求，进行用户负荷的统计计算，确定用户供电的最优方案，选择主要供配电设备，并编制主要设备材料清单和工程投资概算，报上级主观部门批准。因此，初步设计应包括设计说明书、工程投资概算、电气图样等设计资料。

为了进行初步设计，在设计前必须收集以下资料。

1）向电力用户收集的资料：用户的总平面图，各车间（建筑）的土建平、剖面图；各用电设备的名称及其有关技术数据；用电负荷对供电可靠性的要求及工艺允许停电的时间；用户的最大负荷、年最大负荷利用小时数及年耗电量等。

2）向当地供电部门收集的资料：向用户供电的电源容量和备用电源容量；供电线路的电压、供电方式、回路数、导线型号、规格、长度及入户线路的走向；电力系统的短路容量数据或供电电源线路首端的开关断流容量；电力部门对用户继电保护设置、整定的要求；电力部门对用户电能计量方式的要求及电费收取办法的规定；电力部门对用户功率因数的要求等。

3）向当地气象、水文地质部门收集的资料：当地最高年平均气温、最热月平均最高气温；年雷暴日及雷电小时数；土壤性质、土壤电阻率；最高地震烈度；常年主导风向；地下水位及最高洪水位等。

3. 施工图设计

施工图设计是在初步设计方案和概算经上级部门批准后，为满足安装施工的要求而进行的技术设计，其重点是绘制安装施工图。安装施工图是电气设备安装施工时所必需的全套图表资料，其主要内容包括：校正和修订初步设计的基础资料和设计计算数据；绘制各种设备的单项安装施工图和各项工程的布置图、平面图、剖面图；绘制工程所需设备、材料明细表；编制安装施工说明书和工程预算书等。

由于施工图设计是即将付诸安装施工的最后决定性设计，因此设计时必须深入实际，调查研究，核实资料，精心设计，以确保工厂供电系统工程的质量。

安装施工图的绘制应采用国家规定的标准图纸，并遵循国家标准 GB/T 18135—2008《电气工程 CAD 制图规则》中常用的有关规定。

## 第二节　供配电系统电气设计示例

### 一、设计基础资料

1. 负荷情况

某机械厂除空压站、煤气站部分设备为二级负荷外，其余均为三级负荷。工厂为二班工作制，全年工厂工作小时数为4800h，年最大负荷利用小时数为4500h。全厂共设6个车间变电所，各车间负荷（380V侧）统计见表9-1。

**表9-1 工厂负荷统计资料**

| 序号 | 车间名称 | 有功计算负荷/kW | 无功计算负荷/kvar |
|---|---|---|---|
| 1 | 一车间 | 420 | 315 |
| 2 | 二车间 | 568 | 390 |
| 3 | 三车间 | 686 | 485 |
| 4 | 锻工车间 | 650 | 508 |
| 5 | 工具、机修车间 | 458 | 290 |
| 6 | 空压站、煤气站 | 582 | 396 |

2. 电源情况

（1）工作电源　工厂东北侧8km处有一地区变电站，用一台110/38.5kV、25MV·A的双绕组变压器作为工厂的工作电源，使用35kV电压以一回架空线向工厂供电。35 kV侧系统最大三相短路容量为1000MV·A，最小三相短路容量为500MV·A。

（2）备用电源　由工厂正北方向其他工厂引入10kV电缆作为本厂备用电源，平时不允许投入，只有在工作电源发生故障或检修停电时，提供照明及部分重要负荷用电，输送容量不得超过1000kV·A。

3. 供电部门对本厂提出的技术要求

1）地区变电站35kV馈电线路定时限过电流保护装置整定时间为2s，工厂总降压变电所保护的动作时间不得大于1.5s。

2）工厂最大负荷时的功率因数不得低于0.9。

3）在工厂总降压变电所35kV侧进行电能计量。

4. 自然条件

当地最热月平均最高气温为30℃；土壤0.8m深处一年中最热月平均气温为20℃；年雷暴日为31天；土壤冻结深度为1m；土壤性质以砂质黏土为主。

## 二、高压供配电系统电气设计

（一）负荷计算

根据设计资料，按需要系数法对工厂各车间负荷进行统计计算，下面以第一车间为例进行负荷计算。第一车间的视在计算负荷为

$$S_{30} = \sqrt{P_{30}^2 + Q_{30}^2} = \sqrt{420^2 + 315^2}\text{kV} \cdot \text{A} = 525\text{kV} \cdot \text{A}$$

查附录表1，选择型号为S9-630/10、电压为10/0.4kV、Yyn0联结的变压器，其技术数据为：$\Delta P_0 = 1.2\text{kW}$，$\Delta P_k = 6.2\text{kW}$，$I_0\% = 0.9$，$U_k\% = 4.5$，变压器的负荷率$\beta = 525/630 = 0.833$，则变压器的功率损耗为

$$\Delta P_T = \Delta P_0 + \beta^2 \Delta P_k = 1.2\text{kW} + 0.833^2 \times 6.2\text{kW} = 5.5\text{kW}$$

$$\Delta Q_T = \frac{S_N}{100}(I_0\% + \beta^2 U_k\%) = \frac{630}{100} \times (0.9 + 0.833^2 \times 4.5)\text{kvar} = 25.3\text{kvar}$$

依此类推，将工厂各车间计算负荷的结果汇总于表9-2。

**表9-2　工厂各车间计算负荷汇总表**

| 车间名称 | 380V侧计算负荷 | | | 变压器容量/kV·A | 变压器功率损耗 | | 10V侧计算负荷 | | |
|---|---|---|---|---|---|---|---|---|---|
| | 有功负荷/kW | 无功负荷/kvar | 视在负荷/kV·A | | 有功损耗/kW | 无功损耗/kvar | 有功负荷/kW | 无功负荷/kvar | 视在负荷/kV·A |
| 一车间 | 420 | 315 | 525 | 630 | 5.5 | 25.3 | 425.5 | 340.3 | 544.8 |
| 二车间 | 568 | 390 | 689 | 800 | 7 | 33 | 575 | 423 | 713.8 |
| 三车间 | 686 | 485 | 840 | 1000 | 9 | 38.8 | 695 | 523.8 | 870.3 |
| 锻工车间 | 650 | 508 | 825 | 1000 | 8.7 | 37.6 | 658.7 | 545.6 | 855.3 |
| 工具、机修车间 | 458 | 290 | 542 | 630 | 5.8 | 26.6 | 463.8 | 316.6 | 561.6 |
| 空压站、煤气站 | 582 | 396 | 704 | 800 | 7.2 | 34.3 | 589.2 | 430.3 | 729.6 |
| 总计 | | | | | | | 3407.2 | 2579.6 | 4273.6 |

（二）总降压变电所变压器容量的选择

由于工厂厂区范围不大，高压配电线路上的功率损耗可忽略不计，因此表9-8所示车间变压器高压侧的计算负荷可认为就是总降压变电所出线上的计算负荷。取 $K_{\Sigma}=0.95$，则总降压变电所低压母线上的计算负荷为

$$P_{30(2)}=0.95\times3407.2\text{kW}=3236.8\text{kW}$$

$$Q_{30(2)}=0.95\times2579.6\text{kvar}=2450.6\text{kvar}$$

$$S_{30(2)}=\sqrt{3236.8^2+2450.6^2}\text{kV}\cdot\text{A}=4060\text{kV}\cdot\text{A}$$

因为大多数负荷为三级负荷，只有少数为二级负荷，故总降压变电所可装设一台容量为5000kV·A的变压器。

由于总降压变电所低压侧的功率因数为

$$\cos\varphi_{(2)}=\frac{P_{30(2)}}{S_{30(2)}}=\frac{3236.8}{4060}=0.797<0.9$$

考虑到变压器的无功功率损耗 $\Delta Q_{\text{T}}$ 远大于有功功率损耗 $\Delta P_{\text{T}}$，由此可判断工厂进线处的功率因数必然小于0.797。为使工厂的功率因数提高到0.9，需在总降压变电所低压侧10kV母线上装设并联电容器进行补偿，取低压侧补偿后的功率因数为0.92，则需装设的电容器容量为

$$Q_C=3236.8\times[\tan(\arccos0.797)-\tan(\arccos0.92)]\text{kvar}=1074\text{kvar}$$

选择BWF10.5—50—1W型电容器，所需电容器个数为 $n=Q_C/q_C=1074/50=21.5$，取 $n=24$，则实际补偿容量为 $Q_C=50\times24\text{kavr}=1200\text{kvar}$。

补偿后变电所低压侧视在计算负荷为

$$S'_{30(2)}=\sqrt{3236.8^2+(2450.6-1200)^2}\text{kV}\cdot\text{A}=3470\text{kV}\cdot\text{A}$$

查附录表2，选择S9—4000/35型、35/10.5kV的变压器，其技术数据为：$\Delta P_0=4.52\text{kW}$，$\Delta P_{\text{k}}=28.8\text{kW}$，$I_0\%=0.7$，$U_{\text{k}}\%=7$，变压器的负荷率为 $\beta=3470/4000=0.87$，则变压器的功率损耗为

$$\Delta P_{\text{T}}=\Delta P_0+\beta^2\Delta P_{\text{k}}=4.52\text{kW}+0.87^2\times28.8\text{kW}=26.3\text{kW}$$

$$\Delta Q_{\mathrm{T}} = \frac{S_{\mathrm{N}}}{100}(I_0\% + \beta^2 U_{\mathrm{k}}\%) = \frac{4000}{100} \times (0.7 + 0.87^2 \times 7)\,\mathrm{kvar} = 240\mathrm{kvar}$$

变压器高压侧计算负荷为

$$P_{30(1)} = P_{30(2)} + \Delta P_{\mathrm{T}} = 3236.8\mathrm{kW} + 26.3\mathrm{kW} = 3263.1\mathrm{kW}$$

$$Q_{30(1)} = Q'_{30(2)} + \Delta Q_{\mathrm{T}} = (2450.6 - 1200)\ \mathrm{kvar} + 240\mathrm{kavr} = 1490.6\mathrm{kvar}$$

$$S_{30(1)} = \sqrt{P_{30(1)}^2 + Q_{30(1)}^2} = \sqrt{3263.1^2 + 1490.6^2}\mathrm{kV \cdot A} = 3587.4\mathrm{kV \cdot A}$$

则工厂进线处的功率因数为

$$\cos\varphi_{(1)} = \frac{P_{30(1)}}{S_{30(1)}} = \frac{3263.1}{3587.4} = 0.91 > 0.9$$

满足电业部门的要求。

（三）总降压变电所和车间变电所位置的选择

1. 总降压变电所位置的选择

根据供电电源的情况，考虑尽量将总降压变电所设置在靠近负荷中心且远离人员集中区，结合本厂厂区平面示意图，拟将总降压变电所设置在厂区东北部，如图 9-1 所示。

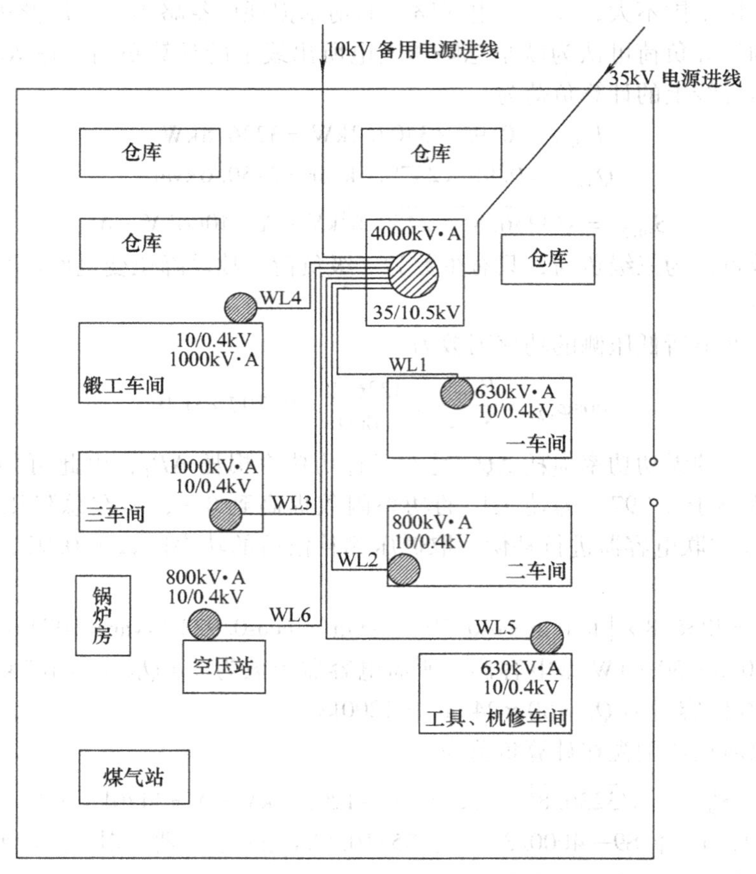


图 9-1 厂区供电平面图

2. 车间变电所位置的选择

根据各车间负荷情况，本厂拟设置六个车间变电所，每个车间变电所装设一台变压器，根据厂区平面布置图所提供的车间分布情况及车间负荷的情况，结合其他各项选择原则，并与工艺、土建等相关方面协商确定变电所位置，变电所设置如图 9-1 所示。

（四）总降压变电所电气主接线设计

本工厂要求正常运行时以 35kV 单回路架空线供电，由 10kV 电缆线路作为备用电源，因此总降压变电所主变压器与 35kV 架空线路可采用线路—变压器单元接线。为便于检修、运行、控制和管理，在变压器高压侧进线处设置高压断路器。由于 10kV 线路平时不允许投入，因此备用 10kV 电源进线断路器在正常工作时必须断开。

变压器二次侧（10kV）设置少油断路器，与 10kV 备用电源进线断路器组成备用电源自动投入装置（APD），当工作电源失去电压时，备用电源立即自动投入。主变压器二次侧 10kV 母线采用单母线分段接线，变压器二次侧（10kV）接在Ⅰ段母线上，10kV 备用电源接在Ⅱ段母线上，母线分段断路器在正常工作时闭合，重要二级负荷可接在Ⅱ段母线上，在工作电源停止供电时不至于使重要负荷的供电受到影响。总降压变电所的电气主接线如图 9-2 所示。

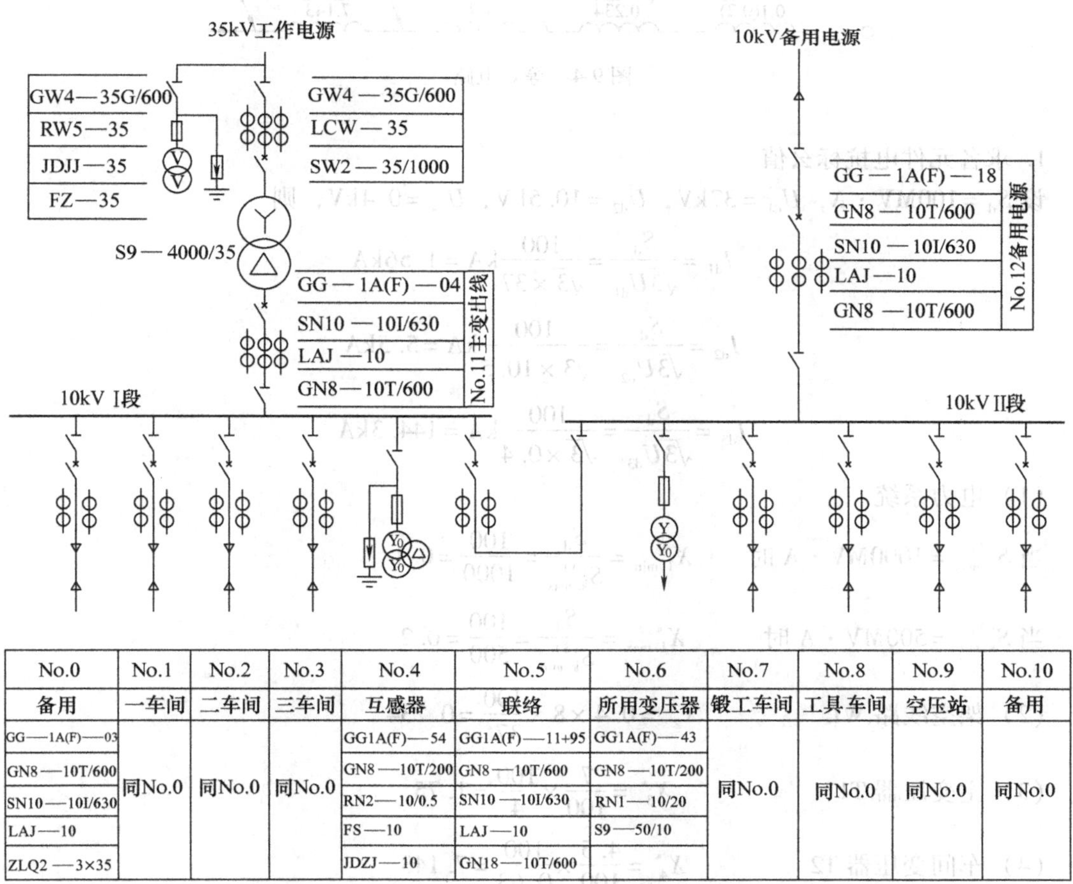


| No.0 | No.1 | No.2 | No.3 | No.4 | No.5 | No.6 | No.7 | No.8 | No.9 | No.10 |
|---|---|---|---|---|---|---|---|---|---|---|
| 备用 | 一车间 | 二车间 | 三车间 | 互感器 | 联络 | 所用变压器 | 锻工车间 | 工具车间 | 空压站 | 备用 |
| GG—1A(F)—03<br>GN8—10T/600<br>SN10—10I/630<br>LAJ—10<br>ZLQ2—3×35 | 同No.0 | 同No.0 | 同No.0 | GG1A(F)—54<br>GN8—10T/200<br>RN2—10/0.5<br>FS—10<br>JDZJ—10 | GG1A(F)—11+95<br>GN8—10T/600<br>SN10—10I/630<br>LAJ—10<br>GN18—10T/600 | GG1A(F)—43<br>GN8—10T/200<br>RN1—10/20<br>S9—50/10 | 同No.0 | 同No.0 | 同No.0 | 同No.0 |

图 9-2 某机械厂总降压变电所的电气主接线

（五）短路电流计算

为了选择高压电气设备，整定继电保护，必须进行短路电流计算。短路电流按系统正常运行方式进行计算，其计算电路及短路点的设置如图9-3所示（以一车间为例）。

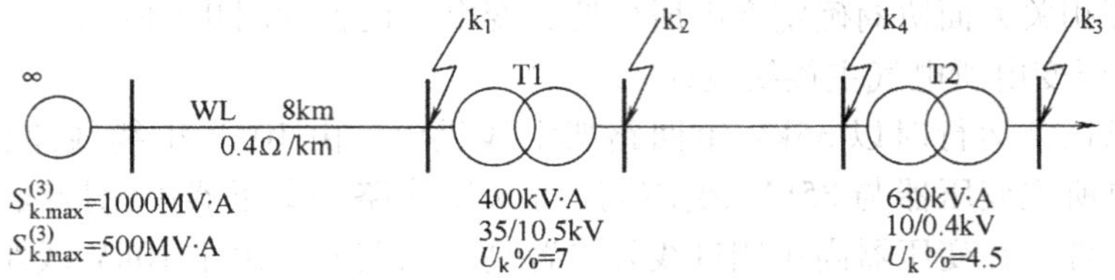


图9-3 短路电流计算电路

因工厂厂区面积不大，总降压变电所到各车间的距离不过数百米，因此总降压变电所10kV母线（$k_2$点）与厂区高压配电线路末端处（$k_4$点）的短路电流值差别极小，故只计算主变压器两侧$k_1$、$k_2$点和车间变压器低压侧$k_3$点的短路电流。

根据计算电路画出计算短路电流的等效电路如图9-4所示。

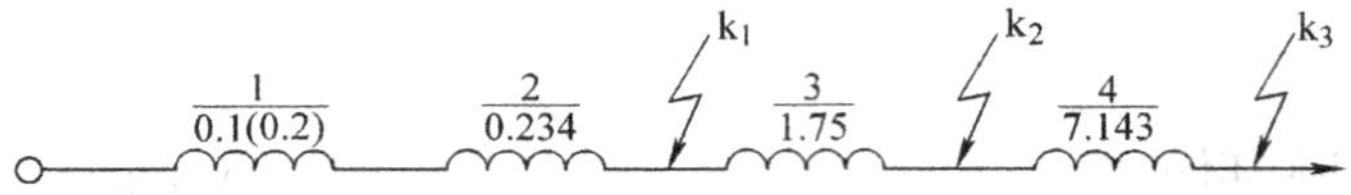

图9-4 等效电路

1. 求各元件电抗标幺值

设$S_d = 100\text{MV·A}$，$U_{d1} = 37\text{kV}$，$U_{d2} = 10.5\text{kV}$，$U_{d4} = 0.4\text{kV}$，则

$$I_{d1} = \frac{S_d}{\sqrt{3}U_{d1}} = \frac{100}{\sqrt{3}\times 37}\text{kA} = 1.56\text{kA}$$

$$I_{d2} = \frac{S_d}{\sqrt{3}U_{d2}} = \frac{100}{\sqrt{3}\times 10.5}\text{kA} = 5.5\text{kA}$$

$$I_{d3} = \frac{S_d}{\sqrt{3}U_{d3}} = \frac{100}{\sqrt{3}\times 0.4}\text{kA} = 144.3\text{kA}$$

（1）电力系统

当$S^{(3)}_{k.max} = 1000\text{MV·A}$时 $X^*_{1.min} = \dfrac{S_d}{S^{(3)}_{k.max}} = \dfrac{100}{1000} = 0.1$

当$S^{(3)}_{k.min} = 500\text{MV·A}$时 $X^*_{1.max} = \dfrac{S_d}{S^{(3)}_{k.min}} = \dfrac{100}{500} = 0.2$

（2）架空线路WL $X^*_2 = 0.4\times 8\times\dfrac{100}{37^2} = 0.234$

（3）主变压器T1 $X^*_3 = \dfrac{7}{100}\times\dfrac{100}{4} = 1.75$

（4）车间变压器T2 $X^*_4 = \dfrac{4.5}{100}\times\dfrac{100}{0.63} = 7.143$

2. 系统最大运行方式下三相短路电流及短路容量的计算

（1）$k_1$点短路 总电抗标幺值为

$$X_{\Sigma 1}^{*}=X_{1.\min}^{*}+X_{2}^{*}=0.1+0.234=0.334$$

因此，$k_1$ 点短路时的三相短路电流及短路容量分别为

$$I_{k1}=\frac{I_{d1}}{X_{\Sigma 1}^{*}}=\frac{1.56}{0.334}\text{kA}=4.67\text{kA}$$

$$i_{sh1}=2.55I_{k1}=2.55\times 4.67\text{kA}=11.91\text{kA}$$

$$I_{sh1}=1.51I_{k1}=1.51\times 4.67\text{kA}=7.05\text{kA}$$

$$S_{k1}=\frac{S_d}{X_{\Sigma 1}^{*}}=\frac{100}{0.334}\text{MV}\cdot\text{A}=299.4\text{MV}\cdot\text{A}$$

（2）$k_2$ 点短路　总电抗标幺值为

$$X_{\Sigma 2}^{*}=X_{1.\min}^{*}+X_{2}^{*}+X_{3}^{*}=0.1+0.234+1.75=2.084$$

因此，$k_2$ 点短路时的三相短路电流及短路容量分别为

$$I_{k2}=\frac{I_{d2}}{X_{\Sigma 2}^{*}}=\frac{5.5}{2.084}\text{kA}=2.64\text{kA}$$

$$i_{sh2}=2.55I_{k2}=2.55\times 2.64\text{kA}=6.73\text{kA}$$

$$I_{sh2}=1.51I_{k2}=1.51\times 2.64\text{kA}=4\text{kA}$$

$$S_{k2}=\frac{S_d}{X_{\Sigma 2}^{*}}=\frac{100}{2.084}\text{MV}\cdot\text{A}=48\text{MV}\cdot\text{A}$$

（3）$k_3$ 点短路　总电抗标幺值为

$$X_{\Sigma 3}^{*}=X_{1.\min}^{*}+X_{2}^{*}+X_{3}^{*}+X_{4}^{*}=0.1+0.234+1.75+7.143=9.227$$

因此，$k_3$ 点短路时的三相短路电流及短路容量分别为

$$I_{k3}=\frac{I_{d3}}{X_{\Sigma 3}^{*}}=\frac{144.3}{9.227}\text{kA}=15.64\text{kA}$$

$$i_{sh3}=1.84I_{k3}=1.84\times 15.64\text{kA}=28.78\text{kA}$$

$$I_{sh3}=1.09I_{k3}=1.09\times 15.64\text{kA}=17.05\text{kA}$$

$$S_{k3}=\frac{S_d}{X_{\Sigma 2}^{*}}=\frac{100}{9.227}\text{MV}\cdot\text{A}=10.84\text{MV}\cdot\text{A}$$

系统最小运行方式下短路电流计算过程从略，将计算结果汇总于表9-3。

**表9-3　短路电流计算汇总表**

| 短路计算点 | 运行方式 | 三相短路电流/kA | | | 短路容量/MV·A |
|---|---|---|---|---|---|
| | | $I_k$ | $i_{sh}$ | $I_{sh}$ | $S_k$ |
| $k_1$ | 最大 | 4.67 | 11.91 | 7.05 | 299.4 |
| | 最小 | 3.59 | 9.15 | 5.42 | 230.4 |
| $k_2(k_4)$ | 最大 | 2.64 | 6.73 | 4 | 48 |
| | 最小 | 2.52 | 6.43 | 3.81 | 45.79 |
| $k_3$ | 最大 | 15.64 | 28.78 | 17.05 | 10.84 |
| | 最小 | 15.47 | 28.46 | 16.86 | 10.72 |

（六）主要电气设备的选择

（1）主变压器35kV 侧设备　主变压器35kV 侧计算电流 $I_{30}=\frac{4000}{\sqrt{3}\times35}\text{A}=66\text{A}$，35kV 配电装置采用户外布置，各设备有关参数见表9-4。

**表9-4　35kV 侧电气设备**

| 安装地点电气条件 | | 设备型号规格 | | | | | |
|---|---|---|---|---|---|---|---|
| 项目 | 数据 | 项目 | SW2—35/1000 断路器 | GW4—35G/600 隔离开关 | LCW—35 电流互感器 | JDJJ—35 电压互感器 | FZ—35 避雷器 |
| $U_N$/kV | 35 | $U_N$/kV | 35 | 35 | 35 | 35 | 35 |
| $I_{30}$/A | 66 | $I_N$/A | 1000 | 600 | 100/5 | | |
| $I_k$/kA | 4.67 | $I_{oc}$/kA | 16.5 | | | | |
| $S_k$/MV·A | 299.4 | $S_{oc}$/MV·A | 1000 | | | | |
| $i_{sh}$/kA | 11.91 | $i_{max}$/kA | 45 | 50 | $\sqrt{2}\times100\times0.1=14.14$ | | |
| $I_\infty^2 t_{ima}$/kA²·s | $4.67^2\times1.7=37.1$ | $I_t^2 t$/kA²·s | $16.5^2\times4=1089$ | $14^2\times5=980$ | $(65\times0.1)^2\times1=42.25$ | | |

（2）主变压器10kV 侧设备　主变压器10kV 侧计算电流 $I_{30}=\frac{4000}{\sqrt{3}\times10.5}\text{A}=220\text{A}$，选用 GG—1A（F）—04 型高压开关柜，各设备有关参数见表9-5。

**表9-5　10kV 侧电气设备**

| 安装地点电气条件 | | 设备型号规格 | | | |
|---|---|---|---|---|---|
| 项目 | 数据 | 项目 | SN10—10I/630 高压断路器 | GN8—10T/600 隔离开关 | LAJ—10 电流互感器 |
| $U_N$/kV | 10 | $U_N$/kV | 10 | 10 | 10 |
| $I_{30}$/A | 220 | $I_N$/A | 630 | 600 | 300/5 |
| $I_k$/kA | 2.64 | $I_{oc}$/kA | 16 | | |
| $S_k$/MV·A | 48 | $S_{oc}$/MV·A | 300 | | |
| $i_{sh}$/kA | 6.73 | $i_{max}$/kA | 40 | 52 | $\sqrt{2}\times180\times0.3=76.37$ |
| $I_\infty^2 t_{ima}$/kA²·s | $2.64^2\times1.2=8.36$ | $I_t^2 t$/kA²·s | $16^2\times4=1024$ | $20^2\times5=2000$ | $(100\times0.3)^2\times1=900$ |

（3）10kV 馈电线路设备　以去第一车间的馈电线路为例，由表9-2 知，一车间线路的计算负荷为544.8kV·A，其计算电流为 $I_{30}=\frac{544.8}{\sqrt{3}\times10}\text{A}=31.45\text{A}$，10kV 馈电线路设备的选择方法与主变压器10kV 侧相同，选用 GG—1A(F)—03 型高压开关柜，各设备有关参数见表9-6。

10kV 母线电压互感器及避雷器选用 GG—1A（F）—54 型高压开关柜，备用电源进线选用 GG—1A（F）—18 型高压开关柜，计算从略。

表 9-6　10kV 馈电线路设备

| 安装地点电气条件 | | 设备型号规格 | | | |
|---|---|---|---|---|---|
| 项目 | 数据 | 项目 | SN10—10I/630 高压断路器 | GN8—10T/600 隔离开关 | LAJ—10 电流互感器 |
| $U_N$/kV | 10 | $U_N$/kV | 10 | 10 | 10 |
| $I_{30}$/A | 31.45 | $I_N$/A | 630 | 600 | 50/5 |
| $I_k$/kA | 2.64 | $I_{oc}$/kA | 16 | | |
| $S_k$/MV·A | 48 | $S_{oc}$/MV·A | 300 | | |
| $i_{sh}$/kA | 6.73 | $i_{max}$/kA | 40 | 52 | $\sqrt{2}\times215\times0.05=15.2$ |
| $I_\infty^2 t_{ima}$/kA²·s | $2.64^2\times0.7=4.88$ | $I_t^2 t$/kA²·s | $16^2\times4=1024$ | $20^2\times5=2000$ | $(120\times0.05)^2\times1=36$ |

（七）母线及厂区高压配电线路的选择

1. 主变压器 35kV 侧引出线

35kV 侧引出线导线的截面面积按经济电流密度选择，按发热条件和机械强度校验。

（1）按经济电流密度选择导线的截面面积　工厂总计算负荷为 3587.4kV·A，计算电流 $I_{30}=\dfrac{3587.4}{\sqrt{3}\times35}\text{A}=59.2\text{A}$，根据年最大负荷利用小时数 $T_{max}=4500\text{h}$，查表 3-3 知，$j_{ec}=1.15\text{A/mm}^2$，则导线的经济截面面积为

$$A_{ec}=\frac{I_{30}}{j_{ec}}=\frac{359.2}{\sqrt{3}\times35}\times1.15\text{mm}^2=51.48\text{mm}^2$$

初选 LGJ—50 型钢芯铝绞线。

（2）校验发热条件　查附录表 6 和附录表 8 知，30℃时 LGJ—50 型钢芯铝绞线的允许载流量为 $K_\theta I_{al}=0.94\times220\text{A}=206.8\text{A}>I_{30}=59.2\text{A}$，因此发热条件满足要求。

（3）校验机械强度　查表 5-1 知，35kV 钢芯铝绞线的最小允许截面面积为 35mm²，因此所选 LGJ—50 型导线满足机械强度要求。

2. 10kV 汇流母线与 10kV 侧引出线

10kV 汇流母线与 10kV 侧引出线按发热条件选择截面面积，然后进行热稳定和动稳定校验。

（1）按发热条件选择母线的截面面积　主变压器 10kV 侧计算电流为 220A，查附录表 7 和附录表 8 知，30℃时单条、平放 LMY—25×4 型矩形铝母线的允许载流量为 $K_\theta I_{al}=0.94\times292\text{A}=274.5\text{A}>220\text{A}$，故 10kV 汇流母线与 10kV 侧引出线均选用 LMY—25×4 型矩形铝母线。

（2）热稳定校验　查表 4-5 得，铝母线的热稳定系数 $C=87\text{A}\cdot\sqrt{\text{s}}/\text{mm}^2$，因此最小允许截面面积为

$$A_{min}=\frac{I_\infty}{C}\sqrt{t_{ima}}=\frac{2.64\times10^3}{87}\sqrt{1.2}\text{mm}^2=33.24\text{mm}^2$$

实际选用的母线截面面积 $A=25\times4\text{mm}^2=100\text{mm}^2>A_{min}$，所以热稳定满足要求。

（3）动稳定校验　10kV 母线三相短路时的冲击电流为 6.73kA，设母线支持绝缘子的跨

距 $l=1.2\text{m}$，跨距数大于2，母线的相间距离 $s=250\text{mm}$，因$\frac{s-b}{b+h}=\frac{250-25}{25+4}=7.76>2$，故取母线截面的形状系数 $K\approx 1$。

母线受到的最大电动力为

$$F_{\max}=1.73Ki_{\text{sh}}^2\frac{l}{s}\times 10^{-7}=1.73\times 1\times 6730^2\times\frac{1200}{250}\times 10^{-7}\text{N}=37.6\text{N}$$

母线的弯曲力矩为

$$M=\frac{F_{\max}l}{10}=\frac{37.6\times 1.2}{10}\text{N}\cdot\text{m}=4.5\text{N}\cdot\text{m}$$

母线的截面系数为

$$W=\frac{b^2h}{6}=\frac{0.025^2\times 0.004}{6}\text{m}^3=4.16\times 10^{-7}\text{m}^3$$

母线受到的最大计算应力为

$$\sigma_{\text{c}}=\frac{M}{W}=\frac{4.5}{4.16\times 10^{-7}}\text{Pa}=1.08\times 10^7\text{Pa}<\sigma_{\text{al}}=6.9\times 10^7\text{Pa}$$

所以动稳定满足要求。

3. 10kV 配电线路

由于厂区面积不大，各车间变电所距离总降压变电所较近，厂区高压配电线路采用电缆线路，直埋敷设。由于厂区线路较短，因此按发热条件选择截面面积，然后进行热稳定校验。

以一车间变电所为例，10kV 侧计算电流为 $I_{30}=31.45\text{A}$，查附表5，选 ZLQ2—3×16 型油浸纸绝缘电力电缆，20℃时其允许载流量 $I_{\text{al}}=70\text{A}>I_{30}$，满足要求。

因为厂区高压配电线路很短，线路首末两端短路电流相差不大，故以 10kV 母线上短路时（$\text{k}_2$ 点）的短路电流进行校验。查表4-5得，油浸纸绝缘电力电缆的热稳定系数 $C=88\text{A}\cdot\sqrt{\text{s}}/\text{mm}^2$，因此最小允许截面为

$$A_{\min}=\frac{I_{\infty}}{C}\sqrt{t_{\text{ima}}}=\frac{2.64\times 10^3}{88}\times\sqrt{0.7}\text{mm}^2=25.1\text{mm}^2>16\text{mm}^2$$

热稳定不满足要求，改选 ZLQ2—3×35 型电力电缆。

其他车间的电缆截面选择过程相似，其计算结果见表9-7。

**表 9-7 厂区高压配电线路计算结果**

| 车间名称 | 线路序号 | 计算负荷 $S_{30}$/kV·A | 计算电流 $I_{30}$/A | 电缆型号 |
|---|---|---|---|---|
| 一车间 | WL1 | 544.8 | 31.45 | ZLQ2—3×35 |
| 二车间 | WL2 | 713.8 | 41.2 | ZLQ2—3×35 |
| 三车间 | WL3 | 870.3 | 50.2 | ZLQ2—3×35 |
| 锻工车间 | WL4 | 855.3 | 49.4 | ZLQ2—3×35 |
| 工具、机修车间 | WL5 | 561.6 | 32.4 | ZLQ2—3×35 |
| 空压站、煤气站 | WL6 | 729.6 | 42.1 | ZLQ2—3×35 |

（八）继电保护的配置与整定

根据需要，对总降压变电所如下设备安装继电保护装置：主变压器保护、10kV 馈电线路保护、备用电源进线保护以及 10kV 母线保护。

1. 主变压器保护

总降压变电所主变压器容量为4000kV · A，根据规程要求，应装设瓦斯保护、电流速断保护、过电流保护以及过负荷保护。主变压器继电保护的原理接线图和展开图分别如图 9-5 和图 9-6 所示。

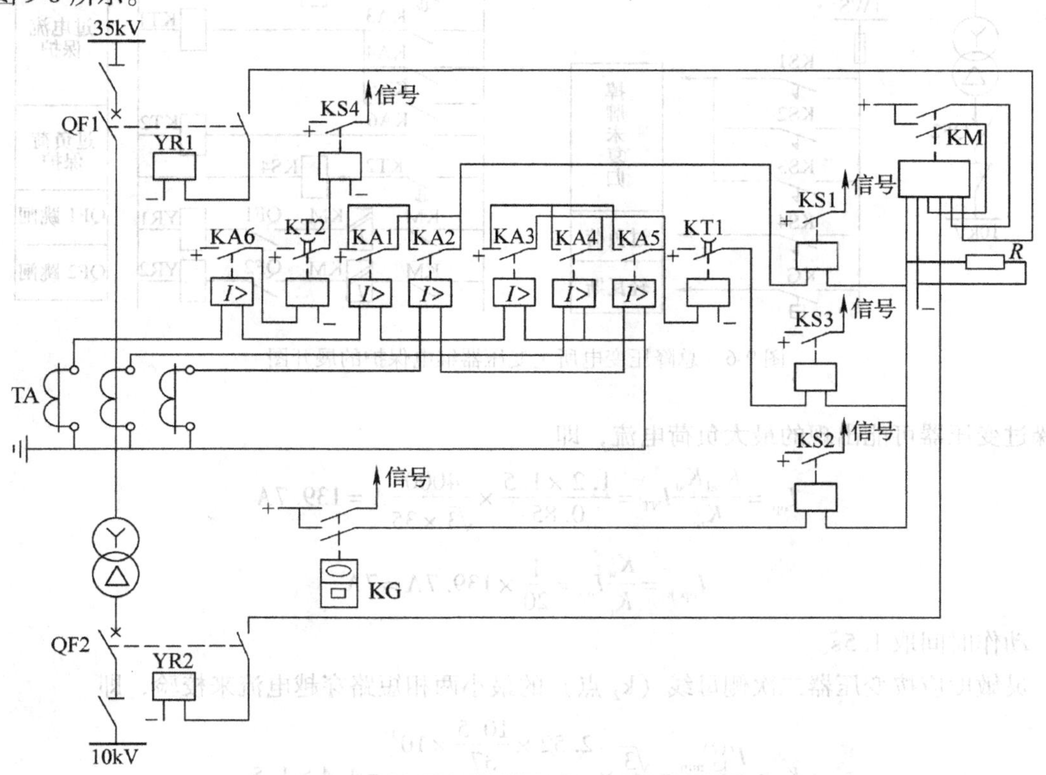


图 9-5　总降压变电所主变压器继电保护的原理接线图

（1）电流速断保护　电流速断保护采用两相两继电器式接线，继电器为 DL—11 型，电流互感器的变比 $K_i=100/5=20$，保护装置的动作电流应躲过变压器二次侧母线（$k_2$ 点）的最大三相短路穿越电流，即

$$I_{op}=K_{rel}I'_{k2.\max}=1.3\times2.64\times10^3\times\frac{10.5}{37}\mathrm{A}=974\mathrm{A}$$

$$I_{op.k}=\frac{K_w}{K_i}I_{op}=\frac{1}{20}\times974\mathrm{A}=48.7\mathrm{A}$$

灵敏度应按变压器一次侧（$k_1$ 点）的最小两相短路电流来校验，即

$$K_s=\frac{I^{(2)}_{k1.\min}}{I_{op}}=\frac{\sqrt{3}}{2}\times\frac{3.59\times10^3}{974}=3.2>2$$

（2）过电流保护　过电流保护采用三个电流互感器接成完全星形接线方式，继电器为 DL—11 型，电流互感器的变比 $K_i=100/5=20$，$K_{re}=0.85$，$K_{st}=1.5$，保护装置的动作电流

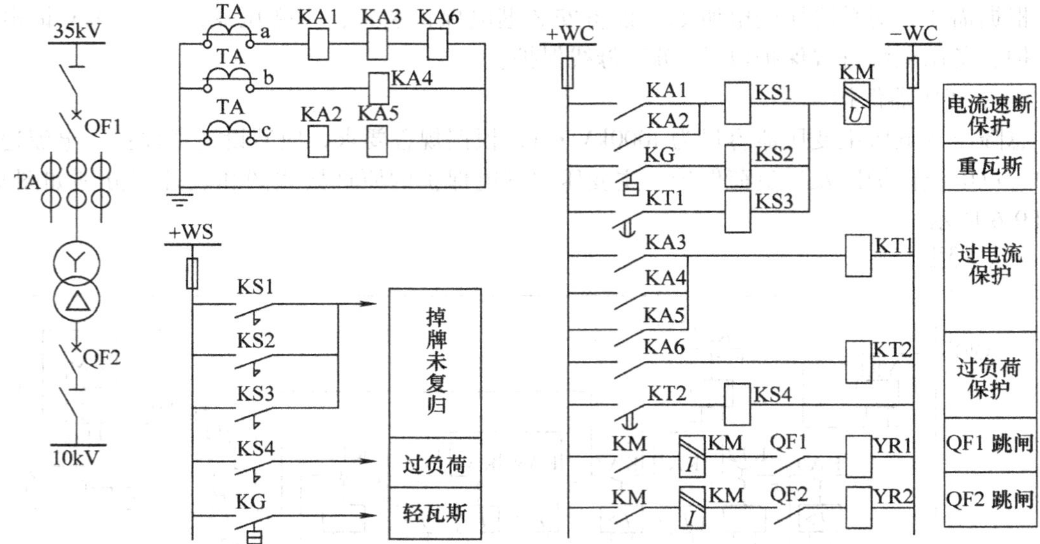


图 9-6　总降压变电所主变压器继电保护的展开图

应躲过变压器可能出现的最大负荷电流，即

$$I_{op}=\frac{K_{rel}K_{st}}{K_{re}}I_{NT}=\frac{1.2\times1.5}{0.85}\times\frac{4000}{\sqrt{3}\times35}\mathrm{A}=139.7\mathrm{A}$$

$$I_{op.k}=\frac{K_w}{K_i}I_{op}=\frac{1}{20}\times139.7\mathrm{A}=7\mathrm{A}$$

动作时间取 1.5s。

灵敏度应按变压器二次侧母线（$k_2$ 点）的最小两相短路穿越电流来校验，即

$$K_s=\frac{I'^{(2)}_{k2.min}}{I_{op}}=\frac{\sqrt{3}}{2}\times\frac{2.52\times\frac{10.5}{37}\times10^3}{139.7}=4.4>1.5$$

（3）过负荷保护　过负荷保护用一个 DL—11 型继电器构成，保护装置动作电流应躲过变压器的额定电流，即

$$I_{op}=\frac{K_{rel}}{K_{re}}I_{NT}=\frac{1.05}{0.85}\times\frac{4000}{\sqrt{3}\times35}\mathrm{A}=81.5\mathrm{A}$$

动作时间取 10～15s。

2. 10kV 馈电线路保护

由总降压变电所送至每个车间变电所的线路需装设瞬时电流速断保护和过电流保护。保护采用两相两继电器式接线，继电器为 DL—11 型，电流互感器的变比 $K_i=50/5=10$。现以一车间变电所为例进行整定计算。

（1）电流速断保护　保护装置的动作电流应躲过车间变压器二次侧母线（$k_3$ 点）的最大三相短路穿越电流，即

$$I_{op}=K_{rel}I'_{k3.max}=1.3\times15.64\times10^3\times\frac{0.4}{10.5}\mathrm{A}=774.6\mathrm{A}$$

$$I_{op.k}=\frac{K_w}{K_i}I_{op}=\frac{1}{10}\times 774.6A=77.46A$$

灵敏度应按馈电线路首端（$k_2$ 点）的最小两相短路电流来校验，即

$$K_s=\frac{I_{k2.min}^{(2)}}{I_{op}}=\frac{\sqrt{3}}{2}\times\frac{2.52\times 10^3}{774.6}=2.82>2$$

（2）过电流保护　保护装置的动作电流应躲过线路的最大负荷电流，即

$$I_{op}=\frac{K_{rel}K_{st}}{K_{re}}I_{30}=\frac{1.2\times 1.5}{0.85}\times 31.45A=66.6A$$

$$I_{op.k}=\frac{K_w}{K_i}I_{op}=\frac{1}{10}\times 66.6A=6.66A$$

动作时间取 0.7s。

灵敏度应按车间变压器二次侧母线（$k_3$ 点）的最小两相短路穿越电流来校验，即

$$K_s=\frac{I'^{(2)}_{k3.min}}{I_{op}}=\frac{\sqrt{3}}{2}\times\frac{15.47\times\frac{0.4}{10.5}\times 10^3}{66.6}=7.66>1.5$$

限于篇幅，备用电源进线保护、10kV 母线保护等继电保护整定计算从略。

（九）防雷和接地设计

为防御直击雷，在总降压变电所内设置避雷针。根据户内外配电装置建筑的面积及高度，设置一支 25m 高的独立避雷针，根据“滚球法”计算避雷针的保护范围，该避雷针可安全保护整个变电所。

为防止线路侵入的雷电波过电压，在变电所 35kV 进线杆塔前设 500m 架空避雷线，且在进线段断路器前设一组 FZ—35 型避雷器，在 10kV 母线的两段上各设一组 FS—10 型阀形避雷器。

总降压变电所的接地装置采用环形接地网，用直径 50mm、长 2.5m 的钢管作接地体，垂直埋入地下，间距 5m，管间用 $40\times 4mm^2$ 的扁钢连接，经计算，接地电阻小于 4Ω，符合要求。

避雷针的保护范围及接地装置的设计计算可参考第八章相关内容，限于篇幅，这里从略。

# 附录　常用电气设备的技术数据

**附录表1　部分10kV级S9系列电力变压器的主要技术数据**

| 额定容量/kV·A | 额定电压/kV | | 联结组别 | 损耗/W | | 空载电流(%) | 阻抗电压(%) |
|---|---|---|---|---|---|---|---|
| | 一次侧 | 二次侧 | | 空载 | 负载 | | |
| 80 | 10.5,10,6.3,6 | 0.4 | Yyn0 | 240 | 1250 | 1.8 | 4 |
| | | | Dyn11 | 250 | 1240 | 4.5 | 4 |
| 100 | 10.5,10,6.3,6 | 0.4 | Yyn0 | 290 | 1500 | 1.6 | 4 |
| | | | Dyn11 | 300 | 1470 | 4.0 | 4 |
| 125 | 10.5,10,6.3,6 | 0.4 | Yyn0 | 340 | 1800 | 1.5 | 4 |
| | | | Dyn11 | 360 | 1720 | 4.0 | 4 |
| 160 | 10.5,10,6.3,6 | 0.4 | Yyn0 | 400 | 2200 | 1.4 | 4 |
| | | | Dyn11 | 430 | 2100 | 4.0 | 4 |
| 200 | 10.5,10,6.3,6 | 0.4 | Yyn0 | 480 | 2600 | 1.3 | 4 |
| | | | Dyn11 | 500 | 2500 | 3.5 | 4 |
| 250 | 10.5,10,6.3,6 | 0.4 | Yyn0 | 560 | 3050 | 1.2 | 4 |
| | | | Dyn11 | 600 | 2900 | 3.0 | 4 |
| 315 | 10.5,10,6.3,6 | 0.4 | Yyn0 | 670 | 3650 | 1.1 | 4 |
| | | | Dyn11 | 720 | 3450 | 3.0 | 4 |
| 400 | 10.5,10,6.3,6 | 0.4 | Yyn0 | 800 | 4300 | 1.0 | 4 |
| | | | Dyn11 | 870 | 4200 | 3.0 | 4 |
| 500 | 10.5,10,6.3,6 | 0.4 | Yyn0 | 960 | 5100 | 1.0 | 4 |
| | | | Dyn11 | 1030 | 4950 | 3.0 | 4 |
| | 10 | 6.3 | Yd11 | 1030 | 4950 | 1.5 | 4.5 |
| 630 | 10.5,10,6.3,6 | 0.4 | Yyn0 | 1200 | 6200 | 0.9 | 4.5 |
| | | | Dyn11 | 1300 | 5800 | 3.0 | 5 |
| | 10 | 6.3 | Yd11 | 1200 | 6200 | 1.5 | 4.5 |
| 800 | 10.5,10,6.3,6 | 0.4 | Yyn0 | 1400 | 7500 | 0.8 | 4.5 |
| | | | Dyn11 | 1400 | 7500 | 2.5 | 5 |
| | 10 | 6.3 | Yd11 | 1400 | 7500 | 1.4 | 5.5 |
| 1000 | 10.5,10,6.3,6 | 0.4 | Yyn0 | 1700 | 10300 | 0.7 | 4.5 |
| | | | Dyn11 | 1700 | 9200 | 1.7 | 5 |
| | 10 | 6.3 | Yd11 | 1700 | 9200 | 1.4 | 5.5 |
| 1250 | 10.5,10,6.3,6 | 0.4 | Yyn0 | 1950 | 12000 | 0.6 | 4.5 |
| | | | Dyn11 | 2000 | 11000 | 2.5 | 5 |
| | 10 | 6.3 | Yd11 | 1950 | 12000 | 1.3 | 5.5 |
| 1600 | 10.5,10,6.3,6 | 0.4 | Yyn0 | 2400 | 14500 | 0.6 | 4.5 |
| | | | Dyn11 | 2400 | 14000 | 2.5 | 5 |
| | 10 | 6.3 | Yd11 | 2400 | 14500 | 1.3 | 5.5 |

**附录表 2 部分 35kV 级 S9 系列电力变压器的主要技术数据**

| 型号 | 额定容量/kV·A | 额定电压/kV | | 联结组别 | 损耗/kW | | 空载电流（%） | 阻抗电压（%） |
|---|---|---|---|---|---|---|---|---|
| | | 一次侧 | 二次侧 | | 空载 | 短路 | | |
| S9—200/35 | 200 | 35 | 0.4 | Yyn0 | 0.44 | 3.33 | 1.55 | 6.5 |
| S9—250/35 | 250 | | | | 0.51 | 3.96 | 1.40 | |
| S9—315/35 | 315 | | | | 0.61 | 4.77 | 1.40 | |
| S9—400/35 | 400 | | | | 0.73 | 5.76 | 1.30 | |
| S9—500/35 | 500 | | | | 0.86 | 6.93 | 1.30 | |
| S9—630/35 | 630 | | | | 1.04 | 8.28 | 1.25 | |
| S9—800/35 | 800 | | 0.4<br>3.15<br>6.3<br>10.5 | Yyn0<br>Yd11 | 1.23 | 9.90 | 1.05 | |
| S9—1000/35 | 1000 | | | | 1.44 | 12.15 | 1.00 | |
| S9—1250/35 | 1250 | | | | 1.76 | 14.67 | 0.85 | |
| S9—1600/35 | 1600 | | | | 2.12 | 17.55 | 0.75 | |
| S9—2000/35 | 2000 | | 3.15<br>6.3<br>10.5 | Yd11 | 2.72 | 17.82 | 0.75 | |
| S9—2500/35 | 2500 | | | | 3.20 | 20.70 | 0.75 | |
| S9—3150/35 | 3150 | | | | 3.80 | 24.30 | 0.70 | 7 |
| S9—4000/35 | 4000 | | | | 4.52 | 28.80 | 0.70 | |
| S9—5000/35 | 5000 | | | | 5.40 | 33.03 | 0.60 | |
| S9—6300/35 | 6300 | | | | 6.56 | 36.90 | 0.60 | 7.5 |

**附录表 3 部分 BW 型并联电容器的技术数据**

| 电容器型号 | 额定容量/kvar | 额定电容/μF | 电容器型号 | 额定容量/kvar | 额定电容/μF |
|---|---|---|---|---|---|
| BW0.4—12—1/3 | 12 | 240 | BWF10.5—22—1W | 22 | 0.64 |
| BW0.4—13—1/3 | 13 | 259 | BWF10.5—25—1W | 25 | 0.72 |
| BW0.4—14—1/3 | 14 | 280 | BWF10.5—30—1W | 30 | 0.87 |
| BW6.3—12—1W | 12 | 0.96 | BWF10.5—40—1W | 40 | 1.15 |
| BW6.3—16—1W | 16 | 1.28 | BWF10.5—50—1W | 50 | 1.44 |
| BW10.5—12—1W | 12 | 0.35 | BWF10.5—100—1W | 100 | 2.89 |
| BW10.5—16—1W | 16 | 0.46 | BWF10.5—120—1W | 120 | 3.47 |
| BWF6.3—22—1W | 22 | 1.76 | BWF11/$\sqrt{3}$—22—1W | 22 | 1.74 |
| BWF6.3—25—1W | 25 | 2 | BWF11/$\sqrt{3}$—25—1W | 25 | 1.94 |
| BWF6.3—30—1W | 30 | 2.4 | BWF11/$\sqrt{3}$—30—1W | 30 | 2.37 |
| BWF6.3—40—1W | 40 | 3.2 | BWF11/$\sqrt{3}$—40—1W | 40 | 3.16 |
| BWF6.3—50—1W | 50 | 4 | BWF11/$\sqrt{3}$—50—1W | 50 | 3.95 |
| BWF6.3—100—1W | 100 | 8 | BWF11/$\sqrt{3}$—100—1W | 100 | 7.89 |
| BWF6.3—120—1W | 120 | 9.63 | BWF11/$\sqrt{3}$—120—1W | 120 | 9.45 |

附录表 4 ZLQ、ZLQ、ZLL 型油浸纸绝缘铝芯电力电缆在空气中敷设时的允许载流量

（单位：A）

| 芯数×截面/$mm^2$ | 1～3kV(80℃) | | | | 6kV(65℃) | | | | 10kV(60℃) | | | |
|---|---|---|---|---|---|---|---|---|---|---|---|---|
| | 25℃ | 30℃ | 35℃ | 40℃ | 25℃ | 30℃ | 35℃ | 40℃ | 25℃ | 30℃ | 35℃ | 40℃ |
| 3×2.5 | 22 | 21 | 20 | 19 | | | | | | | | |
| 3×4 | 28 | 26 | 25 | 24 | | | | | | | | |
| 3×6 | 35 | 33 | 31 | 30 | | | | | | | | |
| 3×10 | 48 | 46 | 43 | 41 | 43 | 40 | 37 | 34 | | | | |
| 3×16 | 65 | 62 | 58 | 55 | 55 | 51 | 48 | 43 | 55 | 51 | 46 | 41 |
| 3×25 | 85 | 81 | 76 | 72 | 75 | 70 | 65 | 59 | 70 | 65 | 59 | 53 |
| 3×35 | 105 | 100 | 95 | 90 | 90 | 84 | 78 | 71 | 85 | 79 | 72 | 64 |
| 3×50 | 130 | 124 | 117 | 111 | 115 | 107 | 99 | 91 | 105 | 98 | 89 | 79 |
| 3×70 | 160 | 152 | 145 | 136 | 135 | 126 | 117 | 106 | 130 | 120 | 110 | 98 |
| 3×95 | 195 | 185 | 176 | 166 | 170 | 159 | 148 | 134 | 160 | 148 | 135 | 121 |
| 3×120 | 225 | 214 | 203 | 192 | 195 | 182 | 169 | 154 | 185 | 171 | 156 | 140 |
| 3×150 | 265 | 252 | 239 | 226 | 225 | 210 | 196 | 178 | 210 | 194 | 177 | 141 |
| 3×185 | 305 | 290 | 276 | 260 | 260 | 243 | 225 | 205 | 245 | 227 | 207 | 142 |
| 3×240 | 365 | 348 | 330 | 311 | 310 | 290 | 268 | 244 | 290 | 268 | 245 | 143 |

附录表 5 ZLQ2、ZLQ3、ZLQ5 型油浸纸绝缘电力电缆埋地敷设时的允许载流量

（单位：A）

| 芯数×截面/$mm^2$ | 1kV(80℃) | | | 6kV(65℃) | | | 10kV(60℃) | | |
|---|---|---|---|---|---|---|---|---|---|
| | 15℃ | 20℃ | 25℃ | 15℃ | 20℃ | 25℃ | 15℃ | 20℃ | 25℃ |
| 3×2.5 | 30 | 29 | 28 | | | | | | |
| 3×4 | 39 | 37 | 36 | | | | | | |
| 3×6 | 50 | 48 | 46 | | | | | | |
| 3×10 | 67 | 65 | 62 | 61 | 57 | 54 | | | |
| 3×16 | 88 | 84 | 81 | 78 | 74 | 70 | 73 | 70 | 65 |
| 3×25 | 114 | 109 | 105 | 104 | 99 | 93 | 100 | 95 | 89 |
| 3×35 | 141 | 135 | 130 | 123 | 116 | 110 | 118 | 112 | 105 |
| 3×50 | 174 | 166 | 160 | 151 | 143 | 135 | 147 | 139 | 137 |
| 3×70 | 212 | 203 | 195 | 186 | 175 | 165 | 170 | 160 | 150 |
| 3×95 | 256 | 244 | 235 | 230 | 217 | 205 | 209 | 198 | 185 |
| 3×120 | 289 | 276 | 265 | 257 | 244 | 230 | 243 | 230 | 215 |
| 3×150 | 332 | 318 | 305 | 291 | 276 | 260 | 277 | 262 | 245 |
| 3×185 | 376 | 360 | 345 | 330 | 312 | 295 | 310 | 294 | 275 |
| 3×240 | 440 | 423 | 405 | 386 | 366 | 345 | 367 | 348 | 325 |

**附录表 6　铜、铝及钢芯铝绞线的允许载流量**

| 铜线 | | | 铝线 | | | 钢芯铝绞线 | |
|---|---|---|---|---|---|---|---|
| 导线型号 | 载流量/A | | 导线型号 | 载流量/A | | 导线型号 | 屋外载流量/A |
| | 屋外 | 屋内 | | 屋外 | 屋内 | | |
| TJ—10 | 95 | 60 | LJ—16 | 105 | 80 | LGJ—16 | 105 |
| TJ—16 | 130 | 100 | LJ—25 | 135 | 110 | LGJ—25 | 135 |
| TJ—25 | 180 | 140 | LJ—35 | 170 | 135 | LGJ—35 | 170 |
| TJ—35 | 220 | 175 | LJ—50 | 215 | 170 | LGJ—50 | 220 |
| TJ—50 | 270 | 220 | LJ—70 | 265 | 215 | LGJ—70 | 275 |
| TJ—70 | 340 | 280 | LJ—95 | 325 | 260 | LGJ—95 | 335 |
| TJ—95 | 415 | 340 | LJ—120 | 375 | 310 | LGJ—120 | 380 |
| TJ—120 | 485 | 405 | LJ—150 | 440 | 370 | LGJ—150 | 445 |
| TJ—150 | 570 | 480 | LJ—185 | 500 | 425 | LGJ—185 | 515 |
| TJ—185 | 645 | 550 | LJ—240 | 610 | — | LGJ—240 | 610 |
| TJ—240 | 770 | 650 | LJ—300 | 680 | — | LGJ—300 | 700 |

注：表中数据为环境温度 25℃、最高允许温度 70℃时的值。

**附录表 7　矩形导体的允许载流量**

| 导体尺寸/mm×mm | 单条 | | 双条 | | 三条 | |
|---|---|---|---|---|---|---|
| | 平放 | 竖放 | 平放 | 竖放 | 平放 | 竖放 |
| 25×4 | 292 | 308 | | | | |
| 25×5 | 332 | 350 | | | | |
| 50×4 | 565 | 594 | 779 | 820 | | |
| 50×5 | 637 | 671 | 884 | 930 | | |
| 60×8 | 995 | 1082 | 1511 | 1644 | 1908 | 2075 |
| 60×10 | 1129 | 1227 | 1800 | 1954 | 2107 | 2290 |
| 80×8 | 1249 | 1358 | 1858 | 2020 | 2355 | 2560 |
| 80×10 | 1411 | 1535 | 2185 | 2375 | 2806 | 3050 |
| 100×8 | 1547 | 1682 | 2259 | 2455 | 2778 | 3020 |
| 100×10 | 1663 | 1807 | 2613 | 2840 | 3284 | 3570 |

注：表中数据为环境温度 25℃、最高允许温度 70℃时的值。

**附录表 8　裸导体载流量的温度校正系数**

| 导体额定温度/℃ | 实际环境温度(℃)时的载流量校正系数 | | | | | | | | | | | |
|---|---|---|---|---|---|---|---|---|---|---|---|---|
| | -5 | 0 | 5 | 10 | 15 | 20 | 25 | 30 | 35 | 40 | 45 | 50 |
| 80 | 1.24 | 1.20 | 1.17 | 1.13 | 1.09 | 1.04 | 1.00 | 0.95 | 0.90 | 0.85 | 0.80 | 0.74 |
| 70 | 1.29 | 1.24 | 1.20 | 1.15 | 1.11 | 1.05 | 1.00 | 0.94 | 0.88 | 0.81 | 0.74 | 0.67 |
| 65 | 1.32 | 1.27 | 1.22 | 1.17 | 1.12 | 1.06 | 1.00 | 0.94 | 0.87 | 0.79 | 0.71 | 0.61 |
| 60 | 1.36 | 1.31 | 1.29 | 1.20 | 1.19 | 1.07 | 1.00 | 0.93 | 0.85 | 0.76 | 0.66 | 0.54 |

**附录表 9　BLX 型橡皮绝缘导线穿钢管时的允许载流量（65℃）**　　（单位：A）

| 芯数截面面积/$mm^2$ | 2 根单芯线 | | | | 2 根穿管管径/mm | | 3 根单芯线 | | | | 3 根穿管管径/mm | | 4 ~ 5 根单芯线 | | | | 4 根穿管管径/mm | | 5 根穿管管径/mm | |
|---|---|---|---|---|---|---|---|---|---|---|---|---|---|---|---|---|---|---|---|---|
| | 环境温度 | | | | | | 环境温度 | | | | | | 环境温度 | | | | | | | |
| | 25℃ | 30℃ | 35℃ | 40℃ | G | DG | 25℃ | 30℃ | 35℃ | 40℃ | G | DG | 25℃ | 30℃ | 35℃ | 40℃ | G | DG | G | DG |
| 2.5 | 21 | 19 | 18 | 16 | 15 | 20 | 19 | 17 | 16 | 15 | 15 | 20 | 16 | 14 | 13 | 12 | 20 | 25 | 20 | 25 |
| 4 | 28 | 26 | 24 | 22 | 20 | 25 | 25 | 23 | 21 | 19 | 20 | 25 | 23 | 21 | 19 | 18 | 20 | 25 | 20 | 25 |
| 6 | 37 | 34 | 32 | 29 | 20 | 25 | 34 | 31 | 29 | 26 | 20 | 25 | 30 | 28 | 25 | 23 | 20 | 25 | 25 | 32 |
| 10 | 52 | 48 | 44 | 41 | 25 | 32 | 46 | 43 | 39 | 36 | 25 | 32 | 40 | 37 | 34 | 31 | 25 | 32 | 32 | 40 |
| 16 | 66 | 61 | 57 | 52 | 25 | 32 | 59 | 55 | 51 | 46 | 32 | 32 | 52 | 48 | 44 | 41 | 32 | 40 | 40 | 50 |
| 25 | 86 | 80 | 74 | 68 | 32 | 40 | 76 | 71 | 65 | 60 | 32 | 40 | 68 | 63 | 58 | 53 | 40 | 50 | 40 | — |
| 35 | 106 | 99 | 91 | 83 | 32 | 40 | 94 | 87 | 81 | 74 | 32 | 50 | 83 | 77 | 71 | 65 | 40 | 50 | 50 | — |
| 50 | 133 | 124 | 115 | 105 | 40 | 50 | 118 | 110 | 102 | 93 | 50 | 50 | 105 | 98 | 90 | 83 | 50 | — | 70 | — |
| 70 | 164 | 154 | 142 | 130 | 50 | 50 | 150 | 140 | 129 | 118 | 50 | 50 | 133 | 124 | 115 | 105 | 70 | — | 70 | — |
| 95 | 200 | 187 | 173 | 158 | 70 | — | 180 | 168 | 155 | 142 | 70 | — | 160 | 149 | 138 | 126 | 70 | — | 80 | — |
| 120 | 230 | 215 | 198 | 181 | 70 | — | 210 | 196 | 181 | 166 | 70 | — | 190 | 177 | 164 | 150 | 70 | — | 80 | — |
| 150 | 260 | 243 | 224 | 205 | 70 | — | 240 | 224 | 207 | 189 | 70 | — | 220 | 205 | 190 | 174 | 80 | — | 100 | — |
| 185 | 295 | 275 | 255 | 233 | 80 | — | 270 | 252 | 233 | 213 | 80 | — | 250 | 233 | 216 | 197 | 80 | — | 100 | — |

注：1. G 为焊接钢管（按内径计算）；DG 为电线管（按外径计算）。

2. 表中 4 ~ 5 根单芯线穿管的载流量，是指三相四线制的 TN-C 系统、TN-S 系统和 TN-C-S 系统中的相线载流量。

**附录表 10　BLV 型塑料绝缘导线穿钢管时的允许载流量（65℃）**　　（单位：A）

| 芯数截面面积/$mm^2$ | 2 根单芯线 | | | | 2 根穿管管径/mm | | 3 根单芯线 | | | | 3 根穿管管径/mm | | 4 ~ 5 根单芯线 | | | | 4 根穿管管径/mm | | 5 根穿管管径/mm | |
|---|---|---|---|---|---|---|---|---|---|---|---|---|---|---|---|---|---|---|---|---|
| | 环境温度 | | | | | | 环境温度 | | | | | | 环境温度 | | | | | | | |
| | 25℃ | 30℃ | 35℃ | 40℃ | G | DG | 25℃ | 30℃ | 35℃ | 40℃ | G | DG | 25℃ | 30℃ | 35℃ | 40℃ | G | DG | G | DG |
| 2.5 | 20 | 18 | 17 | 15 | 15 | 15 | 18 | 16 | 15 | 14 | 15 | 15 | 15 | 14 | 12 | 11 | 15 | 15 | 15 | 20 |
| 4 | 27 | 25 | 23 | 21 | 15 | 15 | 24 | 22 | 20 | 18 | 15 | 15 | 22 | 20 | 19 | 17 | 15 | 20 | 20 | 20 |
| 6 | 35 | 32 | 30 | 27 | 15 | 20 | 32 | 29 | 27 | 25 | 15 | 20 | 28 | 26 | 24 | 22 | 20 | 25 | 25 | 25 |
| 10 | 49 | 45 | 42 | 38 | 20 | 25 | 44 | 41 | 38 | 34 | 20 | 25 | 38 | 35 | 32 | 30 | 25 | 25 | 25 | 32 |
| 16 | 63 | 58 | 54 | 49 | 25 | 25 | 56 | 52 | 48 | 44 | 25 | 32 | 50 | 46 | 43 | 39 | 25 | 32 | 32 | 40 |
| 25 | 80 | 74 | 69 | 63 | 25 | 32 | 70 | 65 | 60 | 55 | 32 | 32 | 65 | 60 | 56 | 51 | 32 | 40 | 32 | 50 |
| 35 | 100 | 93 | 86 | 79 | 32 | 40 | 90 | 84 | 77 | 71 | 32 | 40 | 80 | 74 | 69 | 63 | 40 | 50 | 40 | — |
| 50 | 125 | 116 | 108 | 98 | 40 | 50 | 110 | 102 | 95 | 87 | 40 | 50 | 100 | 93 | 86 | 79 | 50 | 50 | 50 | — |
| 70 | 155 | 144 | 134 | 122 | 50 | 50 | 143 | 133 | 123 | 113 | 40 | 50 | 127 | 118 | 109 | 100 | 50 | — | 70 | — |
| 95 | 190 | 177 | 164 | 150 | 50 | 50 | 170 | 158 | 147 | 134 | 50 | — | 152 | 142 | 131 | 120 | 70 | — | 70 | — |
| 120 | 220 | 205 | 190 | 174 | 50 | 50 | 195 | 182 | 168 | 154 | 50 | — | 172 | 160 | 148 | 136 | 70 | — | 80 | — |
| 150 | 250 | 233 | 216 | 197 | 70 | 50 | 225 | 210 | 194 | 177 | 70 | — | 200 | 187 | 173 | 158 | 70 | — | 80 | — |
| 185 | 285 | 266 | 246 | 225 | 70 | -5 | 255 | 238 | 220 | 201 | 70 | — | 230 | 215 | 198 | 181 | 80 | — | 100 | — |

**附录表 11　BLX 型橡皮绝缘导线穿硬塑料管时的允许载流量（65℃）　（单位：A）**

| 芯数截面面积 /mm² | 2 根单芯线 | | | | 2 根穿管管径 /mm | 3 根单芯线 | | | | 3 根穿管管径 /mm | 4～5 根单芯线 | | | | 4 根穿管管径 /mm | 5 根穿管管径 /mm |
|---|---|---|---|---|---|---|---|---|---|---|---|---|---|---|---|---|
| | 环境温度 | | | | | 环境温度 | | | | | 环境温度 | | | | | |
| | 25℃ | 30℃ | 35℃ | 40℃ | | 25℃ | 30℃ | 35℃ | 40℃ | | 25℃ | 30℃ | 35℃ | 40℃ | | |
| 2.5 | 19 | 17 | 16 | 15 | 15 | 17 | 15 | 14 | 13 | 15 | 15 | 14 | 12 | 11 | 20 | 25 |
| 4 | 25 | 23 | 21 | 19 | 20 | 23 | 21 | 19 | 18 | 20 | 20 | 18 | 17 | 15 | 20 | 25 |
| 6 | 33 | 30 | 28 | 26 | 20 | 29 | 27 | 25 | 22 | 20 | 26 | 24 | 22 | 20 | 25 | 32 |
| 10 | 44 | 41 | 38 | 34 | 25 | 40 | 37 | 34 | 31 | 25 | 35 | 32 | 30 | 27 | 32 | 32 |
| 16 | 58 | 54 | 50 | 45 | 32 | 52 | 48 | 44 | 41 | 32 | 46 | 43 | 39 | 36 | 32 | 40 |
| 25 | 77 | 71 | 66 | 60 | 32 | 68 | 63 | 58 | 53 | 32 | 60 | 56 | 51 | 47 | 40 | 40 |
| 35 | 95 | 88 | 82 | 75 | 40 | 84 | 78 | 72 | 66 | 40 | 74 | 69 | 64 | 58 | 40 | 50 |
| 50 | 120 | 112 | 103 | 94 | 40 | 108 | 100 | 93 | 86 | 50 | 95 | 88 | 82 | 75 | 50 | 50 |
| 70 | 153 | 143 | 132 | 121 | 50 | 135 | 126 | 116 | 106 | 50 | 120 | 112 | 103 | 94 | 50 | 65 |
| 95 | 184 | 172 | 159 | 145 | 50 | 165 | 154 | 142 | 130 | 65 | 150 | 140 | 129 | 118 | 65 | 80 |
| 120 | 210 | 196 | 181 | 166 | 65 | 190 | 177 | 164 | 150 | 65 | 170 | 158 | 147 | 134 | 80 | 80 |
| 150 | 250 | 233 | 215 | 197 | 65 | 227 | 212 | 196 | 179 | 75 | 205 | 191 | 177 | 162 | 80 | 90 |
| 185 | 282 | 263 | 243 | 223 | 80 | 255 | 238 | 220 | 201 | 80 | 232 | 316 | 200 | 183 | 100 | 100 |

**附录表 12　BLV 型塑料绝缘导线穿硬塑料管时的允许载流量（65℃）　（单位：A）**

| 芯数截面面积 /mm² | 2 根单芯线 | | | | 2 根穿管管径 /mm | 3 根单芯线 | | | | 3 根穿管管径 /mm | 4～5 根单芯线 | | | | 4 根穿管管径 /mm | 5 根穿管管径 /mm |
|---|---|---|---|---|---|---|---|---|---|---|---|---|---|---|---|---|
| | 环境温度 | | | | | 环境温度 | | | | | 环境温度 | | | | | |
| | 25℃ | 30℃ | 35℃ | 40℃ | | 25℃ | 30℃ | 35℃ | 40℃ | | 25℃ | 30℃ | 35℃ | 40℃ | | |
| 2.5 | 18 | 16 | 15 | 14 | 15 | 16 | 14 | 13 | 12 | 15 | 14 | 13 | 12 | 11 | 20 | 25 |
| 4 | 24 | 22 | 20 | 18 | 20 | 22 | 20 | 19 | 17 | 20 | 19 | 17 | 16 | 15 | 20 | 25 |
| 6 | 31 | 28 | 26 | 24 | 20 | 27 | 25 | 23 | 21 | 20 | 25 | 23 | 21 | 19 | 25 | 32 |
| 10 | 42 | 39 | 36 | 33 | 25 | 38 | 35 | 32 | 30 | 25 | 33 | 30 | 28 | 26 | 32 | 32 |
| 16 | 55 | 51 | 47 | 43 | 32 | 49 | 45 | 42 | 38 | 32 | 44 | 41 | 38 | 34 | 32 | 40 |
| 25 | 73 | 68 | 63 | 57 | 32 | 65 | 60 | 56 | 51 | 40 | 57 | 53 | 49 | 45 | 40 | 50 |
| 35 | 90 | 84 | 77 | 71 | 40 | 80 | 74 | 69 | 63 | 40 | 70 | 65 | 60 | 55 | 50 | 65 |
| 50 | 114 | 106 | 98 | 90 | 50 | 102 | 95 | 88 | 80 | 50 | 90 | 84 | 77 | 71 | 65 | 65 |
| 70 | 145 | 135 | 125 | 114 | 50 | 130 | 121 | 112 | 102 | 50 | 115 | 107 | 99 | 90 | 65 | 75 |
| 95 | 175 | 163 | 151 | 138 | 65 | 158 | 147 | 136 | 124 | 65 | 140 | 130 | 121 | 110 | 75 | 75 |
| 120 | 206 | 187 | 173 | 158 | 65 | 180 | 168 | 155 | 142 | 65 | 160 | 149 | 138 | 126 | 75 | 80 |
| 150 | 230 | 215 | 198 | 181 | 75 | 207 | 193 | 179 | 163 | 75 | 185 | 172 | 160 | 146 | 80 | 90 |
| 185 | 265 | 247 | 229 | 209 | 75 | 235 | 219 | 203 | 185 | 75 | 212 | 198 | 183 | 167 | 90 | 100 |

附录表 13 BLX、BLV 型绝缘导线明敷时的允许载流量（65℃） （单位：A）

| 芯数截面面积 /$mm^2$ | BLX 铝芯橡皮线 | | | | BLV 铝芯塑料线 | | | |
|---|---|---|---|---|---|---|---|---|
| | 25℃ | 30℃ | 35℃ | 40℃ | 25℃ | 30℃ | 35℃ | 40℃ |
| 2.5 | 27 | 25 | 23 | 21 | 25 | 23 | 21 | 19 |
| 4 | 35 | 32 | 30 | 27 | 32 | 29 | 27 | 25 |
| 6 | 45 | 42 | 38 | 35 | 42 | 39 | 36 | 33 |
| 10 | 65 | 60 | 56 | 51 | 59 | 55 | 51 | 46 |
| 16 | 85 | 79 | 73 | 67 | 80 | 71 | 69 | 63 |
| 25 | 110 | 102 | 95 | 87 | 105 | 98 | 90 | 83 |
| 35 | 138 | 129 | 119 | 109 | 130 | 121 | 112 | 102 |
| 50 | 175 | 163 | 151 | 138 | 165 | 151 | 142 | 130 |
| 70 | 220 | 206 | 190 | 174 | 205 | 191 | 177 | 162 |
| 95 | 265 | 247 | 229 | 209 | 250 | 233 | 216 | 197 |
| 120 | 310 | 280 | 268 | 245 | 283 | 266 | 246 | 225 |
| 150 | 360 | 336 | 311 | 284 | 325 | 303 | 281 | 257 |
| 185 | 420 | 392 | 363 | 332 | 380 | 355 | 328 | 300 |

附录表 14 TJ 型裸铜导线的电阻和电抗

| 导线型号 | TJ—10 | TJ—16 | TJ—25 | TJ—35 | TJ—50 | TJ—70 | TJ—95 | TJ—120 | TJ—150 | TJ—185 | TJ—240 |
|---|---|---|---|---|---|---|---|---|---|---|---|
| 电阻/(Ω/km) | 1.34 | 1.2 | 0.74 | 0.54 | 0.39 | 0.28 | 0.2 | 0.158 | 0.128 | 0.108 | 0.078 |
| 线间几何均距/m | 电抗/(Ω/km) | | | | | | | | | | |
| 0.4 | 0.355 | 0.333 | 0.319 | 0.308 | 0.297 | 0.283 | 0.274 | | | | |
| 0.6 | 0.381 | 0.358 | 0.345 | 0.336 | 0.395 | 0.309 | 0.3 | 0.292 | 0.287 | 0.28 | |
| 0.8 | 0.399 | 0.377 | 0.363 | 0.352 | 0.341 | 0.327 | 0.318 | 0.31 | 0.305 | 0.298 | |
| 1.0 | 0.413 | 0.391 | 0.377 | 0.366 | 0.355 | 0.341 | 0.332 | 0.324 | 0.319 | 0.313 | 0.305 |
| 1.3 | 0.427 | 0.405 | 0.391 | 0.38 | 0.369 | 0.355 | 0.346 | 0.338 | 0.333 | 0.32 | 0.319 |
| 1.5 | 0.438 | 0.416 | 0.402 | 0.391 | 0.38 | 0.366 | 0.357 | 0.349 | 0.344 | 0.338 | 0.33 |
| 2.0 | 0.457 | 0.437 | 0.421 | 0.41 | 0.398 | 0.385 | 0.376 | 0.368 | 0.363 | 0.357 | 0.349 |
| 2.5 | | 0.449 | 0.435 | 0.424 | 0.413 | 0.99 | 0.39 | 0.382 | 0.377 | 0.371 | 0.363 |
| 3.0 | | 0.46 | 0.446 | 0.435 | 0.423 | 0.41 | 0.401 | 0.393 | 0.388 | 0.382 | 0.374 |
| 3.5 | | 0.47 | 0.456 | 0.445 | 0.433 | 0.42 | 0.411 | 0.408 | 0.398 | 0.392 | 0.384 |
| 4.0 | | 0.478 | 0.464 | 0.453 | 0.441 | 0.428 | 0.419 | 0.411 | 0.406 | 0.4 | 0.392 |
| 4.5 | | | 0.471 | 0.46 | 0.448 | 0.435 | 0.496 | 0.418 | 0.413 | 0.407 | 0.399 |
| 5.0 | | | | 0.467 | 0.456 | 0.442 | 0.433 | 0.425 | 0.42 | 0.414 | 0.406 |
| 5.5 | | | | | 0.462 | 0.448 | 0.439 | 0.433 | 0.426 | 0.42 | 0.412 |
| 6.0 | | | | | 0.468 | 0.454 | 0.445 | 0.437 | 0.432 | 0.428 | 0.418 |

**附录表 15 LJ 型裸铝导线的电阻和电抗**

| 导线型号 | LJ—16 | LJ—25 | LJ—35 | LJ—50 | LJ—70 | LJ—95 | LJ—120 | LJ—150 | LJ—185 | LJ—240 |
|---|---|---|---|---|---|---|---|---|---|---|
| 电阻/(Ω/km) | 1.98 | 1.28 | 0.92 | 0.64 | 0.46 | 0.34 | 0.27 | 0.21 | 0.17 | 0.132 |
| 线间几何均距/m | 电抗/(Ω/km) | | | | | | | | | |
| 0.6 | 0.358 | 0.345 | 0.336 | 0.325 | 0.312 | 0.303 | 0.295 | 0.288 | 0.281 | 0.273 |
| 0.8 | 0.377 | 0.363 | 0.352 | 0.341 | 0.33 | 0.321 | 0.313 | 0.305 | 0.299 | 0.291 |
| 1 | 0.391 | 0.377 | 0.366 | 0.355 | 0.344 | 0.335 | 0.327 | 0.319 | 0.313 | 0.305 |
| 1.25 | 0.405 | 0.391 | 0.38 | 0.369 | 0.358 | 0.349 | 0.341 | 0.333 | 0.327 | 0.319 |
| 1.5 | 0.416 | 0.402 | 0.392 | 0.38 | 0.37 | 0.36 | 0.353 | 0.345 | 0.339 | 0.33 |
| 2 | 0.434 | 0.421 | 0.41 | 0.398 | 0.388 | 0.378 | 0.371 | 0.363 | 0.356 | 0.348 |
| 2.5 | 0.448 | 0.435 | 0.424 | 0.413 | 0.399 | 0.392 | 0.385 | 0.377 | 0.371 | 0.362 |
| 3 | 0.459 | 0.448 | 0.435 | 0.424 | 0.41 | 0.403 | 0.396 | 0.388 | 0.382 | 0.374 |
| 3.5 | | | 0.445 | 0.433 | 0.42 | 0.413 | 0.406 | 0.398 | 0.392 | 0.383 |
| 4 | | | 0.453 | 0.441 | 0.428 | 0.419 | 0.411 | 0.406 | 0.4 | 0.392 |

**附录表 16 部分高压隔离开关的主要技术数据**

| 型 号 | 额定电压/kV | 额定电流/A | 极限通过电流峰值/kA | 热稳定电流/kA | |
|---|---|---|---|---|---|
| | | | | 4s | 5s |
| GN8—10T/200 | 10 | 200 | 25.5 | | 10 |
| GN8—10T/400 | | 400 | 40 | | 14 |
| GN8—10T/600 | | 600 | 52 | | 20 |
| GN8—10T/1000 | | 1000 | 75 | | 30 |
| GN10—10T/3000 | 10 | 3000 | 160 | | 75 |
| GN10—10T/4000 | | 4000 | 160 | | 80 |
| GN10—10T/5000 | | 5000 | 200 | | 100 |
| GN19—10/400 | 10 | 400 | 31.5 | 12.5 | |
| GN19—10/630 | | 630 | 50 | 20 | |
| GN19—10/1000 | | 1000 | 80 | 31.5 | |
| GN19—10/1250 | | 1250 | 100 | 40 | |
| GW4—35G/600 | 35 | 600 | 50 | | 14 |
| GW4—110D/600 | 110 | 600 | 600 | | 14 |
| GW4—110D/1000 | 110 | 1000 | 1000 | | 21.5 |
| GW5—35G/600 | 35 | 600 | 72 | 16 | |
| GW5—35G/1000 | 35 | 1000 | 83 | 25 | |
| GW5—110D/600 | 110 | 600 | 72 | 16 | |
| GW14—35/630 | 35 | 630 | 40 | 16 | |
| GW14—35/1250 | 35 | 1250 | 80 | 31.5 | |
| GW14—110/630 | 110 | 630 | 50 | 20 | |
| GW14—110/1250 | 110 | 1250 | 80 | 31.5 | |

## 附录表 17 部分高压断路器的主要技术数据

| 类别 | 型 号 | 额定电压/kV | 额定电流/A | 额定开断电流/kA | 额定断流容量/MV·A | 极限通过电流峰值/kA | 热稳定电流/kA | 固有分闸时间/s（不大于） | 合闸时间/s（不大于） |
|---|---|---|---|---|---|---|---|---|---|
| 少油断路器 | SN10—10 Ⅰ | 10 | 630 | 16 | 300 | 40 | 16(4s) | 0.06 | 0.2 |
| | | | 1000 | | | | | | |
| | SN10—10 Ⅱ | | 1000 | 31.5 | 500 | 80 | 31.5(2s) | | |
| | SN10—10 Ⅲ | | 1250 | 40 | 750 | 125 | 40(4s) | | |
| | | | 2000 | | | | | | |
| | | | 3000 | | | | | | |
| | SN10—35 Ⅰ | 35 | 1000 | 16 | 1000 | 45 | 16(4s) | 0.06 | 0.25 |
| | SN10—35 Ⅱ | | 1250 | 20 | 1250 | 50 | 20(4s) | | |
| | SW2—35 | 35 | 1000 | 16.5 | 1000 | 45 | 16.5(4s) | 0.06 | 0.4 |
| | | | 1500 | 24.8 | 1500 | 63.4 | 24.8(4s) | | |
| | SW4—110 | 110 | 1000 | 18.4 | 3500 | 55 | 21(5s) | 0.06 | 0.25 |
| | SW4—110G | | 1600 | 15.8 | 3000 | | | | |
| 真空断路器 | ZN12—10 | 10 | 1250 | 31.5 | | 80 | 31.5(4) | 0.065 | 0.1 |
| | | | 1600 | | | | | | |
| | | | 2000 | | | | | | |
| | | | 2500 | | | | | | |
| | ZN28—10 | 10 | 1250 | 25 | | 63 | 25(4s) | 0.06 | 0.15 |
| | | | 1600 | 31.5 | | 80 | 31.5(4s) | | |
| | | | 2000 | 31.5 | | 80 | 31.5(4s) | | |
| | | | 3150 | 40 | | 100 | 40(4s) | | |
| | ZN12—35 | 35 | 1250 | 25 | | 63 | 25(4s) | 0.075 | 0.09 |
| | | | 1600 | 31.5 | | 80 | 31.5(4s) | | |
| | | | 2000 | 31.5 | | 80 | 31.5(4s) | | |
| | ZN23—35 | 35 | 1600 | 25 | | 63 | 25(4s) | 0.06 | 0.075 |
| SF6断路器 | LN2—10 | 10 | 1250 | 25 | | 63 | 25(4s) | 0.06 | 0.15 |
| | LN2—35 Ⅰ | 35 | 1250 | 16 | | 40 | 16(4s) | 0.06 | 0.15 |
| | LN2—35Ⅱ | | 1250 | 25 | | 63 | 25(4s) | | |
| | LN2—35Ⅲ | | 1600 | 25 | | 63 | 25(4s) | | |
| | LW6—110 Ⅰ | 110kV | 2500 | 31.5 | | 125 | 50(3s) | 0.03 | 0.09 |
| | LW6—110 Ⅱ | | 3150 | 40 | | | | | |

**附录表 18 部分低压断路器的主要技术数据**

| 型号 | 触头额定电流/A | 额定电压/V | 脱扣器类别 | 脱扣器额定电流/A | 最大分断能力电流(有效值)/kA |
|---|---|---|---|---|---|
| DZ20—100Y | 100 | 380 | 复式或电磁式、热脱扣 | 16,20,32,40,50,63,80,100 | 18 |
| DZ20—100J | | | | | 35 |
| DZ20—100G | | | | | 100 |
| DZ20—200Y | 200 | | 复式或电磁式、热脱扣 | 100,125,160,180,200,250 | 25 |
| DZ20—200J | | | | | 42 |
| DZ20—200G | | | | | 100 |
| DZ20—400Y | 400 | | 复式或电磁式、热脱扣 | 200,250,315,350,400 | 30 |
| DZ20—400J | | | | | 42 |
| DZ20—400G | | | | | 100 |
| DZ20—630Y | 630 | | 复式或电磁式、热脱扣 | 250,315,350,400,500,630 | 30 |
| DZ20—630J | | | | | 42 |
| DZ20—1250 | 1250 | | 复式或电磁式、热脱扣 | 630,700,800,1000,1200 | 50 |
| DW15—200 | 200 | | 过电流、失电压分励 | 100,160,200 | 20 |
| DW15—400 | 400 | | | 315,400 | 25 |
| DW15—630 | 630 | | | 315,400,630 | 30 |
| DW48—1600 | 1600 | | | 630,1000,1250,1600 | 50 |
| DW48—3200 | 3200 | | | 2000,2500,3200 | 65 |

**附录表 19 部分户内高压熔断器的主要技术数据**

| 型号 | 额定电压/kV | 额定电流/A | 最大开断容量/MV·A | 最大开断电流(有效值)/A | 开断最大开断电流时电流峰值/A |
|---|---|---|---|---|---|
| RN1—6 | 6 | 20 | 200 | 20 | 5.2 |
| | | 75 | | | 14 |
| | | 100 | | | 19 |
| | | 200 | | | 25 |
| RN1—10 | 10 | 20 | 200 | 12 | 4.5 |
| | | 50 | | | 8.6 |
| | | 100 | | | 15.5 |
| | | 200 | | | — |
| RN1—35 | 35 | 10 | 200 | 3.5 | 1.6 |
| | | 20 | | | 2.8 |
| | | 30 | | | 3.6 |
| | | 40 | | | 4.2 |
| RN2—6 | 6 | 0.5 | 500 | 85 | 300 |
| RN2—10 | 10 | 0.5 | 1000 | 50 | 350 |
| RN2—35 | 35 | 0.5 | 1000 | 17 | 700 |

附录表 20 部分户外高压熔断器的主要技术数据

| 型号 | 额定电压/kV | 额定电流/A | 熔体电流/A | 断流容量/MV · A | |
|---|---|---|---|---|---|
| | | | | 上限 | 下限 |
| RW4—10 | 10 | 50 | 2,3,5,7.5,10,15,20,25,30,40,50,75,100 | 75 | 10 |
| | | 100 | | 100 | 30 |
| | | 200 | | 100 | 30 |
| RW5—35 | 35 | 50 | 2,3,5,… | 200 | 15 |
| | | 100 | | 400 | 20 |
| | | 200 | | 800 | 30 |
| RW10—10 | 10 | 50 | | 200 | 40 |
| | | 100 | | | |
| | | 200 | | | |
| RW10—35 | 35 | 2 | 2 | 600 | — |
| | | 3 | 3 | | |
| | | 5 | 5 | | |

附录表 21 部分低压熔断器的主要技术数据

| 型号 | 熔管额定电流/A | 熔体额定电流/A | 极限分断电流/kA | $\cos\varphi$ |
|---|---|---|---|---|
| RT0 | 50 | 5,10,15,20,30,40,50 | 50 | 0.1~0.2 |
| | 100 | 30,40,50,60,80,100 | | |
| | 200 | 80,100,120,150,200 | | |
| | 400 | 150,200,250,300,350,400 | | |
| | 600 | 350,400,450,500,550,600 | | |
| | 1000 | 700,800,900,1000 | | |
| RM10 | 15 | 6,10,15 | 1.2 | 0.8 |
| | 60 | 15,20,25,35,40,45,60 | 3.5 | 0.7 |
| | 100 | 60,80,100 | 10 | 0.35 |
| | 200 | 100,125,160,200 | | |
| | 350 | 200,225,260,300,350 | | |
| | 600 | 350,430,500,600 | | |

### 附录表 22 部分电流互感器的主要技术数据

| 型号 | 额定一次电流/A | 级次组合 | 额定二次负荷/Ω | | | | 10%倍数 | 1s 热稳定倍数 | 动稳定倍数 |
|---|---|---|---|---|---|---|---|---|---|
| | | | 0.5 | 1 | 3 | D | | | |
| LMZJ1—0.5 | 5~800 | 0.5/1 | 0.4 | 0.6 | | | | | |
| LA—10 | 20~200 | 0.5/3<br>1/3 | 0.4 | 0.4 | 0.6 | | 10<br>(3级) | 90 | 160 |
| | 300,400 | | | | | | | 75 | 135 |
| | 500 | | | | | | | 60 | 110 |
| | 600~1000 | | | | | | | 50 | 90 |
| LAJ—10<br>LBJ—10 | 20~200 | 0.5/D<br>1/D<br>D/D | 0.6 | 1 | | 0.6 | 15<br>(D级) | 120 | 215 |
| | 300 | | 0.6 | 1 | | 0.6 | | 100 | 180 |
| | 400 | | 0.8 | 1 | | 0.8 | | 75 | 135 |
| | 500 | | 1 | 1 | | | | 60 | 110 |
| | 600,800 | | 1 | 1 | | 0.8 | | 50 | 90 |
| | 1000~1500 | | 1.6 | 1.6 | | 1.6 | | 50 | 90 |
| | 2000~6000 | | 2.4 | 2.4 | | 2 | | 50 | 90 |
| LQJ—10 | 5~100 | 0.5/3<br>1/3 | 0.4 | 0.6 | | | 6(0.5,1级)<br>15(3级) | 90 | 225 |
| | 150~400 | | | 0.4 | 1.2 | | | 75 | 160 |
| LCW—35 | 15~1000 | 0.5/3 | 2 | 4 | 2 | 4 | 28(0.5级)<br>5(3级) | 65 | 100 |
| LCWD1—35 | 15~1500 | 0.5/D | 2 | | | | 15 | 30~75 | 77~191 |

### 附录表 23 部分电压互感器的主要技术数据

| 型号 | 额定电压/kV | | | 额定容量/V·A($\cos\varphi=0.8$) | | | 最大容量/V·A |
|---|---|---|---|---|---|---|---|
| | 一次侧 | 二次侧 | 辅助 | 0.5 | 1 | 3 | |
| JDG—0.5 | 0.38 | 0.1 | | 25 | 40 | 100 | 200 |
| JDZ—6 | 6 | 0.1 | | 50 | 80 | 200 | 300 |
| JDZJ—6 | $6/\sqrt{3}$ | $0.1/\sqrt{3}$ | 0.1/3 | 40 | 60 | 150 | 300 |
| JDJ—6 | 6 | 0.1 | | 50 | 80 | 200 | 400 |
| JSJW—6 | 6 | 0.1 | 0.1/3 | 80 | 150 | 320 | 640 |
| JDZ—10 | 10 | 0.1 | | 80 | 120 | 300 | 500 |
| JDZJ—10 | $10/\sqrt{3}$ | $0.1/\sqrt{3}$ | 0.1/3 | 60 | 60 | 150 | 300 |
| JDJ—10 | 10 | 0.1 | | 80 | 150 | 320 | 640 |
| JSJW—10 | 1 | 0.1 | 0.1/3 | 120 | 200 | 480 | 960 |
| JDJ—35 | 35 | 0.1 | | 150 | 250 | 600 | 1200 |
| JDJJ—35 | $35/\sqrt{3}$ | $0.1/\sqrt{3}$ | 0.1/3 | 150 | 250 | 600 | 1200 |
| JCC1—110 | $110/\sqrt{3}$ | $0.1/\sqrt{3}$ | 0.1/3 | | 500 | 1000 | 2000 |
| JCC2—110 | $110/\sqrt{3}$ | $0.1/\sqrt{3}$ | 0.1 | | 500 | 1000 | 2000 |

**附录表 24 FZ 系列及 FCZ 系列避雷器的电气特性**

| 型号 | 额定电压/kV | 灭弧电压(有效值)/kV | 工频放电电压(有效值)/kV | | 冲击放电电压峰值(预放电时间 1.5~20μs)/kV(不大于) | 波形/20μs 下的残压峰值/kV(不大于) | |
|---|---|---|---|---|---|---|---|
| | | | 不小于 | 不大于 | | 5kA | 10kA |
| FZ—6 | 6 | 7.6 | 9 | 11 | 30 | 27 | 30 |
| FZ—10 | 10 | 12.7 | 26 | 31 | 45 | 45 | 50 |
| FZ—35 | 35 | 41 | 82 | 98 | 134 | 134 | 148 |
| FZ—110J | 110 | 100 | 224 | 268 | 326 | 326 | 358 |
| FZ—110 | 110 | 126 | 254 | 213 | 375 | 375 | 415 |
| FCZ—35 | 35 | 40 | 72 | 85 | 108 | 103 | |
| FCZ—110J | 110 | 100 | 170 | 195 | 265 | 265 | |

**附录表 25 GG—1A（F）型高压开关柜部分一次线路方案**

| 方案号 | 03 | 04 | 07 | 08 | 11 | 12 |
|---|---|---|---|---|---|---|
| 一次线路方案 | 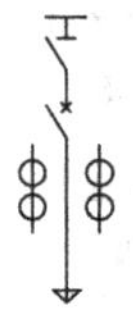 | 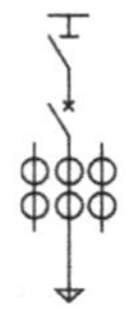 | 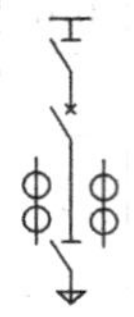 | 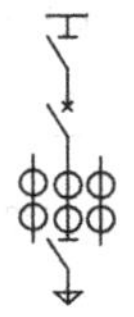 | 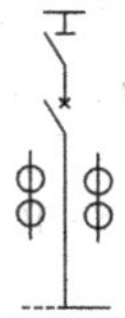 | 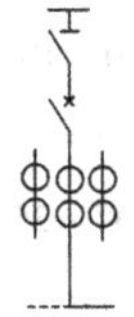 |
| 用途 | 电缆出线 | | 电缆进出线电能的电缆出线 | | 右联或左联 | |
| 方案号 | 17 | 18 | 54 | 55 | 73 | 74 |
| 一次线路方案 | 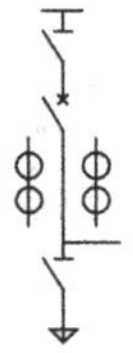 | 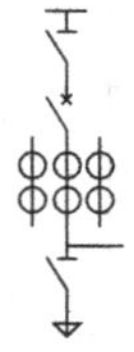 | 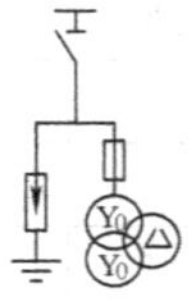 | 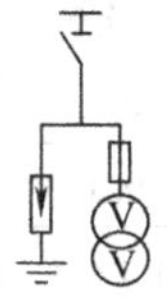 | 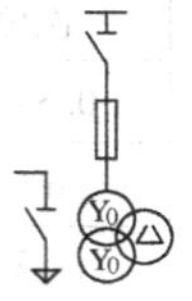 | 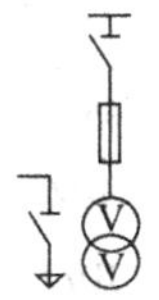 |
| 用途 | 受电或配电，右联；与 73、74 配合，可作备用电源进线 | | 互感器、避雷器柜 | | 与 17、18 配合，可兼作备用电源进线；只能左联 | |
| 方案号 | 58 | 59 | 61 | 62 | 95 | 43 |
| 一次线路方案 | 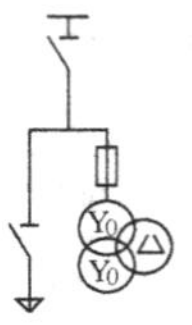 | 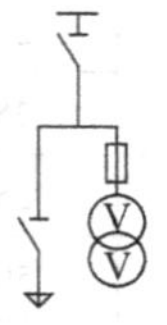 | 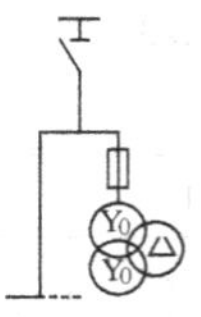 | 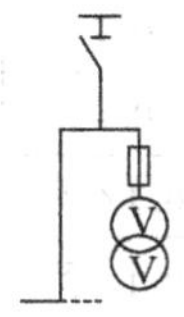 |  | 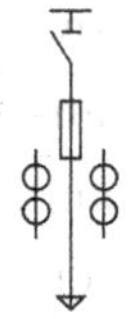 |
| 用途 | 电缆进出并接互感器 | | 左联或右联并接互感器 | | 左联或右联 | 电缆出线 |

**附录表 26　常用高压开关柜的技术数据**

| 开关柜型号 | | GG—1A(F) | KGN—10 | JYN2—10 | KYN—10 | JYN1—35 |
|---|---|---|---|---|---|---|
| 类别型式 | | 固定式 | | 手车式 | | |
| 电压等级/kV | | 10 | | | | 35 |
| 主要电气设备 | 断路器 | SN10—10 Ⅰ、Ⅱ、Ⅲ | SN10—10 Ⅰ、Ⅱ、Ⅲ | SN10—10 Ⅰ、Ⅱ、Ⅲ | SN10—10 Ⅰ、Ⅱ、Ⅲ | SN10—35 |
| | 隔离开关 | GN6—10<br>GN8—10<br>（或 GN19—10） | GN6—10<br>GN8—10<br>（或 GN19—10） | | | |
| | 电流互感器 | LA—10<br>LAJ—10<br>（或 LQJ—10） | LA—10<br>LAJ—10<br>（或 LQJ—10） | LZZB6—10<br>LZZQB6—10 | LA—10<br>LAJ—10 | LCZ—35 |
| | 电压互感器 | JDZ—10<br>JDZJ—10 | JDZ—10<br>JDZJ—10 | JDZ6—10<br>JDZJ6—10 | JDZ—10<br>JDZJ—10 | JDJ2—35<br>JDZJ2—35 |
| | 熔断器 | RN1—10<br>RN2—10 | RN2—10 | RN2—10 | RN2—10 | RN2—35 |
| | 避雷器 | FS—10<br>FZ—10<br>FCD—10 | FCD3—10 | FCD3—10 | FCD3—10 | FZ—35<br>FYZ1—35 |
| | 操动机构 | CD10<br>CS6 | CD10<br>CTS | CD10<br>CT8 | CD10<br>CT8 | CD10<br>CT8 |

**附录表 27　测量仪表和继电器电流线圈的负荷值**

| 名称 | 型　号 | | 负荷值 /Ω | 负荷值 /V·A | 备　注 |
|---|---|---|---|---|---|
| 电流表 | 1T1—A | | 0.12 | 3 | 一个线圈的负荷 |
| | 46L1—A<br>16L1—A | 5A | | 0.35 | |
| | | 0.5A,1A | | 0.25 | |
| 有功功率表 | 1D1—W | | 0.058 | 0.25 | 一个线圈的负荷 |
| | 46D1—W<br>16D1—W | 5A | | 0.6 | |
| | | 0.5A,1A | | 0.2 | |
| 无功功率表 | 1D1—VAR | | 0.058 | 1.45 | 一个线圈的负荷 |
| | 46D1—VAR<br>16D1—VAR | 5A | | 0.6 | |
| | | 0.5A,1A | | 0.2 | |
| 有功—无功功率表 | 1D1—W · VAR | | 0.06 | 1.5 | |
| 有功电能表 | DS1 | | 0.02 | 0.5 | |
| 无功电能表 | DX1 | | 0.02 | 0.5 | |

（续）

| 名称 | 型　号 | 负荷值 | | 备　注 |
|---|---|---|---|---|
| | | /Ω | /V·A | |
| 电流继电器 | DL—11/0.01～0.05<br>DL—12/0.01～0.05<br>DL—13/0.01～0.05 | 0.0032 | 0.08 | 在第一整定电流值时的消耗功率 |
| | DL—11/0.26<br>DL—12/0.2～6<br>DL—13/0.2～6 | 0.004 | 0.1 | |
| | DL—11/10，DL—12/10，DL—13/10 | 0.006 | 0.15 | |
| | DL—11/20，DL—12/20，DL—13/20 | 0.01 | 0.25 | |
| | DL—11/50，DL—12/50，DL—13/50 | 0.04 | 1 | |
| | DL—11/100，DL—12/100，DL—13/100 | 0.1 | 2.5 | |
| 差动继电器 | BCH—1/BCH—2 | | 不大于8.5/14 | 每相 |
| 电流继电器 | GL—20 | | 不大于15 | 每相 |

**附录表28　测量仪表和继电器电压线圈的消耗容量**

| 名称 | 型号 | 线圈电压/V | cosφ | 消耗容量/V·A | 备注 |
|---|---|---|---|---|---|
| 电压表 | 1T1—V | 100 | 1 | 4.5 | |
| | 46T1—V | 100 | | 0.3 | |
| | 16T1—V | 50 | | 0.15 | |
| 有功功率表 | 1D1—W | 100 | 1 | 0.75 | 两线圈共2×0.75V·A＝1.5V·A |
| | 46D1—W | 100 | | 0.6 | |
| | 16D1—W | 50 | | 0.3 | |
| 无功功率表 | 1D1—VAR | 100 | 1 | 0.75 | 两线圈共2×0.75V·A＝1.5V·A |
| | 46D1—VAR | 100 | | 0.5 | |
| | 16D1—VAR | 100 | | 0.25 | |
| 有功—无功功率表 | 1D1—W·VAR | 100 | 1 | 0.75 | 两线圈共2×0.75V·A＝1.5V·A |
| 有功电能表 | DS1 | 100 | | 1.5 | 两线圈共2×1.5V·A＝3V·A |
| 无功电能表 | DX1 | 100 | | 1.5 | |
| 频率表 | 46L1—HZ | 50 | | 1.2 | |
| | 16L1—HZ | 100 | | 1.2 | |
| 电压继电器 | DJ—131/60CN | 60 | | 2.5 | 当30V时 |
| 其他型号电压继电器 | | 48 | | 1 | |

**附录表 29　DL 型电磁式电流继电器的技术数据**

| 型号 | 最大整定电流/A | 长期允许电流/A | | 动作电流 | | 最小整定电流时的功率消耗/V·A | 返回系数 |
|---|---|---|---|---|---|---|---|
| | | 线圈串联 | 线圈并联 | 线圈串联 | 线圈并联 | | |
| DL—11/2 | 2 | 4 | 8 | 0.5～1 | 1～2 | 0.1 | 0.8 |
| DL—11/6 | 6 | 10 | 20 | 1.5～3 | 3～6 | 0.1 | 0.8 |
| DL—11/10 | 10 | 10 | 20 | 2.5～5 | 5～10 | 0.15 | 0.8 |
| DL—11/20 | 20 | 15 | 30 | 5～10 | 10～20 | 0.25 | 0.8 |
| DL—11/50 | 50 | 20 | 40 | 12.5～25 | 25～50 | 1.0 | 0.8 |
| DL—11/100 | 100 | 20 | 40 | 25～50 | 50～100 | 2.5 | 0.8 |

**附录表 30　GL 型感应式电流继电器的主要技术数据及动作特性曲线**

| | 型号 | 额定电流/A | 整定值 | | 速断电流倍数 | 返回系数 |
|---|---|---|---|---|---|---|
| | | | 动作电流/A | 动作时间/s | | |
| 主要技术数据 | GL—11/10 | 10 | 4,5,6,7,8,9,10 | 0,5,1,2,3,4 | 2～8 | 0.85 |
| | GL—11/5 | 5 | 2,2.5,3,3.5,4,4.5,5 | | | |
| | GL—12/10 | 10 | 4,5,6,7,8,9,10 | 2,4,8,12,16 | | |
| | GL—12/5 | 5 | 2,2.5,3,3.5,4,4.5,5 | | | |
| | GL—15/10 | 10 | 4,5,6,7,8,9,10 | 0,5,1,2,3,4 | | |
| | GL—15/5 | 5 | 2,2.5,3,3.5,4,4.5,5 | | | |
| 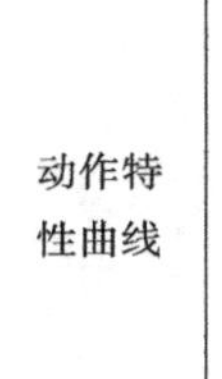 动作特性曲线 | 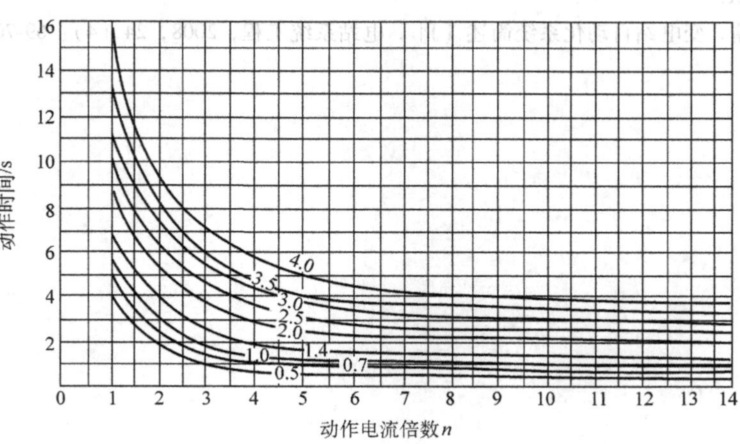 | | | | | |

# 参 考 文 献


[1] 孙丽华. 电力工程基础 [M]. 2 版. 北京: 机械工业出版社, 2009.
[2] 余建明, 同向前, 苏文成. 供电技术 [M]. 3 版. 北京: 机械工业出版社, 2001.
[3] 刘介才. 工厂供电 [M]. 北京: 机械工业出版社, 2003.
[4] 康志平. 供配电技术 [M]. 北京: 电子工业出版社, 2005.
[5] 邹有明. 现代供电技术 [M]. 北京: 中国电力出版社, 2008.
[6] 翁双安. 供电工程 [M]. 北京: 机械工业出版社, 2004.
[7] 李友文. 工厂供电 [M]. 2 版. 北京: 化学工业出版社, 2006.
[8] 王玉华, 赵志英. 工厂供配电 [M]. 北京: 中国林业出版社, 2006.
[9] 王晓文. 供用电系统 [M]. 北京: 中国电力出版社, 2005.
[10] 林玉歧. 工厂供电技术 [M]. 北京: 化学工业出版社, 2002.
[11] 孟祥忠. 现代供电技术 [M]. 北京: 清华大学出版社, 2006.
[12] 刘介才. 工厂供电设计指导 [M]. 2 版. 北京: 机械工业出版社, 2008.
[13] 江文, 许慧中. 供配电技术 [M]. 北京: 机械工业出版社, 2005.
[14] 萧湘宁, 等. 电能质量分析与控制 [M]. 北京: 中国电力出版社, 2004.
[15] 杨奇逊, 黄少锋. 微型机继电保护基础 [M]. 3 版. 北京: 中国电力出版社, 2007.
[16] 丁书文, 黄训诚, 胡起宙. 变电站综合自动化原理及应用 [M]. 北京: 中国电力出版社, 2002.
[17] 于庆广, 付之宝. 电能质量指标及其算法的研究 [J]. 电力电子技术, 2007, 41 (1): 10-12.
[18] 邵如平, 韩正伟, 林锦国. 电能质量指标分析 [J]. 电力系统及其自动化学报, 2007, 19 (3): 118-121.
[19] 赵林楠. 变电站自动化系统简述 [J]. 电站系统工程, 2008, 24 (4): 69-70.